“宝冶杯”
第十三届全国大学生结构设计竞赛作品集锦

主编 · 史庆轩　金伟良　钟炜辉

图书在版编目(CIP)数据

“宝冶杯”第十三届全国大学生结构设计竞赛作品集锦/史庆轩,金伟良,钟炜辉主编 .—武汉:武汉大学出版社,2021.11

ISBN 978-7-307-22627-2

Ⅰ.宝… Ⅱ.①史… ②金… ③钟… Ⅲ. 建筑结构—结构设计—作品集—中国—现代 Ⅳ.TU318

中国版本图书馆 CIP 数据核字(2021)第 202438 号

责任编辑:路亚妮　　责任校对:杨　欢　　装帧设计:吴　极

出版发行:**武汉大学出版社**　(430072　武昌　珞珈山)

(电子邮箱: whu_publish@163.com　网址:www.stmpress.cn)

印刷:武汉市金港彩印有限公司

开本:787×1092　1/16　印张:23.25　字数:478 千字　插页:2

版次:2021 年 11 月第 1 版　　2021 年 11 月第 1 次印刷

ISBN 978-7-307-22627-2　　定价:168.00 元

序

全国大学生结构设计竞赛是由教育部和财政部联合发文批准的9个首批全国大学生学科竞赛资助项目之一，由中国高等教育学会工程教育专业委员会、高等学校土木工程学科专业指导委员会、中国土木工程学会教育工作委员会和教育部科学技术委员会环境与土木水利学部主办，是土木建筑工程领域级别最高、规模最大的学生创新竞赛，被誉为“土木建筑皇冠上璀璨的明珠”。经过2019年上半年各分区赛共579所高校的1146支参赛队伍角逐，最终来自110所高校的111支参赛队伍进入西安建筑科技大学承办的“宝冶杯”第十三届全国大学生结构设计竞赛全国总决赛。

将理论与实践结合、将自身之所学用于解决工程的实际问题是土木人的不懈追求。近年来，由于我国能源开发加速向西部和北部转移，能源基地与负荷中心的距离越来越远。因此，为满足我国能源大规模、远距离输送和大范围优化配置的迫切需要，发展特高压输电通道已成必然趋势。由于输电塔所处环境、地形复杂，承受包括风荷载、冰荷载、导地线荷载等多种荷载作用，其安全性和可靠性长期以来受到广大学者及设计人员的密切关注。特别是随着近年来我国土地资源紧缺以及环保要求的提高，特高压输电通道所采用的输电塔正逐步趋于大型化，同时出现了众多有趣的结构形式。竞赛命题以“山地输电塔”为出发点，聚焦“一带一路”和“西部大开发”等，积极服务区域社会和经济发展需求，具有鲜明的时代特点与国情特色。赛题首次引入了材料和时间利用效率得分，并分阶段采用两轮抽签的方式，既体现了实际工程中可能遇到的众多不确定性，又增强了竞赛的趣味性和观赏性，在发现问题、解决问题的过程中不断激发学生的创新意识和能力。

2019年10月在西安建筑科技大学举办的“宝冶杯”第十三届全国大学生结构设计竞赛全国总决赛，秩序良好、运行顺畅，获得了各高校参赛师生和竞赛专家的高度评价，尤其是正式启用了全国大学生结构设计竞赛永久性徽标，进一步加强了竞赛的文化传承，扩大和提升了竞赛的影响力。为将竞赛过程与经验更好地记录并保存下来，特将竞赛的模型设计与计算分析、竞赛纪实与总结等重要内容编辑成册，众多师生为本书的资料整理、内容编排等工作付出了辛勤的汗水，在此表示衷心感谢！祝愿全国大学生结构设计竞赛越办越好！

由于编者水平有限，本书在编写过程中存在诸多不足，敬请各位读者不吝赐教。

编　者

2021年10月28日

目　　录

第一部分　组 织 机 构

全国大学生结构设计竞赛委员会

主　　任：吴朝晖　浙江大学校长

副 主 任：邹晓东　中国高等教育学会工程教育专业委员会理事长

李国强　高等学校土木工程学科专业指导委员会主任

袁　驷　中国土木工程学会教育工作委员会主任

陈云敏　教育部科学技术委员会环境与土木水利学部常务副主任

委　　员：(以姓氏笔画为序)

王文格(湖南大学)

孙伟锋(东南大学)

孙宏斌(清华大学)

李　正(华南理工大学)

李正良(重庆大学)

沈　毅(哈尔滨工业大学)

张凤宝(天津大学)

张维平(大连理工大学)

陆国栋(中国高等教育学会工程教育专业委员会)

罗尧治(浙江大学)

金伟良(浙江大学)

胡大伟(长安大学)

黄一如(同济大学)

秘 书 处：浙江大学

秘 书 长：陆国栋(中国高等教育学会工程教育专业委员会秘书长兼)

副秘书长：毛一平、丁元新(浙江大学)

秘　　书：魏志渊、姜秀英(浙江大学)

第十三届全国大学生结构设计竞赛专家委员会顾问

（以姓氏笔画为序）

王　超　中国工程院院士　河海大学教授
江　亿　中国工程院院士　清华大学教授
江欢成　中国工程院院士　上海现代建筑设计集团总工程师
杨永斌　中国工程院院士　重庆大学教授
杨华勇　中国工程院院士　浙江大学教授
肖绪文　中国工程院院士　中国建筑工程总公司总工程师
吴硕贤　中国科学院院士　华南理工大学教授
沈世钊　中国工程院院士　哈尔滨工业大学教授
陈政清　中国工程院院士　湖南大学教授
陈肇元　中国工程院院士　清华大学教授
欧进萍　中国工程院院士　哈尔滨工业大学教授
周绪红　中国工程院院士　重庆大学教授
项海帆　中国工程院院士　同济大学教授
钟登华　中国工程院院士　天津大学教授
聂建国　中国工程院院士　清华大学教授
容柏生　中国工程院院士　华南理工大学教授
龚晓南　中国工程院院士　浙江大学教授
董石麟　中国工程院院士　浙江大学教授

第十三届全国大学生结构设计竞赛专家委员会

主　　任：金伟良　浙江大学教授

副 主 任：史庆轩　西安建筑科技大学教授

委　　员：（以姓氏笔画为序）

丁　阳　天津大学教授

王　湛　华南理工大学教授

方　志　湖南大学教授

刘洪亮　上海宝冶集团有限公司教授级高级工程师

李宏男　大连理工大学教授

吴　涛　长安大学教授

张　川　重庆大学教授

范　峰　哈尔滨工业大学教授

罗尧治　浙江大学教授

赵金城　上海交通大学教授

曹双寅　东南大学教授

董　聪　清华大学教授

熊海贝　同济大学教授

秘　　书：丁元新　浙江大学副研究员

第十三届全国大学生结构设计竞赛组织委员会

主　任：苏三庆　西安建筑科技大学党委书记
　　　　　刘晓君　西安建筑科技大学校长

副主任：黄廷林　西安建筑科技大学副校长
　　　　　张志昌　西安建筑科技大学党委副书记
　　　　　张晓辉　西安建筑科技大学副校长

委　员：(以姓氏笔画为序)
　　　　　卜长安　西安建筑科技大学总务处处长
　　　　　尹洪峰　西安建筑科技大学实验室与设备管理处处长
　　　　　申　健　西安建筑科技大学校团委书记
　　　　　由文华　西安建筑科技大学体育学院院长
　　　　　史庆轩　西安建筑科技大学土木工程学院院长
　　　　　刘卫东　西安建筑科技大学医院院长
　　　　　刘光辉　西安建筑科技大学财务处处长
　　　　　刘艳峰　西安建筑科技大学科技处处长
　　　　　刘晓武　西安建筑科技大学学工部部长、学生处处长
　　　　　李昌华　西安建筑科技大学网络中心主任
　　　　　杨建平　西安建筑科技大学国资处处长
　　　　　肖国庆　西安建筑科技大学教务处处长
　　　　　何廷树　西安建筑科技大学创新创业教育办公室主任
　　　　　张　波　西安建筑科技大学后勤服务中心总经理
　　　　　张　煜　西安建筑科技大学研工部部长
　　　　　张成中　西安建筑科技大学土木工程学院党委书记
　　　　　张聪惠　西安建筑科技大学学科建设办公室主任
　　　　　陈　荣　西安建筑科技大学国际交流合作处处长
　　　　　高瑞龙　西安建筑科技大学宣传部部长
　　　　　崔明军　西安建筑科技大学保卫处处长
　　　　　雷　鹏　西安建筑科技大学党委办公室、校长办公室主任

秘书长：

张成中　西安建筑科技大学土木工程学院党委书记

史庆轩　西安建筑科技大学土木工程学院院长

副秘书长：

任建国　西安建筑科技大学土木工程学院党委副书记、副院长

朱丽华　西安建筑科技大学土木工程学院副院长

苏明周　西安建筑科技大学土木工程学院副院长

钟炜辉　西安建筑科技大学土木工程学院副院长

秘书处成员：

门进杰　王军保　张晓霞　庞云龙　张维华　谷坤文

王　琰　屈鹏飞　潘　登　张紫微　胡曼鑫　弓　雪

陈元鑫　邓博文　綦　明　张润华

第二部分　竞 赛 题 目

山地输电塔模型设计与制作

1　命题背景

我国是世界上最大的能源消费国，能源供应能力主要受能源资源分布不平衡以及各地区经济发展不平衡的制约，尤其是近年来我国能源开发加速向西部和北部转移，更使能源基地与负荷中心的距离越来越远。为满足我国能源大规模、远距离输送和大范围优化配置的迫切需要，发展特高压输电通道已成必然。

输电塔(图 1)作为输电通道最重要的基本单元，是输电线路的直接支撑结构，为高耸构筑物。由于输电塔所处环境复杂，承受包括风荷载、冰荷载、导地线荷载等多种荷载作用，其安全性和可靠性长期以来受到广大学者及设计人员的密切关注。近年来，随着我国土地资源的紧缺以及环保要求的提高，特高压输电通道所采用的输电塔正逐步趋于大型化，出现了众多有趣的结构形式。

图 1　输电塔

2　模型概述

此次竞赛要求设计并制作一个山地输电塔模型(以下简称“模型”)，模型柱脚用自攻螺钉固定于400mm×400mm×15mm(长度×宽度×厚度)的竹制底板上，模型底面尺寸限制在底板中央250mm×250mm的正方形区域内，如图2(a)所示，底板中心点为o点。

模型上须设置低挂点2个、高挂点1个用于悬挂导线，高挂点同时兼作"水平加载点"用于施加侧向水平荷载。低挂点应为模型最远外伸(悬臂)点，距离底板表面高度应在1000～1100mm范围内，2个低挂点在底板面上的投影应分别位于图2(a)所示的上、下扇形圆环阴影区域内；高挂点距离底板表面高度应在1200～1400mm范围内，其在底板面上的投影距离o点不得大于350mm，且高挂点应为模型的最高点。模型低挂点、高挂点(兼作水平加载点)的竖向位置要求如图2(b)所示。

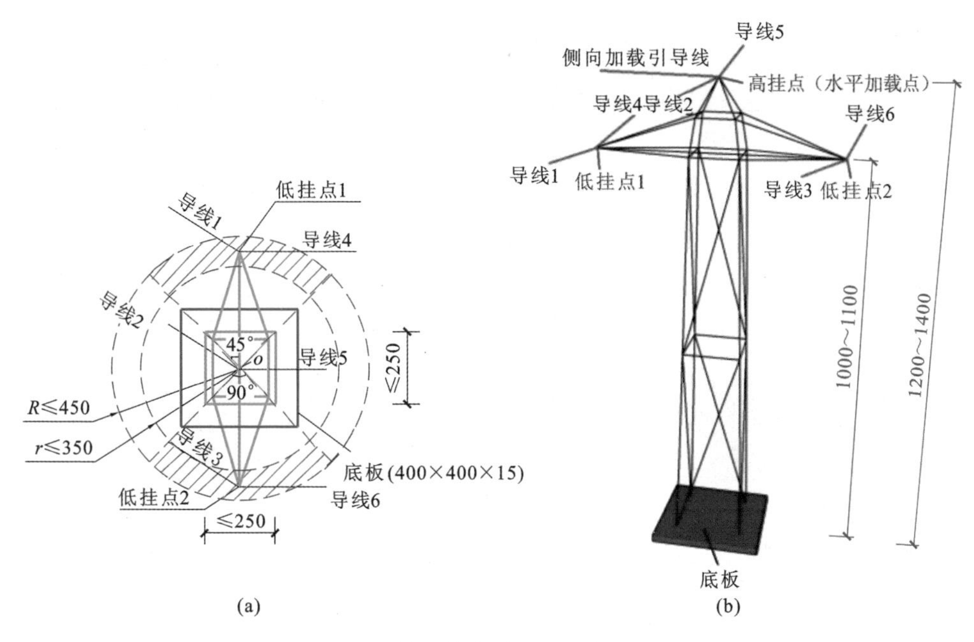

图2　输电塔模型几何尺寸要求

(a)俯视图；(b)三维简图(构型仅供参考)

3　加载概述

山地输电塔模型的加载装置主要由承台板、下坡门架、上坡门架和侧向加载架组成，如图3所示。下坡门架和上坡门架均设有低挂点2个、高挂点1个，导线悬挂在下坡门架、模型和上坡门架的对应挂点上[对低挂点，门架与模型之间仅能在同侧挂点悬挂导线，如可在上(下)坡门架低挂点1′(1″)和模型低挂点1之间悬挂，禁止异侧悬挂]，如图4所示。

上坡门架位置固定，下坡门架可绕o点水平旋转，旋转角度有0°、15°、30°、45°供选择(图3和图4均以旋转30°为例)。比赛时，各参赛队旋转的具体角度相同，在模型制作前统一抽签确定。

加载前，将底板卡扣在承台板上，挂上3根导线、加载盘和侧向加载引导线，此时为"空载"阶段，并在承台板上放置3个激光测距仪用于测量3根导线跨中加载盘底面至承台板面的净空高度。荷载施加分三级，一级和二级加载均为挂线荷载，分别在指定导线的加载盘上放置砝码，三级加载是通过侧向加载引导线施加的侧向水平荷载。

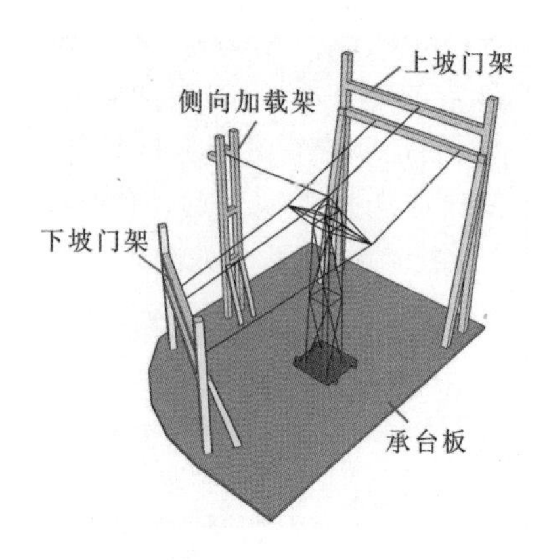

图 3　加载装置示意图(以下坡门架旋转 30°为例)

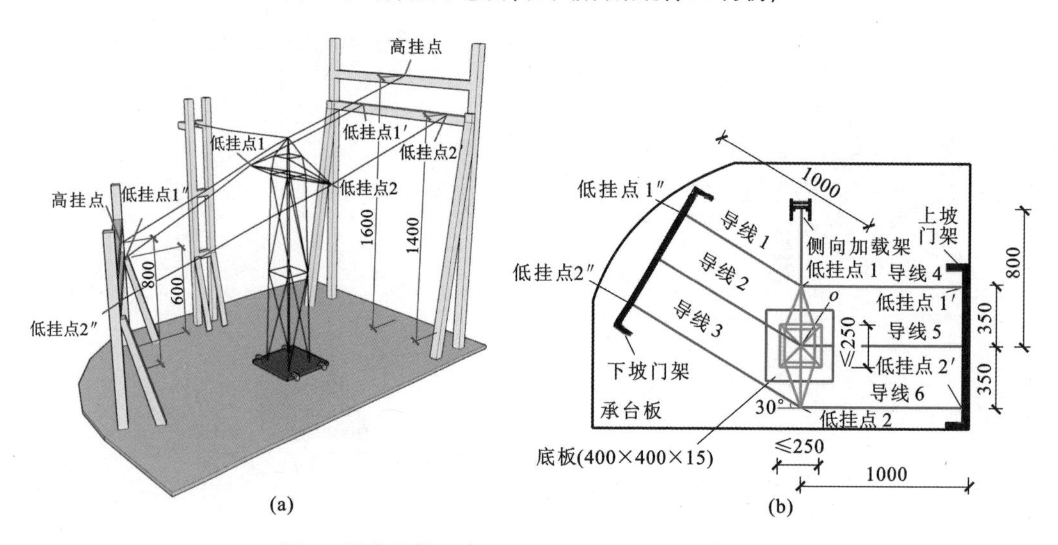

图 4　导线悬挂示意图(以下坡门架旋转 30°为例)

(a)三维简图;(b)俯视图

在空载、一级和二级加载阶段,都应保证导线跨中加载盘底面至承台板面的净空高度不得小于表 1“净空限值Ⅱ”的规定值,否则认为模型几何尺寸不符合要求(空载)或该级加载失败(后续加载终止)。

表 1　**导线跨中加载盘底面至承台板面的净空限值**

导线编号	1	2	3	4	5	6
净空限值Ⅰ/mm	400	600	400	800	1000	800
净空限值Ⅱ/mm	350	550	350	750	950	750

4　理论方案及模型制作

4.1　理论方案

(1)理论方案是指模型的设计说明书、方案图和计算书。计算书要求包含结构选型、结构建模及计算参数、多工况下的受荷分析、节点构造、模型加工图（含材料表）。理论方案文本封面要求注明作品名称、参赛学校、指导教师、参赛学生姓名和学号，正文按设计说明书、方案图和计算书的顺序编排。除封面外，理论方案其余页面均不得出现任何有关参赛学校和个人的信息。

（2）理论方案力求简明扼要，要求同时报送纸质版和电子版，纸质版一式三份，用A4纸打印并于规定时间内交到竞赛组委会，电子版发至竞赛组委会指定邮箱，逾期作自动放弃处理。

4.2 竞赛抽签

模型制作前进行下坡门架的“旋转角度”抽签（有0°、15°、30°、45°四种选项），各参赛队同一角度；模型制作后、模型加载前进行“导线加载工况”抽签（有A、B、C、D四种工况，如表2所示），各参赛队同一工况。

表2 导线加载工况

工况编号	导线1	导线2	导线3	导线4	导线5	导线6
A	√	√				√
B	√				√	√
C		√	√	√		
D			√	√	√	

4.3 模型制作

（1）模型、导线制作材料由组委会统一提供，现场制作，各参赛队使用的材料仅限于组委会提供的材料。

（2）模型采用竹材制作，竹材规格及用量上限如表3所示，竹材参考力学指标见表4。各参赛队应在报到时提交所需竹材材料清单，以便组委会提前准备材料。组委会对现场发放的竹材材料仅从规格上负责，若竹材规格不满足表3的规定（如出现负公差），各参赛队可提出更换。在模型制作过程中禁止将竹皮剥开利用无纺布（竹皮里类似于棉絮之类的纤维状物质）对模型进行加固，一经发现则取消比赛资格。

表3 竹材规格及用量上限

竹材规格		竹材名称	标准质量/g	用量上限
竹皮	1250mm×430mm×0.20(+0.05)mm	集成竹片（单层）	85	5张
	1250mm×430mm×0.35(+0.05)mm	集成竹片（双层）	150	5张
	1250mm×430mm×0.50(+0.05)mm	集成竹片（双层）	210	5张
竹杆件	930mm×6mm×1.0(+0.5)mm	集成竹材	4.5	50根
	930mm×2mm×2.0(+0.5)mm	集成竹材	3.0	50根
	930mm×3mm×3.0(+0.5)mm	集成竹材	6.5	50根

注：①竹材规格中括号内数字仅为材料厚度误差，通常为正公差；

②表中“标准质量”仅用于计算各参赛队领用材料质量，进而通过计算材料利用效率评分。

表 4　　竹材参考力学指标

密度	顺纹抗拉强度	抗压强度	弹性模量
$0.8g/cm^3$	60MPa	30MPa	6GPa

(3)模型制作提供 502 胶水(30g 装)6 瓶,用于结构构件之间的连接。允许参赛队额外申领 502 胶水 1 次,每领取 1 瓶总分扣去 0.5 分,扣分累加。

(4)提供长度为 200mm 的高强尼龙绳(2mm 粗)4 段,绑扎在低挂点、高挂点上(绑扎方式自定),用于模型和导线挂钩或侧向加载挂钩之间的连接。用于悬挂导线和连接侧向加载引导线的高强尼龙绳不允许共用,高强尼龙绳不得兼作结构构件。高强尼龙绳不得以任何形式拆分成多段。

(5)导线采用直径为 2.0mm 的钢绞线(参考质量 16g/m)制作,长度自定,但单根导线总长(含挂钩)应在 600～1600mm 的范围内,各导线悬挂加载点(3 个)设在导线总长(含挂钩)的四分点处。不得进行拆分或合并钢绞线等操作,也不得将钢绞线用作模型部件。

(6)模型制作阶段,将向参赛队统一配发美工刀、剪刀、水口钳、锉刀(圆锉、平锉、什锦锉)、钢锯、刀片、圆规、尺子(钢尺、三角尺、皮尺、卷尺)、镊子、胶带、磨砂纸、滴管、铅笔、橡皮、硅胶手指套、红色水笔等常规工具,公用工具区域提供打孔钳、游标卡尺、电子秤等测量工具;模型安装(含导线制作)阶段,将统一提供螺丝刀、断线钳、充电电钻、钢尺、三角尺、卷尺、铅笔、胶带等常规工具。模型制作阶段,各参赛队可自行携带无线电子秤 1 台、常规计算器 1 个、设计详图图纸 1 张(不得超过 80g、A1 图纸规格);模型安装阶段,各参赛队可自行携带常规计算器 1 个、设计详图图纸 1 张(不得超过 80g、A1 图纸规格)。模型制作阶段和安装阶段均不得携带手机、电脑等其他设备和工具入场。

(7)各参赛队要求在 16h 内完成模型的胶水粘贴与绑扎高强尼龙绳工作,此后不能对模型再做任何操作。

(8)模型制作过程中,参赛队员应注意对模型部件、半成品等进行有效保护,其间发生的模型损坏,各参赛队自行负责,并不得因此要求延长制作时间。

(9)模型制作完成后,对模型(含高强尼龙绳,不包括导线)进行称重,并附加用于连接模型与底板的自攻螺钉质量(按 1.0g/颗计算),得到模型总质量,记为 M_0(精度0.1g)。

(10)各参赛队在提交模型时,还应同时提交明确的加载方案。一级和二级加载时,每个加载盘上放置的砝码质量有 2.0kg、3.0kg、4.0kg 三种选择,但在同一根导线的加载盘上,放置的砝码质量须相同;三级加载时,荷载质量可取 4～10kg,但应为 1kg 的整数倍。

5　加载与测量

5.1　加载前检测及安装

(1)每个挂点需用红笔标识出,作为挂点(水平加载点)中心,据此得出水平两侧各 5mm 共 10mm 的挂点(水平加载点)区域。绑扎于模型上的高强尼龙绳只能设置在此区域中,且在加载过程中,不得滑出此区域。

(2)加载前，各参赛队根据“导线加载工况”抽签结果制作导线(包括导线裁剪、封头挂钩、设置悬挂加载点等)，并将模型用自攻螺钉安装在竹制底板上，限时 20min[若超过此时间，每超过 1min(不足 1min 按 1min 计)，总分扣去 1 分，扣分累加；若超过 40min，扣分按安装时间 40min 计，且模型不得参加后续加载环节]。然后对模型的几何外观尺寸、挂点位置、导线长度及其上的悬挂加载点进行检测。

(3)模型的几何外观尺寸及挂点位置检测内容主要包括模型底面尺寸、低挂点位置、高挂点位置。其中，低挂点在底板面上投影位置及竖向位置的检测，可通过在检测台上旋转模型底板到规定最大角度(±45°)，观察“触碰绳”是否移动进行；高挂点在底板面上投影位置及竖向位置的检测，同样可通过观察“触碰绳”方式进行。低挂点和高挂点位置的检测装置如图 5 所示，允许 5mm 的误差。

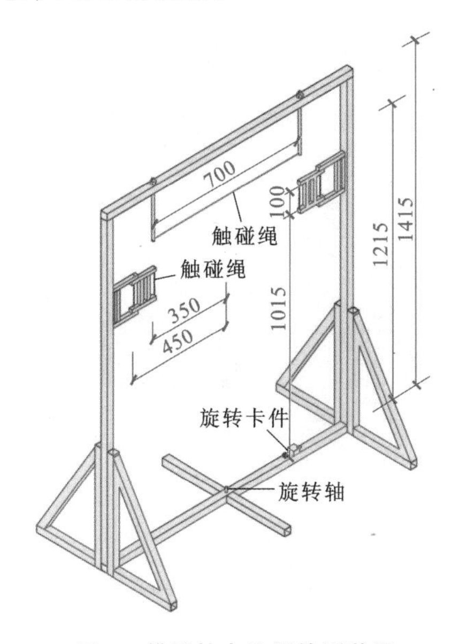

图 5　模型挂点位置检测装置

(4)导线长度及其上的悬挂加载点位置可通过将导线竖直放置并在其端部吊挂 1000g 砝码进行检测，悬挂加载点位置误差不应超过 5mm。

(5)模型及导线检测合格后，进行加载准备(各参赛队自行操作)：将底板卡扣在承台板上，挂上 3 根导线、加载盘和侧向加载引导线(调节侧向加载装置使引导线处于水平状态)，并放置 3 个激光测距仪用于净空测量。

(6)若 3 根导线在承台板面上的投影出现交叉，又或导线与模型杆件之间发生碰触，均判定模型几何尺寸不符合要求。

5.2　净空测量

(1)净空测量采用激光测距仪进行，在空载、一级和二级加载阶段，导线跨中加载盘底面至承台板面的净空高度(激光测距仪的净空示数)，若小于表 1“净空限值Ⅰ”但不小于“净空限值Ⅱ”的规定值，则在加载表现分的计算中，对单位质量承载力进行折减(净空示数精度取 1mm)；若小于表 1“净空限值Ⅱ”的规定值，则认为模型几何尺寸不符合要求(空载)或该级加载失败(后续加载终止)。在空载阶段模型结构整体或局部出现转动、倾斜等明显大变形，亦视为模型几何尺寸不符合要求。

(2)激光测距仪应在空载阶段放置，用于测量3根导线跨中加载盘底面至承台板面的净空高度，具体放置位置由各参赛队根据模型实际情况自行确定。

(3)在一级和二级加载过程中，激光测距仪位置不得挪动。若出现加载盘(底面圆形，直径120mm)移动过大而使激光测距仪无法正常工作，示数异常(超过其“空载”状态示数150mm)的情况，也视为该级加载失败。

5.3 一级加载

(1)各参赛队根据竞赛抽签结果，自行选取3根指定导线中的1根，在其上所有加载盘上放置砝码，该级放置砝码总质量计为M_1，如图6所示(以下坡门架旋转30°为例，下同)。

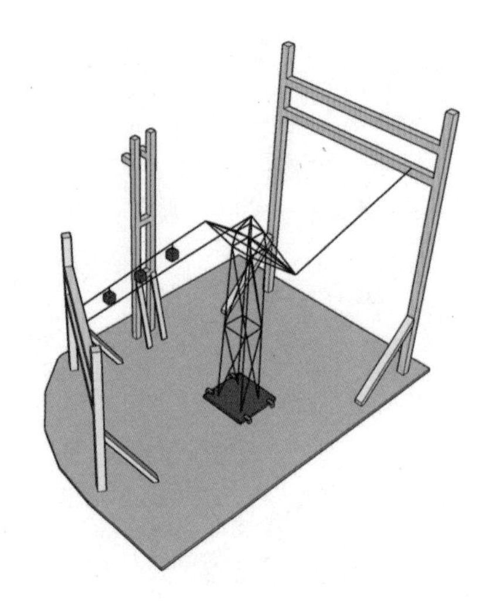

图6 一级加载示意(以工况A中对导线1加载为例)

(2)加载完成停留10s后，读取3个激光测距仪的净空示数，若任一示数小于表1“净空限值Ⅱ”的规定值或异常，则判定加载失败。

5.4 二级加载

(1)一级荷载保持，在剩余2根指定导线上的所有加载盘上放置砝码，该级放置砝码总质量计为M_2，如图7所示。

(2)加载完成停留10s后，读取3个激光测距仪的净空示数，若任一示数小于表1“净空限值Ⅱ”的规定值或异常，则判定加载失败。

5.5 三级加载

(1)一级、二级荷载保持，在模型“水平加载点”通过“砝码＋引导绳”的方式施加侧向水平荷载，荷载大小可取4～10kg，计为M_3，如图8所示。

(2)加载完成停留10s后，若模型结构发生整体倾覆、垮塌，或导线坠落、挂钩脱落等情况，则判定加载失败。

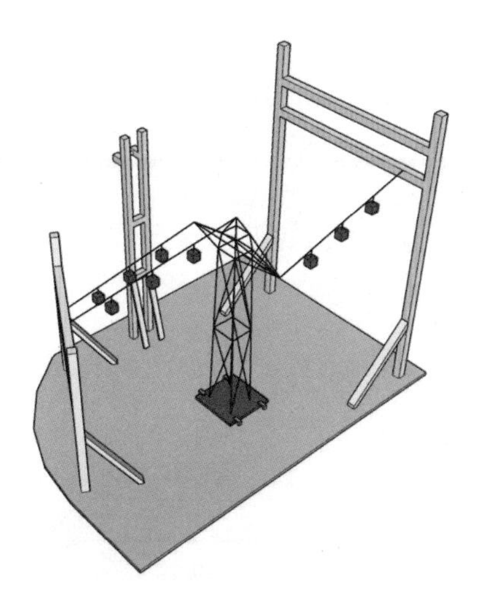

图 7　二级加载示意
(以工况 A 中对导线 2 和 6 加载为例)

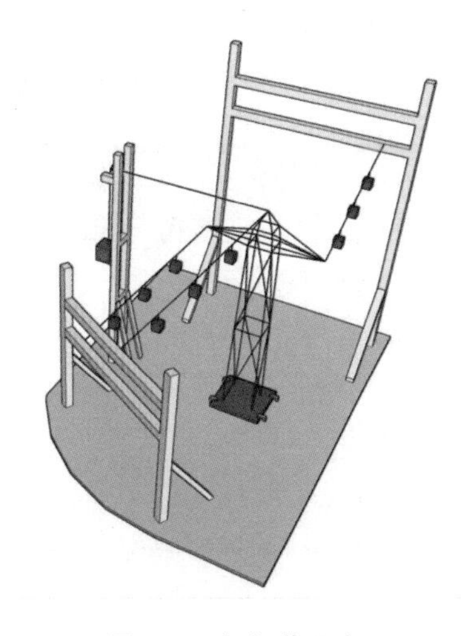

图 8　三级加载示意
(以工况 A 施加侧向水平荷载为例)

5.6　模型失效评判及罚则

加载过程中，若出现以下情况，则终止加载，本级加载及后续级别加载成绩为零：

(1)加载过程中，模型结构发生整体倾覆、垮塌；

(2)加载过程中，导线(含导线配件)或加载盘与模型杆件、门架碰触，或导线坠落、挂钩脱落；

(3)一级和二级加载过程中，任一激光测距仪的净空示数小于表 1“净空限值Ⅱ”的规定值或异常；

(4)专家组认定不能继续加载的其他情况。

无特殊情况下(是否属于特殊情况由专家组判定)，每个参赛队的加载(含模型安装在承台板及悬挂导线的加载准备)应在 10min 内完成，若超过此时间，每超过 1min(不足 1min 按 1min 计)，总分扣去 2 分，扣分累加。

6　评分标准

6.1　总分构成

结构评分按总分 100 分计算，其中包括：

(1)理论方案分值：5 分；

(2)现场制作的模型分值：10 分；

(3)现场陈述与答辩分值：5 分；

(4)材料和时间利用效率分值：10 分；

(5)加载表现分值：70 分。

6.2　评分细则

(1)理论方案分(A_i)：满分 5 分。

第 i 队的理论方案得分 A_i 由专家组根据设计说明书、方案图和计算书内容的科学性、完整性、准确性以及图文表达的清晰性与规范性等进行评分。除封面外，理论方案其余页面均不得出现任何有关参赛学校和个人的信息，否则为零分。

(2)现场制作的模型分(B_i)：满分 10 分。

第 i 队现场制作的模型得分 B_i 由专家组根据模型结构的合理性、创新性、美观性、实用性，以及制作质量等进行评分。其中，模型结构与制作质量各占 5 分。

(3)现场陈述与答辩分(C_i)：满分 5 分。

第 i 队的现场陈述与答辩得分 C_i 由专家组根据参赛队员现场综合表现(内容表述、逻辑思维、创新点、回答等)进行评分。参赛队员陈述时间控制在 1min 以内，专家提问及参赛队员回答时间控制在 2min 以内。

(4)材料和时间利用效率分(D_i)：满分 10 分。

①计算第 i 队的材料利用效率：$k_{mi}=\alpha M_{0i}/M_{mi}$。其中，$M_{0i}$ 为模型总质量(含自攻螺钉、高强尼龙绳质量)；M_{mi} 为参赛队领用材料质量(含自攻螺钉、高强尼龙绳质量；竹材质量根据领用材料数量按表 3 所示“标准质量”计算；高强尼龙绳总质量按 2g 计)；α 为加载系数(三级、二级、一级加载成功以及一级加载不成功分别按 2.0、1.5、1.0、0 取用)。k_{mi} 最高的参赛队得 5 分(满分)，记为 $k_{m,max}$，其他参赛队得分 $D_{mi}=5k_{mi}/k_{m,max}$。每个参赛队可补领竹材 1 次，但初次申领材料和补领材料之和不得超过表 3 的规定，补领材料扣 2 分。材料利用效率得分最低为 0 分。

②计算第 i 队的时间利用效率：$k_{ti}=16\alpha/T_i$。其中，T_i 为模型制作时间(单位为 h，不足 10h 按 10h 计；精度取 0.5h，不满 0.5h 按 0.5h 计)；α 为加载系数(三级、二级、一级加载成功以及一级加载不成功分别按 2.0、1.5、1.0、0 取用)。k_{ti} 最高的参赛队得 5 分(满分)，记为 $k_{t,max}$，其他参赛队得分 $D_{ti}=5k_{ti}/k_{t,max}$。

第 i 队的材料和时间利用效率得分 D_i 根据上述两项之和得出，即

$$D_i = D_{mi} + D_{ti}$$

(5)加载表现分(E_i)：满分 70 分。

①一级加载成功，计算第 i 队模型的单位质量承载力：$k_{1i}=M_{1i}/M_{0i}$。其中，M_{1i} 为该级放置砝码总质量；M_{0i} 为该级加载成功时的模型总质量(含自攻螺钉、高强尼龙绳质量)。k_{1i} 最高的参赛队得 20 分(满分)，记为 $k_{1,max}$，其他参赛队得分 $E_{i1}=20k_{1i}/k_{1,max}$。

②二级加载成功，计算第 i 队模型的单位质量承载力：$k_{2i}=M_{2i}/M_{0i}$。其中，M_{2i} 为该级放置砝码总质量(不含一级)；M_{0i} 为该级加载成功时的模型总质量(含自攻螺钉、高强尼龙绳质量)。k_{2i} 最高的参赛队得 25 分(满分)，记为 $k_{2,max}$，其他参赛队得分 $E_{i2}=25k_{2i}/k_{2,max}$。

③三级加载成功，计算第 i 队模型的单位质量承载力：$k_{3i}=M_{3i}/M_{0i}$。其中，M_{3i} 为施加侧向水平荷载大小；M_{0i} 为该级加载成功时的模型总质量(含自攻螺钉、高强尼龙绳质量)。k_{3i} 最高的参赛队得 25 分(满分)，记为 $k_{3,max}$，其他参赛队得分 $E_{i3}=25k_{3i}/k_{3,max}$。

④在空载、一级和二级加载阶段，任一激光测距仪的净空示数小于表 1“净空限值Ⅰ”但均不小于“净空限值Ⅱ”的规定值者，对本阶段及后续阶段的单位质量承载力均乘 0.5 的折减系数。

第 i 队的加载表现分 E_i 根据上述三项之和得出，即

$$E_i = E_{i1} + E_{i2} + E_{i3}$$

第三部分　作品集锦

1 华南理工大学

作品名称	绽放
参赛学生	陈奕年 叶国纬 王 智
指导教师	季 静 陈庆军

1.1 设计构思

根据赛题规定的具体加载工况，我们可以发现模型在荷载作用下，弯矩和扭矩的分布在总体上是上小下大，模型下部的应力值更大。所以我们根据具体的工程实例，初步选择了几种选型。

选型1是根据传统的山地输电塔设计得来的，使用四棱台作为模型的主体，在模型的两侧设置悬臂加载点。模型的尺寸设计较符合初步估计的应力分布，但传力方式较为复杂，抗扭强度和抗弯强度有待进一步考究。

选型2是将三个加载点分别引至底部固定点，压杆的下部采用近似铰接的处理，以将整体弯矩降到最低，转化成只受压的二力构件进行优化。模型中心压杆与拉条的受力较大，模型承载力需要验算。

选型3和选型4是结合模型受力分析和实际模型制作过程得出的，在选型1的基础上做进一步的尝试，希望找到一种更加科学、经济的选型。

1.2 选型分析

选型1：采用上小下大的四棱台塔状格构柱模型，整体抗扭方案采用了格构式塔柱的交叉拉条抵抗扭矩。

选型2：采用分体式的方案，模型主体部分采用的是桅杆结构，分别用三根梭形柱来承受三根钢绞线的张力，并且消除了扭矩对模型的影响。

选型3：采用格构-桁架-拉索组合式结构的方案，模型主体杆件分布服从弯矩分布，能在较好地抵抗弯矩的同时保持结构的稳定性。

选型4：采用三棱台塔状格构柱加拉条的方案，模型主体是上小下大的三棱台结构，在关键节点位置用拉条的方式增加模型的整体抗弯和抗扭强度。

表1-1中列出了各选型的优缺点。

表 1-1　　结构选型对比

选型方案	选型 1	选型 2	选型 3	选型 4
图示				
优点	结构整体性好，稳定性强，制作、安装较为简单	减少了扭矩对模型的影响，刚柔并济，制作简单	传力方式直接，制作方便，节省材料	形式简单，结构主体刚度大，模型整体性强
缺点	加载工况受力情况复杂，主杆内力过大，材料利用率不高	结构位移不易控制，单根柱子较长，稳定性较差，安装比较困难	抗扭强度差，杆件要求高，位移较大	拉条应力过大，材料用量多，悬臂过长，容易失稳

综合多次试验和受力分析，对比不同选型的荷重比与优化空间，最终确定选型 2 为我们的参赛模型，模型效果图及实物图如图 1-1 所示。

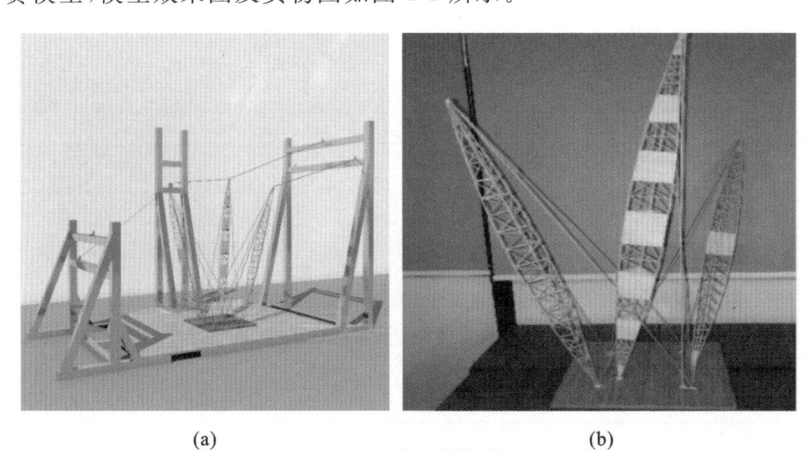

(a)　　(b)

图 1-1　选型方案示意图

(a)模型效果图；(b)模型实物图

1.3　数值模拟

利用有限元分析软件 MIDAS Gen 建立了结构的分析模型，第三级荷载作用下计算结果如图 1-2 所示。

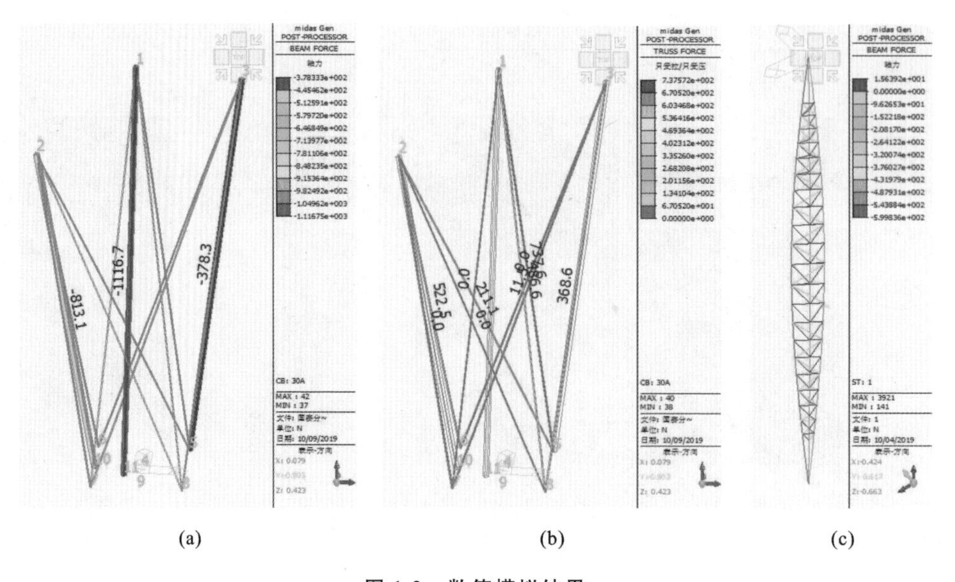

(a) (b) (c)

图 1-2　数值模拟结果

(a)主体内力图；(b)拉条内力图；(c)轴力 1600N 主杆内力图

1.4　节点构造

节点是模型制作的关键部位，本模型部分节点详图如图 1-3 所示。

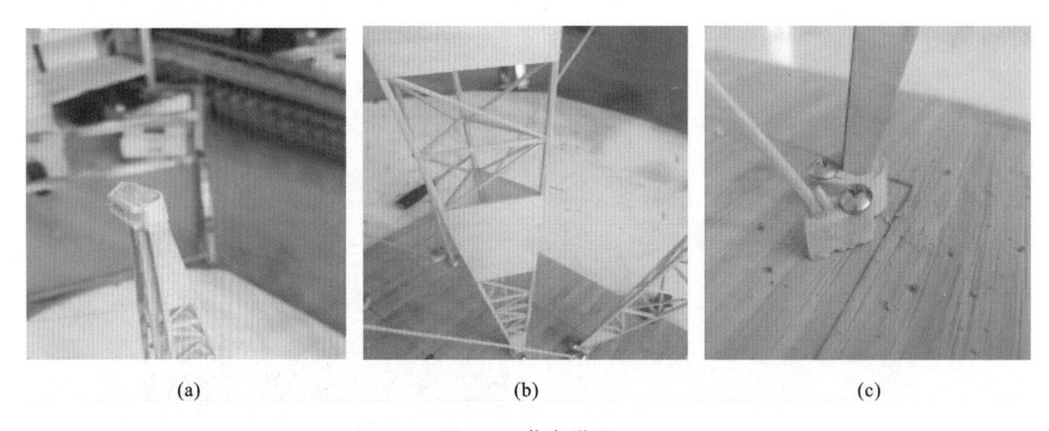

(a) (b) (c)

图 1-3　节点详图

(a)杆顶节点；(b)蒙皮节点拉带；(c)拉条节点

2　内蒙古农业大学

作品名称	砼行
参赛学生	贾　斌　李春颖　余亚兵
指导教师	裴成霞　李　平

2.1　设计构思

我们研究了空间桁架计算模型在多种工况作用下的位移、应力、弯矩等结构响应，总结了计算模型对输电塔弹性分析的影响规律，给出了输电塔位移、应力和弯矩计算中模型的选取分析，还考虑了竹材的应变硬化特性，开展了输电塔极限承载力和失效模式的研究，最终结果表明，考虑材料应变硬化（滴 502 胶水使竹材应变硬化）后，鼓形输电塔结构极限承载力较不考虑硬化计算值提高至少 6%；“干”字形输电塔结构极限承载力较不考虑硬化计算值提高至少 11%；结构失效模式则与不考虑硬化基本相同。

2.2　选型分析

选型 1：结构整体分为上部结构和下部结构两部分，上部结构由一个高挂点（四根三角杆结合而成）、两个低挂点（两根水平悬挑杆件及两根斜撑杆件撑起）以及多数受拉 T 形梁组成；下部结构分为两层，将上部荷载传递到柱脚再传递到基础位置。

选型 2：在选型 1 的基础上进行了部分修改。结构整体分为上部结构和下部结构两部分，上部结构由一个高挂点（四根三角杆结合而成）、两个低挂点（两根水平悬挑杆件及两根斜撑杆件撑起）以及多数受拉 T 形梁组成；下部结构分为三层，其中有两层为竖向交叉斜杆分层，起承上启下的作用，将上部荷载传递到柱脚再传递到基础位置，在最后一层柱脚层，采用倒三棱锥形点式柱脚，柱脚层分为三小层，都使用 T 形梁进行拼接，这样的柔性层可以有效地进行结构内力的传递，还可以较大地减轻结构自重。

表 2-1 列出了两种选型的优缺点。

表 2-1　**结构选型对比**

选型方案	选型 1	选型 2
优点	模型与实际结构相结合，考虑到了多重因素的影响，具有良好的整体性能	结构简单、对称，可减小偏心作用，并具有良好的整体性，柱脚位置有所改良，具有良好的抗拔效果
缺点	零杆过多，层间距过大，易失稳，柱脚连接基础部分抗拔效果较差	仅针对最危险的旋转角度和加载工况进行了结构的选型，虽然对其他旋转角度和加载工况也适用，但需进一步优化处理

综合对比选型 1 和选型 2，最终确定选型 2 为我们的参赛模型，模型效果图及实物图如图 2-1 所示。

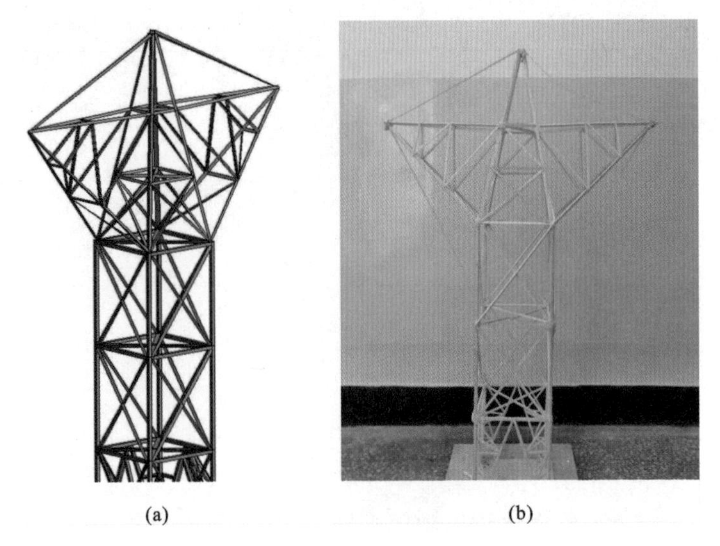

(a) (b)

图 2-1　选型方案示意图

(a)模型效果图；(b)模型实物图

2.3　数值模拟

基于有限元分析软件 SMSolver、Revit 建立了结构的分析模型，第三级荷载作用下计算结果如图 2-2 所示。

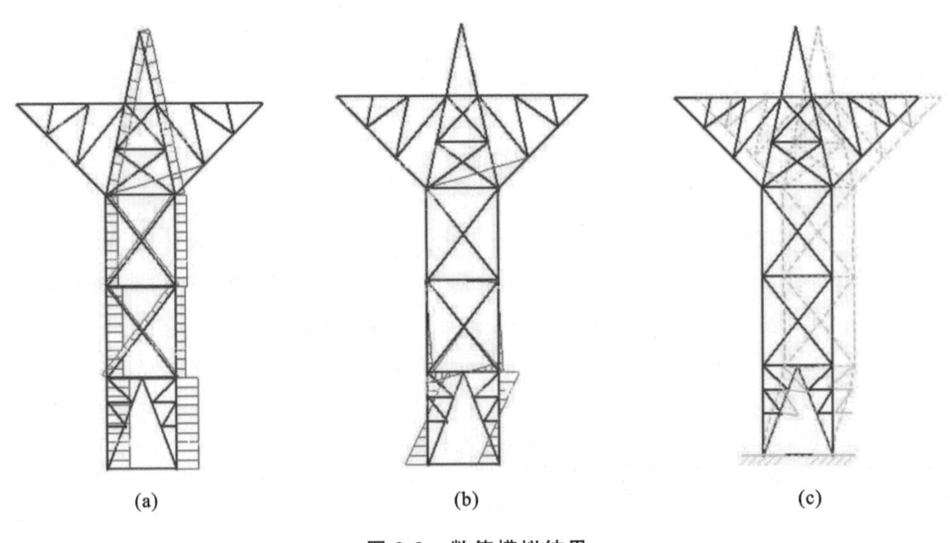

(a) (b) (c)

图 2-2　数值模拟结果

(a)内力图；(b)应力图；(c)变形图

2.4 节点构造

节点是模型制作的关键部位，本模型部分节点详图如图 2-3 所示。

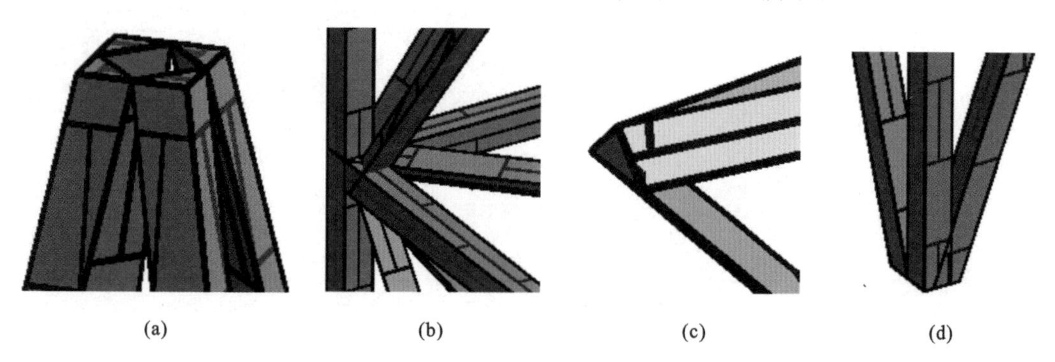

(a)　　(b)　　(c)　　(d)

图 2-3　节点详图

(a)高挂点节点；(b)主框架节点；(c)低挂点节点；(d)柱脚节点

3 同济大学

作品名称	神奇海螺
参赛学生	李政宁　杨瀚思　韩卓辰
指导教师	郭小农

3.1 设计构思

本次竞赛题目有0°、15°、30°、45°四种下坡门架旋转角度，以及四种导线加载工况，情况十分复杂。为解决该问题，计算某一旋转角度各加载工况下的内力包络图，例如当旋转角度为0°时，计算得到A、B、C、D四种工况下杆件内力包络图，并依据包络图进行杆件设计。

导线的形状对荷载的水平与竖直分量有很大影响，影响导线形状的因素包括导线长度、挂点位置、结构变形。因此，采用Rhino软件中的Grasshopper插件，通过调节导线长度，模拟导线的真实状态，从而得出荷载各方向分量，用于计算杆件内力。因尺寸限制，模型高宽比较大，模型整体变形较大，对导线的影响不可忽略。因此，在Grasshopper中对导线与结构进行整体分析，不单独导出荷载进行内力计算，计算原理为建立空间桁架模型，通过杆件刚度和轴向变形计算杆件内力。

因模型制作前导线加载工况未知，杆件受力状态难以确定，故按受压设计杆件较多，模型主体部分构件采用圆形截面，圆管可减小稳定问题对承载能力的削弱影响。

3.2 选型分析

选型1：本模型分为主塔及侧塔两部分，其中主塔为三棱锥，侧塔上的低挂点均偏向门架一侧。因不同工况下导线布置会使得模型整体顺时针或逆时针扭转，当低挂点均偏向门架一侧时，结构对称，两种扭转情况下杆件内力对称。

选型2：本模型分为主塔及侧塔两部分，其中主塔为四棱锥，侧塔上的2个低挂点分别偏向上坡门架及下坡门架。

表3-1列出了两种结构选型的优点与缺点，并进行了有效对比，为结构选型提供依据。

表 3-1　　结构选型对比

选型方案	选型 1	选型 2
图示		
优点	构件数量少，受力明确，适用于不同工况	轴力较小
缺点	轴力偏大	支撑数量多，难以保证柱底均在同一平面，仅适用于某一扭转方向

综合对比选型 1 及选型 2，考虑到确定下坡门架旋转角度后，导线加载工况仍未确定，还有四种可能，慎重起见，最终确定选型 1 为我们的参赛模型，模型效果图及实物图如图 3-1 所示。

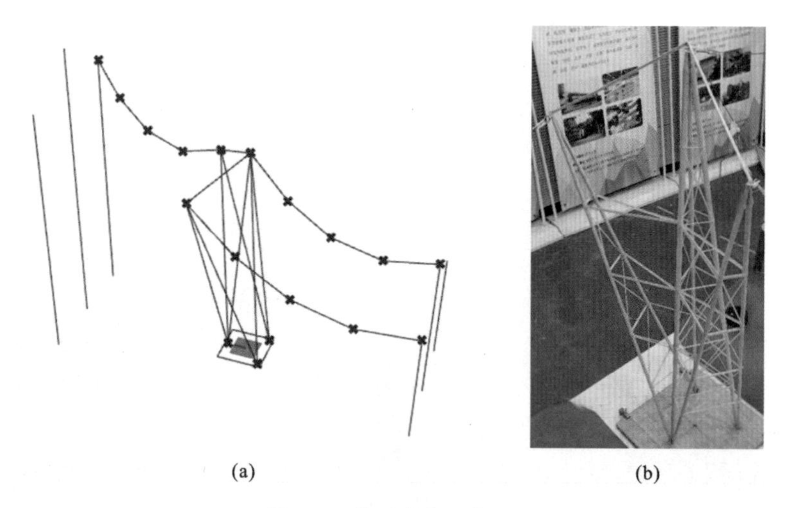

(a)　　(b)

图 3-1　选型方案示意图

(a)模型效果图；(b)模型实物图

3.3　数值模拟

基于 Rhino 软件建立了结构的分析模型，杆件编号及各级荷载下变形图如图 3-2 所示，各级荷载内力见表 3-2。

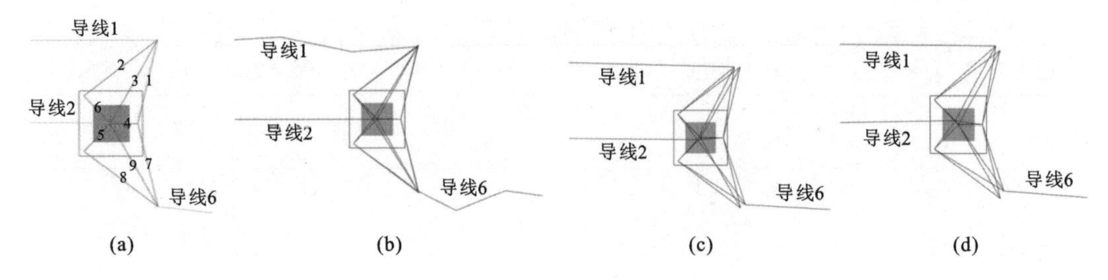

图 3-2 杆件编号及各级荷载下变形图

(a)杆件编号;(b)一级荷载下变形图;(c)二级荷载下变形图;(d)三级荷载下变形图

表 3-2 **各级荷载内力**

杆件编号	一级荷载内力/kN	二级荷载内力/kN	三级荷载内力/kN
1	0	189.9	197
2	0	−249.6	−257.8
3	0	−6.8	−7.3
4	481.8	380	379.6
5	−293.7	−53.9	−622.2
6	−293.7	−445.5	123.7
7	0	−242.2	−252.6
8	0	240.9	251.9
9	0	38.5	40.7

3.4 节点构造

节点是模型制作的关键部位,本模型部分节点详图如图 3-3 所示。

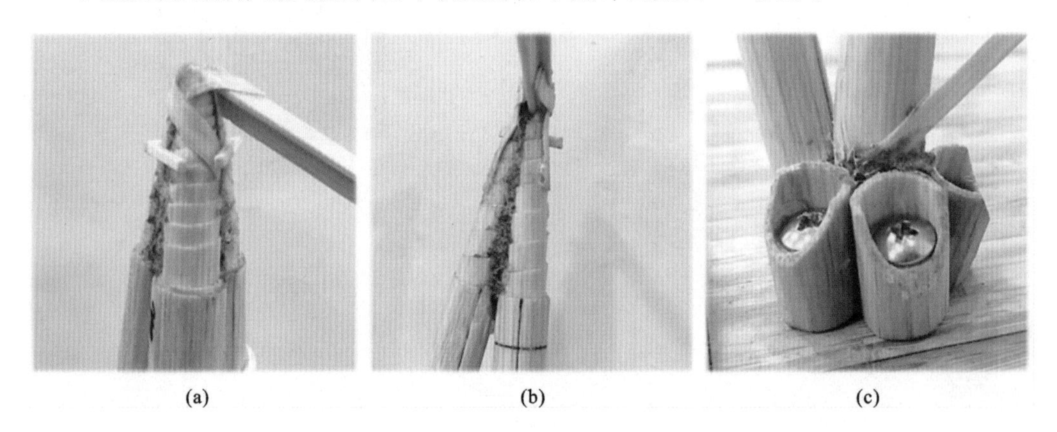

图 3-3 节点详图

(a)主塔连接节点;(b)侧塔连接节点;(c)柱脚节点

4 西藏民族大学

作品名称	康吉塔
参赛学生	刘志军　孙　月　李　昕
指导教师	张根凤　蔡　婷

4.1 设计构思

根据本次赛题的加载工况，模型受到的荷载是扭转荷载，所以整个模型的制作方向是抗扭转而不是抗竖向荷载。模型采用不对称设计，以灵活应对不同的加载工况；采用了粗杆件抗弯，细杆件抗拉，合理利用了材料，提高了抗扭转强度并减轻了模型的质量。我们在模型表面布置交叉斜撑。一方面，交叉斜撑可以限制结构在力的作用下的位移；另一方面，交叉斜撑有利于改善结构的侧向刚度。

结构主体较高，低挂点位置又受高度限制，考虑结构抵抗水平方向的扭转较大，主要在低挂点的下部设置支撑，将荷载传递到结构下部，以减小底部的扭转变形。此外，考虑上坡门架和下坡门架的旋转角度以及模型本身要转向的问题，将模型外伸部分倾斜一定角度。

4.2 选型分析

根据输电塔结构及其受力特点，针对不同受力工况及加载情况进行分析后，我们设计了多个输电塔模型进行比对研究，详见表 4-1。

表 4-1　　结构选型对比

选型方案	选型 1	选型 2
图示		

续表

选型方案	选型 1	选型 2
优点	整体刚度大，比较稳定	自重轻
缺点	整体模型自重大，底部容易受弯破坏	在转动时，斜撑拉压容易发生破坏

综合对比选型 1 和选型 2 的优缺点，最终确定选型 2 为我们的参赛模型，模型效果图及实物图如图 4-1 所示。

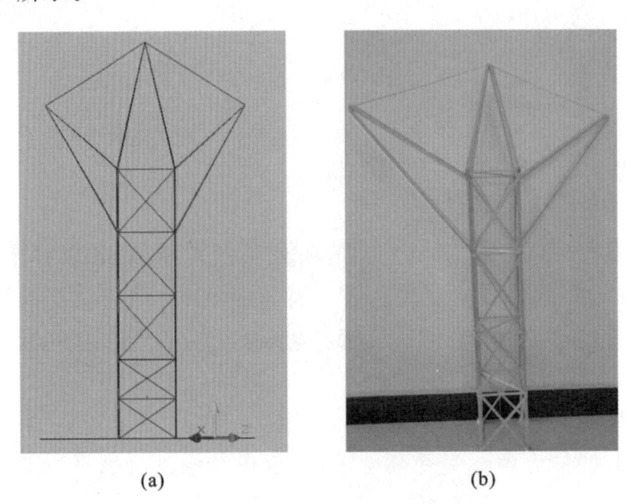

(a) (b)

图 4-1　选型方案示意图

(a)模型效果图；(b)模型实物图

4.3　节点构造

节点是模型制作的关键部位，本模型部分节点详图如图 4-2 所示。

(a) (b) (c)

图 4-2　节点详图

(a)柱顶节点；(b)柱间节点；(c)柱脚节点

5 昆明理工大学

作品名称	箭头
参赛学生	敖志祥　李加波　杨龙琛
指导教师	李晓章　李　睿

5.1 设计构思

在低挂点导线荷载作用下，其水平分量将对输电塔塔身产生扭矩，其力臂越大，扭矩越大；在高挂点导线荷载及侧向水平荷载作用下，其水平分量将对输电塔塔身产生倾覆弯矩，输电塔高度越大，输电塔塔底受弯程度越严重。由于输电塔本身是个高耸结构，常规输电塔构型并非能够承受本次赛题规定的荷载的理想模型，因此，我们从消除扭矩、减少受弯的角度来构思和优化模型。

从结构形式而言，受某体育馆屋架结构的启发，并借鉴拉线V形输电塔的结构形式，我们拟采用"拉索＋桁架柱"的形式进行输电塔模型构建，以拉索受拉、桁架柱受压来抵抗导线荷载产生的扭矩和倾覆弯矩。

从受力优化而言，高挂点可以适当上移，尽可能靠近上侧低挂点。这样设置水平荷载起到部分抵消作用，从而改善输电塔受扭状态。

5.2 选型分析

根据输电塔结构及其受力特点，针对不同受力工况及加载情况进行分析后，我们设计了多个输电塔模型进行比对研究，详见表5-1。

表5-1　结构选型对比

选型方案	选型1	选型2
图示		

续表

选型方案	选型1	选型2
优点	模型结构对称、工整；安装比较方便	模型两柱分离，制作方便，且受力不相互干扰，以轴心受压为主，材料利用率较高。低柱与拉索张角较大，有利于受力
缺点	两柱需进行X形拼装，制作比选型2复杂；两柱受力相互干扰，柱内还受少量扭矩、弯矩作用；单侧导线荷载作用下，低柱受力较为不利	安装不便

综合对比以上两种选型的优缺点，最终确定选型2为我们的参赛模型，模型效果图及实物图如图5-1所示。

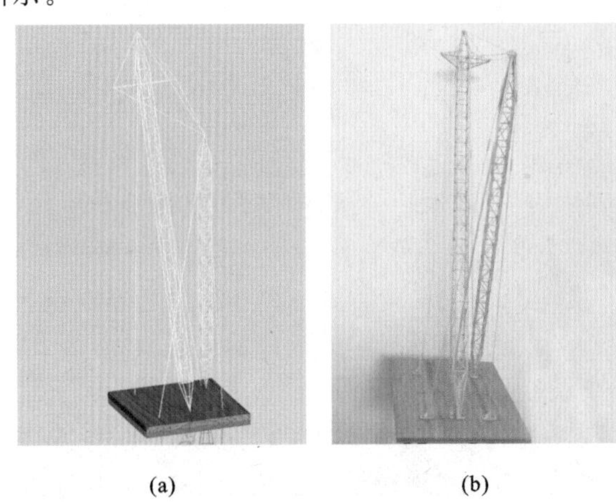

(a)　　(b)

图5-1　选型方案示意图

(a)模型效果图；(b)模型实物图

5.3　数值模拟

基于有限元分析软件MIDAS Gen建立了结构的分析模型，第三级荷载作用下计算结果如图5-2所示。

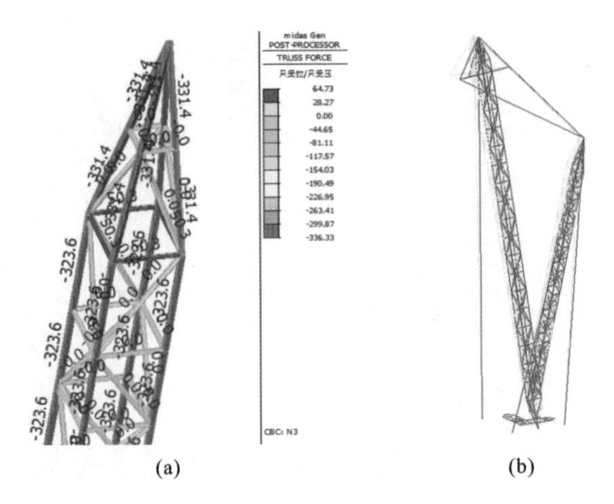

(a)　　(b)

图5-2　数值模拟结果

(a)轴力图；(b)变形图

5.4 节点构造

节点是模型制作的关键部位，本模型部分节点详图如图 5-3 所示。

(a) (b) (c)

图 5-3 节点详图

(a)悬挑节点；(b)柱顶节点；(c)柱脚节点

6 烟台大学

作品名称	烟雨楼台
参赛学生	胡尊国　赵庆兵　李玥宁
指导教师	曲　慧　刘人杰

6.1 设计构思

本次竞赛题目要求先抽取下坡门架的旋转角度，模型制作完成后再抽取加载工况。于是首先要针对下坡门架旋转角度进行构思。对于不同的旋转角度，模型会有相应的变化，由于制作完模型后才抽取加载工况，所以不知道荷载的扭转方向，即做出的模型应该同时应对顺时针与逆时针的扭转方向。下坡门架旋转角度越大，对于顺时针扭转的导线加载工况越不利。当旋转角度较小时，模型受到的荷载偏向于水平扭转荷载；当旋转角度较大时，模型受到的荷载则偏向于侧向水平荷载，模型底部弯矩更大。四种不同的导线加载工况都是对塔身施加扭转作用力，通过斜向受拉及受压构件来抵抗扭矩。但是四种工况的受力作用面又各有不同，同时在不同的工况下模型受到三级荷载的影响不同，应针对不同的工况对模型做出一定的调整。

在选取结构形式的过程中我们发现空间桁架结构、网架结构、框架结构各有特色，需要对这些结构采用 3D3S 软件进行建模并分析，根据计算结果选出最优方案。

综合对比各结构的特点发现，使用空间桁架结构可以节约大量材料以减轻自重，受力明确、简单，故我们最终选取空间桁架结构作为设计方案。

6.2 选型分析

选型 1：三柱格构式空间桁架结构。采用五层横隔，在保证自重的同时，将单根柱腿的计算长度设计得尽可能短，因为需要抵抗顺时针与逆时针两个方向的扭矩。全部采用受拉构件抵抗二级荷载。

选型 2：四柱格构式空间桁架结构。斜向构件全部采用受拉构件抵抗扭矩。与选型 1 结构类似，不过横隔截面采用矩形截面，柱腿采用四条腿，结构对称，能够更好地应对一级荷载和三级荷载，保证不会出现单根腿受压的情况，不会因为柱腿受压而失稳破坏，同时从低挂点传来的扭矩可以均匀地分摊到两个面上，不会使塔身有偏心受压。为了减轻自重，横隔减少到四层，柱腿计算长度有所增加。

选型 3：四柱格构式空间桁架结构。斜向构件采用受拉及受压双向杆件抵抗扭矩。采用三层横隔，柱腿计算长度很大，但是因为加了斜撑，结构刚度增大，稳定性也有很大的提高，极大地限制了结构的变形。斜撑还有助于抵抗一级、三级荷载，同时能够更好地传递塔身的扭矩到底板，因为塔身杆件传力的效果始终不如斜撑传力的效果好。

选型4:格构式空间桁架结构。二级荷载与一级、三级荷载分开,不靠塔身传递扭矩。这种选型与前三种不同,是危险度最高的一种选型,理论上说方案是行得通的,而且是传力最明确、最简洁的一种,将二级荷载产生的扭矩直接传到底板上,避免塔身受扭破坏。但是又有很多不可控因素,节点破坏的概率大大增加,同时在转接处不好处理,如果控制不好转接处伸出的单根杆的角度,就容易产生弯矩,而非受到纯轴压,产生弯矩杆固定端破坏的概率又会增加。根据模型图可以估计模型自重大大减轻,截面面积减小,横隔层数增加,刚度增大,抵抗一级、三级荷载能力增强。

表6-1列出了各种不同结构选型的优点与缺点,并进行了有效对比,为结构选型提供依据。

表6-1 **结构选型对比**

选型方案	选型1	选型2	选型3	选型4
图示				
优点	塔身横截面具有较强的稳定性,横隔五层,竖杆计算长度小、刚度大,结构构件较少,质量轻,传力简单	对材料性能的利用更加充分,自重更轻,对称变形更小,抵抗一级、三级荷载能力增强	变形较小,稳定性好;斜撑传递扭矩更加合理,整体刚度增加,提高抗变形能力	传力最简单、直接,材料利用率最高,自重最轻,整体刚度最大
缺点	某一柱腿单独承受结构整体全部荷载的拉压力,二级荷载下结构变形太大	受拉构件均采用竹皮抵抗扭矩,造成结构整体变形较大;施加预应力的大小不易掌控,不够均匀	竖杆计算长度太大,刚度不大,构件利用率相对较低	节点太多,不可控因素最多,破坏概率高;节点处不易处理

综合对比上述各选型的优缺点,最终确定选型3(四柱格构式空间桁架结构)为我们的参赛模型,模型效果图及实物图如图6-1所示。

6.3 数值模拟

基于3D3S软件建立了结构的分析模型,第三级荷载作用下计算结果如图6-2所示。

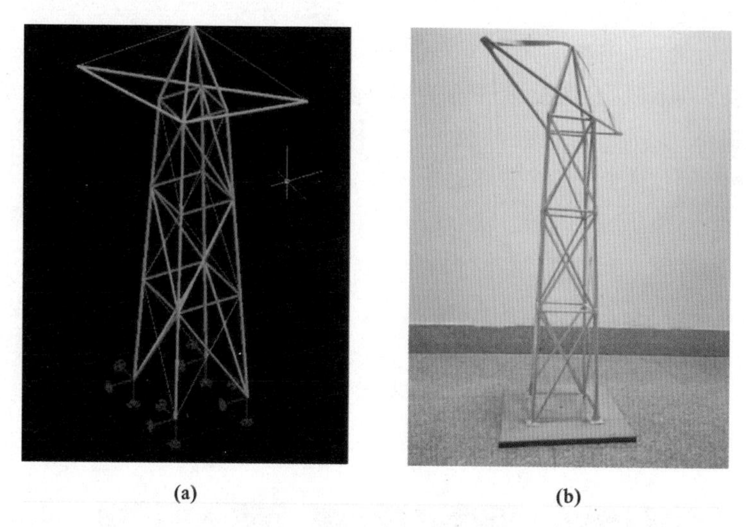

(a) (b)

图 6-1　选型方案示意图

(a)模型效果图；(b)模型实物图

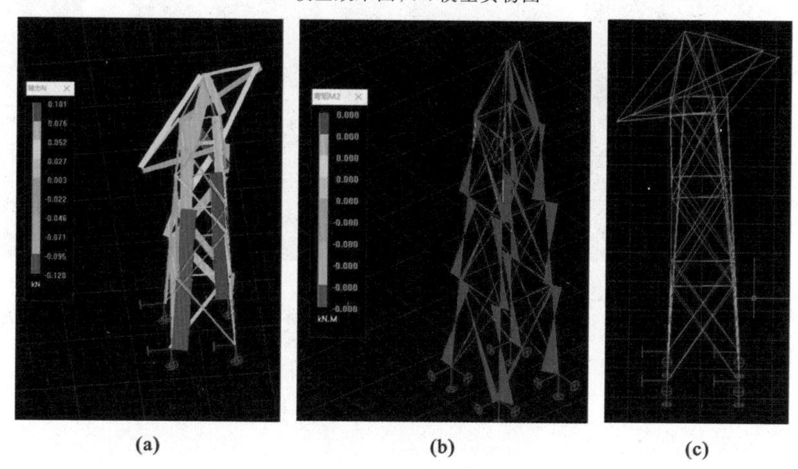

(a) (b) (c)

图 6-2　数值模拟结果

(a)轴力图；(b)弯矩图；(c)变形图

6.4　节点构造

节点是模型制作的关键部位，本模型部分节点详图如图 6-3 所示。

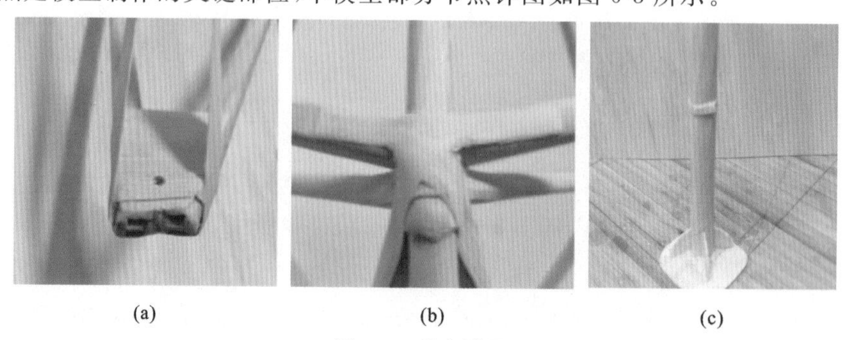

(a) (b) (c)

图 6-3　节点详图

(a)低挂点节点；(b)腹杆节点；(c)柱脚节点

7 长江大学

作品名称	稳
参赛学生	郭 正 罗布扎西 刘宇浩
指导教师	郝 勇 李 振

7.1 设计构思

竞赛所设计结构方案必须满足赛题的基本要求，同时从安全、轻质、创新、美观等方面考虑，并且结构能满足各个工况的加载要求，不发生较大变形；下坡门架旋转角度为45°时由于导线角度较大，应调整低挂点斜杆角度大小，可利用竹材抗拉强度较高的特点抵抗三级荷载。

7.2 选型分析

经过分析，我们分别选择了三角形结构体系和四边形结构体系，表7-1中列出了两种选型的优缺点。

表7-1 结构选型对比

选型方案	选型1	选型2
优点	模型稳定、牢固，内部约束应力也较小，同时杆件交叉较少，制作、拼接相对简单	四边形结构体系是一种常见的输电塔结构形式，它的抗弯和抗扭刚度要强于三角形结构体系
缺点	抗扭能力稍差	整体抗失稳能力不如三角形结构体系，但可巧妙运用拉线进行约束

综合对比以上两种选型的优缺点，最终确定选型2为我们的参赛模型，模型效果图及实物图如图7-1所示。

(a)

(b)

图7-1 选型方案示意图

(a)模型效果图；(b)模型实物图

7.3 数值模拟

利用有限元分析软件 MIDAS 2006 建立了结构的分析模型，第三级荷载作用下计算结果如图 7-2 所示。

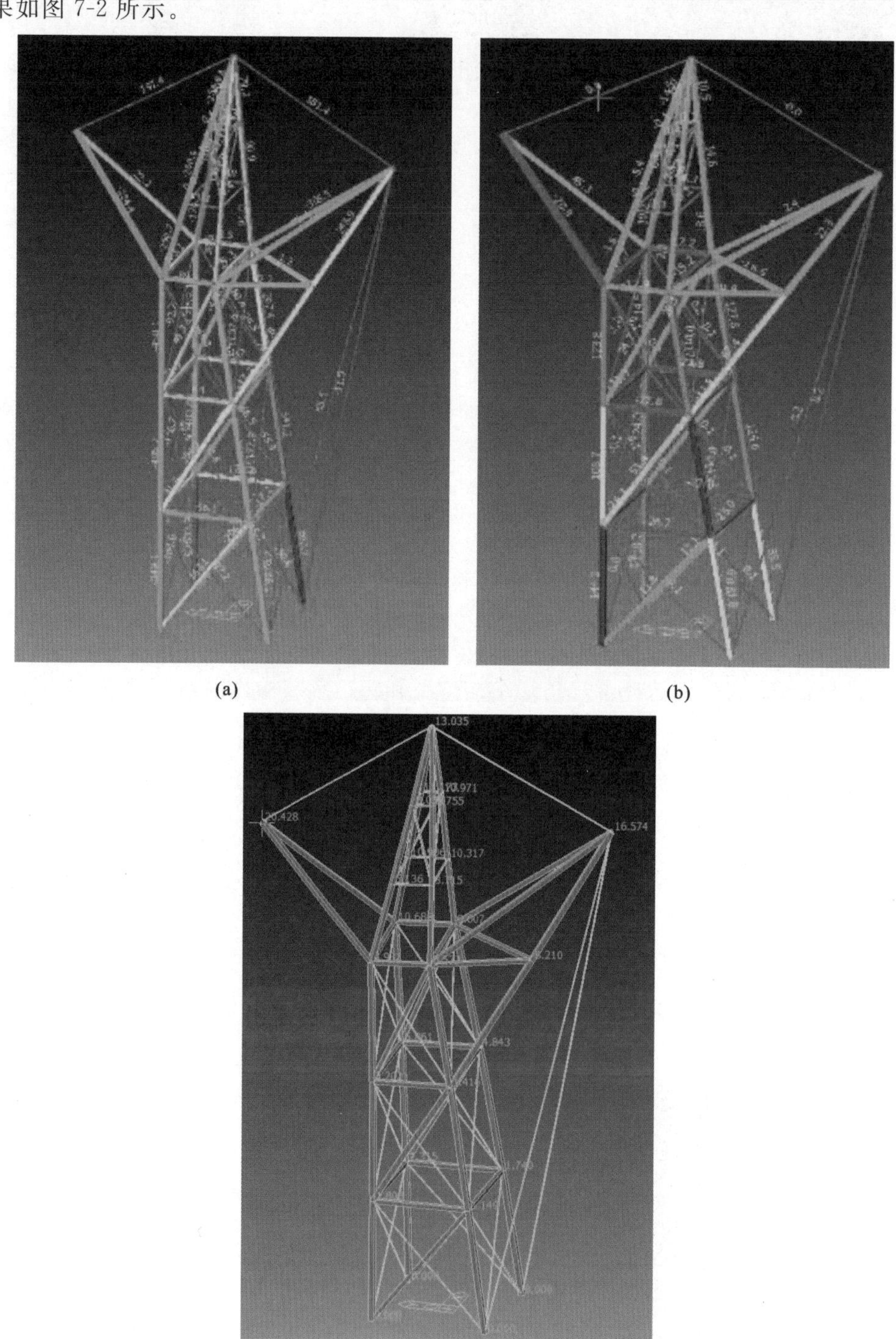

(a)

(b)

(c)

图 7-2 数值模拟结果

(a)轴力图；(b)弯矩图；(c)变形图

7.4 节点构造

节点是模型制作的关键部位，本模型部分节点详图如图 7-3 所示。

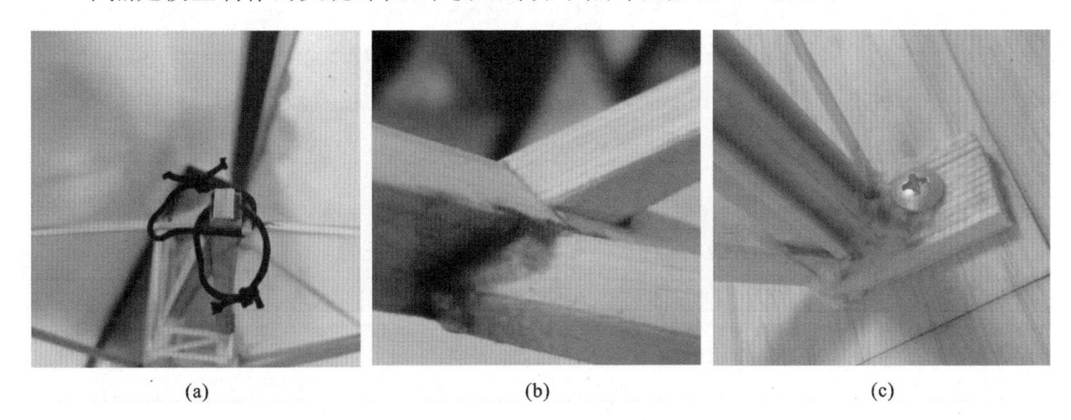

(a) (b) (c)

图 7-3 节点详图

(a)高挂点节点；(b)斜支撑的连接节点；(c)柱脚节点

8 浙江工业大学

作品名称	无名之辈
参赛学生	戴　伟　吴　炯　张哲成
指导教师	王建东　许四法

8.1 设计构思

由赛题要求知：加载的荷载分为竖向荷载和水平荷载，而单个砝码的质量最大为4kg，三级加载最大为10kg，如果模型靠自身的强度去承受荷载，其质量将会很重；若采用前文中提到的拉线“V”字形塔形式，则主要通过拉条来固定模型，承担拉力，从而减轻模型主体结构的压力以及模型质量。由于加载有多角度、多种工况，因此安装时拉条的位置非常重要。

竞赛题目规定，通过抽签决定四个旋转角度中的一个，每个旋转角度有四种(A、B、C、D)工况。试验加载与研究的过程中，我们将模型进行了建模与计算，发现旋转角度为15°、30°和45°的结果相近，所以我们设计两种模型来分别应对旋转角度为0°和15°、30°、45°的工况。

在采用拉线“V”字形塔形式的模型的基础上，我们进行了优化，将“V”形合并为“T”形，四面拉条与地面固定，使输电塔模型更为轻巧。

考虑到二级加载时的扭转力很大，一方面，模型主体必须足够强，能够承受各种内力；另一方面，要将扭转力传递到拉条上，这样模型内力较少，轴向力较大，竖向变形明显，需要足够的强度和刚度来保证构件不发生破坏。三级加载主要是水平荷载，数值为10kg，由于加载点较高，对模型的刚度和强度要求很高，所以仅仅靠模型自身的强度和刚度来抵抗扭转力也是特别困难的，我们同样利用拉条，把扭转力传递到拉条上，让模型所受的内力较小。

8.2 选型分析

结合赛题要求，根据结构稳定、传力合理、材料经济、兼顾美观的基本原则，初步提出几种选型进行对比分析，详见表8-1。

表 8-1　　结构选型对比

选型方案	选型 1	选型 2	选型 3
图示			
优点	可以应对所有的工况，稳定性较好	两个主体互不影响，主体强度可以降低，充分利用拉条承担荷载；利用尖脚避开承受扭矩	模型轻，利用拉条进行限位，利用尖脚避开承受扭矩，充分利用拉条
缺点	用料多、质量大，主体结构完全受扭、受弯和受剪，外形较传统	主体压力大，拉条拉力大，制作耗时长	主柱受力大，容易失稳；拉条上的力较大；制作要求比较高

综合对比以上三种选型的优缺点，最终确定的方案模型效果图及实物图如图 8-1 所示。

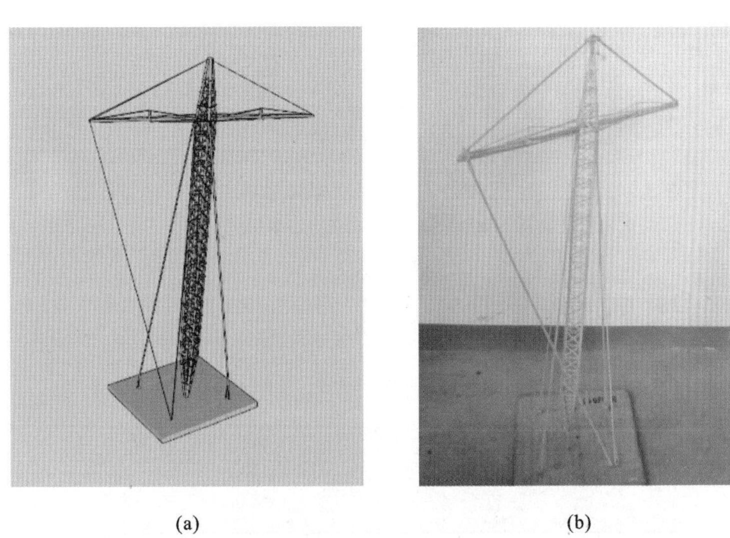

(a)　　(b)

图 8-1　选型方案示意图

(a)模型效果图；(b)模型实物图

8.3　数值模拟

基于有限元分析软件 MIDAS 建立了结构的分析模型，第三级荷载作用下计算结果如图 8-2 所示。

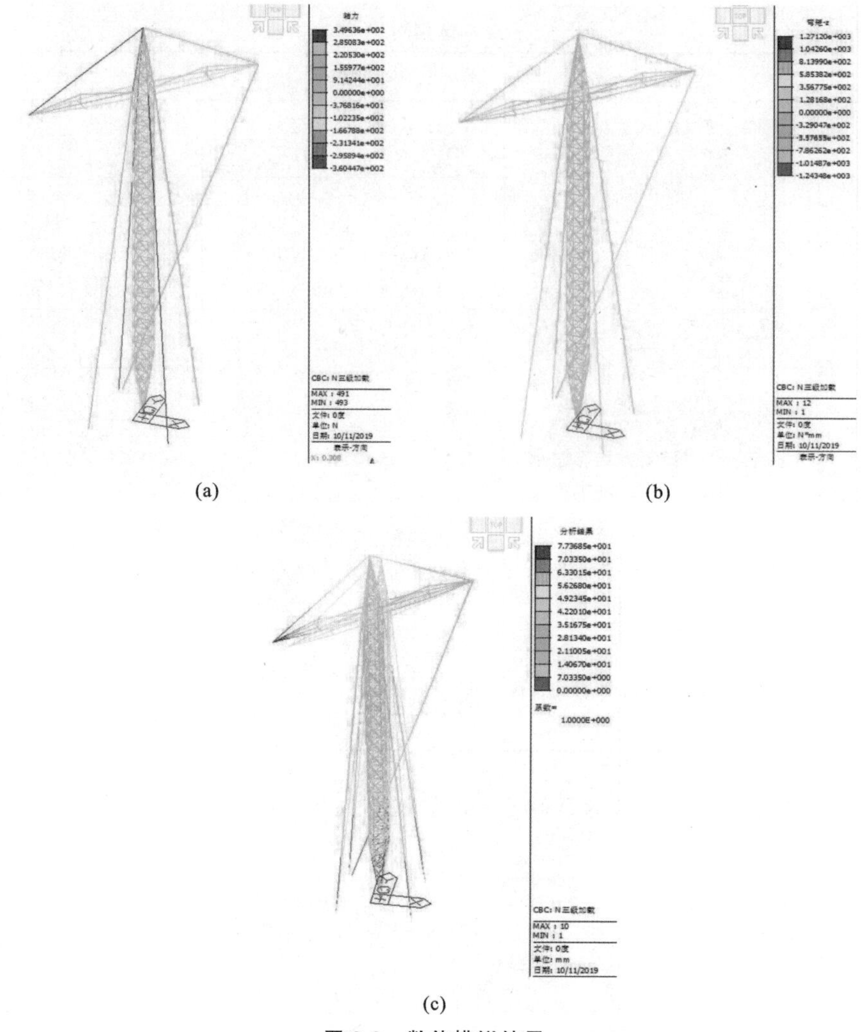

图 8-2　数值模拟结果

(a)轴力图;(b)弯矩图;(c)变形图

8.4　节点构造

节点是模型制作的关键部位,本模型部分节点详图如图 8-3 所示。

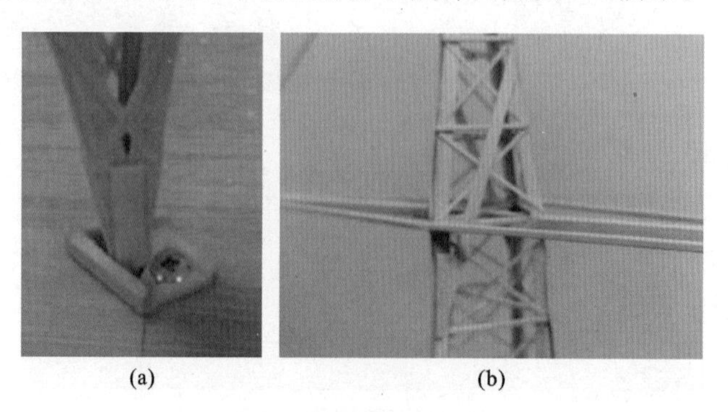

图 8-3　节点详图

(a)柱脚节点;(b)塔身连接处节点

9 西南交通大学

作品名称	架海擎空
参赛学生	杨钰浩　李润霖　梁　杰
指导教师	郭　瑞　周　祎

9.1 设计构思

考虑到竹材所具有的顺纹抗拉能力远大于抗压能力，同时竹皮杆件多为规则的矩形构件，模型承载力要求高，加载工况复杂，不同荷载工况下弯扭应力较大，因此采用非收束筒框架结构。它同时具有较强的抵抗弯曲以及抵抗扭转的特点，能够满足赛题中角度多变以及较大的弯扭组合应力的加载工况，可以承受各个方向上的荷载；框架结构整体性强，稳定性好，整体刚度大，有较高的安全储备，可以有效应对手工制作误差、材料自身缺陷等不可控因素；框架多为规则的对称结构，在模型制作时，大量节点、杆件的尺寸、制作工艺相同，可以节约制作时间，降低拼装难度。

9.2 选型分析

结合赛题要求，根据结构稳定、传力合理、材料经济、兼顾美观的基本原则，初步提出以下几种选型进行对比分析。

选型 1：采用两根受压立柱以及一根受拉立柱和“拉条柱”形成等腰直角三角形基础框架结构。实体框架为三层，层与层之间设立单向斜撑，另一侧设置拉条，拉条与斜撑的交点粘接形成节点，约束斜撑中点水平位移，增加斜撑的压杆稳定性。

选型 2：由三个立柱以及梁来形成等腰三角形基础框架结构，通过立柱三个顶点向上收束形成高挂点，低挂点由前侧一根立柱顶点和后侧立柱顶点外伸至竖向投影扇形区域倾斜 45°处。并在两侧通过各柱顶部设置拉条直接拉至底板最远处，从而大大提高了模型整体的稳定性。

选型 3：沿用了选型 1 的设计思路，对选型 1 的稳定性问题进行针对性改良。实体框架一侧保持不变，将拉条转化为拉杆，由此大大提升了模型受拉刚度，并且四个立柱的对称结构抵抗扭矩的能力远远超过选型 1 和选型 2。低挂点的形式沿用选型 2，保证扭矩为在赛题允许范围内的最小值。在四面体的细长杆件之间，用细小的杆件进行加固，解决压杆失稳问题，提升其稳定性。

表 9-1 列出了各选型的优点与缺点。

表 9-1 **结构选型对比**

选型方案	选型 1	选型 2	选型 3
图示			
优点	模型质量最轻，制作难度最低	稳定性最强，模型刚度中等偏上	稳定性中等偏上，模型刚度最大
缺点	稳定性最弱，模型刚度最小	模型质量最大，制作难度最大	模型质量中等偏上，制作难度中等偏上

综合对比以上三种选型，最终确定选型 3 为我们的参赛模型，模型效果图及实物图如图 9-1所示。

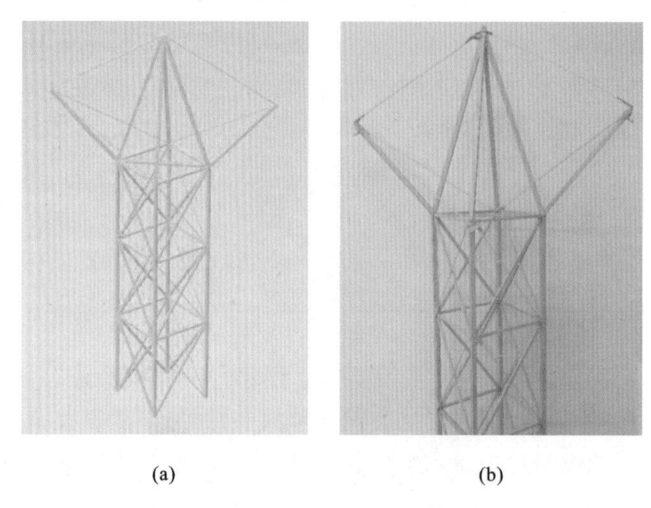

(a) (b)

图 9-1 选型方案示意图

(a)模型效果图；(b)模型实物图

9.3 数值模拟

基于有限元分析软件 MIDAS 建立了结构的分析模型，第三级荷载作用下计算结果如图 9-2 所示。

9.4 节点构造

节点是模型制作的关键部位，本模型部分节点详图如图 9-3 所示。

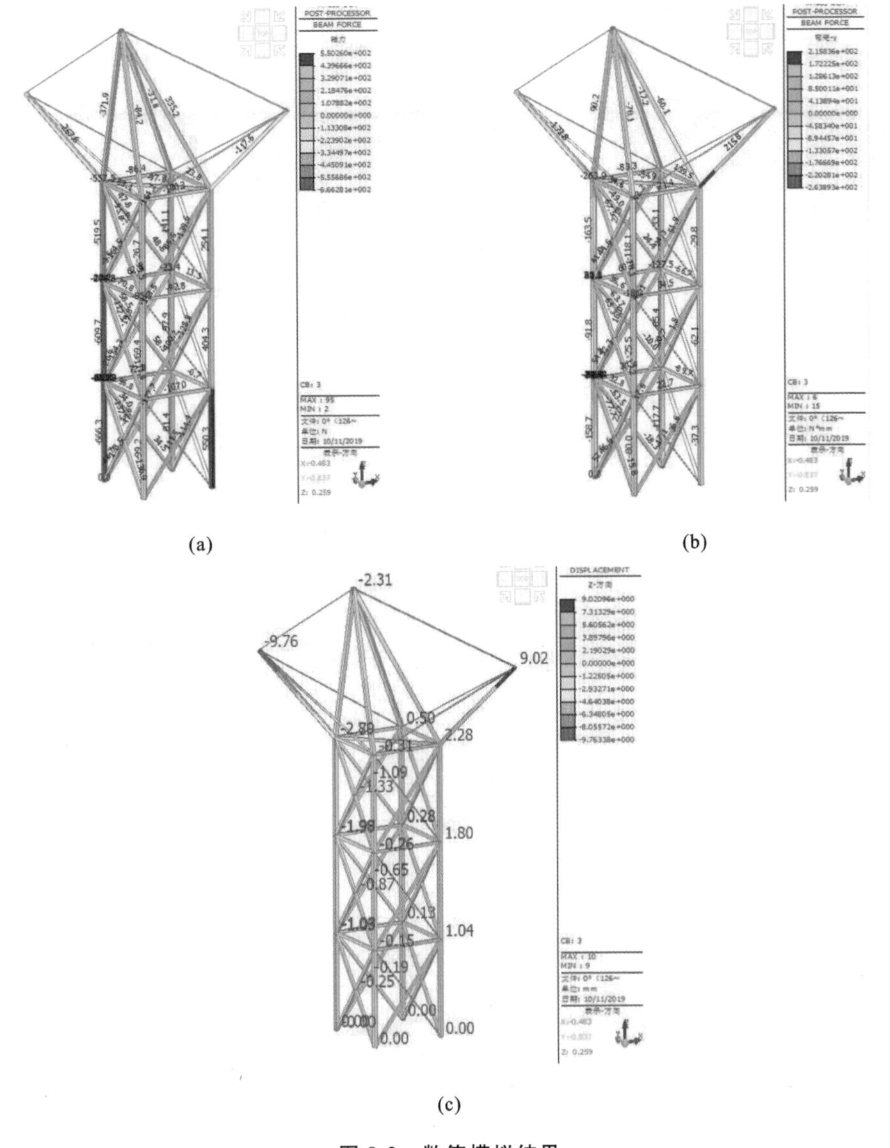

(a)

(b)

(c)

图 9-2　数值模拟结果

(a)轴力图;(b)弯矩图;(c)变形图

(a)

(b)

(c)

图 9-3　节点详图

(a)柱身节点;(b)柱端节点;(c)柱脚节点

10　湖南科技大学潇湘学院

作品名称	竹石
参赛学生	胡香合　帅　念　莫　兰
指导教师	黄海林　李永贵

10.1　设计构思

空间刚架结构具有高强度、高刚度、大空间的优势，同时在视觉上，我们也希望以尽量少的杆件来形成较强大的空间结构。刚开始制作模型时，我们希望制作一个可旋转的单柱模型，单单靠拉条来固定，这种选型需要通过顶升模型张拉拉条来更好地稳定模型，但 2019 年 8 月初新上传的结构竞赛附件中明确规定“底盘圆孔不能用来固定模型”，故难以发挥这种选型的优势。于是我们开始采用传统的格构柱＋悬臂横梁体系，设计从筒体到三柱再到四柱模型，通过大量的试验，从传力途径、模型制作、模型外观、模型承重等多个方面考虑，四柱模型以传力直接高效、空间刚度大、承受弯矩及扭矩能力强、能适用于多种旋转角度和导线加载工况的众多优点，从多个选型中脱颖而出，成为我们的最终方案。模型设计秉持“强柱弱横杆，多用拉条，少用压杆”的理念，主要受力构件布置合理，整体结构体现了轻巧、美观、实用的原则。

“竹石”一名源自清代诗人郑燮的著作《竹石》：“咬定青山不放松，立根原在破岩中。千磨万击还坚劲，任尔东西南北风。”这次的模型是竹制结构，而诗中所表达的正是竹制材料的特性。借用《竹石》中“千磨万击还坚劲”所表达的竹子饱经风霜仍坚挺直立的精神，来传达我们对于竞赛取得好成绩的期望，同时也展示出参赛队员所具有的坚韧不拔、百折不挠的毅力与精神。

10.2　选型分析

结合赛题要求，根据结构稳定、传力合理、材料经济、兼顾美观的基本原则，初步提出以下几种选型进行对比分析，详见表 10-1。

表 10-1　**结构选型对比**

选型方案	选型 1	选型 2	选型 3
图示			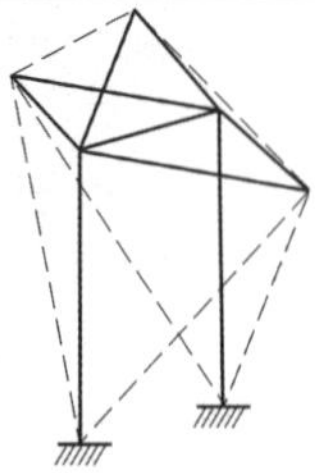

续表

选型方案	选型 1	选型 2	选型 3
优点	能最大限度地利用主材料的抗拉性能，消耗竹材最少，模型最轻	抗扭能力强；竹条能发挥作用，结构合理	刚度大，整体性能好；造型轻巧，材料利用率高
缺点	模型抗扭、抗弯能力较弱，扭转变形大，导线挠度不合格；后期赛题更改，模型无法固定	结构稳定性差；消耗材料较多，模型重；制作难度大	结构稳定性较差；模型固定较困难，制作耗时

选型方案	选型 4	选型 5
图示		
优点	模型整体性能好，稳定性强；节省材料	可减小扭矩作用；材料利用率高；结构对称，受力相对均匀
缺点	制作难度高；受力不均匀，在工况不确定的情况下不适用	对于 30°和 45°中的 A 工况不适用；模型制作耗时长

综合对比上述所有选型的优缺点，经试验后，最终确定选型 5 为我们的参赛模型，模型效果图及实物图如图 10-1 所示。

图 10-1　选型方案示意图

10.3　数值模拟

利用有限元分析软件 MIDAS Gen 进行结构建模及分析，第三级荷载作用下计算结果如图 10-2 所示。

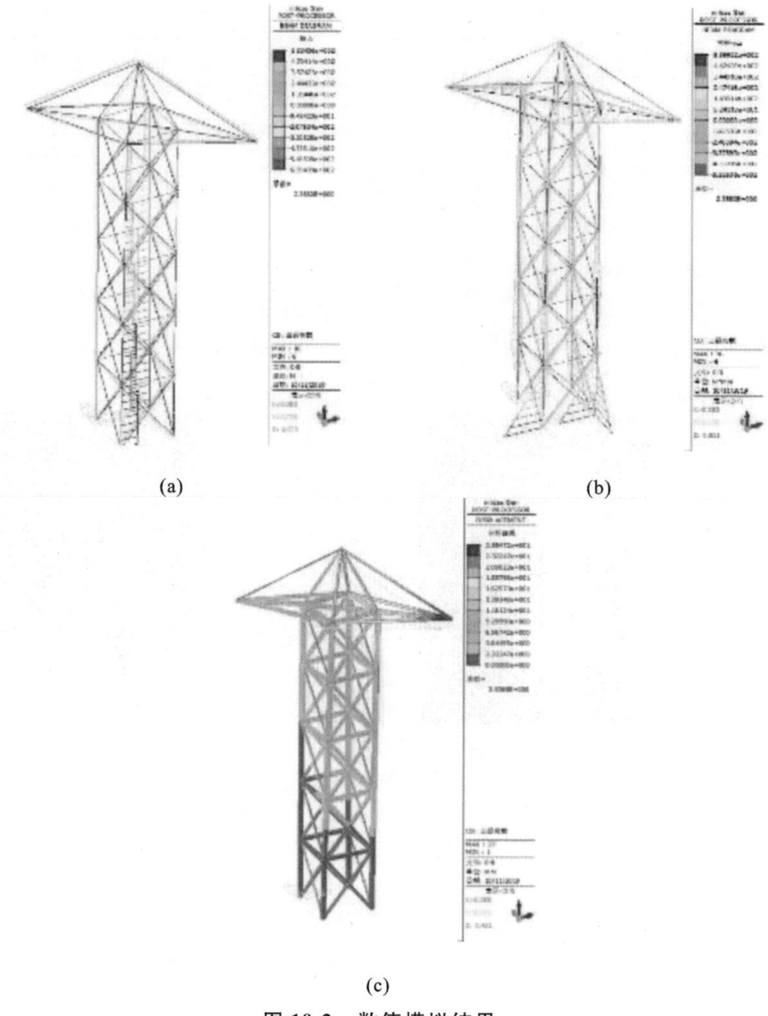

图 10-2　数值模拟结果

(a)轴力图;(b)弯矩图;(c)变形图

10.4　节点构造

节点是模型制作的关键部位,本模型部分节点详图如图 10-3 所示。

图 10-3　节点详图

(a)柱顶节点;(b)拉条和柱体节点;(c)柱脚节点

11 湖南工业大学

作品名称	神龙塔
参赛学生	吴义克　龚兴毓　余亮飞
指导教师	曹　磊

11.1 设计构思

首先应根据赛题要求，分析输电塔结构的受力特点，提出较优的模型方案；然后应了解竹质材料的性能，并分析梁、柱、斜撑等构件的受力类型——拉、压、弯、剪、扭等，是轴心受压还是偏心受压，各构件适合哪种截面结构形式，是制作实心还是空心等；接着根据模型结构布置，确定制作工艺、节点连接顺序和方法；最后，通过有限元软件进行分析，优化结构模型，使结构模型接近竞赛规定的最大加载荷载，同时尽可能地减轻结构的自身质量，力求做到结构设计安全、合理。

11.2 选型分析

根据输电塔结构及其受力特点，针对不同受力工况及加载情况进行分析后，我们设计了多个输电塔模型进行比对研究，详见表11-1。

表11-1　结构选型对比

选型方案	选型1	选型2	选型3
图示			
优点	该模型应用广泛，也较常规，受力明确，抗扭性能较好	结构整体稳定性较好，抗扭性能最好，具有一定的创新性	抗扭性能较好，具有较强的创新性，大幅减轻了质量
缺点	四脚柱结构耗材较多，质量相对较大，创新性一般	耗材最多，质量较重，与底板固定性能较差，容易损坏筒壁而使结构破坏	受力受摆放方向影响，只有1根柱腿受拉或受压

综合对比以上三种选型的优缺点，最终确定选型 3 为我们的参赛模型，模型效果图及实物图如图 11-1 所示。

(a) (b)

图 11-1　选型方案示意图

(a)模型效果图；(b)模型实物图

11.3　数值模拟

基于有限元分析软件 MIDAS Gen 建立了结构的分析模型，第三级荷载作用下计算结果如图 11-2 所示。

(a)

(b)

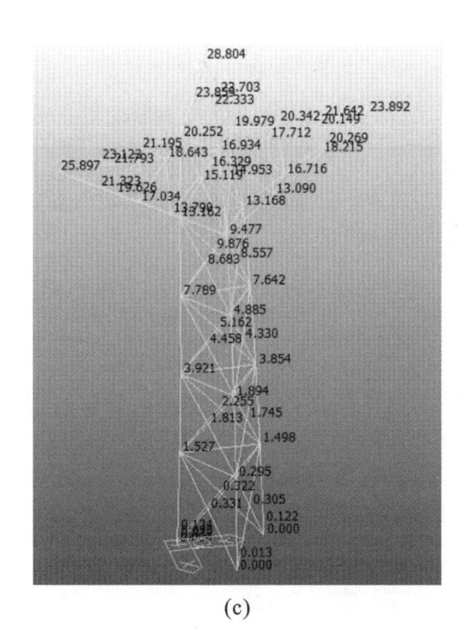

(c)

图 11-2　数值模拟结果

(a)轴力图;(b)弯矩图;(c)变形图

11.4　节点构造

节点是模型制作的关键部位,本模型部分节点详图如图 11-3 所示。

(a)

(b)

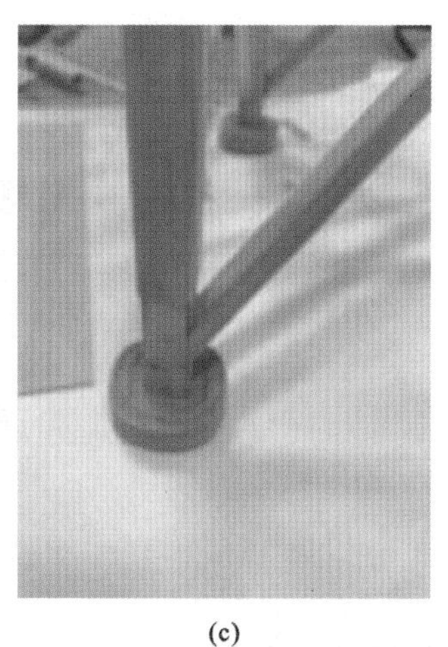

(c)

图 11-3　节点详图

(a)伸臂节点;(b)高挂点节点;(c)柱脚节点

12 石家庄铁道大学

作品名称	太行之巅
参赛学生	范若琪　冀旭康　王宇杰
指导教师	李海云　邓　海

12.1 设计构思

根据本届大学生结构设计竞赛题目所述，本次竞赛内容为承受多荷载工况的空间桁架结构模型设计、制作与测试，模型采用由主办方提供的本色侧压双层复压竹片和竹条并用502胶水黏结而成。对模型结构线形与支撑系统结构形式并无强制要求，只需在给定的空间范围内施加高挂点及低挂点的拉线荷载。

结构模型的加载通过在高挂点和低挂点悬挂导线，并在导线三分点处设置挂钩，采用在挂盘上放置砝码的方式施加垂直荷载，并考虑不同工况和不同旋转角度的加载条件，故要求结构模型具有抵抗一定的竖向荷载、水平荷载和扭矩的能力。通过对竞赛评分计算公式的分析可知，模型质量越轻、承载质量越大，得分越高。

为达到模型质量轻、承载力大、位移小的目的，我们经过多次理论计算与实操试验后，选定了目前的空间桁架结构模型方案。该空间桁架结构模型主要由四根柱、悬挑出来的横担、支承杆件和拉条组合而成。四根柱和横担主要受压，按照轴心受压构件进行计算，采用箱形截面制作。支承杆件受力不大，但要考虑其在扭矩作用下容易失稳的特点，因此截面不能太小，采用箱形截面制作。拉条作为受拉杆件，应充分发挥其怕压不怕拉的特点，截面面积可以尽可能小一些，采用矩形截面制作。

12.2 选型分析

竖向等宽空间桁架体系是我们最先想到的结构方案，结构立面为矩形，各主要受力杆件安装以后均呈水平和竖直状态，制作和安装方便。但从受力角度来看，在受侧向力作用时，该结构可简化为悬臂结构，整个结构所承受的弯矩的特点是上面小、下面大，结构上部和下部可以不等宽，因此，该方案须进一步优化。

通过以上分析，塔形空间桁架体系立面为梯形，下大上小，较为符合悬臂结构的受力特点，具有较好的受力性能和经济性能。横担采用梯形空间桁架体系时，受力性能较好，但低挂点处需要额外增加杆件来传力，因此将其改为三棱锥形空间桁架体系，传力更直接，也能节省一定的材料。

经过多轮理论分析并与试验结果对比后，我们发现横担处的空间桁架结构完全可以用拉索结构代替，其既可以承担拉线传给横担的水平荷载，也可以承担拉线传给横担的竖向荷载。

表 12-1 列出了各选型方案的优缺点。

表 12-1　　结构选型对比

选型方案	选型 1	选型 2	选型 3
优点	制作、安装简单	受力性能好,变形小	充分发挥竹材性能
缺点	竹材耗费较多	竹材耗费较多	结构扭转变形较大

综合对比以上三种选型,根据下坡门架的旋转角度,通过对选型 3 进行调整得到最终结构模型,模型效果图及实物图如图 12-1 所示。

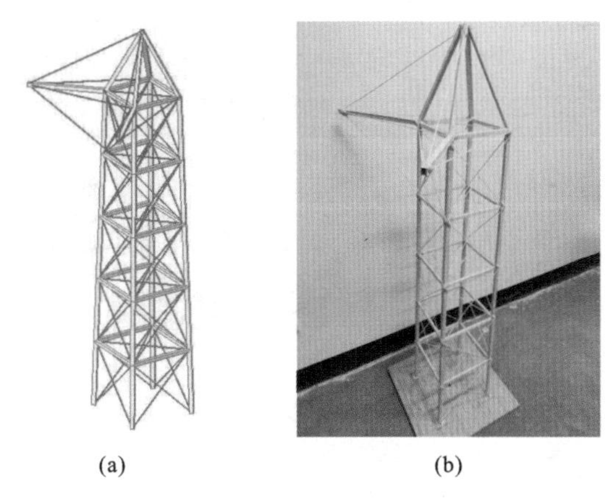

(a)　　(b)

图 12-1　选型方案示意图

(a)模型效果图;(b)模型实物图

12.3　数值模拟

利用有限元分析软件 MIDAS Gen 建立了结构的分析模型,第三级荷载作用下计算结果如图 12-2 所示。

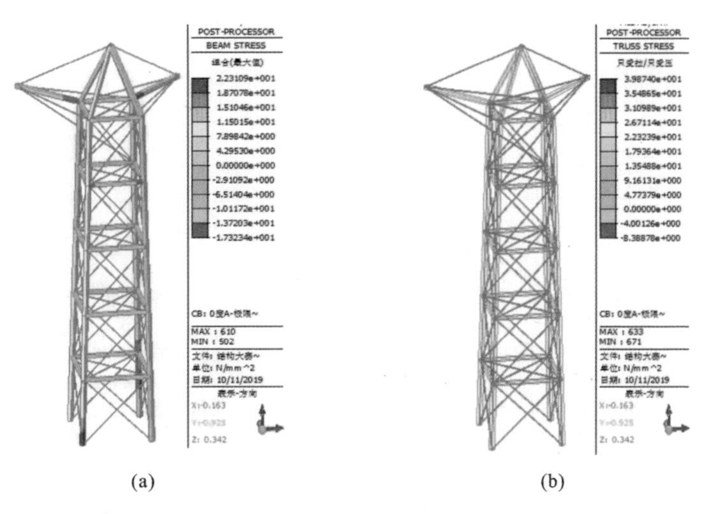

(a)　　(b)

图 12-2　数值模拟结果

(a)梁应力云图;(b)拉杆应力云图

12.4 节点构造

本空间桁架结构模型使用了细竹条，而竹条在节点处的连接尤为重要。采用 502 胶水粘接时，竹条与竹条之间的接触面积较小，为了提高节点强度，在重要节点处通过包裹竹皮纤维滴涂 502 胶水实现加固连接，也可用竹带对节点进行适当加固，并注入 502 胶水，从而提高节点连接强度。各节点连接详图如图 12-3 所示。

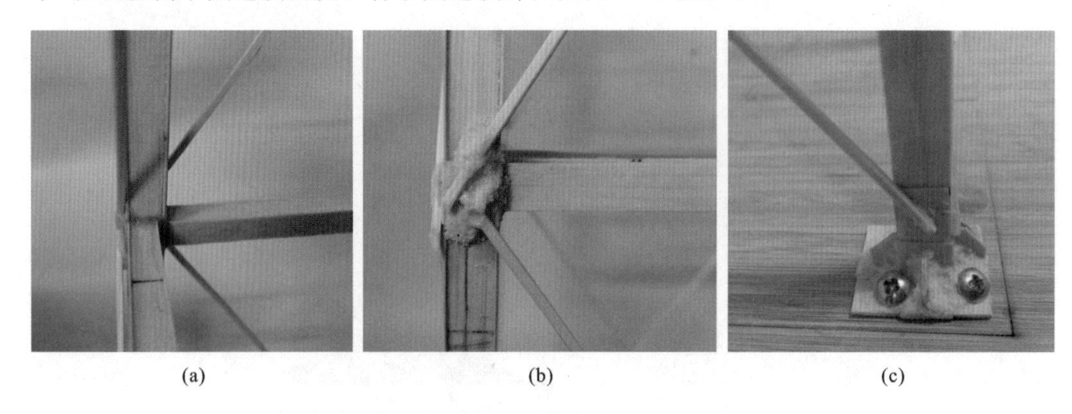

(a) (b) (c)

图 12-3 节点详图

(a)柱与撑杆连接节点；(b)柱与拉条连接节点；(c)刚接柱脚节点

13 宁夏大学

作品名称	大鹏展翅
参赛学生	何　军　黄　爽　吴巧智
指导教师	张尚荣　毛明杰

13.1 设计构思

首先确定整体结构方案，然后确定各自独立的支承体系，最后组成一套完整的空间结构体系。结构设计的基本原则：安全、经济、美观。模型荷重比能够体现模型结构的合理性和材料利用效率，要尽量减轻结构自重，因此结构不能太复杂，传力路径要少，杆件数也要尽量少。由于所提供材料的抗压性能较差，抗拉性能较好，在保证质量轻的前提下，既要满足结构竖向的承载能力，又要保证结构具有足够的抗弯曲、抗扭转和稳定的性能，还要满足水平随动荷载的作用，因此，构件截面主要选择正方形截面。模型制作尽量在"强节点、强构件"的原则下进行，设置合理的支撑来抵抗荷载，避免依靠单一构件来抵抗荷载。

13.2 选型分析

考虑各种工况的适应性，模型制作选取的下部支撑体系未改变，主要是对上部悬臂部分（低挂点）的形式进行优化设计，共选取了两种方案。

选型1：该模型选取下部支撑低挂点的方案进行设计，主要考虑让其施加在低挂点的荷载通过支撑传至竖向支撑柱。在不同工况下，从整体受力情况来看，下部支撑杆件长度较大，加之在某几种工况下模型整体扭转变形较大，容易使下部支撑杆件失稳，同时，通过下部支撑杆件传至柱子的力在节点处不平衡，容易引起柱子变形过大而坍塌。但对于该种结构，由于下部支撑体系的贡献，上部整体结构表现出较大的刚度，上部局部变形较小。

选型2：考虑到选型1表现出的不利情况，该模型主要解决了下部支撑体系易失稳和柱子节点受力不平衡的问题。通过上部拉结措施，将低挂点的荷载产生的内力传至高挂点，且通过较柔的拉结措施释放由低挂点荷载引起的整体结构的扭转变形，减轻了模型的质量。

表13-1列出了选型1和选型2的优缺点。

表 13-1　**结构选型对比**

选型方案	选型 1	选型 2
图示		
优点	上部局部支撑体系低挂点斜向支撑的存在，使上部整体结构刚度较大，上部局部变形较小	自重小，低挂点部分通过上部柔性拉结措施，可以释放部分导致结构整体扭转的变形，竖向支撑柱未附加力的作用
缺点	自重大；低挂点斜向支撑长度较长，易失稳；斜向支撑与柱子形成的节点处易引起较大的变形	上部局部支撑体系低挂点与下部支撑体系的连接处，刚度较小，斜向支撑和柱子变形相对较大

综合对比两种不同的选型，最终确定选型 2 为我们的参赛模型，模型效果图及实物图如图 13-1 所示。

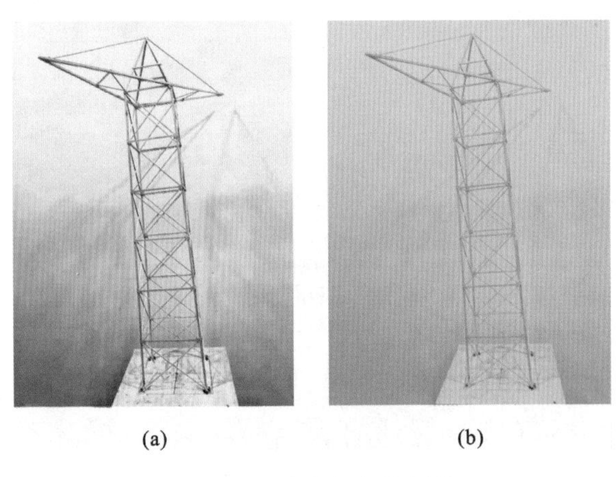

(a)　　　(b)

图 13-1　选型方案示意图

(a)模型效果图；(b)模型实物图

13.3　数值模拟

基于 ETABS 软件建立了结构的分析模型，第三级荷载作用下计算结果如图 13-2 所示。

13.4　节点构造

节点是模型制作的关键部位，本模型部分节点详图如图 13-3 所示。

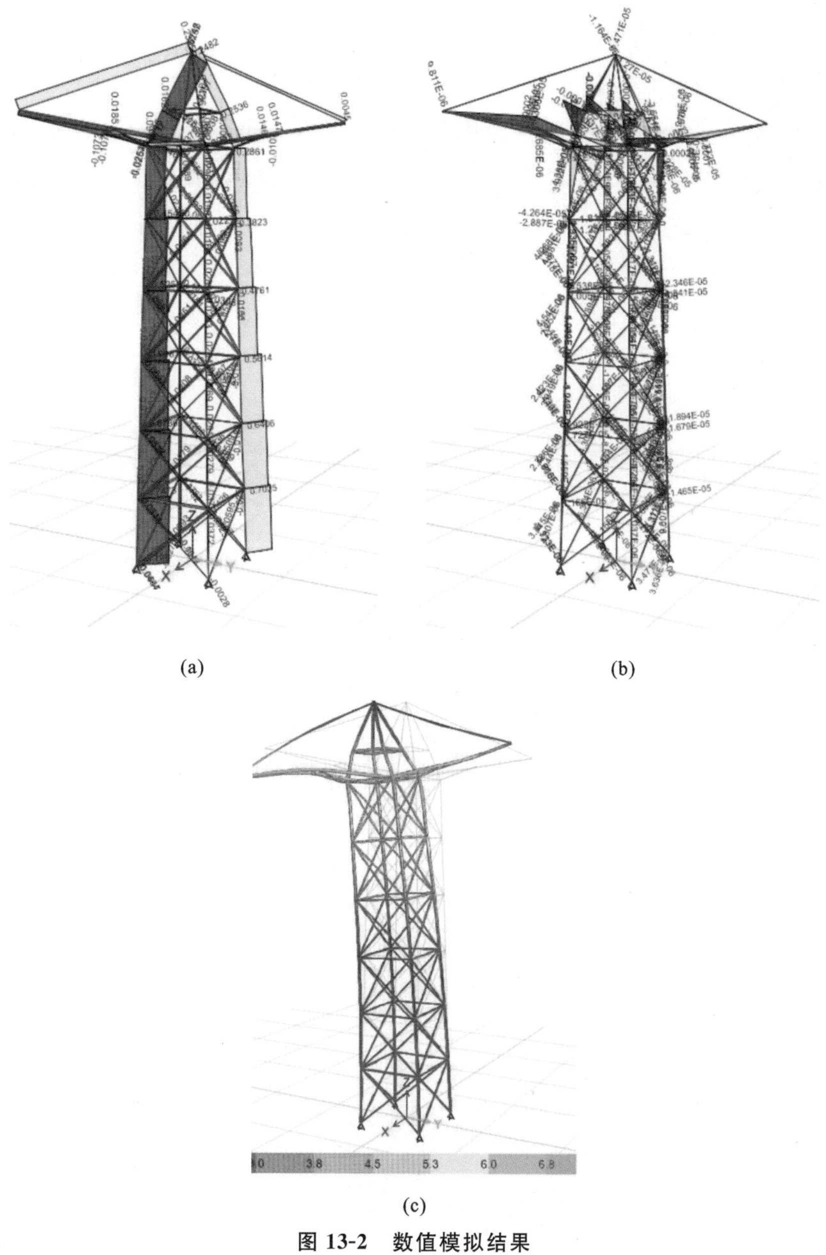

(a) (b) (c)

图 13-2 数值模拟结果

(a)内力图;(b)应力图;(c)变形图

(a) (b) (c)

图 13-3 节点详图

(a)高挂点节点;(b)横梁-柱肢节点;(c)柱脚节点

14 上海交通大学

作品名称	鲲鹏
参赛学生	余 辉 丁 烨 马文迪
指导教师	宋晓冰

14.1 设计构思

本次结构设计竞赛要求设计并制作一个山地输电塔模型，以赛题为出发点，我们对赛题中的设计与制作要求、加载步骤及评分规则进行了仔细的阅读和分析，针对赛题的特点对结构设计方案进行构思。出于高悬臂结构承受弯矩和扭矩的考虑，模型整体的长细比较大，且两个低挂点为悬臂结构。

加载共分三级，一级加载自行选择三根指定导线的一根，在其上所有加载盘内放置砝码，二级加载在剩余两根指定导线上的所有加载盘内放置砝码，三级加载在高挂点处施加侧向水平荷载。分析模型加载工况抽签规则，可以得出：在下坡门架旋转角度确定的情况下，模型须能够承受 A、B、C、D 四种加载工况，因此要求模型的每个杆件都能够承受四种工况中出现的最大内力，需要对四种工况做包络设计。

在模型的两个低挂点和一个高挂点，通过钢导线与上坡门架、下坡门架相连，在导线的四等分点处设置悬挂加载点，一级、二级加载通过在加载盘内放置砝码施加荷载，荷载通过悬索传递到模型上。

悬索的长度可以调整，悬索的角度、跨度和矢高不确定，导致砝码的竖向荷载通过悬索传递到结构上的力也不同。所以可以通过调整悬索的长度、角度、跨度和矢高，尽可能地减小前两级荷载对结构的作用。

14.2 选型分析

结合赛题要求，根据结构稳定、传力合理、材料经济、兼顾美观的基本原则，初步提出以下几种选型进行对比分析。

选型 1：该方案在竖向格构式悬臂的基础上，向三个挂点各伸出四根杆，以抵抗不同工况下悬索来自上下两个方向的拉力。该方案在确定高、低挂点的位置时，对同一个挂点要考虑来自上坡门架与下坡门架两个不同方向荷载的影响，先分别分析两者最优位置，再进行比较、调整，选出尽可能适合四种不同工况的最优挂点位置。

选型 2：该方案综合考虑了每种工况下各个挂点的最优位置，对应上坡门架与下坡门架六个加载点，设置了六个挂点的最优位置，布置挂点基座，上坡门架与下坡门架低挂点的挂点基座由两根压杆和一根拉杆组成，上坡门架的高挂点基座由两根压杆和两根拉杆组成，下坡门架的高挂点基座由一根压杆与两根拉杆组成，而挂点本体采用装配式构造制成“蘑菇头”，每个挂点基座之间相互独立、互不干扰。

选型 3：根据之前不同工况下低挂点位置的比选结果，可发现在大多数旋转角度工况下，低挂点位置尽可能靠近门架，能使得该工况下低挂点受到的水平力尽可能小，从而使得结构所受扭矩尽可能小。而受选型 2 的启发，我们想到可以将两个低挂点设置在限制区域内 45°处的极限位置，从而通过模型安装时底板的旋转，来满足模型对不同加载工况的适配度。

表 14-1 列出了各选型的优点与缺点。

表 14-1　　**结构选型对比**

选型方案	选型 1	选型 2	选型 3
图示			
优点	刚度大，整体性好	低挂点位置最优，结构内力最合理	杆件利用率高，高挂点抵消部分扭矩
缺点	体系内力大，节点构造复杂	较多无效杆件	下坡门架旋转角度增大时低挂点位置不是最合理的

综合对比三种选型，最终确定选型 3 为我们的参赛模型，模型效果图及实物图如图 14-1所示。

(a)

(b)

图 14-1　选型方案示意图

(a)模型效果图；(b)模型实物图

14.3　数值模拟

基于有限元分析软件 Dubal RFEM 建立了结构的分析模型，第三级荷载作用下计算结果如图 14-2 所示。

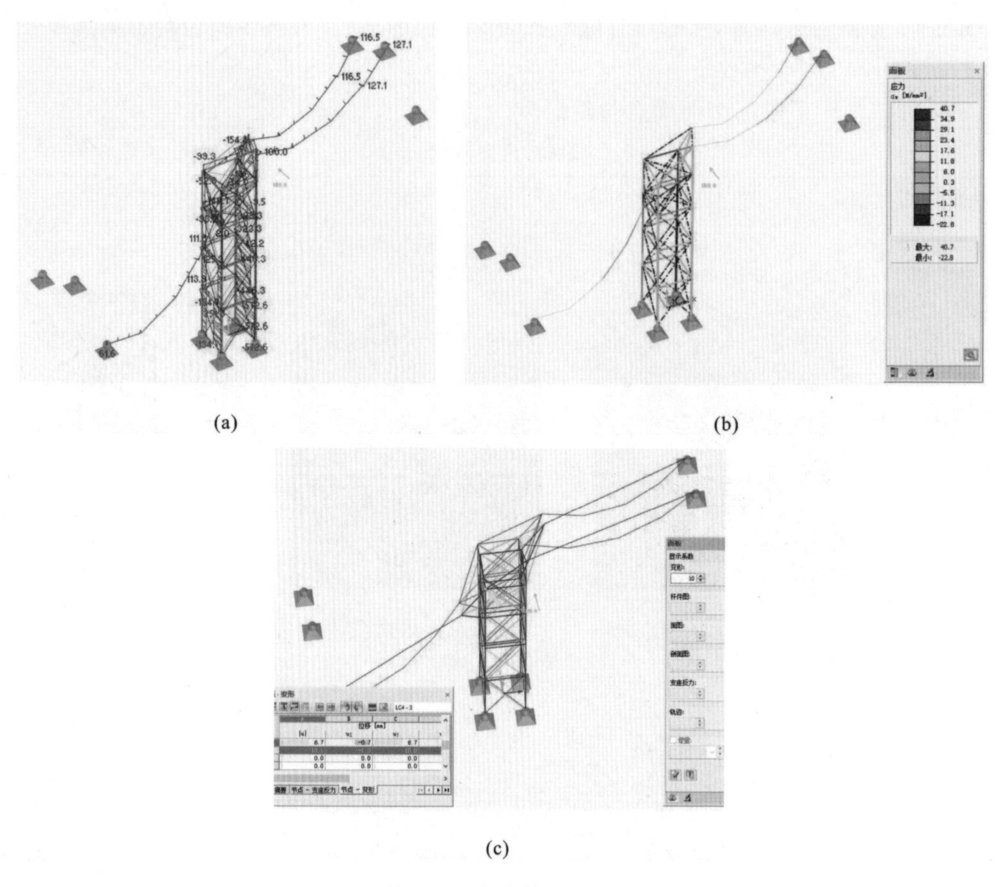

(a)　(b)

(c)

图 14-2　数值模拟结果

(a)轴力图；(b)应力图；(c)变形图

14.4　节点构造

节点是模型制作的关键部位，本模型部分节点详图如图 14-3 所示。

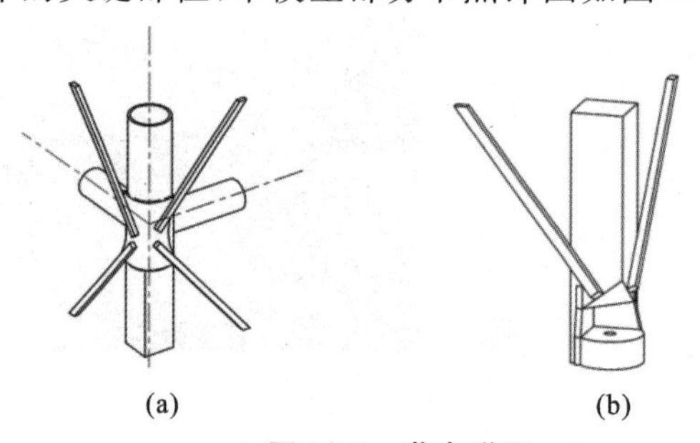

(a)　(b)

图 14-3　节点详图

(a)梁柱节点；(b)柱脚节点

15　四川大学

作品名称	玲珑宝塔
参赛学生	韩芷宸　彭　康　姚　翔
指导教师	艾　婷　陈　江

15.1　设计构思

在满足本次竞赛要求的前提下，通过合理设计，用较少的材料，实现较大的结构强度、刚度，并在加载全过程满足高挂点与低挂点的要求。我们的设计思路如下：

支撑框架结构体系制作工艺简单，传力路径明确、高效，具有较强的抗侧能力和承重性能，是一种良好的结构体系。结构体系中的斜撑、梁、柱等构件功能明确，结构分析简单，便于定量计算。

因此次竞赛规定在模型制作前抽取下坡门架旋转角度，在模型制作完成后才抽取导线加载工况，这种方式极大地增加了比赛的随机性和趣味性，参赛队需要考虑某一模型在 16 种工况下的优劣情况，或者需要事先设计好 4 种模型来对应 4 种下坡门架旋转角度。在多种选择下，如何全面考虑最为重要。在经过多番尝试之后，本参赛队最终决定使用同一种模型以应对 16 种工况。

常规的输电塔塔身都是上小下大的锥形结构，两端悬挑部分端部在主塔身上，或水平或上倾一定角度。然而在前期试验时发现将悬挑部分放在主塔身上，主体结构同时承受压、弯、扭的影响，这对于主体结构的强度要求实在太高，于是决定将悬挑部分下放至柱脚，以降低对于主体结构的承载力要求，优化荷载传递路径。

15.2　选型分析

结合赛题要求，根据结构稳定、传力合理、材料经济、兼顾美观的基本原则，初步提出以下几种选型进行对比分析。

选型 1：下部结构竖直等宽，上部为塔形，悬挑部分上挑。

选型 2：主体结构为塔形，侧向悬挑结构支撑在塔身靠上部分。

选型 3：主体为塔形结构，侧向悬挑旋转 45°，延伸至柱脚。

表 15-1 列出了各选型的优点与缺点。

表 15-1 结构选型对比

选型方案	选型 1	选型 2	选型 3
优点	传力路径简单、明确	质量较轻；模型抗弯承载力强	质量相对较轻；各种工况下承载力均能满足预期要求；造型美观
缺点	若考虑每一种工况则质量较大；有利与不利工况的承载力差别较大；模型组装费时、费力	下部结构仍旧薄弱，承载力无法满足预期要求；不同工况下各杆件的受力极不合理，若要全面考虑，则质量会显著增加	对于各种支撑的粘接要求很高；结构杆件较多，制作工艺相对复杂

综合对比以上三种选型，最终确定选型 3 为我们的参赛模型，模型效果图及实物图如图 15-1所示。

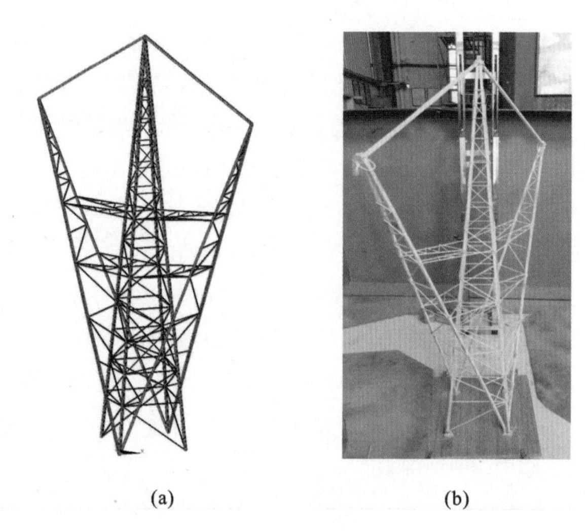

(a) (b)

图 15-1 选型方案示意图

(a)模型效果图；(b)模型实物图

15.3 数值模拟

基于有限元分析软件 ANSYS 建立了结构的分析模型，第三级荷载作用下计算结果如图 15-2 所示。

15.4 节点构造

节点是模型制作的关键部位，本模型部分节点详图如图 15-3 所示。

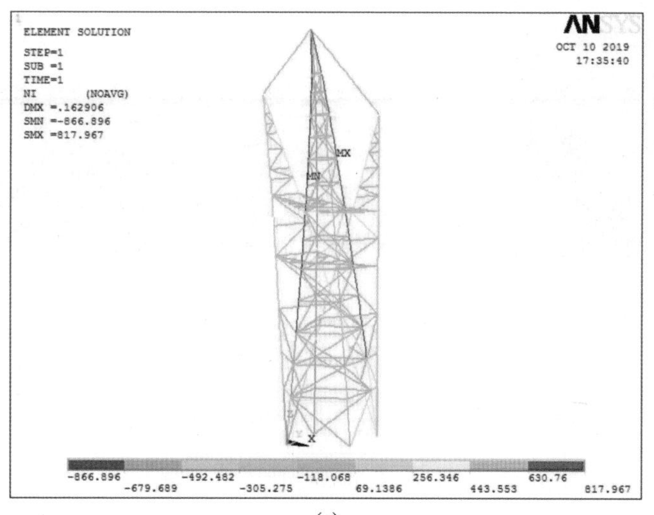

(a)

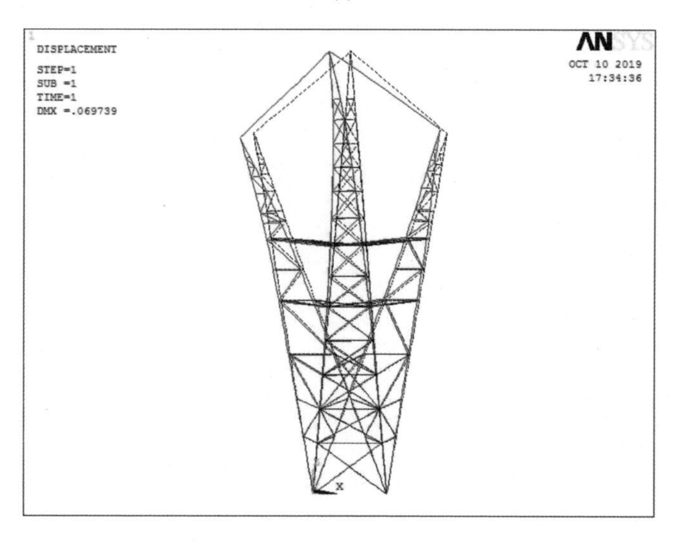

(b)

图 15-2 数值模拟结果

(a)轴力图;(b)变形图

(a) (b) (c)

图 15-3 节点详图

(a)柱顶结构节点;(b)主体结构节点;(c)柱脚节点

16 西藏农牧学院

作品名称	南迦巴瓦
参赛学生	王 营 张 恒 张 越
指导教师	何军杰

16.1 设计构思

本次赛题是关于山地输电塔承受多种荷载工况的结构设计，结构设计方案的选择，在很大程度上取决于结构形式的选择。在追求结构功能和美观的同时，我们着重考虑了结构体系的合理性、材料使用的经济性和制作的高效性。

根据赛题要求，结构所受的三级荷载由对应的加载导线施加，对结构上的加载点有空间位置要求，对结构底部平面尺寸亦有要求。导线加载工况有 4 种，下坡门架旋转角度也有 4 种，在不考虑模型转动的情况下，可能的工况有 16 种，如再考虑模型转动，实际工况数将成倍增加。对应如此多的工况，如何使结构在兼顾美观、经济的同时满足各种加载功能要求，成为我们着重考虑的问题。

16.2 选型分析

结合赛题要求，根据结构稳定、传力合理、材料经济、兼顾美观的基本原则，初步提出以下几种选型进行对比分析。

选型 1：框架结构＋柔性支撑方案。框架结构的梁、柱和高、低挂点撑杆均为箱形截面，框架支撑为斜向支撑，其余位置为柔性支撑。

选型 2：框架结构＋一道刚性支撑方案。框架结构的梁、柱和高、低挂点撑杆均为箱形截面，框架支撑为一道螺旋上升的刚性支撑，其余位置为柔性支撑。

选型 3：框架结构＋两道刚性支撑方案。框架结构的梁、柱和高、低挂点撑杆均为箱形截面，框架支撑为两道反向螺旋上升的刚性支撑，其余位置为柔性支撑。

表 16-1 列出了各选型的优点与缺点。

表 16-1 结构选型对比

选型方案	选型 1	选型 2	选型 3
优点	柔性拉条作为斜向支撑，节省材料	刚性支撑受压的工况下结构位移明显得到控制	不同工况下结构位移都能得到有效控制，框架柱、梁的变形小，强度储备高
缺点	结构加载点位移较大，框架柱和梁受力较大，容易被破坏	适用的工况有较大局限	制作工作量较大，材料消耗较多

综合对比以上三种选型，最终确定选型3为我们的参赛模型，模型效果图及实物图如图16-1所示。

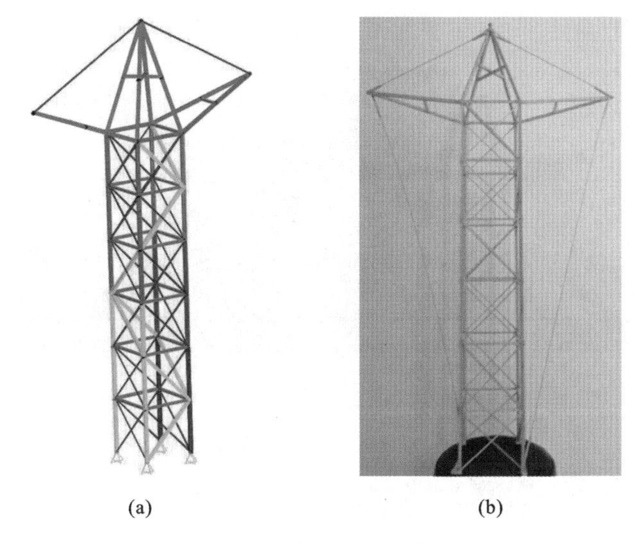

(a) (b)

图16-1 选型方案示意图

(a)模型效果图；(b)模型实物图

16.3 数值模拟

基于有限元分析软件SAP 2000建立了结构的分析模型，第三级荷载作用下计算结果如图16-2所示。

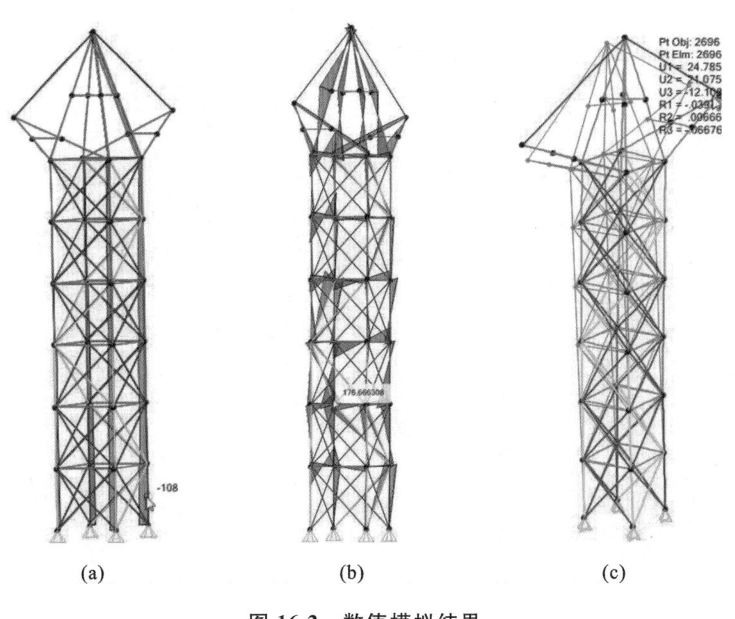

(a) (b) (c)

图16-2 数值模拟结果

(a)轴力图；(b)弯矩图；(c)变形图

16.4 节点构造

节点是模型制作的关键部位，本模型部分节点详图如图 16-3 所示。

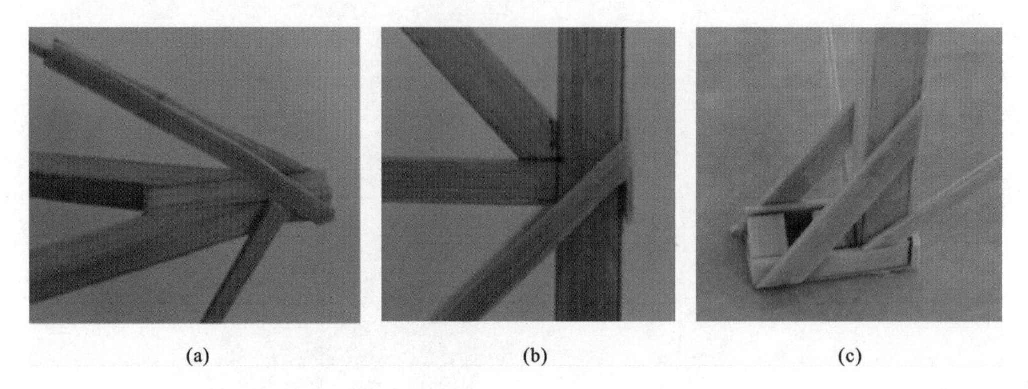

(a) (b) (c)

图 16-3 节点详图

(a)低挂点节点；(b)梁柱节点；(c)柱脚节点

17 长沙理工大学城南学院

作品名称	天枢
参赛学生	王宇星　艾雨鹏　贺嘉伟
指导教师	付　果　郑忠辉

17.1 设计构思

输电塔是一种空间桁架结构。桁架结构中由于各杆件需要承受不同方向的荷载，应力也不完全相同，需要设计合理的桁架结构，使其满足受水平荷载、竖向荷载及扭转荷载三种荷载工况的条件下，各杆件都能最大限度地承受荷载，这样就可以有效、合理地分配结构的承载能力，达到减轻结构质量的目的。考虑到本次竞赛材料只提供竹皮，其抗拉强度较大，而单层竹皮抗压强度基本为零，且模型设计中必须有承压构件，因此将竹皮卷成箱形结构以增强其抗压性能，通过增大截面惯性矩来提高其稳定性，同时对部分承压明显的杆件通过滴注 502 胶水来增加其强度。

在模型计算、制作和试验过程中，不同模型都有自己的优缺点，要从质量、结构刚度等方面考虑，找出较为合理的结构类型。在整个设计过程中，我们考虑输电塔的原有结构分别有直线杆塔、耐张杆塔、转角杆塔、换位杆塔、跨越杆塔。在杆塔的设计过程中应使各个构件受力合理，尽量减少梁的受弯以及压杆失稳等问题，而桁架的优点是杆件主要承受拉力或压力，可以充分发挥材料的作用，节约材料，减轻结构质量。适当结合桁架结构对提高效率比有一定帮助，我们主要采用桁架结构的设计，桁架结构中各杆件的内力只有轴力，在轴力作用下杆件的全部材料能够充分发挥作用。

17.2 选型分析

结合赛题要求，根据结构稳定、传力合理、材料经济、兼顾美观的基本原则，初步提出几种选型进行对比分析，详见表 17-1。

表 17-1　**结构选型对比**

选型方案	选型 1	选型 2	选型 3	选型 4
图示				

续表

选型方案	选型1	选型2	选型3	选型4
优点	完成加载试验	减轻了结构质量	减轻了结构质量	受力性能好,结构简单
缺点	结构笨重	刚度较差	加载效果不理想	—

经过一再建模以及试验,我们最终加大了模型上部柱体体积,借鉴选型3采用斜向羊角的方案,确定选型4为模型结构,模型效果图如图17-1所示。

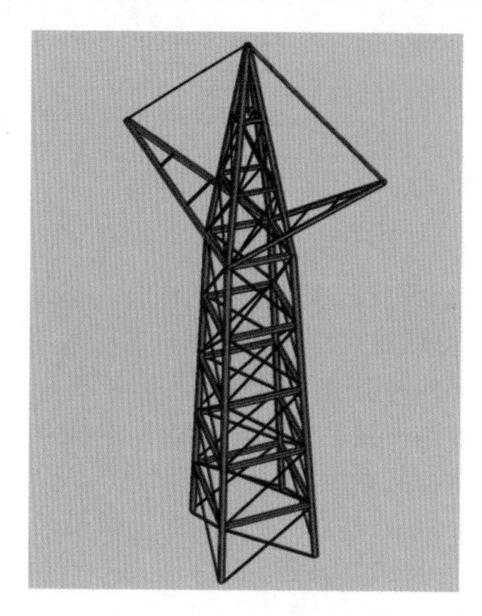

图17-1 选型方案效果图

17.3 数值模拟

基于有限元分析软件MIDAS Gen建立了结构的分析模型,第三级荷载作用下计算结果如图17-2所示。

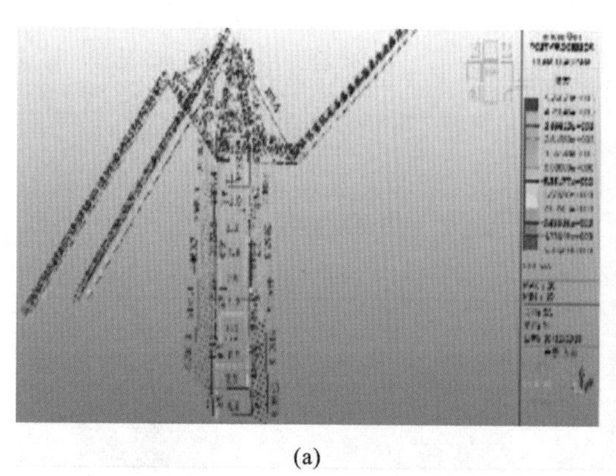

(a)

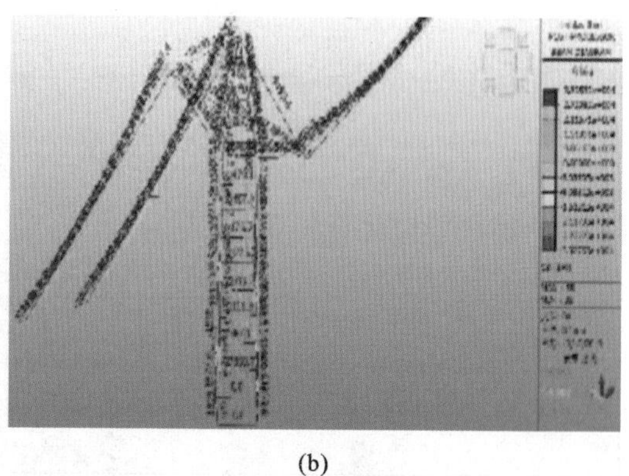

(b)

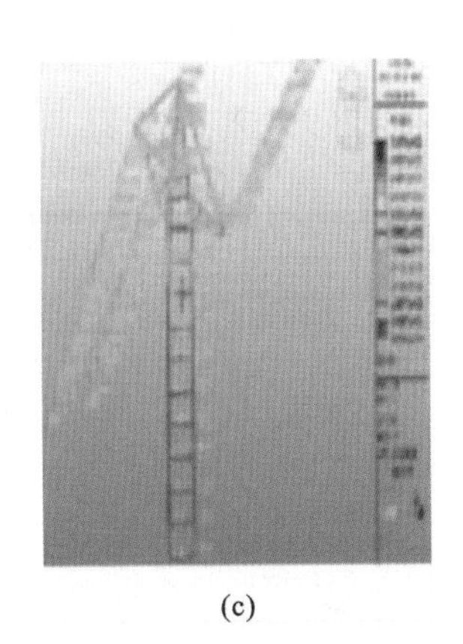

(c)

图 17-2　数值模拟结果

(a)轴力图;(b)弯矩图;(c)变形图

17.4　节点构造

节点是模型制作的关键部位,本模型部分节点详图如图 17-3 所示。

(a)　　(b)

图 17-3　节点详图

(a)杆件拼接节点;(b)竹皮加固节点

18 河北工业大学

作品名称	勤慎公忠
参赛学生	李晓伟　邓凯文　谢嘉轩
指导教师	陈向上　乔金丽

18.1 设计构思

本次赛题对模型要求比较高，主要考验模型的抗弯以及抗扭能力，因此尽量避免采用长细杆充当杆件，模型杆件可重点采用箱形截面或回形截面。考虑到模型的节点越多，模型的离散性越大，模型越容易失稳，为了减少节点数量，承压柱选择一根完整的直杆。

在所要求设计模型中，外荷载主要作用在与模型相接的导线上，通过导线将力传向杆件，杆件与杆件之间主要通过节点传力，因此节点的可靠性尤为重要，必须保证节点能有效传力，实现“强节点”。

在保证结构具有足够的承载力和稳定性的前提下，需要从整体传力机制、宏观尺寸等方面来尽量减轻模型的质量，同时兼顾美观方面的要求，实现力学与美学的有机统一。

18.2 选型分析

结合赛题要求，根据结构稳定、传力合理、材料经济、兼顾美观的基本原则，初步提出几种选型进行对比分析，详见表 18-1。

表 18-1　结构选型对比

选型方案	选型 1	选型 2	选型 3
图示		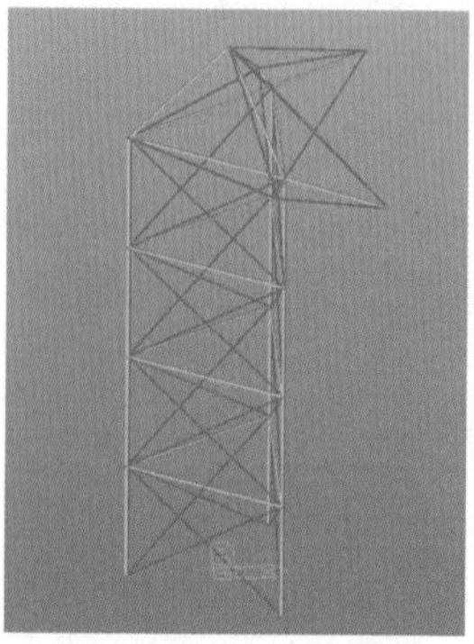	

续表

选型方案	选型 1	选型 2	选型 3
优点	结构的抗弯、抗扭性能较好，杆件制作比较简单，整体稳定性和杆件稳定性较好，加载过程中模型不会产生较大变形	承压柱抗扭性良好，相对选型 1 来说模型较轻，不存在多余杆件，模型看起来简洁明了，传力方式一目了然	结构的抗弯、抗扭性能较好，根据加载角度的不同采用不同的塔臂，可以有效减小扭矩。根据加载工况的不同可以旋转整体模型
缺点	模型较重，不易拼装，有多余杆件，节点处理烦琐	圆形截面杆件制作难度较大，且对制作工艺有极高的要求，圆形截面的塔身横杆不易与承压柱连接，会有较大缝隙。模型整体抗弯性较差	主体框架拼装较难，需保证整体框架不偏。整体模型对塔身横杆制作工艺要求较高，以及对塔臂与主体框架的节点处理要求较高

综合对比以上三种选型，最终确定选型 3 为我们的参赛模型，模型效果图及实物图如图 18-1所示。

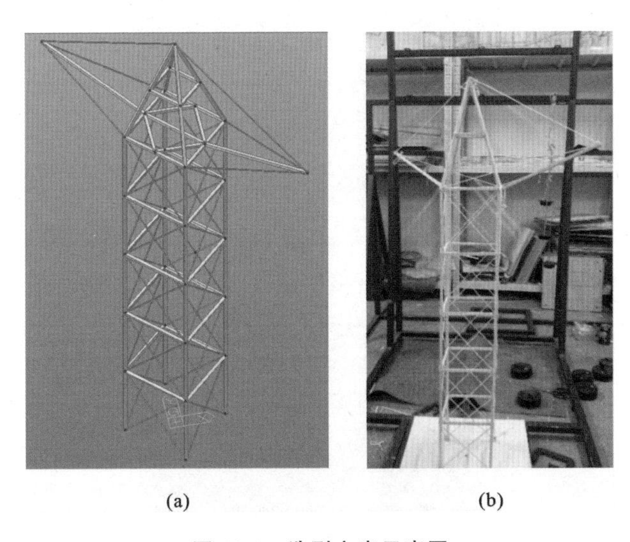

(a) (b)

图 18-1 选型方案示意图

(a)模型效果图；(b)模型实物图

18.3 数值模拟

基于有限元分析软件 MIDAS 建立了结构的分析模型，第三级荷载作用下计算结果如图 18-2 所示。

18.4 节点构造

节点是模型制作的关键部位，本模型部分节点详图如图 18-3 所示。

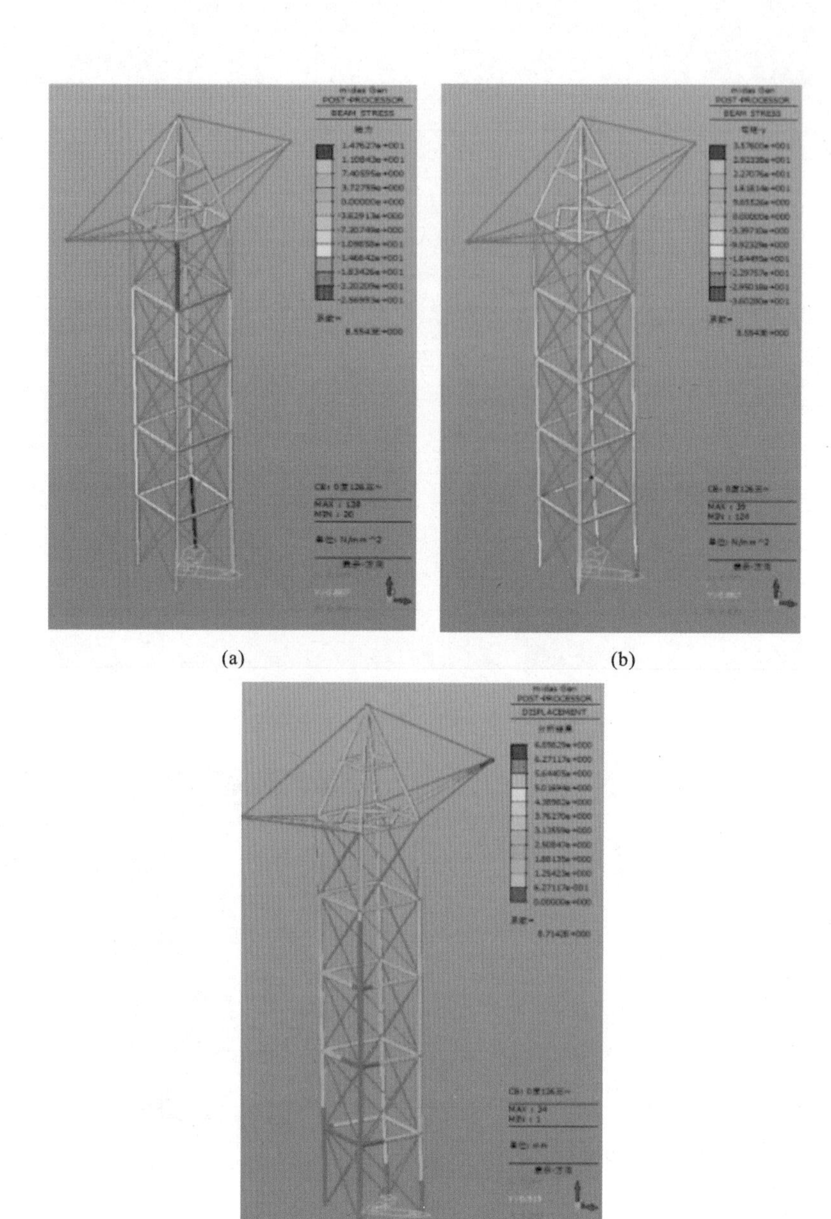

图 18-2 数值模拟结果

(a)轴力图;(b)弯矩图;(c)变形图

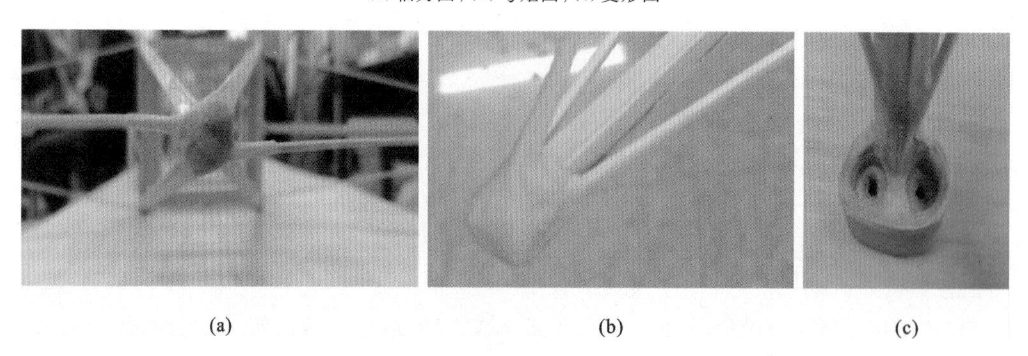

图 18-3 节点详图

(a)塔尖处节点;(b)低挂点节点;(c)柱脚节点

19 吕梁学院

作品名称	凌云
参赛学生	邓　义　游志茹　蒲　达
指导教师	宋季耘　高树峰

19.1 设计构思

本次竞赛题目所要求设计的山地输电塔，属于高耸构筑物。输电塔所处环境复杂，承受风荷载、冰荷载、导地线荷载等多种荷载作用。针对模型的受力特点和加载方式，我们在结构设计中应该考虑以下几点：

(1)结构杆件主要受到弯曲和压缩作用，且结构为高耸结构，尺度较大，因此应尽量采用抗压强度高、抗弯性能好的竹皮杆作为输电塔的主要构件。

(2)输电塔的柱是结构的主要受力杆件，在设计模型时要重点研究如何加强柱的稳定性。

(3)输电塔的高度和宽度在满足赛题要求的前提下要尽可能小，这样可以最大限度地减小结构受到的弯曲和扭转作用。

(4)考虑到竹材的抗拉强度要强于抗压强度，设计模型时应充分利用拉索结构，通过结构设计将更多的荷载分配给拉索承担，分担受压杆件的负荷。

(5)本次竞赛时间紧，模型质量大，设计的模型除了要求受力合理，还要便于制作和拼装，以保证在规定时间内能够完成模型的设计与制作。

19.2 选型分析

结合赛题要求，根据结构稳定、传力合理、材料经济、兼顾美观的基本原则，初步提出几种选型进行对比分析，详见表 19-1。

表 19-1　结构选型对比

选型方案	选型 1	选型 2
图示		

续表

选型方案	选型 1	选型 2
优点	模型拼装简单,矩形结构可有效减小塔身的弯曲变形	自重较轻,模型整体受力均匀,可以有效地将低挂点的扭力传到地面
缺点	模型塔身不抗扭,对支撑柱的强度要求高,自重较大	模型对于不同工况的适应性较差,部分工况加载分数较低

综合对比以上两种选型,最终确定选型 2 为我们的参赛模型,模型效果图及实物图如图 19-1所示。

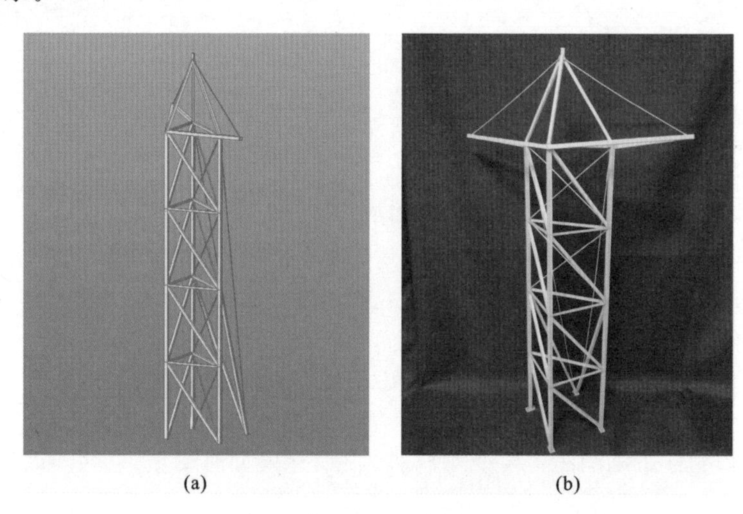

(a) (b)

图 19-1 选型方案示意图

(a)模型效果图;(b)模型实物图

19.3 数值模拟

基于有限元分析软件 MIDAS 建立了结构的分析模型,第三级荷载作用下计算结果如图 19-2 所示。

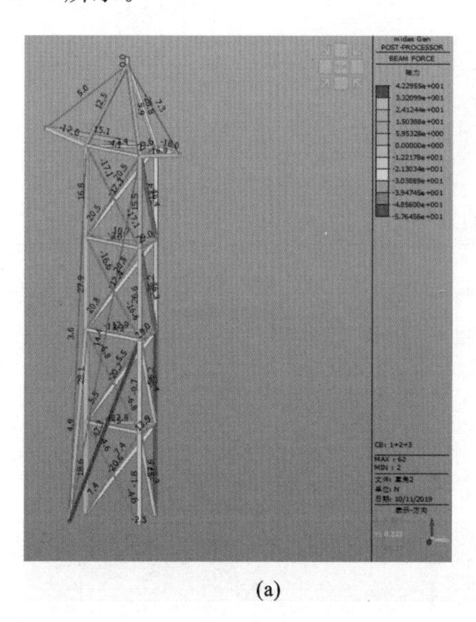

(a)

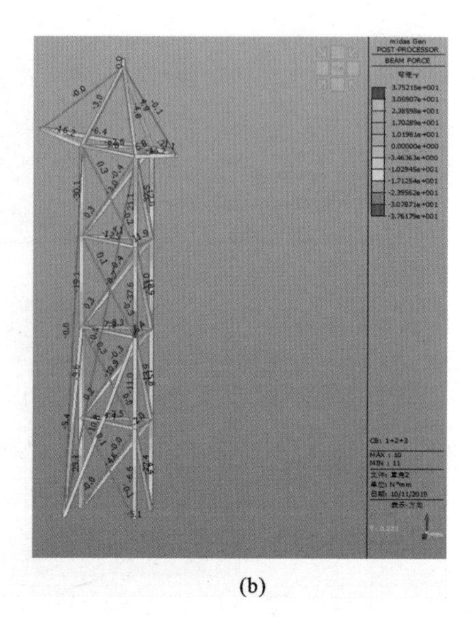

(b)

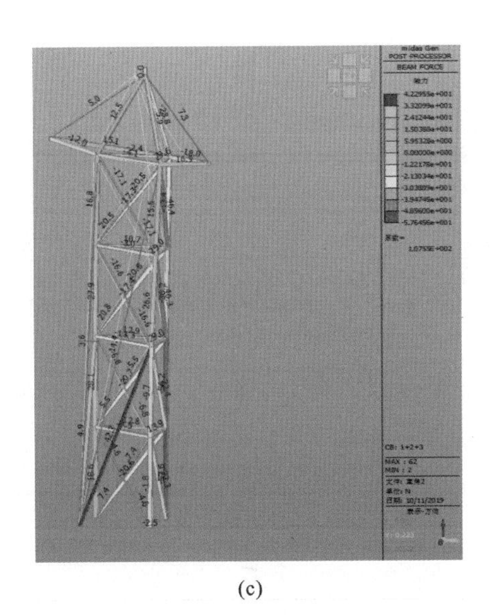

(c)

图 19-2　数值模拟结果

(a)轴力图;(b)弯矩图;(c)变形图

19.4　节点构造

节点是模型制作的关键部位,本模型部分节点详图如图 19-3 所示。

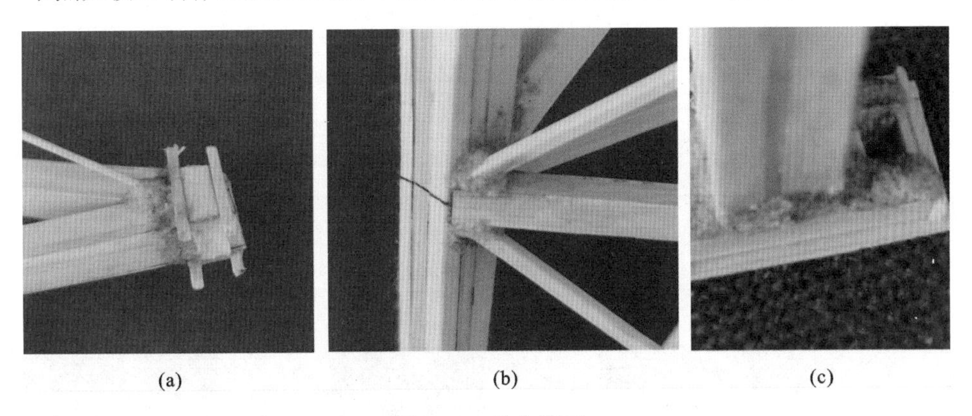

(a)　　(b)　　(c)

图 19-3　节点详图

(a)普通节点;(b)梁柱节点;(c)柱脚节点

20　山东科技大学

作品名称	砥砺
参赛学生	绳惠中　刘　艺　申　凯
指导教师	林跃忠　黄一杰

20.1　设计构思

本次赛题要求结构满足尺寸、高度规定的同时，还能够良好适应三级荷载工况，其中，一级、二级加载对应实际情况中不同工况下输电线布置方式对输电塔的影响，三级加载对应水平荷载(如风荷载或地震荷载)，受力特点主要为压弯与扭矩作用组合荷载，模拟工况与实际工况相近，对于输电塔实际工程设计有较好的指导意义。

根据竞赛规则，考虑竹材的力学性能、所施加荷载的大小及加载方式、结构刚度等方面的要求，兼顾节省材料、简洁美观的原则，我们使用竞赛提供的竹条、竹皮、502胶水等材料，设计并制作符合赛题要求的输电塔结构。

20.2　选型分析

根据输电塔结构及其受力特点，针对不同受力工况及加载情况进行分析后，我们设计了多个输电塔模型进行比对研究，详见表20-1。

表20-1　结构选型对比

选型方案	选型1	选型2	选型3
图示			
优点	空间桁架结构传力路径明确、简洁；结构形式规则，制作方便	结构传力简洁，受力明确；塔身抗扭性能强；耗材较少，自重较小，较为经济；塔身立柱的整体性强	结构简单，受力明确，传力简洁；结构整体稳定性强，抗压弯与扭矩组合作用较强；节点连接紧密，杆件性能强，结构抗力大；制作简单、省时

续表

选型方案	选型 1	选型 2	选型 3
缺点	上部悬挑与格构柱之间接触面积过小,局部压力很大,易造成局部受压破坏,进而引起整体破坏。耗材多,自重较大,不经济	节点过多,增大了节点破坏的概率;杆件采用单根竹条,刚度不足,易折损;制作精度要求高,制作耗时长;整体抗弯性能较差	较选型 2,耗材增多、自重增大;制作精度要求高,否则加载时结构会因为杆件制作质量差、拉条松弛等引起局部破坏,进而导致整体承载力不足而破坏

综合对比以上三种选型的优缺点,最终确定选型 3 为我们的参赛模型,模型效果图及实物图如图 20-1 所示。

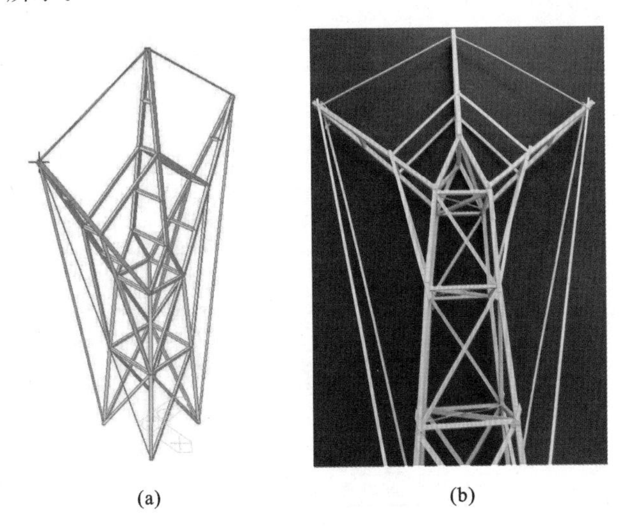

(a) (b)

图 20-1 选型方案示意图

(a)模型效果图;(b)模型实物图

20.3 数值模拟

基于有限元分析软件 SAP 2000 建立了结构的分析模型,第三级荷载作用下计算结果如图 20-2 所示。

20.4 节点构造

节点是模型制作的关键部位,本模型部分节点详图如图 20-3 所示。

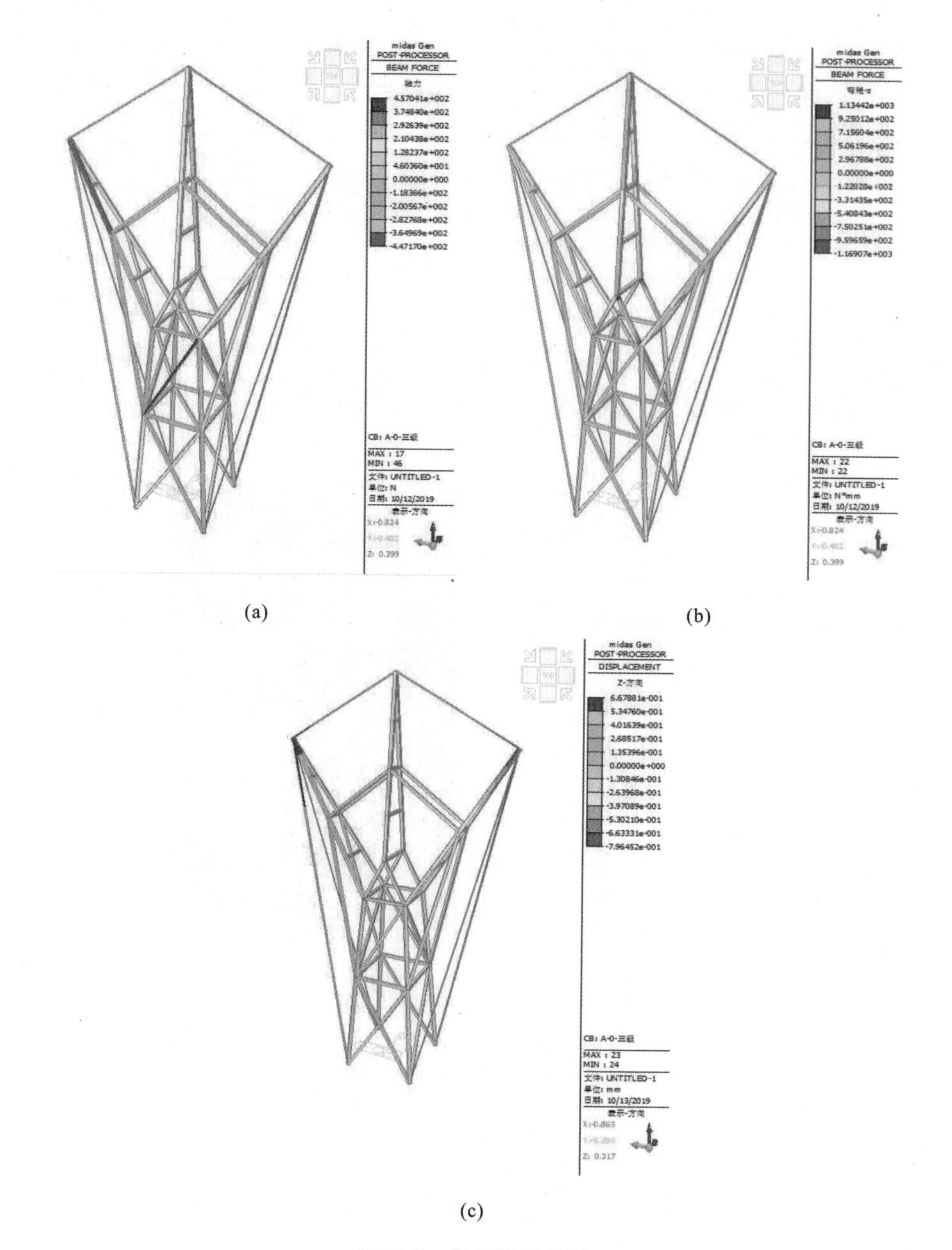

(a) (b)

(c)

图 20-2 数值模拟结果

(a)轴力图;(b)弯矩图;(c)变形图

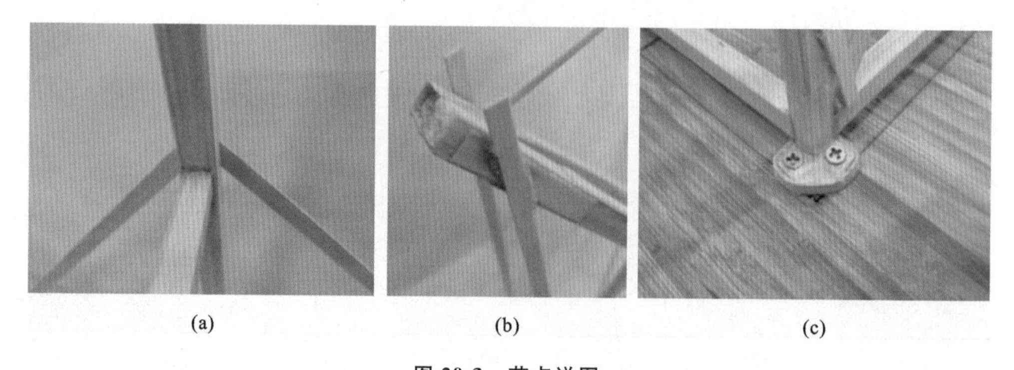

(a) (b) (c)

图 20-3 节点详图

(a)杆间节点;(b)竹条节点;(c)柱脚节点

21 北华大学

作品名称	上善若水
参赛学生	张贺瑀　王春博　韩镇宇
指导教师	郑新亮　谢　毅

21.1 设计构思

本模型方案构思旨在探讨模拟输电塔在竖向配重和纵向水平加载导线作用下的受力和破坏特性。

本结构模型通过对不同结构形式的特性和优缺点进行比较，综合考虑设计要求、模型制作的复杂程度等因素，最终选择了桁架体系。

桁架体系最大的特点就是杆件承受水平拉力或压力并传递纵向荷载，充分利用材料的强度，从而提高结构整体的荷重比。在这种体系中，竖向配重主要由柱承受，而纵向水平加载导线作用力由斜杆抵抗并传递，该体系经过合理设计，其结构整体立面丰富，构件受力合理，适用于山地输电塔结构。

21.2 选型分析

结合赛题要求，根据结构稳定、传力合理、材料经济、兼顾美观的基本原则，初步提出几种局部选型进行分析，见表 21-1。

表 21-1　**结构局部选型对比**

局部选型	选型分析
平面布置	采用矩形截面，平面柱网为 150mm×150mm，将柱布置在四个柱网脚以获得最大抗弯刚度
等截面等宽	在设计塔身时，由于塔身由多层组成，采用变截面时塔身的每一层直径不同，增加了制作的难度，并且在变截面节点处杆件易脱落，所以采用等截面等宽的设计，保证结构整体稳定性，使结构传力清晰，制作方便，满足加载强度
斜杆体系	在设计中考虑斜杆在受侧向荷载时一根受压、一根受拉，侧向荷载可能在两个方向随机加载，所以采用斜杆与张拉竹皮体系进行双重布置
拉条布置	在设计中为抵抗一级加载一侧倾覆力，在一级加载导线反向增加拉条以抵消一侧倾覆力，保证稳定性；考虑结构在受侧向荷载时，可能在两个方向随机加载，采用两侧布置拉条的方式，以抵消结构整体受扭

经分析，最终确定的参赛模型效果图及实物图如图 21-1 所示。

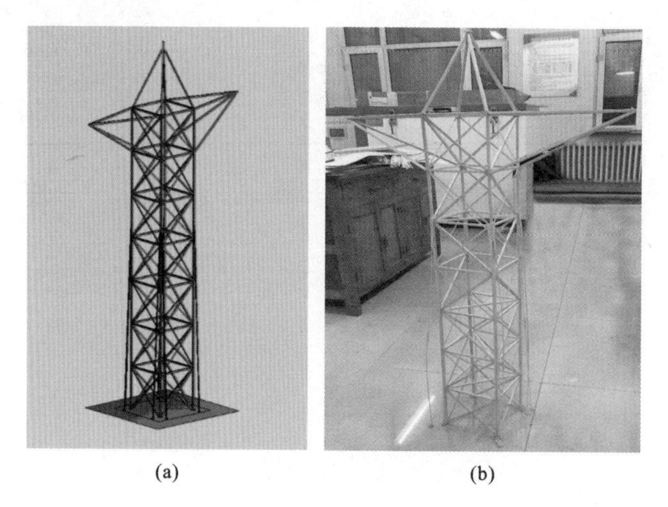

(a) (b)

图 21-1 选型方案示意图

(a)模型效果图；(b)模型实物图

21.3 数值模拟

基于有限元分析软件 MIDAS Gen 建立了结构的分析模型，第三级荷载作用下计算结果如图 21-2 所示。

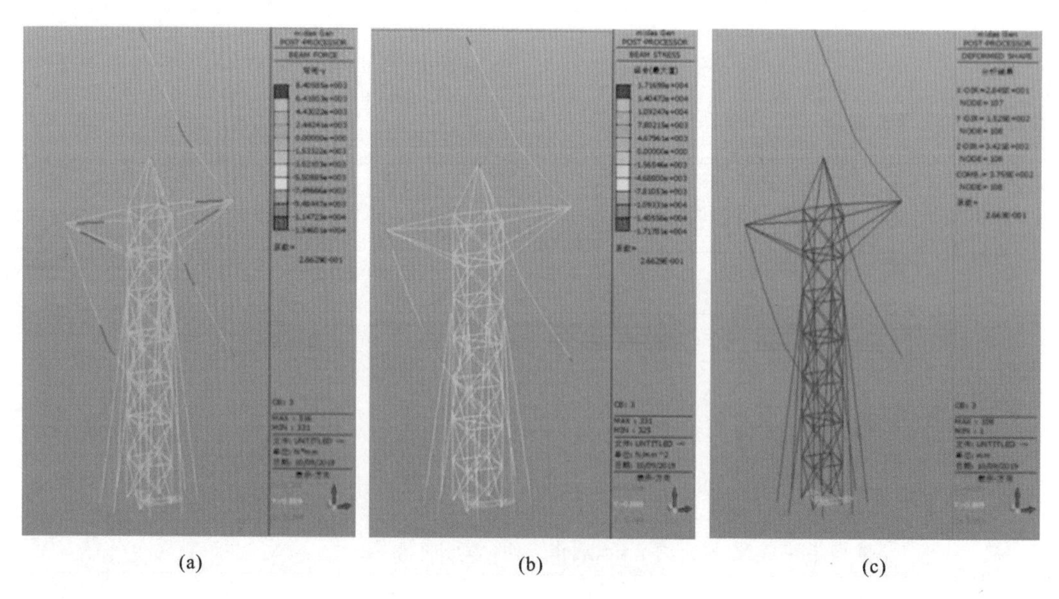

(a) (b) (c)

图 21-2 数值模拟结果

(a)弯矩图；(b)应力图；(c)变形图

22 安徽工业大学

作品名称	利用屈曲后承载力的 自适应荷载的输电塔
参赛学生	王 邺 何子熙 贺成英健
指导教师	张辰啸 刘全威

22.1 设计构思

根据我们对输电塔结构的研究，在正常使用输电塔时，其结构不应该有较大变形，因此需要适宜的刚度，不应该发生转动等。若出现事故工况，也就是本试验需要模拟的工况，当输电塔发生转动后，可以减小荷载。

对于不同的下坡门架旋转角度，需要设计不同的结构形式，在下坡门架转动后，电缆可能会交叉，因此要采取措施进行限位。

利用薄壁圆管屈曲后强度，可以限制初期应力，防止输电塔正常使用时发生结构变形，另外，发生事故工况后又可以反映刚度退化影响，可以很好地发生转动。

22.2 选型分析

我们在设计研究分析中发现，低挂点的旋转可以卸载荷载但是不能无限制地减小荷载，因此需要对旋转程度进行限制，特别是当下坡门架旋转角度为45°时。

选型1：对应于下坡门架旋转角度非45°状态的模型，可以进行大角度的转动。

选型2：对应于下坡门架旋转角度为45°状态的模型，利用拉杆柔性限制旋转程度。

表22-1中列出了两种选型的优缺点。

表22-1 结构选型对比

选型方案	选型1	选型2
图示		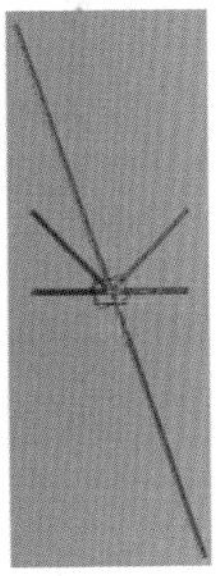
优点	卸载程度大	变形小
缺点	变形大	卸载程度小

综合对比相关模型，最终确定不同下坡门架旋转角度采用不同的选型方案，其效果图及实物图如图 22-1 所示。

图 22-1　选型方案示意图

(a)模型效果图；(b)模型实物图

22.3　数值模拟

利用有限元分析软件 ANSYS 建立了结构的分析模型，第三级荷载作用下计算结果如图 22-2 所示。

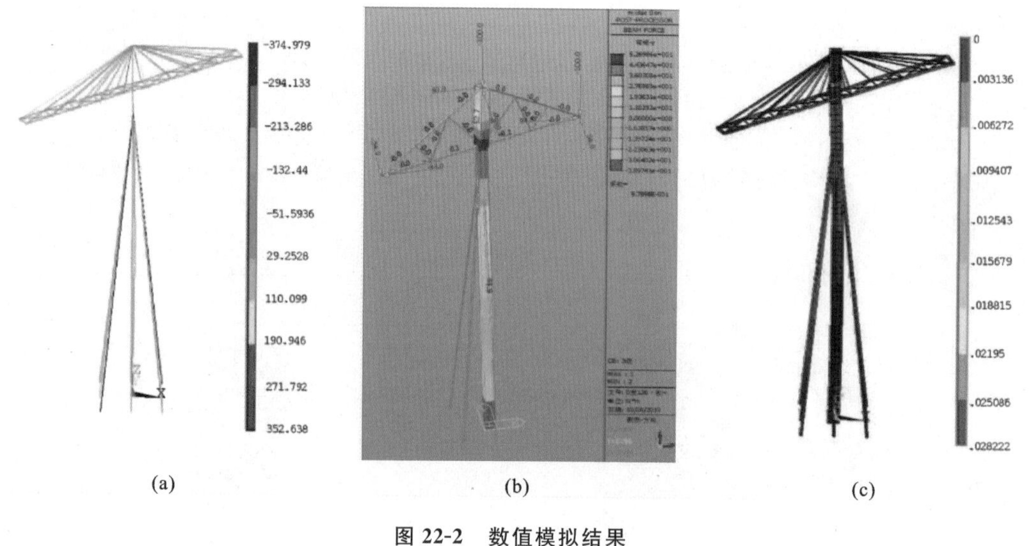

图 22-2　数值模拟结果

(a)轴力图；(b)弯矩图；(c)变形图

23 石河子大学

作品名称	西北雲塔
参赛学生	喜玉兵　马义龙　徐志阳
指导教师	王玉山　何明胜

23.1 设计构思

根据理论力学知识，斜拉绳的水平夹角越大，其受到的拉力就越小。通过初步计算可知，随着模型高度增大(减小)，拉绳拉力减小(增大)，弯矩增大(减小)，但模型高度增大对整体结构组合应力减小的影响更加显著。本次竞赛对加载点的高度进行了限制，既有最低要求，也有最高要求，因此模型高度略小于限制高度就是最优高度。由于模型既承担很大的压(拉)力，又承担较大扭力，因此柱子选择方管柱，为了抵抗扭矩，在方管柱中根据扭矩方向设置了一道对角斜撑。横梁依然采用与柱相同的方管。由于竹皮质量较轻，又能承担很大的拉力，对于斜撑，直接采用竹皮，根据扭转方向布置，既经济又能很好地满足强度要求。左右加载点和上部加载点是结构的关键支撑部位，特别是左右加载点，其分力在 X、Y 和 Z 三个方向都有，而三角形是最为稳固的形状，因此本模型对三个加载点均采用三角形支撑。另外，通过组合应力分析可知，整个结构的最下面一层和最上面一层(两侧加载点斜撑下面一层)，其柱的应力均是最大的，为分担柱子承担的力，设计方案在最下面一层和第五层设置了"八"字形方管刚性斜撑。

此次竞赛给出了三根挂绳，一根在一侧，另外两根在另一侧，从弯矩平衡角度考虑，尽量使一侧的单根挂绳的荷载与另外两根挂绳的荷载相平衡，因此，单根挂绳的荷载可大些，两根挂绳的荷载可小些。但随着下坡门架旋转角度的增大，低挂点在横向的水平力会加大，其会与横向荷载(三级荷载)相叠加，因此，当低挂点为单根挂绳时，其荷载要综合考虑。

23.2 选型分析

结合赛题要求，根据结构稳定、传力合理、材料经济、兼顾美观的基本原则，初步提出几种选型进行对比分析，详见表 23-1。

表 23-1 **结构选型对比**

选型方案	选型 1	选型 2	选型 3
图示			
优点	符合弯矩图，横梁用料节省，且立柱为整根柱子，没有相应接头，连接更加可靠	基本符合弯矩图，用料较为节省，抗扭能力较好	抗扭能力好，横梁制作和连接方便，柱底座容易处理
缺点	抗扭能力差，由于倾斜角度大，每根横梁尺寸均不一样，制作麻烦	由于具有一定倾斜角度，每根横梁尺寸均不一样，制作麻烦	不太符合弯矩图，横梁用量较多，柱拉力较大

综合对比以上三种选型，最终确定选型 3 为我们的参赛模型，模型效果图及实物图如图 23-1所示。

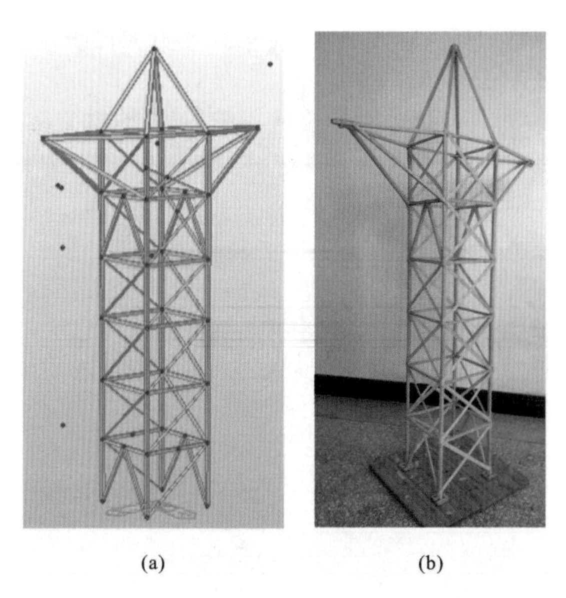

(a) (b)

图 23-1 选型方案示意图

(a)模型效果图；(b)模型实物图

23.3 数值模拟

基于有限元分析软件 MIDAS 建立了结构的分析模型，第三级荷载作用下计算结果如图 23-2 所示。

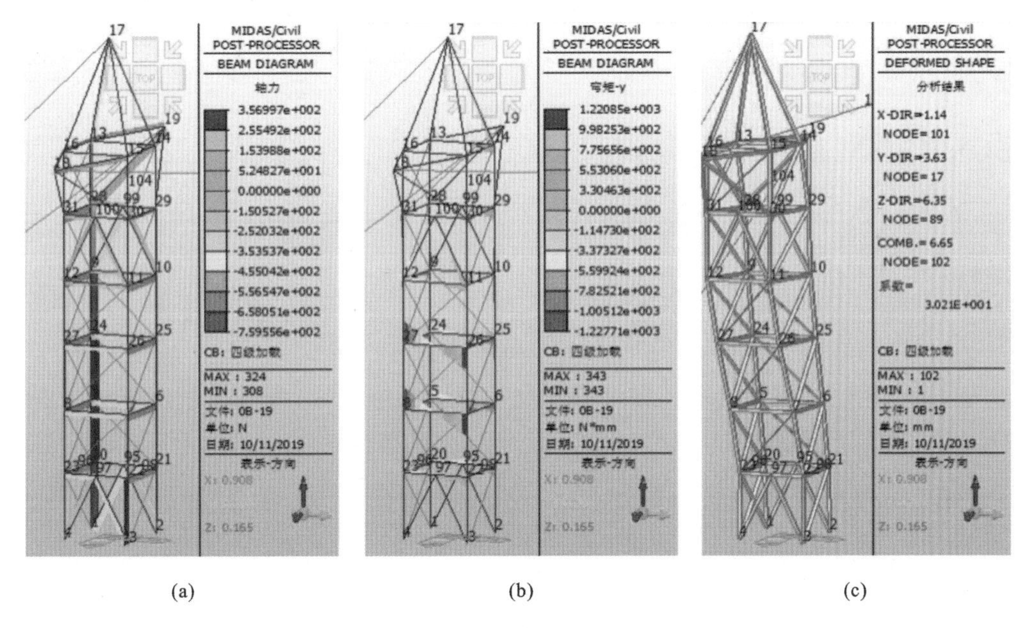

(a) (b) (c)

图 23-2 数值模拟结果

(a)轴力图；(b)弯矩图；(c)变形图

23.4 节点构造

节点是模型制作的关键部位，本模型部分节点详图如图 23-3 所示。

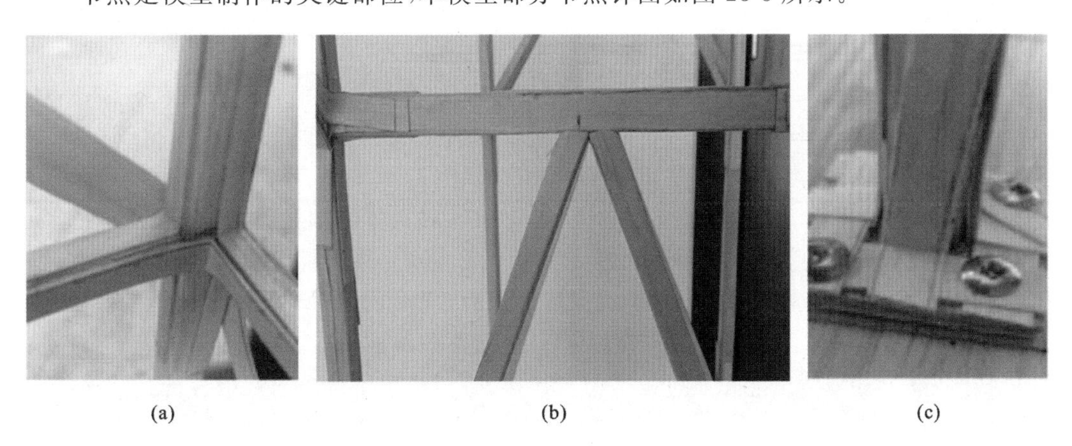

(a) (b) (c)

图 23-3 节点详图

(a)梁柱节点；(b)支撑节点；(c)柱脚节点

24 兰州理工大学

作品名称	纯净苍穹
参赛学生	王福聪　张　钰　鲁天寿
指导教师	史艳莉　王秀丽

24.1 设计构思

旋转角度与加载工况的差异：下坡门架的旋转角度与加载工况种类较多，在不同工况组合下结构所受荷载的大小及方向不同。因此，首先分析单一因素对结构受力性能的影响规律。

刚柔并济的结构：刚柔并济的结构需要综合考虑结构在各种工况下的荷载分布、扭矩和弯矩的相互影响及最佳荷重比。所以在模型设计和制作过程中，尽量减少竹条的使用，部分结构形式利用竹皮纸形成拉条，用于连接柱顶与底板，形成刚柔并济的结构体系。

充分利用材料特性并采用合理的制作工艺：竹材自身具有顺纹抗拉强度高，而抗剪、抗弯刚度低的特点，在模型制作过程中，充分利用竹材的优点，尽量使构件承受轴向力。我们在模型制作过程中，对竹节处进行加强，将毛刺打磨平整，在选材过程中避免使用有缺陷的材料。

24.2 选型分析

选型1：传统模型。其结构构造简单，传力明确，构件尺寸较大，高、低挂点对称；整体刚度大，稳定性好、承载能力较强；在加载试验中，抗扭性能不太理想，需要加足够多的撑杆才能满足抗扭承载力要求，柱子容易发生局部破坏。

选型2：斜柱模型。该模型主要由上部结构和下部主体结构柱组成。柱子均为斜向柱，在结构扭转变形时，柱子不会受到过大的剪切作用，可将大部分剪力转化为轴力；设置合理的斜撑，可以减小柱的节间长度，保证局部稳定性。

选型3：张拉模型。该模型由三根柱子和多根拉条组成，三根柱子的长度不同，并张开形成一定的角度，柱顶之间通过拉条相互连接，每根柱顶用拉条与底板进行张拉连接。

选型4：化繁为简模型。用竹皮纸制成的拉条代替拉杆，对于压杆可根据分析结果调整每个构件的截面尺寸。主体结构尽量扩大截面，增强其抗扭及抗弯刚度，提高结构的承载能力，并通过调整上部结构悬臂的角度来适应各种工况的加载。

表24-1中列出了四种选型的优缺点。

表 24-1　　　　　　　　　　　　**结构选型对比**

选型方案	选型 1:传统模型	选型 2:斜柱模型	选型 3:张拉模型	选型 4:化繁为简模型
图示				
优点	结构构造简单,整体刚度大,稳定性好、承载能力较强	柱子不会受到过大的剪切作用	具有良好的抗扭承载力,承载能力高	具有良好的抗扭承载力,承载能力高
缺点	抗扭性能较差	抗扭性能较差	刚度过小	主体结构截面较大

经过多次加载测试和综合对比,最终确定选型 4 为我们的参赛模型,模型效果图及实物图如图 24-1 所示。

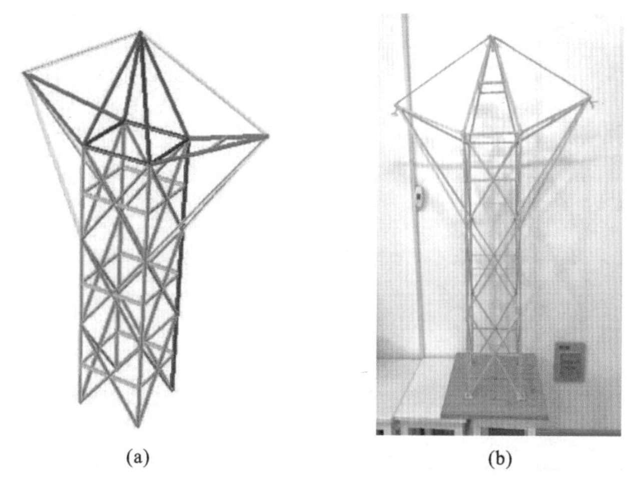

(a)　　　　　　　　(b)

图 24-1　选型方案示意图

(a)模型效果图;(b)模型实物图

24.3　数值模拟

利用有限元分析软件 ABAQUS 建立了结构的分析模型,第三级荷载作用下计算结果如图 24-2 所示。

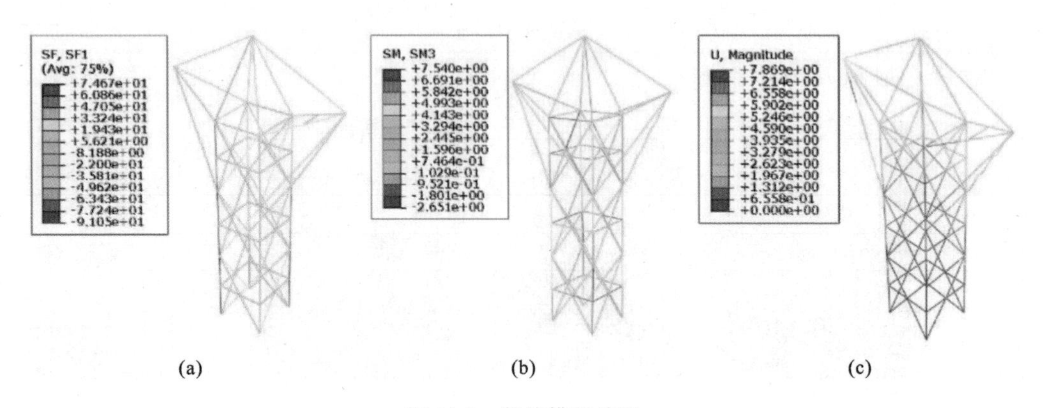

图 24-2　数值模拟结果

(a)轴力图;(b)弯矩图;(c)变形图

24.4　节点构造

节点是模型制作的关键部位,本模型部分节点详图如图 24-3 所示。

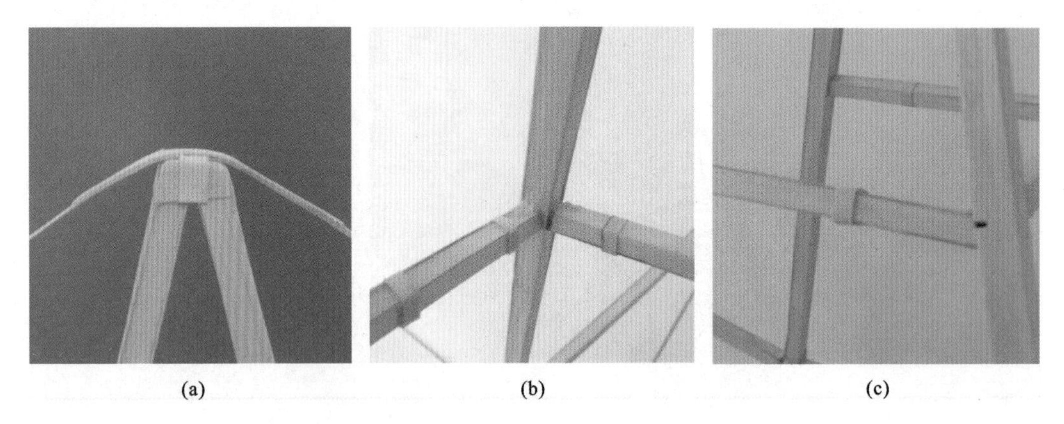

图 24-3　节点详图

(a)高挂点节点;(b)斜柱横撑一类节点;(c)斜柱横撑二类节点

25 南京工业大学

作品名称	构
参赛学生	史佳遥　邓洪永　张　昊
指导教师	张　冰　万　里

25.1 设计构思

本参赛小组经过查阅实际输电塔设计的有关资料并结合赛题要求，对输电塔主体采用了带斜撑的四边形框架结构，并优化了高挂点和低挂点的结构形式，对结构在各种荷载工况下可能发生的变形和破坏形式，以及各杆件的受力状态进行分析，以结构自重和受荷可靠性作为优化指标对输电塔结构进行优化，充分利用竹材的抗拉和抗压强度。

由于静止加载时要以荷重比来体现模型结构的合理性和材料的利用率，所以要尽量减轻结构质量，尽量使各杆件处于轴心受拉或轴心受压状态，并尽量避免各杆件承受弯矩，以充分利用竹材的抗拉和抗压强度，提高材料利用率，减轻结构自重。

因为本次竞赛题目的加载方式有 4 种导线加载工况、4 种旋转角度可供选择，为满足所有可能组合起来的 16 种工况，本参赛小组尽量将模型设计为对称结构。

外部荷载对输电塔主体主要产生弯矩和扭转组合作用。输电塔主体结构需要满足强度、刚度和稳定性要求（尤其避免轴压杆件的整体屈曲失稳）。本参赛小组对该输电塔的设计留有一定余量，以增强结构主体的可靠性。

因整体模型高度至少为 1200mm，在承受第三级水平荷载时，部分主要承重柱下部弯矩远远大于上部，故部分杆件采用变截面形式，使其受力更加合理。

25.2 选型分析

结合赛题要求，根据结构稳定、传力合理、材料经济、兼顾美观的基本原则，初步提出几种选型进行对比分析，详见表 25-1。

结合材料力学知识，非圆截面杆扭转时，横截面周线将改变原来的形状，并且不再位于同一平面内。同时，使结构通过受弯来承受外荷载，材料的利用率较低。通过受拉杆件（即拉条）来承受主要的扭转可大大提高材料利用率，优美且实用的结构往往非常简洁。最终确定选型 5 为我们的参赛模型，模型效果图及实物图如图 25-1 所示。

表 25-1　　结构选型对比

选型方案	选型 1:偏心的三角形主塔形式	选型 2:小截面正方形主塔形式	选型 3:"大"字形整体形式
图示			
优点	造型新颖,结构质量轻	层数多,刚度大	抗扭能力出色
缺点	难以适应各个工况	抗弯能力弱	抗弯能力弱

选型方案	选型 4:以撑杆为主要抗扭构件的形式	选型 5:以拉条为主要抗扭构件的形式
图示		
优点	刚度大,位移小	能充分发挥竹材性能
缺点	压杆容易失稳	容易发生较大位移

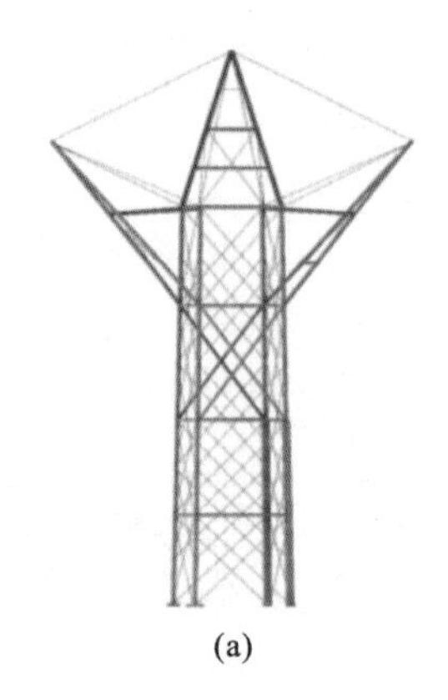

(a)

(b)

图 25-1　选型方案示意图

(a)模型效果图;(b)模型实物图

25.3 数值模拟

利用有限元分析软件 MIDAS Gen 建立了结构的分析模型，第三级荷载作用下计算结果如图 25-2 所示。

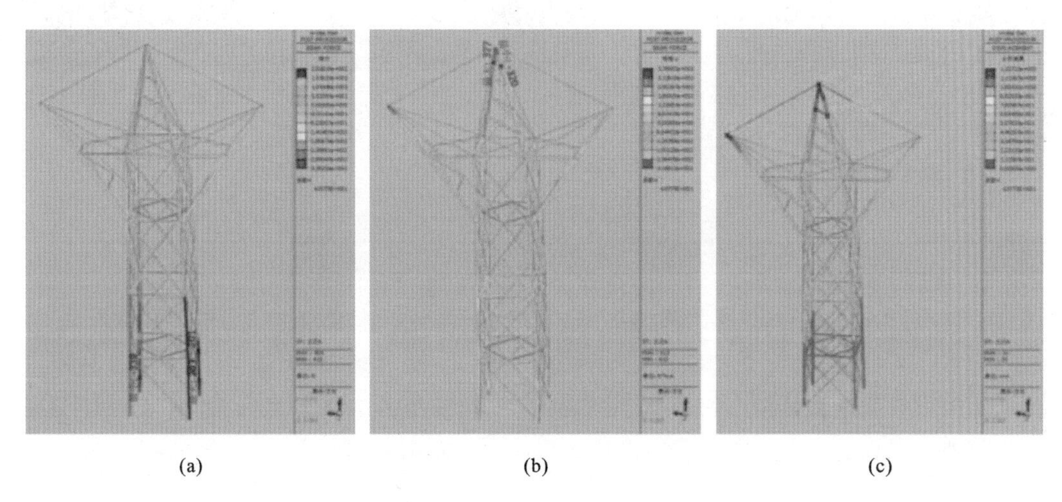

(a) (b) (c)

图 25-2 数值模拟结果

(a)轴力图；(b)弯矩图；(c)变形图

25.4 节点构造

节点是模型制作的关键部位，本模型部分节点详图如图 25-3 所示。

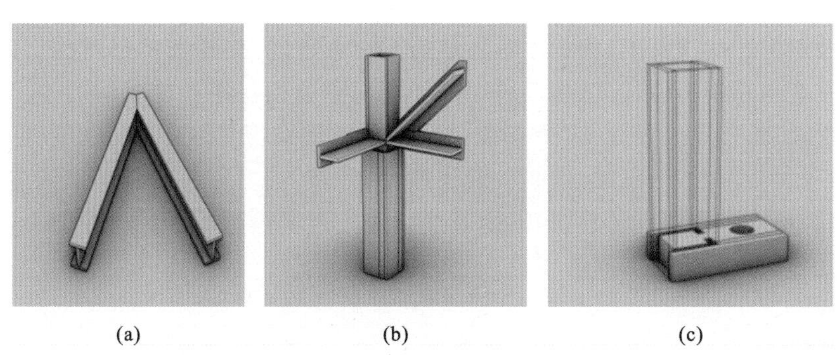

(a) (b) (c)

图 25-3 节点详图

(a)高挂点节点；(b)主受压杆变截面节点；(c)柱脚节点

26 厦门大学

作品名称	蝶翼
参赛学生	易永展　张鑫涛　曾　铭
指导教师	许志旭　张鹏程

26.1 设计构思

模型分为2层,通过3根导线施加一级、二级、三级挂线荷载,其中三级加载是通过侧向加载引导线施加侧向水平荷载。同时在空载、一级和二级加载阶段,都应保证导线跨中加载盘底面至承台板面的净空高度不得小于规定的要求。

本次赛题整体荷载较为复杂,一级、二级、三级荷载均涉及拉、压、弯、剪、扭等多种受力状态,在各级加载过程中杆件的受力状态也在不断变化,拉、压转换较为复杂,为本次赛事的模型选型增加了一定的难度。同时赛题对模型的变形控制要求极高。综合考虑后本小组决定在尽量明确传力路径的前提下,通过模型制作加载与有限元软件计算相结合的方式进行模型优化,并通过采用柱身压杆结构和增大核心构件与整体的刚度来确保模型加载过程中导线跨中加载盘底面至承台板面的净空高度不小于规定的要求。

在低挂点位置的选择上,根据本组下坡门架旋转角度,最初选择将低挂点设置在45°处以最大限度地缩短力臂长度,从而减小施加在模型上的扭矩。同时通过测力计对荷载的测量发现,将低挂点设置在45°处在满足净空要求的情况下可以在一定程度上减小施加的荷载,减小幅度约为15%,这在一定程度上提高了模型可靠度。考虑到竞赛对赛题的调整,我们最终将低挂点设置在0°处,其优点是提高了模型的工况适应能力,减轻了局部杆件因受力较大需进行加固的质量。

26.2 选型分析

选型1:采用柱身柔性拉带结构,外伸臂采用0°布置。

选型2:采用柱身刚性拉压杆结构,外伸臂采用45°布置。

选型3:采用柱身刚性拉压杆结构,外伸臂采用0°布置。

表26-1中列出了三种选型的优缺点。

表 26-1　　结构选型对比

选型方案	选型 1	选型 2	选型 3
图示			
优点	下部结构采取拉带形式，极大地减轻了模型的质量	低挂点设置在 45°处，更加靠近二级加载点，在同样的净空要求下，钢丝绳的垂度更大，作用在模型上的竖向力增加，水平力减小，从而减小二级荷载的扭矩	低挂点设置在 0°处，充分适应不同角度的不同工况，同时减轻了模型的质量
缺点	模型整体刚度差，无法充分利用拉带的抗拉能力，拉带粘接过程困难，受力时模型整体变形较大	和选型 1 相比，刚度增加，柔度降低，导致局部杆件的破坏对整体模型破坏的影响加大	低挂点设置在 0°处的加载情况与 45°处的加载情况相比，钢丝绳的垂度略减小，导致水平分力增大，不利于二级加载

综合对比三种选型，最终确定选型 3 为我们的参赛模型，模型效果图及实物图如图 26-1所示。

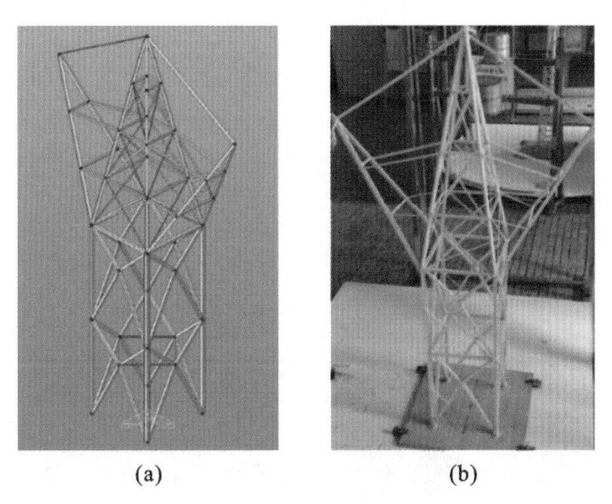

(a)　　(b)

图 26-1　选型方案示意图

(a)模型效果图；(b)模型实物图

26.3　数值模拟

利用有限元分析软件 MIDAS 建立了结构的分析模型，第三级荷载作用下计算结果如图 26-2 所示。

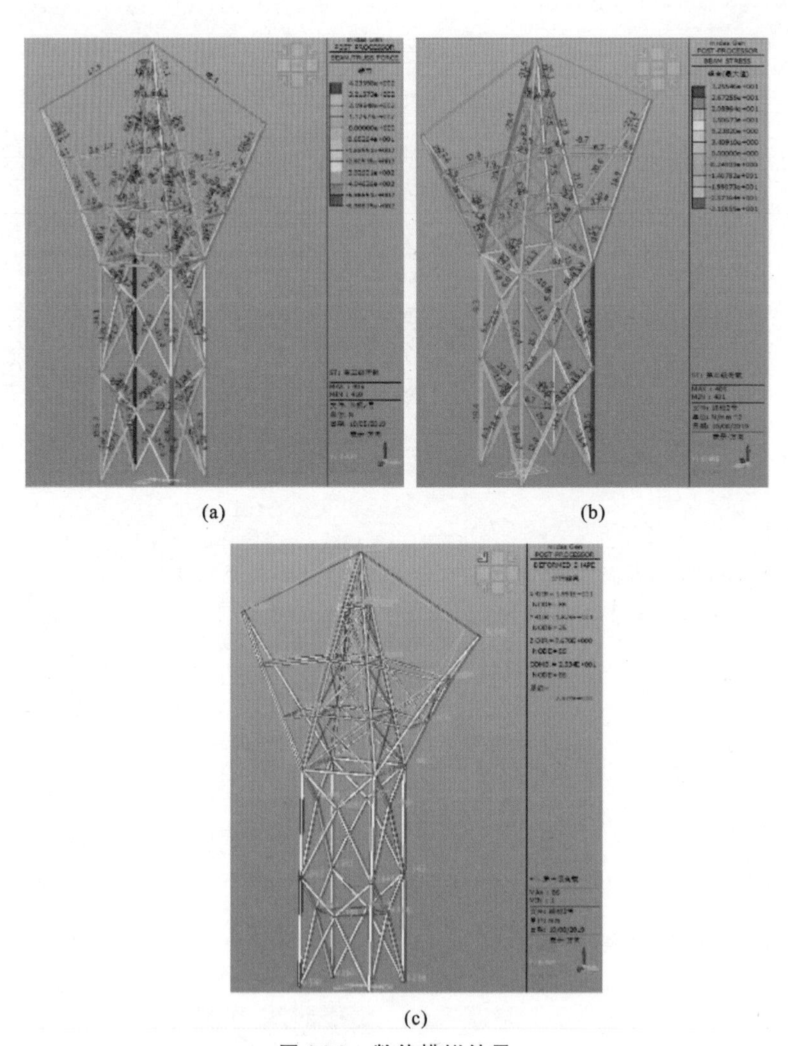

(a)　　　　(b)

(c)

图 26-2　数值模拟结果

(a)轴力图;(b)应力图;(c)变形图

26.4　节点构造

节点是模型制作的关键部位,本模型部分节点详图如图 26-3 所示。

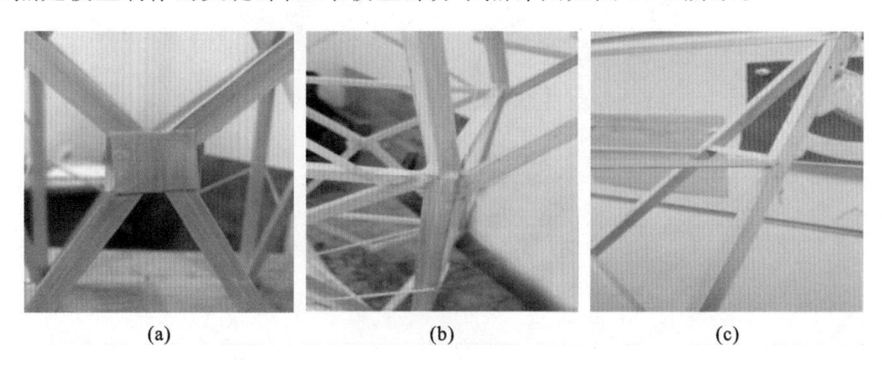

(a)　　　　(b)　　　　(c)

图 26-3　节点详图

(a)拉压杆节点;(b)核心节点;(c)外伸防失稳节点

27 西北工业大学

作品名称	流星雨
参赛学生	武瑾瑜　刘　赫　邢光辉
指导教师	李玉刚　黄　河

27.1 设计构思

本次竞赛题目要求参赛队针对多种荷载工况下的输电塔空间结构进行受力分析、模型制作及加载试验,强调输电塔的抗弯能力、抗扭转能力和抗压能力。由于赛题中明确规定模型制作之后再抽取加载工况,故需要综合考虑四种加载工况,设计出适应所有工况的输电塔模型。因此,我们综合考虑结构抗弯能力、抗压能力、抗扭转能力、自重轻等方面,对结构模型进行优化设计,从而得到承载能力高、自重较轻的最终优化模型。

对模型实际承受的各种工况,进行加载分析计算,通过初步的结构设计,得到结构的各构件的轴力、弯矩等内力结果;同时考虑结构稳定性的影响,进一步确定杆件的长度和截面形式,区分受压杆件及受拉杆件。模型主要采用空心矩形截面杆件作为主要的承力构件,这大大提高了抗压、抗弯能力,同时减轻了质量。同时考虑本届竞赛评分标准改革的材料利用率因素,优化构件用料尺寸和选材类型。在节点连接处,通过对杆端截面的打磨,使节点处杆件无缝贴合,同时采用木屑滴加 502 胶水组成的复合材料加强连接,提高节点强度,防止因节点强度不够导致的模型垮塌。在柱脚处,针对不同的抗压和抗拔要求采用不同的设计形式,加强结构在基础部分的传力能力。

最后,通过多次有限元建模分析和实物模型加载的对比,不断优化模型结构,得到本参赛队的模型设计方案。

27.2 选型分析

选型 1:五角形塔式结构模型。最初考虑张拉式结构,因为其可以减轻结构整体质量,提高结构刚度。但通过模型试验发现,由于张拉技术不成熟,表面预应力施加效果不佳,导致整体结构刚度较小,变形较大,不能满足当前的荷载要求,因此予以否定。

选型 2:正交三轴轴压张拉模型。继续沿用选型 1 的思路,采用中心的三轴正交压杆结合外部张拉的形式。但是同样面临前述的问题,且结构稳定性较差,所以本方案也予以排除。

选型 3:变截面桁架塔式模型。为了提高模型的整体刚度、强度、稳定性,采用桁架塔式的结构选型,采用自下而上截面逐渐变小的形式,减轻结构质量。但是由于模型存在受扭和受弯的组合影响,因此不利于扭矩向下传递,造成结构中部存在薄弱环节。因此,对于这个方案也予以否定。

选型4:等截面桁架塔式模型。此种结构具有良好的刚度和稳定性,等截面的形式有利于提高结构的抗扭转能力。但考虑到模型要适应各种工况,需要采用大量受压杆件,结构自重比较大。因此,对此方案予以否定。

选型5:三角形截面塔式模型。考虑到有四种导线加载工况,故将模型的低挂点设计成对称形式,从而能够较好地在各种工况下将弯扭组合的荷载传递至柱脚基础,以保证模型结构具有较好的刚度、强度、稳定性,满足对应荷载工况的要求。该方案被采用。

表27-1列出了各种不同结构选型的优点与缺点,并进行了有效比对,为结构选型提供依据。

表27-1 **结构选型对比**

选型方案	选型1	选型2	选型3
图示			
优点	制作简单	结构简单,自重轻	承载力大,刚度大,稳定性好
缺点	抗弯、抗扭能力弱,变形较大,刚度小	抗弯、抗扭能力弱,变形大,稳定性差	制作难度大,结构中存在薄弱环节

选型方案	选型4	选型5
图示		
优点	承载力大,刚度大,稳定性好	自重较小,承载力大,刚度大,稳定性好
缺点	自重较大	杆件受力大

综合对比以上5种选型的优缺点,最终确定方案模型效果图及实物图如图27-1所示。

27.3 数值模拟

基于有限元分析软件FEMAP建立了结构的分析模型,第三级荷载作用下计算结果如图27-2所示。

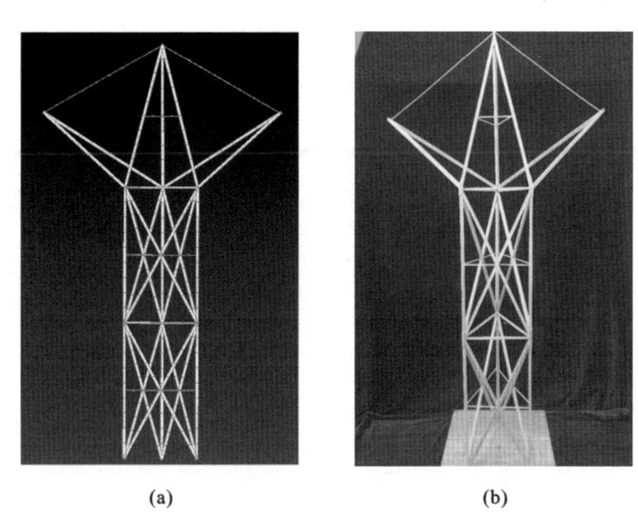

图 27-1　选型方案示意图

(a)模型效果图;(b)模型实物图

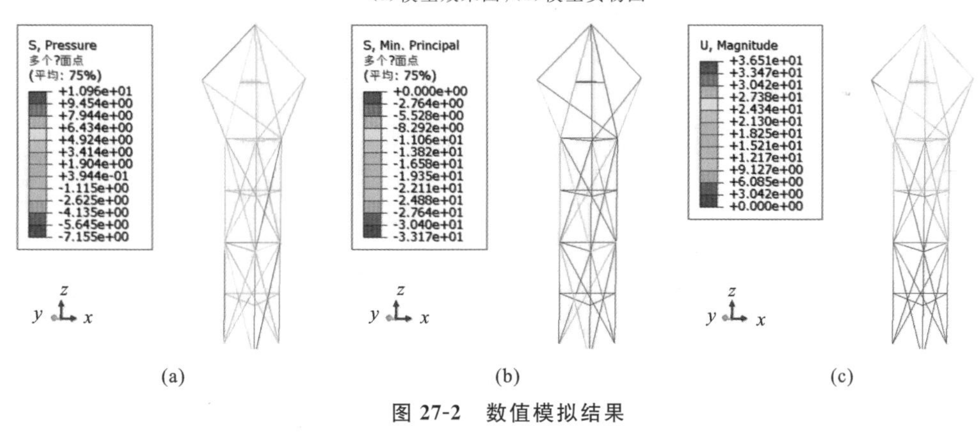

图 27-2　数值模拟结果

(a)内力图;(b)应力图;(c)变形图

27.4　节点构造

节点是模型制作的关键部位,本模型部分节点详图如图 27-3 所示。

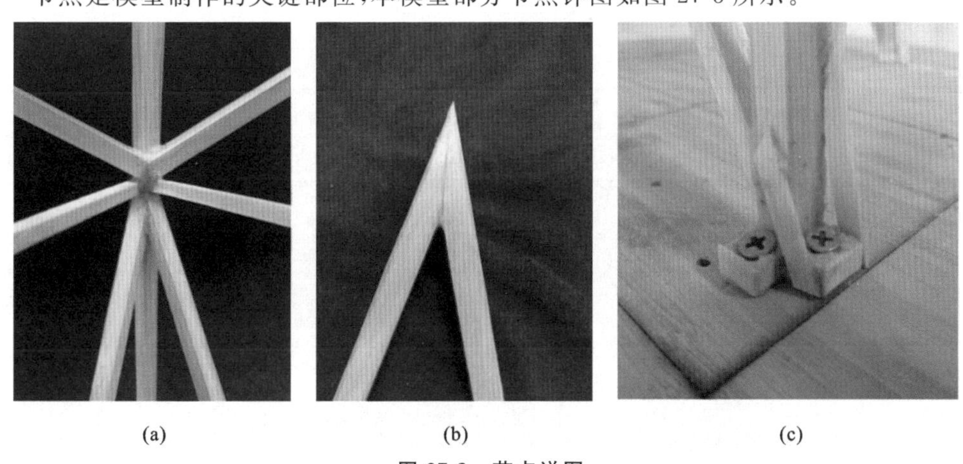

图 27-3　节点详图

(a)多杆交叉节点;(b)低挂点节点;(c)柱脚节点

28　黑龙江八一农垦大学

作品名称	502 之光
参赛学生	程　澄　马旭江　黎法武
指导教师	杨　光　刘金云

28.1　设计构思

根据本次竞赛题目及其补充说明的要求，我们团队秉承安全、经济、美观的原则，借鉴了空间桁架结构的设计思想，制作了“502 之光”山地输电塔结构模型。空间桁架柱截面采用方形，伸臂梁借鉴张拉结构的设计思想采用三角形截面。在规定的模型安装范围、低挂点或高挂点高度区间、使用净空限值、加载方式的约束条件下，精确进行导线放样，充分考虑挂重的分配，按扭矩最小原则确定柱体截面尺寸，力求拉杆和压杆合理分布。其中，对结构模型设计不同的杆件形式，充分发挥材料和杆件截面受力性能是该设计的最大亮点。

对于任一下坡门架旋转角度，要求都能具备承受 A、B、C、D 四种荷载工况的能力，因此需要柱截面能够承受不同方向的弯矩和扭矩，且柱截面要关于 x、y 轴对称；下坡门架旋转角度为 30°和 45°时，均存在导线 2 与模型触碰的问题，因此伸臂梁部分要考虑非对称设计。

28.2　选型分析

为了寻求最优方案，从构件和细部方面尝试了几种不同的方案，详见表 28-1。

表 28-1　结构选型对比

选型方案	选型 1	选型 2	选型 3
图示			

续表

选型方案	选型 1	选型 2	选型 3
优点	抗弯刚度大	抗扭刚度较大	抗弯、抗扭刚度较大，柱脚受力较均匀
缺点	抗扭刚度小，抗弯能力平面内和平面外相差较大	拉、压应力均作用于单根柱，柱脚应力集中严重且容易发生锚固失效	—

综合对比以上三种选型的优缺点，最终确定选型 3 为我们的参赛模型，模型效果图及实物图如图 28-1 所示。

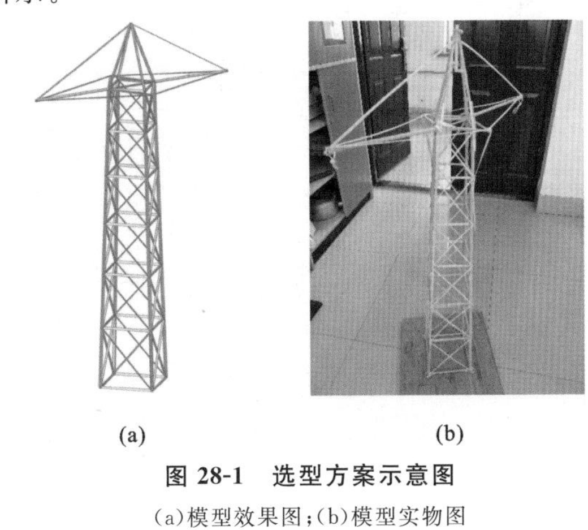

(a) (b)

图 28-1 选型方案示意图

(a)模型效果图；(b)模型实物图

28.3 数值模拟

利用有限元分析软件 MIDAS Gen 建立了结构的分析模型，第三级荷载作用下计算结果如图 28-2 所示。

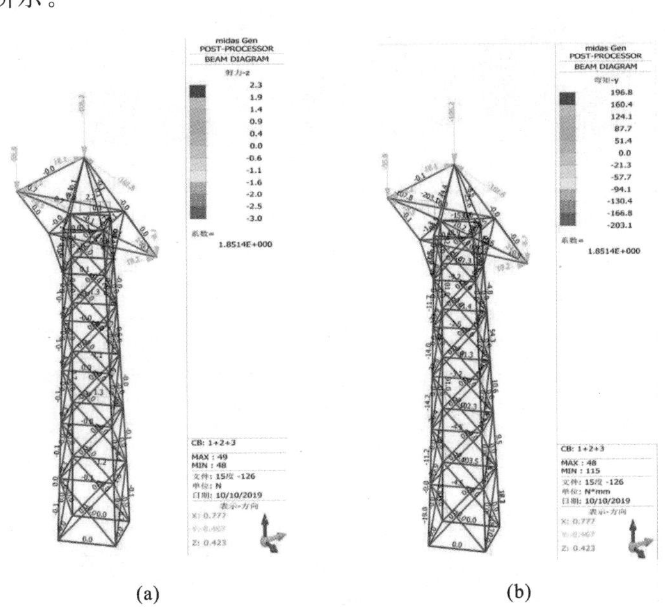

(a) (b)

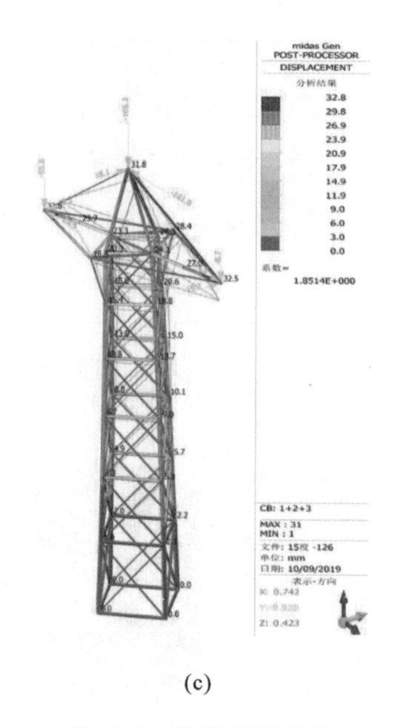

(c)

图 28-2　数值模拟结果

(a)轴力图;(b)弯矩图;(c)变形图

28.4　节点构造

节点是模型制作的关键部位,本模型部分节点详图如图 28-3 所示。

(a)　(b)　(c)

图 28-3　节点详图

(a)桁架柱节点;(b)高挂点节点;(c)柱头与柱顶节点

29 莆田学院

作品名称	两岸繁荣输电塔
参赛学生	王达锋　王柏松　梁家瑜
指导教师	指导组

29.1 设计构思

主体结构:主体结构存在着较大的扭转弯矩和倾覆弯矩,采用四边形的斜撑框架结构体系,在框架结构中加入双向斜撑构件,以提高结构框架的抗侧刚度,增加结构的抗扭刚度,减少由于结构受扭产生的过大位移。同时尽量加大结构在两个水平方向的投影面积,增大结构的抗倾覆弯矩。

外伸(悬臂)结构:在挂点荷载不变的情况下,通过增大外伸结构与上、下坡门架的夹角,尽量减小低挂点导线的扭转力臂,降低结构的扭转荷载。同时充分利用竹材抗拉强度大的特点,采用斜拉结构,使结构受力更加明确,提高材料的利用率。

502 胶水性能:502 胶水黏结性能好,所以在杆件粘接时充分发挥其黏结性能好的特点。试验发现,502 胶水用量过多会造成不易粘接,且粘接后不牢固,因此在粘接时应尽量将胶水压紧、压薄,这同时也提高了 502 胶水的利用率。

29.2 选型分析

选型 1:采用斜撑框架结构。我们将斜撑框架结构的高度降至 72cm,建立斜撑框架结构之后,将低挂点设置在斜撑框架结构的框架对角线上,在高挂点的 2/3 处设置桁架结构,以减小变形。模型分为 4 层,每层用细竹条设置斜杆以保证稳定性,低挂点与模型主杆采用细竹条拉住。整体模型质量为 330g。

选型 2:采用斜撑框架结构并分为 4 层,加大横杆与横杆之间的距离,并将横杆黏合为正方形,每层还是都用细竹条设置斜杆。整体模型质量显著下降,变为 300g。

选型 3:我们研究出大同小异的两种模型 A 和 B,相同的是模型整体依旧为斜撑框架结构并且还是分为 4 层,横杆改为 3 根竹片黏合的三角形;不同的是模型 A 采用变截面,模型 B 高挂点所用杆件都采用与主杆一样的 4 片竹片粘成的正方形,高、低挂点的斜拉杆采用细竹条。两种模型质量均在 280g 左右。

表 29-1 中列出了三种选型的优缺点。

表 29-1 **结构选型对比**

选型方案	选型 1	选型 2	选型 3
图示			
优点	结构简单，承载力强，杆件少，造型独特	杆件新颖，承载力强，抗扭能力强	结构简单明了，质量轻，制作简单，稳定性较好
缺点	杆件胶水用量难以控制，杆件黏合复杂，质量太大，挂盘在一些工况中会触碰到模型	横杆做工复杂，质量控制困难，模型稳定性太差	加载时，杆件会产生小变形。整体外观不够精致美观，在搭接横杆时不易保持水平状态

综合对比三种选型的制作时间、杆件复杂程度、模型质量，最终确定选型 3 为我们的参赛模型，模型效果图及实物图如图 29-1 所示。

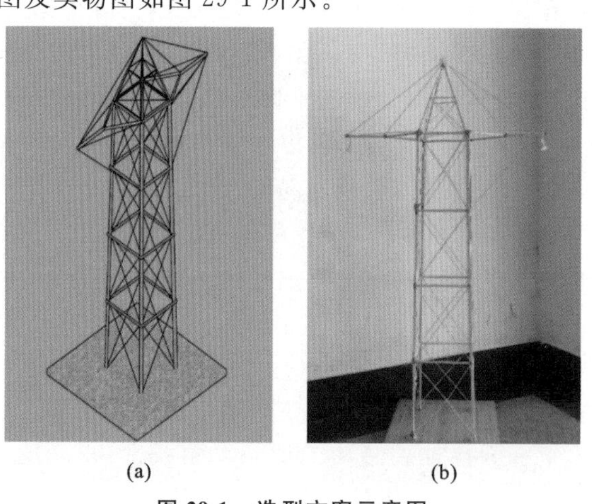

(a) (b)

图 29-1 选型方案示意图

(a)模型效果图；(b)模型实物图

29.3 数值模拟

利用有限元分析软件 MIDAS Gen 建立了结构的分析模型，第三级荷载作用下计算结果如图 29-2 所示。

29.4 节点构造

节点是模型制作的关键部位，本模型部分节点详图如图 29-3 所示。

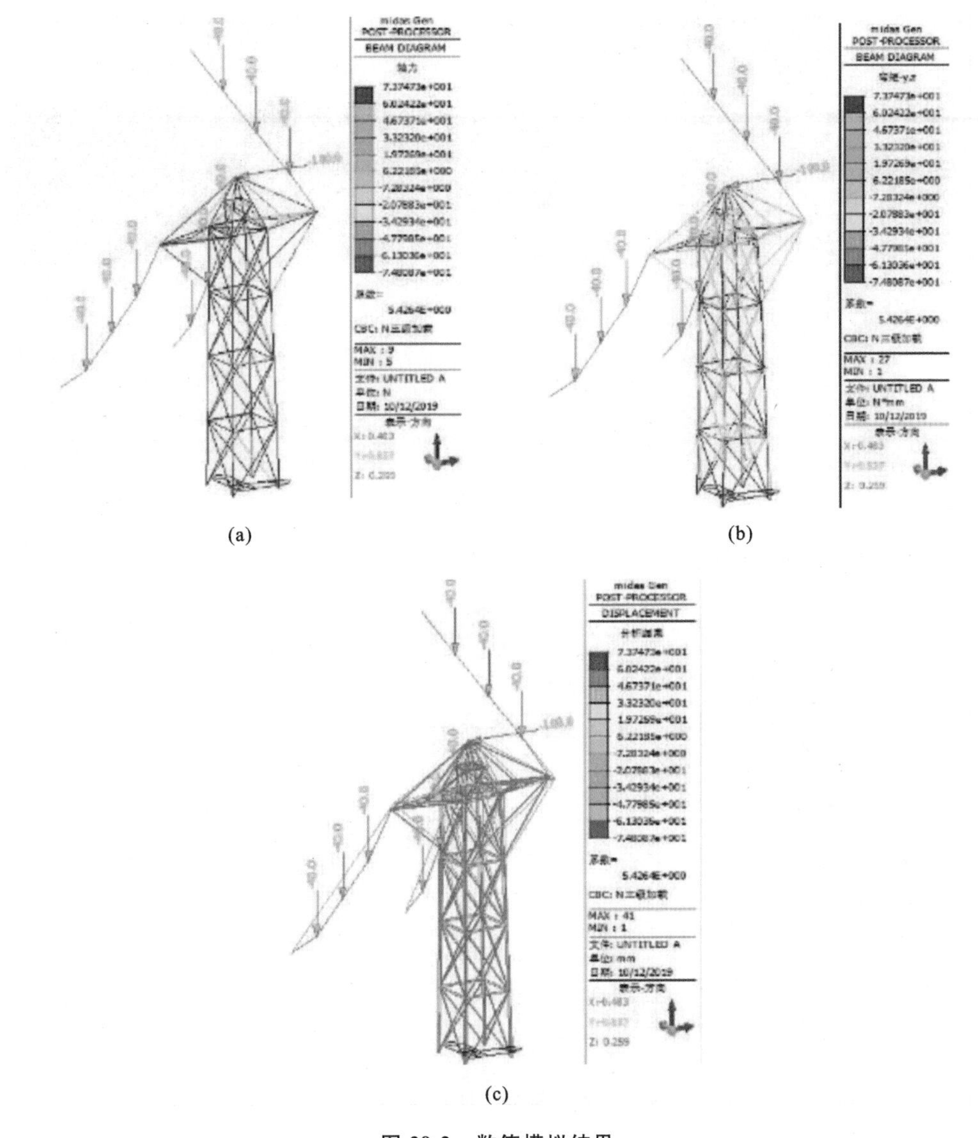

图 29-2　数值模拟结果

(a)轴力图;(b)弯矩图;(c)变形图

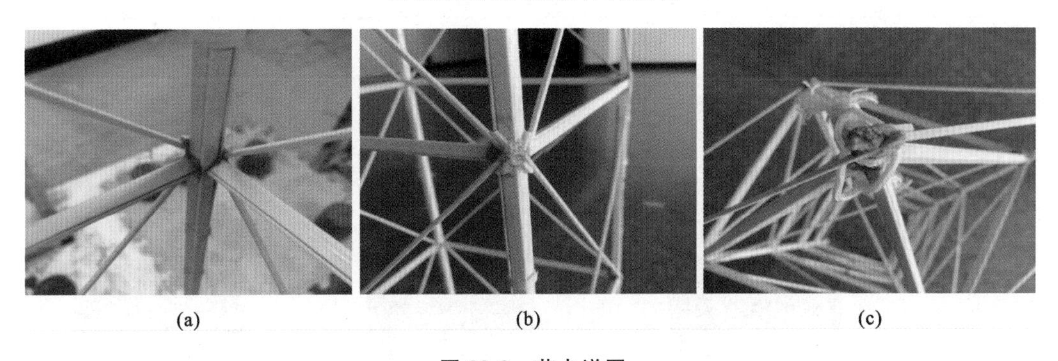

图 29-3　节点详图

(a)横杆与主杆节点;(b)斜拉杆与主杆节点;(c)高挂点节点

30 天津城建大学

作品名称	天匠竹峰
参赛学生	赵　硕　王金福　刘静蕊
指导教师	罗兆辉　高占远

30.1 设计构思

基于对承载力的控制，可选体系以空间结构体系为佳。

基于对变形的控制，一是选择整体刚度较大的结构体系，但需要解决与自重间的矛盾；二是增大结构局部的刚度，保证所测位置的位移量在限值以内。

基于对稳定性的控制，一是选择空间性较好的体系，如空间网架、空间桁架等，以保证结构的整体稳定性；二是采取加强构件、减小计算长度等措施以防止构件局部失稳。考虑到竹材良好的抗拉性能，合理设置拉条是解决稳定问题的一个较好方案。

基于对自重的控制，如何合理解决自重、承载力和刚度间的矛盾，是必须重视的问题。解决方向主要有三个，一是选择合理的结构形式，二是精心设计构件截面，三是实施精确的制作工法。前两个方向要求有合理的建模和软件计算分析，后一个方向要求有一定的手工工艺。

30.2 选型分析

结合赛题要求，根据结构稳定、传力合理、材料经济、兼顾美观的基本原则，初步提出几种选型进行对比分析，详见表 30-1。

表 30-1　**结构选型对比**

选型方案	选型 1	选型 2	选型 3
图示			

续表

选型方案	选型 1	选型 2	选型 3
优点	自重轻，制作简单	模型上半部整体性较好，抵抗扭转的性能较好，且自重较轻	承载力较大，模型整体刚度大，变形小，且具有一定的对称性，适用于所有导线加载工况
缺点	承载力较小，无法满载	模型不适用于所有导线加载工况，且抗弯性能较差，三级加载对模型破坏较大	自重较大，制作时间较长

综合对比以上三种选型，最终确定选型 3 为我们的参赛模型，模型效果图及实物图如图 30-1所示。

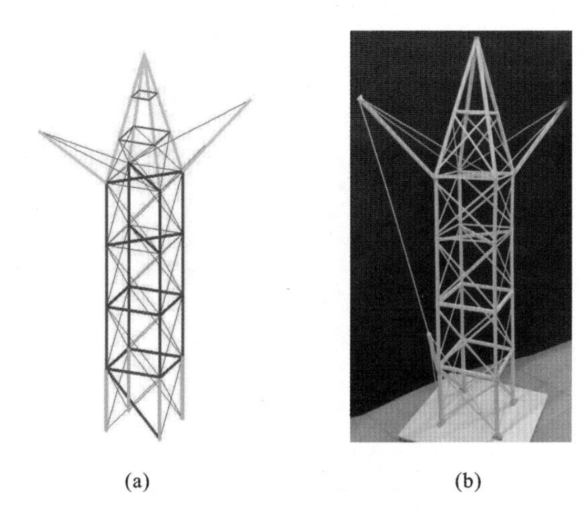

(a) (b)

图 30-1 选型方案示意图

(a)模型效果图；(b)模型实物图

30.3 数值模拟

基于有限元分析软件 MIDAS 建立了结构的分析模型，通过对所有加载方式的计算发现，一级、二级荷载的内力均小于三级荷载的内力。由于加载方式众多，限于篇幅，无法全部列出，以下只列出三级荷载的内力图，以及各种旋转角度下最危险的导线加载方式。计算结果如图 30-2 所示。

30.4 节点构造

节点是模型制作的关键部位，本模型部分节点详图如图 30-3 所示。

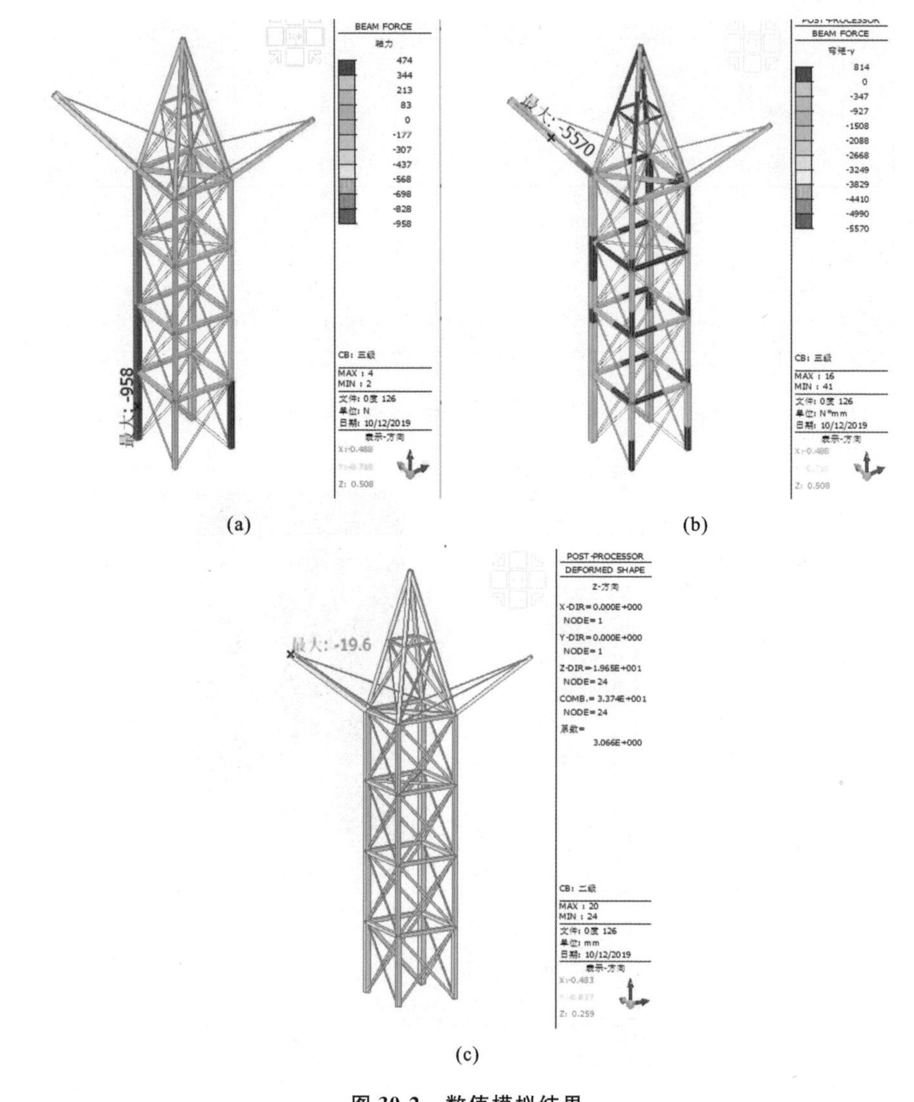

图 30-2　数值模拟结果

(a)轴力图;(b)弯矩图;(c)变形图

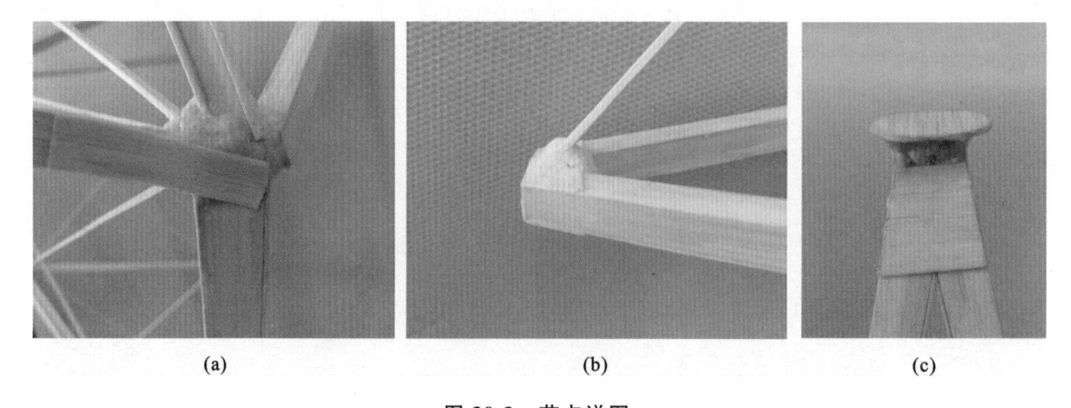

图 30-3　节点详图

(a)低挂点与主体连接节点;(b)低挂点与拉索系统连接节点;(c)高挂点连接节点

31 澳门大学

作品名称	山地输电塔模型设计与制作
参赛学生	任偉楠　容穎姿　林國勳
指导教师	林智超

31.1 设计构思

在结构设计上，为了使效益最大化，我们考虑选用不同的竹材进行结合，从而得出不同的结构特性，尽可能运用最简单的结构承受最高的荷载。我们的设计构思是结构力求简洁，以高强度的结构组件通过简单的连接配合组成模型。简单的结构既可以减少构件的数量，也可以节约制作时间。整体来说，我们会在可以成功加载的情况下进行结构的简化，从而达到设计初衷。

31.2 选型分析

综合考虑上述因素，在主体结构上我们选用了三棱柱。三棱柱的用料比较少，可以减轻模型的质量。在每个杆件上我们利用了不同材料的特性，例如空心柱、L形柱等。在主体结构的内部采用桁架结构进行模型制作，同时节点的设计和加工也是重点考虑的内容。结构的选型自重相对较小，承载力较大，外形简洁，选型方案示意图如图31-1所示。

图 31-1　选型方案示意图

31.3 数值模拟

基于有限元分析软件 MIDAS Gen 建立了结构的分析模型,第三级荷载作用下计算结果如图 31-2 所示。

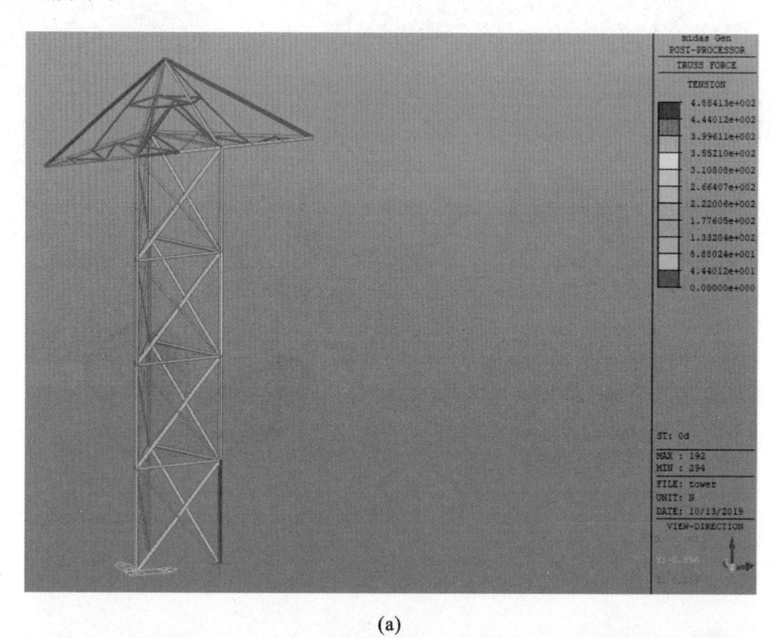

(a)

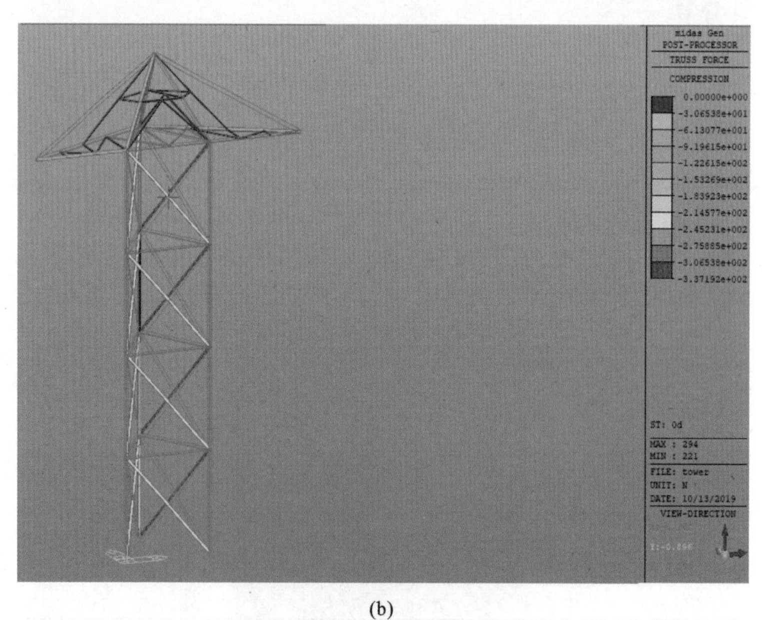

(b)

图 31-2 数值模拟结果

(a)受拉内力图;(b)受压内力图

32　武汉大学

作品名称	风帆
参赛学生	张心悦　王　鹏　邱　鑫
指导教师	孙文涛

32.1　设计构思

形式服从功能，建筑物应将形式与功能有机结合，在满足功能需求的前提下，充分发挥和表现结构与材料的美学特点。我们权衡多方因素，设计了“台座格构柱拉条式”输电塔模型，在追求功能和美观的同时，力求安全、创新、经济。

结构主要受水平静荷载和竖向静荷载的影响。竞赛中采用三级荷载模拟实际生活中输电塔可能遇到的荷载情况，如何使结构在兼顾美观、经济的同时满足各级荷载作用下的功能要求，成为我们重点考虑的问题。

在结构选型中，我们对各种结构形式进行了比较详尽的理论分析和试验比较，着重分析结构自重和荷载分布，以期达到较大的效率比。

32.2　选型分析

为了寻求最优方案，从构件和细部方面尝试了几种不同的方案，如整体结构方案优化和柱脚方案优化等，详见表 32-1。

表 32-1　　结构选型对比

选型方案	选型 1	选型 2	选型 3	选型 4
图示				
优点	结构简单，制作省时；传力路径明确；节点构造简单；柱脚受力小	结构形式新颖；抗扭性能好，适应四种工况	结构美观；抗扭性能好，适应四种工况	结构形式新颖、美观；杆件布置灵活，充分利用杆件性能，模型质量小

续表

选型方案	选型 1	选型 2	选型 3	选型 4
缺点	刚度小,变形大;适应性差,只能用于特定角度的工况	结构复杂,质量大;传力路径不明确;节点构造复杂	构造复杂,制作难度大;节点构造复杂	柱脚受力大;制作难度大

综合对比以上四种选型的优缺点,最终确定选型 4 为我们的参赛模型,模型效果图及实物图如图 32-1 所示。

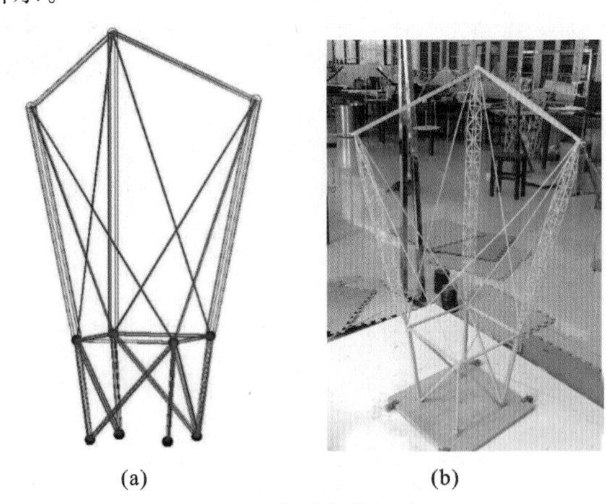
(a) (b)

图 32-1 选型方案示意图

(a)模型效果图;(b)模型实物图

32.3 数值模拟

利用有限元分析软件 USSCAD 建立了结构的分析模型,第三级荷载作用下计算结果如图 32-2 所示。

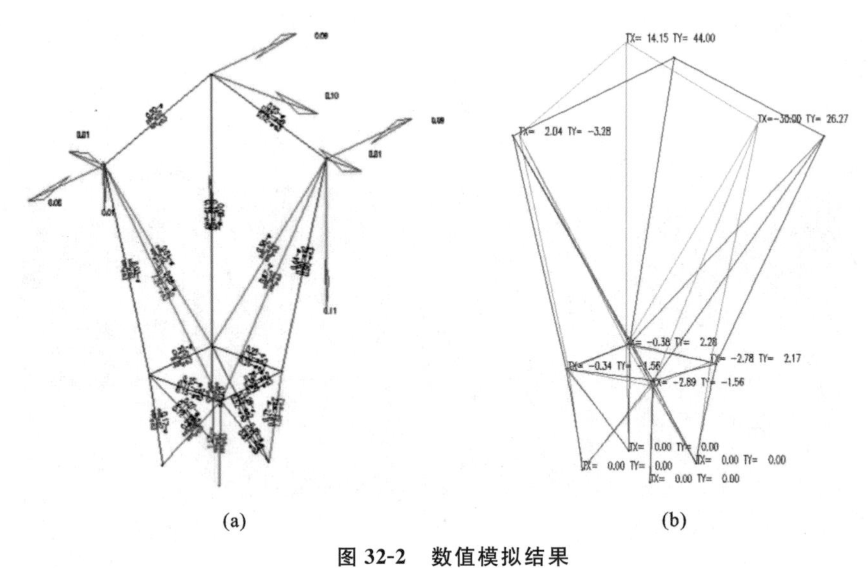

(a) (b)

图 32-2 数值模拟结果

(a)内力图;(b)变形图

32.4 节点构造

节点是模型制作的关键部位,本模型部分节点详图如图 32-3 所示。

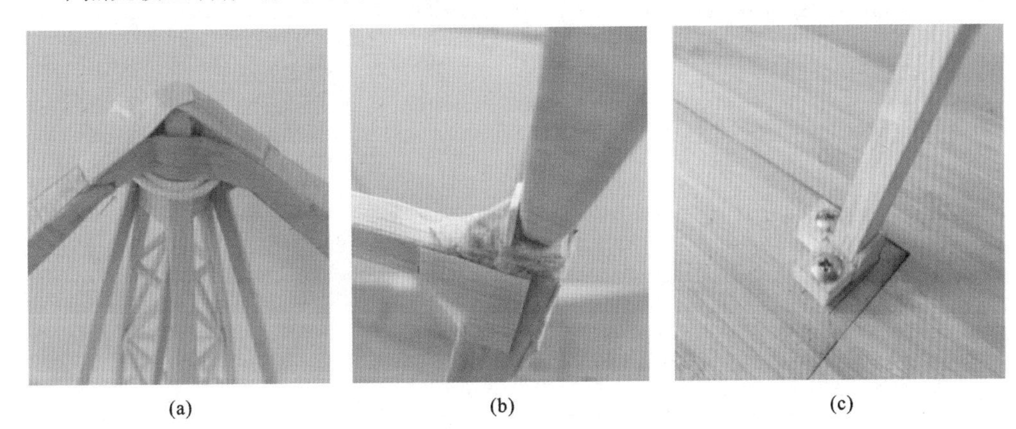

(a)　　(b)　　(c)

图 32-3　节点详图

(a)柱顶节点;(b)格构柱与台座连接节点;(c)柱脚节点

33 湖北文理学院

作品名称	象牙塔
参赛学生	王　冲　李　帅　王旭寅
指导教师	范建辉　徐开民

33.1 设计构思

本次竞赛的题目贴近实际，既要考虑结构的质量又要考虑结构在多种工况下承载的能力，在保证结构的强度、刚度和稳定性的前提下，设计出安全、经济、合理的结构方案。因而，方案设计前从结构形式、结构强度、结构优化等方面，对结构的本质进行思考。

结构设计是一门关于如何用最少的材料来保证结构具备合适的安全度，使结构呈现最好的效果，并能充分展现自身魅力的学问。“简约而不简单”是指放弃复杂、怪异的结构形式，尽可能地节约材料，发挥材料的力学性能，构建简约的结构形式，返璞归真，并在减少材料用量的基础上，尽可能满足建筑物目标功能的需要。

对于结构来讲，艺术与技术紧密相关。技术本身就是美的因素之一，合理受力和传力的结构由于符合自然规律的美感，在理论推导上是美的；这样的结构在形式上往往也是简单明确的，直观的功能逻辑也让结构在实际使用中体现着美感。同时，结构的形态、采光等方面让结构具有了艺术上的观赏性和可发挥想象的空间。

33.2 选型分析

结合赛题要求，根据结构稳定、传力合理、材料经济、兼顾美观的基本原则，初步提出两种选型进行对比分析，详见表 33-1。

表 33-1　结构选型分析

选型方案	选型 1:拉索式	选型 2:整体刚架式
图示		

续表

选型方案	选型 1:拉索式	选型 2:整体刚架式
优点	可抵抗二级大扭转变形,自重小	抵抗各种压弯变形,适用于各种复杂工况
缺点	刚度小,变形稍大	杆件较多,结构复杂,自重大

从两种结构的软件分析计算可以看出,采用框架结合拉索的结构选型,刚度小,变形稍大,但通过空间大拉索的结构可以很好地抵抗二级扭转变形,结构模型的质量也相对较轻;再由三角形的稳定性,进一步减少构件数量,可以用三角形框架代替四边形框架。但是由于赛题要求的荷载工况较多,下坡门架的旋转角度也较多,选型 1 又不能很好地完全适应各种工况,特别是在旋转角度 30°和 45°的情况下该模型的适应性是不好的。而选型 2 中的整体框架模型刚度大,通过交叉斜撑杆可以抵抗各种扭转,结合框架柱又可以很好地抵抗各种压弯变形,特别是可以很好地适用各种复杂工况。但由于模型杆件多,其质量会稍重一些。

综合对比各种方案,最终确定采用以三角形框架为主体的结构方案,在小角度偏转下可采用拉索结构来抵抗二级的大扭转变形,在大角度偏转下利用等边三角形结合交叉斜撑杆来抵抗弯扭变形。选型方案示意图如图 33-1 所示。

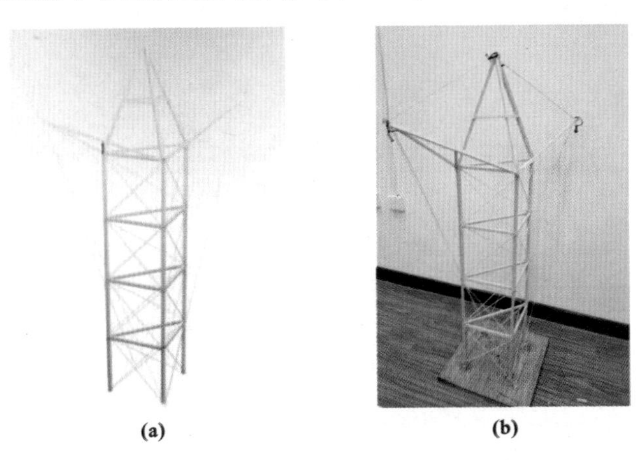

(a)　　(b)

图 33-1　0°、15°旋转角度下选型方案示意图

(a)模型效果图;(b)模型实物图

33.3　数值模拟

采用有限元分析软件 SAP 2000 进行了结构的建模及分析,第三级荷载作用下计算结果如图 33-2 所示。

33.4　节点构造

节点是模型制作的关键部位,本模型部分节点详图如图 33-3 所示。

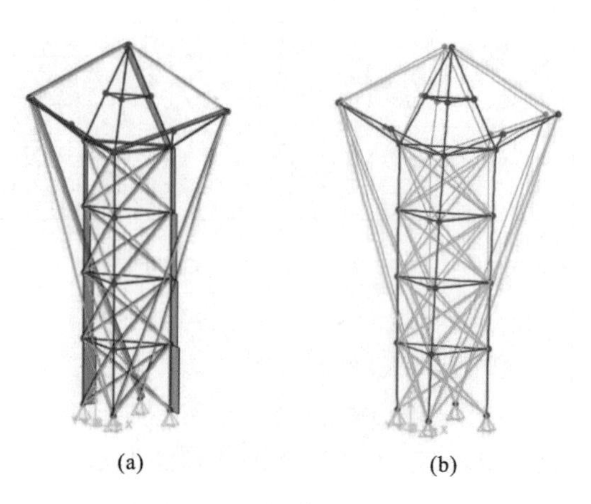
(a) (b)

图 33-2 数值模拟结果

(a)轴力图;(b)变形图

(a) (b) (c)

图 33-3 节点详图

(a)高挂点节点;(b)框架 V 形节点;(c)柱脚节点

34 沈阳建筑大学

作品名称	竹之梦
参赛学生	苏国君　孙添羽　王子豪
指导教师	王庆贺　耿　林

34.1 设计构思

根据输电塔结构在竖向对称荷载、竖向偏心荷载和横向水平荷载作用下的相关原理，综合杆件间的传力、受力特点等方面对结构方案进行构思。

强度和刚度：经过理论分析，结构模型在竖向偏心荷载和横向水平荷载作用下，将主要承受轴力、弯矩和扭矩，这就需要足够的抗压刚度、抗弯刚度和抗扭性能，因此采用空间混合结构。柱子截面采用矩形截面，以减轻自重、防止失稳、增大截面惯性矩。为结构设计斜向的拉索，以充分发挥竹皮的抗拉性能，并减轻结构自重，提供抗力。此外，柱与卡扣榫卯构件相连接并用螺钉紧固，连接牢固，脱落概率极小。

稳定性：结构模型除了需满足竖向荷载和水平荷载的强度和刚度外，还必须满足稳定性要求，防止构件失稳而导致结构失效。针对稳定性，需要考虑构件的长细比、腹杆的数量等。

结构模块化：在杆件制作完成后利用平面辅助图纸将几个杆件拼接成小型部件，确保每个模块的构件相同，再完成下一步拼接。确保整个模型完成后，其预应力在合理的范围内，结构模块化，提高结构的制作效率。

34.2 选型分析

我们在设计中力求结构受力合理、经济适用、造型美观。对模型选型设计经过了理论计算、模型试验以及数值模拟分析过程，前后进行了多种不同结构模型的试验，经对比分析，最终确定采用"T"形框架结构形式。以下分别对竖向承重体系和横向抗侧力体系进行详细说明。

竖向承重体系：在模型结构中，输电塔承受的竖向荷载主要是输电塔自重以及线路荷载总和，结构承受上部竖向荷载的构件主要是上部结构，通过立柱将荷载传给承台。由于立柱在设计的过程中承担全部的竖向荷载，所受到的荷载最大，需要保证立柱具有足够的刚度和承载力，因此在设计的过程中选择了竹条。

横向抗侧力体系:模型结构在模拟侧向荷载作用下,水平力主要由横向抗侧力体系承担。而水平力作用是本次竞赛加载过程中会对结构产生破坏的重要因素,需要仔细考量,因此如何构建模型结构的横向抗侧力体系是结构选型的重中之重。本参赛队在查阅相关文献和进行前期探索性试验的基础上,结合美学的设计目标,拟采用空间刚性框架模型结构的横向抗侧力体系。

刚性框架的立面形状为一梯形,由于支撑系统较高,为保证结构的稳定性将其分层,这样在水平力作用下层间必然产生相对位移,仅仅依靠立柱和节点的刚度来抵抗水平剪力的作用不仅使得材料的用量大,而且结构不稳定,侧向刚度不足,从而加重了结构的自重。为此,我们在刚性框架的对角线位置上布置了斜材,这样可以有效利用竹材的抗拉性能提高刚性框架的横向抗侧刚度。

模型的设计原则是“轻质高强”,符合现代建筑的结构设计理念。通过对试验数据进行分析,确定了结构的设计方案,在充分掌握建模材料力学特性的基础上,通过试验及有限元分析的手段不断地修改设计,提升模型结构的均衡性,最终实现结构的优化。参赛模型效果图及实物图如图 34-1 所示。

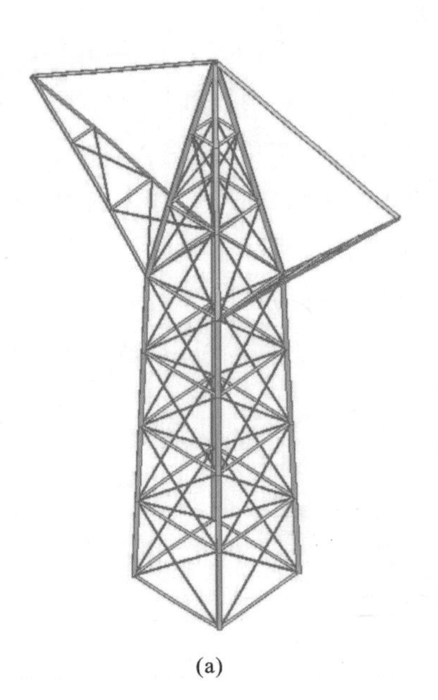

(a)

(b)

图 34-1　选型方案示意图

(a)模型效果图;(b)模型实物图

34.3　数值模拟

基于有限元分析软件 MIDAS 建立了结构的分析模型,第三级荷载作用下计算结果如图 34-2 所示。

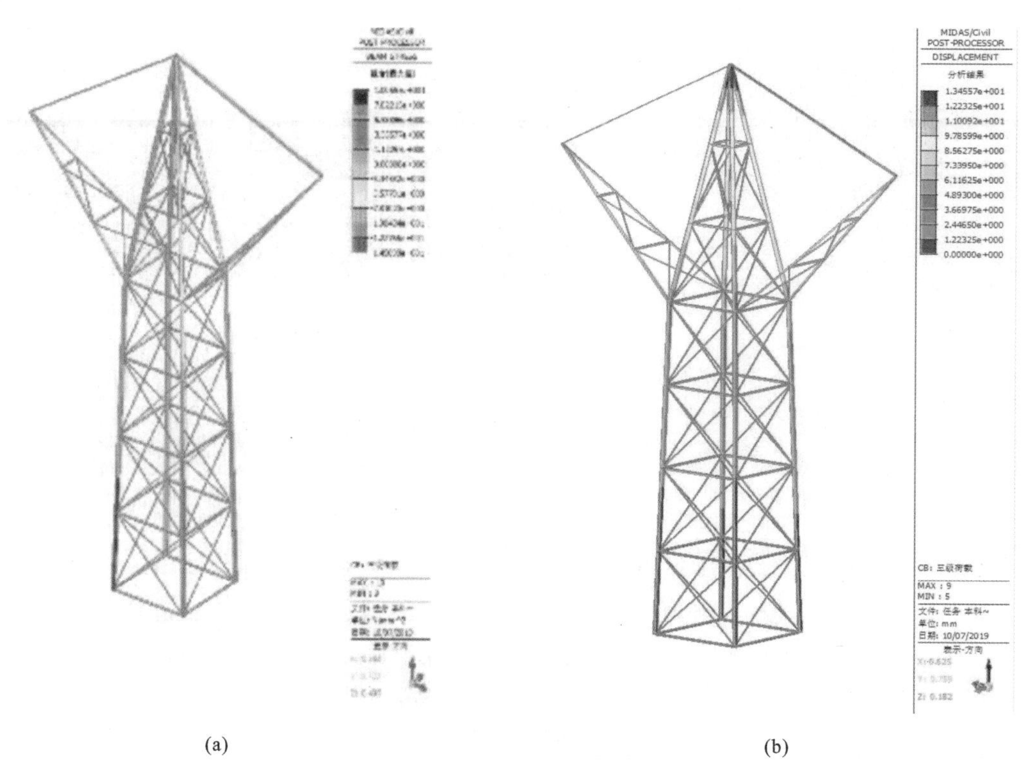

(a)

(b)

图 34-2　数值模拟结果

(a)应力图;(b)位移图

34.4　节点构造

节点是模型制作的关键部位,本模型部分节点详图如图 34-3 所示。

(a)

(b)

(c)

图 34-3　节点详图

(a)连接节点;(b)斜拉、斜撑节点;(c)柱脚节点

35 佛山科学技术学院

作品名称	大雁塔
参赛学生	何建华　马镇航　刘维彬
指导教师	饶德军　王英涛

35.1 设计构思

明确结构功能及各类因素对荷载大小的影响：设计一个结构首先应考虑满足其功能，在本次竞赛中结构的功能即结构所需承受的荷载，不明确荷载大小，结构设计得再精巧都是徒劳。据实验研究，钢索的长度、模型的变形、加载点的高度以及赛题的净空要求等因素皆会影响荷载的大小。

扭转荷载所导致的扭转变形及其影响：初步构思方案为一塔式锥形结构，上部结构设置两外伸梁，端部作为低挂点。拟采用四柱五层塔身，通过横梁与斜拉索的拉压平衡来抵抗扭转变形。

材料利用率与杆件刚度的平衡点：单位质量承载力越高得分越高，在寻找材料用量与模型刚度的平衡点的同时还要考虑材料利用率。在偏心荷载的作用下，力求刚柔并济。

施工质量对模型结构承载力及美观的影响：提高施工质量，以一丝不苟、精益求精的工匠精神去制作模型，才能使模型既有可靠的承载力又不失美观。

由于制作时间紧迫，需分工合作与平行施工：要制作的模型尺寸比以往所制作的都要大，需要合理、科学的分工，在同一时间、不同的空间上平行施工并完成质检。

35.2 选型分析

选型1：以现实中电线塔的造型为参考，塔身采用下部变截面梯台、上部等截面长方体的框架结构，悬臂采用拉压杆组合体系。

选型2：增大塔身横截面来减少模型的扭转变形，重新设置了悬臂与塔身连接节点的位置，调整了各挂点的位置。

选型3：结合了选型1结构简洁、传力简单和选型2强度高、变形小的特点，并能够承受赛题所设置的各级荷载。

选型4：根据荷载要求结合MIDAS有限元计算对杆件内力进行研究，对模型杆件进行选择性的加强与优化，在最大限度地发挥材料强度性能的同时提高了材料的利用率与结构的稳定性。

表35-1中列出了四种选型的优缺点。

表 35-1 结构选型对比

选型方案	选型 1	选型 2	选型 3	选型 4
图示				
优点	轻盈，简洁	强度高，变形小	简洁，能满载	简洁，自重合适，能满载
缺点	强度不高，变形过大，不能满载	自重大，用料超额，制作耗时过长	自重略大，用料超额	能够控制结构变形，但变形仍然比较大

综合对比各选型强度、稳定性等方面因素，最终确定选型 4 为我们的参赛模型，模型效果图及实物图如图 35-1 所示。

(a) (b)

图 35-1 选型方案示意图

(a)模型效果图；(b)模型实物图

35.3 数值模拟

利用有限元分析软件 MIDAS Civil 建立了结构的分析模型，第三级荷载作用下计算结果如图 35-2 所示。

35.4 节点构造

节点是模型制作的关键部位，本模型部分节点详图如图 35-3 所示。

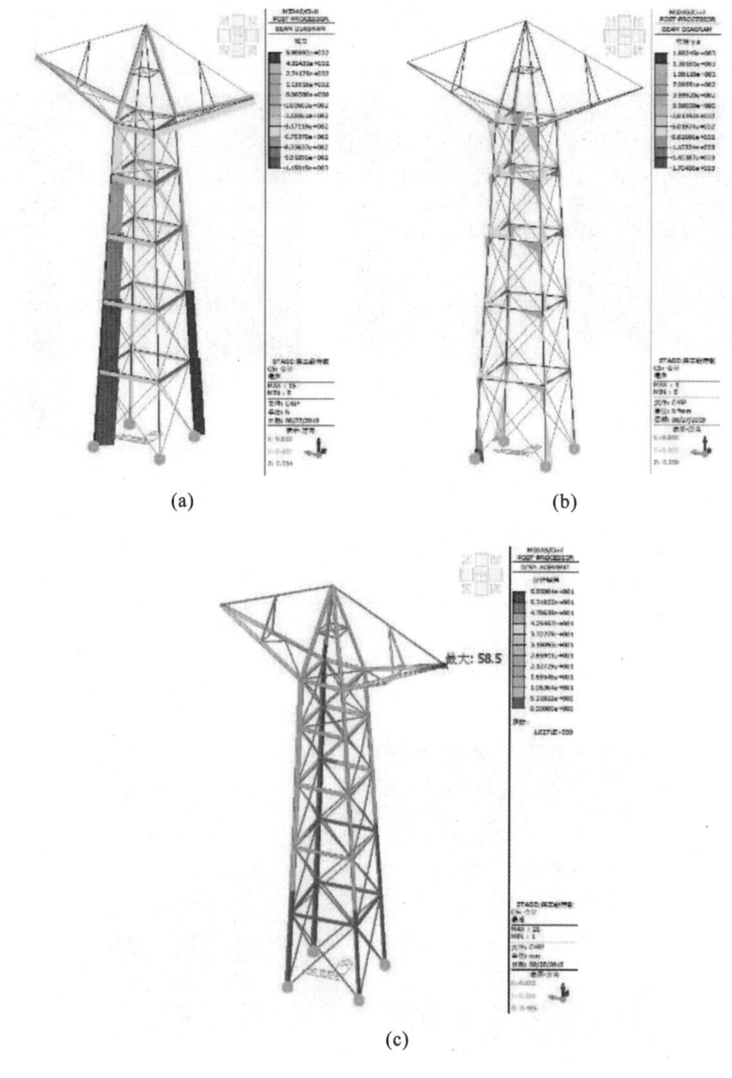

图 35-2　数值模拟结果

(a)轴力图；(b)弯矩图；(c)变形图

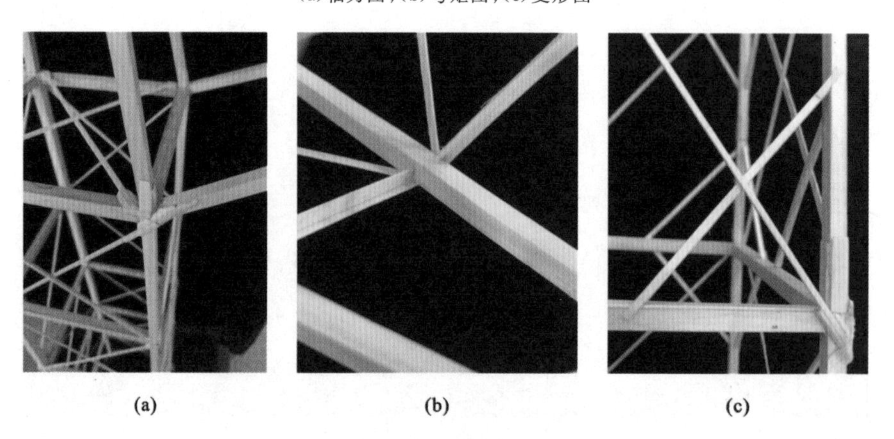

图 35-3　节点详图

(a)悬臂与塔身连接节点；(b)维稳约束节点；(c)边柱连接节点

36 东莞理工学院

作品名称	岭南竹韵
参赛学生	邱智钜　李　锦　唐　响
指导教师	刘良坤　潘兆东

36.1 设计构思

输电塔模型可分为塔身和悬臂两部分。综合考虑结构几何形状、荷载形式、边界条件、长细比等因素，对模型塔身进行改进：结构体系选择规则、均匀、对称的布置方式，从力学概念上设计模型，使其具有足够的刚度和良好的传力路径；由于结构易在受剪截面发生破坏，特别是支座连接部位，由受力分析可知支座连接部位是抗剪、抗弯的薄弱处，因此我们对支座连接部位进行了加固；结构在受扭时，不合理的截面会导致结构刚度不足从而使导线各挂点超出限空要求，或是受扭矩作用时，主杆因为失去稳定性而发生破坏，此时，通过改善塔身截面，来提高结构整体刚度和稳定性。

二级加载的主要对象为悬臂，要使悬臂能承受较大的弯矩，需要其有较强的抗弯性能，我们经分析得出以下结论：考虑到悬臂受力小于塔身主杆，一般不需要对悬臂杆件进行特别的加固；悬臂的扭转对塔身影响较大，为了减少因为塔身发生扭转变形后，底座与塔臂下端的相对扭转角较大，导致不符合限空要求的情况发生，采取塔臂下端下移策略以减小其相对扭转角；悬臂主要通过两侧框架传递荷载，上下横杆受力相对较小，主要起支撑桁架的作用，故可将悬臂尺寸缩小；塔身个别节点做增强处理，来抵抗复杂应力，并保证其不被破坏。

鉴于此，我们最终在有限的材料及符合比赛要求的情况下，提出了仰角悬臂桁架结构方案。

36.2 选型分析

选型1：为了充分利用材料，选择以三角形为横截面的塔身。设置不平行悬臂，并以此减小导线荷载对塔身的扭矩。在不考虑扭矩的情况下，以三角形为横截面的输电塔更有优势。

选型2：输电塔塔身采用以四边形为横截面的形式。与三角形方案相比，四边形方案对于抵抗导线荷载作用下的扭矩更有利，表现在各杆件受力均匀，且斜撑受力相对合理。

表36-1中列出了各选型的优缺点。

表 36-1 **结构选型对比**

选型方案	选型 1	选型 2
图示		
优点	结构简单,便于制作;构件数目可减少约 25%	杆件受力更加合理;四轴对称,计算难度相对小;对称结构,抵抗扭矩的效果好,适用于多数工况
缺点	主杆轴力是四边形塔的 2 倍;斜杆轴力是四边形塔的 2.3 倍;三角形结构荷载也不对称,相应增加了设计计算难度	结构复杂,杆件多;横截面的对角斜杆在输电塔中起分配正侧面扭矩的作用

通过比较,我们选用横截面为四边形的输电塔结构(选型 2),将塔臂下端下移,提出仰角悬臂桁架结构方案。最终确定的方案模型效果图及实物图如图 36-1 所示。

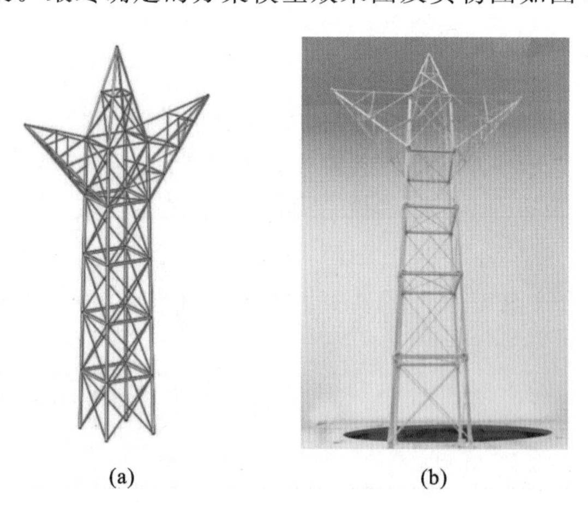

(a) (b)

图 36-1 选型方案示意图

(a)模型效果图;(b)模型实物图

36.3 数值模拟

利用有限元分析软件 MIDAS 建立了结构的分析模型,第三级荷载作用下计算结果如图 36-2 所示。

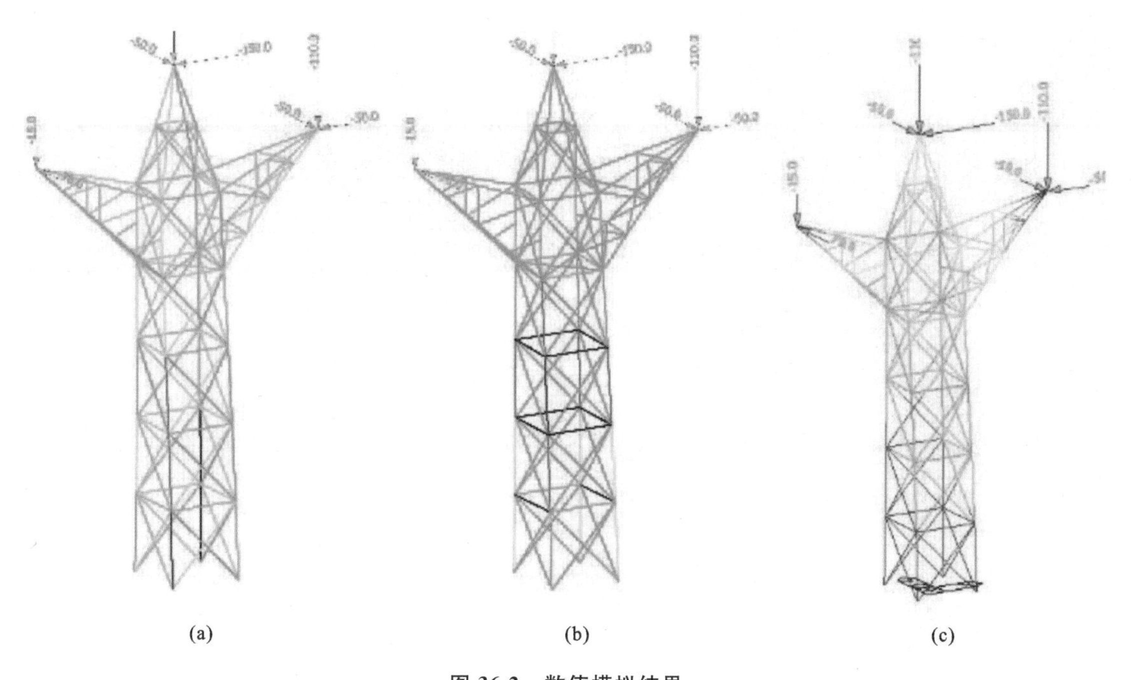

(a) (b) (c)

图 36-2 数值模拟结果

(a)轴力图;(b)弯矩图;(c)变形图

36.4 节点构造

节点是模型制作的关键部位,本模型部分节点详图如图 36-3 所示。

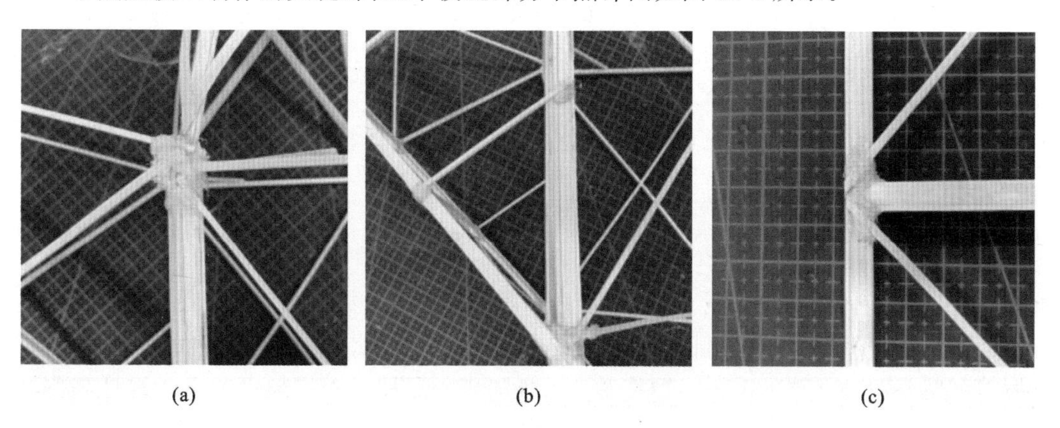

(a) (b) (c)

图 36-3 节点详图

(a)悬臂上端节点;(b)悬臂底端节点;(c)塔身斜拉处节点

37 武汉理工大学

作品名称	盘古
参赛学生	唐子桉　张晶晶　李章恒
指导教师	李　波　秦世强

37.1 设计构思

从结构角度分析，在各级荷载作用下，将力沿水平和竖直方向分解，整体结构在竖向分力作用下会产生压缩的效应，在水平分力作用下会产生弯曲和扭转的效应。受压是一定的，因此应该从减小弯矩和扭矩的角度出发，选择合适的挂点位置和支座位置，进行相对合理的结构设计。

构件的材料特点：充分利用竹材所具有的良好顺纹抗拉、抗压性能。对竹皮进行材料性能试验，包括竹皮抗拉强度、竹皮构件的抗压强度和弹性模量等试验，为计算分析提供设计依据，充分发挥材料的柔韧性能。

构件的截面形式：在常用的薄壁型构件中，闭口截面的构件相对开口截面的构件具有一定的优势。同时结合模型的总体几何特征，最终选定空心矩形截面的构件作为模型的主要构件类型。不同位置的构件，其截面尺寸和采用的竹条厚度也不同，其抗压能力也会有较大差异。

构件的布置形式：杆件在布置时，应该尽量使其受拉，充分发挥材料抗拉强度较大的优点。

37.2 选型分析

不同类型的结构具有各自的优缺点，从加载评分标准出发，通过反复的理论分析、试验检验，找到更为合理的结构类型是本次设计的核心思路。根据模型的概念设计和赛题评分要求，我们初步确定了三角形和四边形两种结构体系，然后对每一种工况的加载特点和位置进行设计计算，根据模型的受力计算结果，兼顾成品模型的质量，选取最适合该工况的结构体系。由于不同工况下结构体系的杆件布置可能有所不同，因此，此处仅选择一种三角形结构体系和一种四边形结构体系作选型对比分析，如表 37-1 所示。

表 37-1　**结构选型对比**

选型方案	选型 1:三角形结构体系	选型 2:四边形结构体系
图示		
优点	节省材料,自重轻,稳定性好	抗弯刚度、抗扭刚度大
缺点	刚度相对较小,杆件应力大	自重大

综合对比三角形结构体系和四边形结构体系的特点,兼顾各加载工况的计算结果和模型质量,针对旋转角度为 45°的四个工况,确定选型 2 即四边形结构体系为我们的参赛方案,模型效果图及实物图如图 37-1 所示。

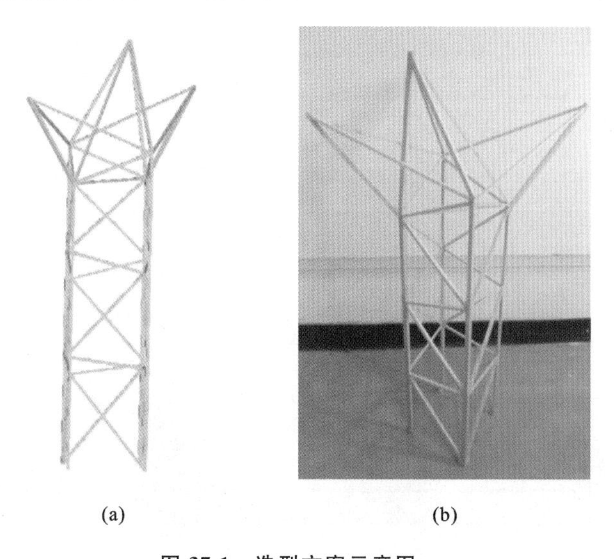

(a)　　(b)

图 37-1　选型方案示意图

(a)模型效果图;(b)模型实物图

37.3　数值模拟

采用有限元分析软件 ANSYS 建立了结构的分析模型,第三级荷载作用下计算结果如图 37-2 所示。

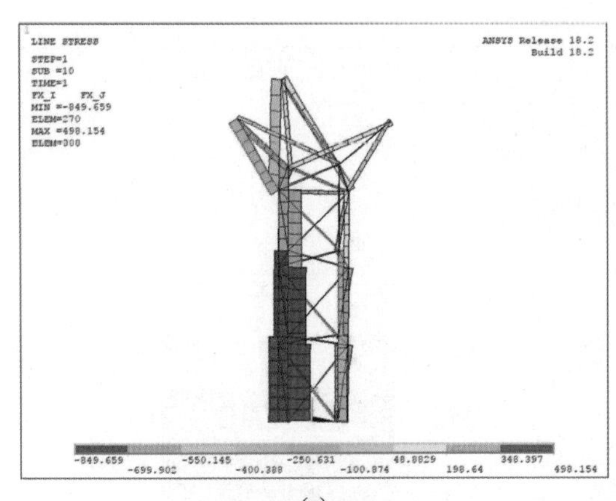

(a)

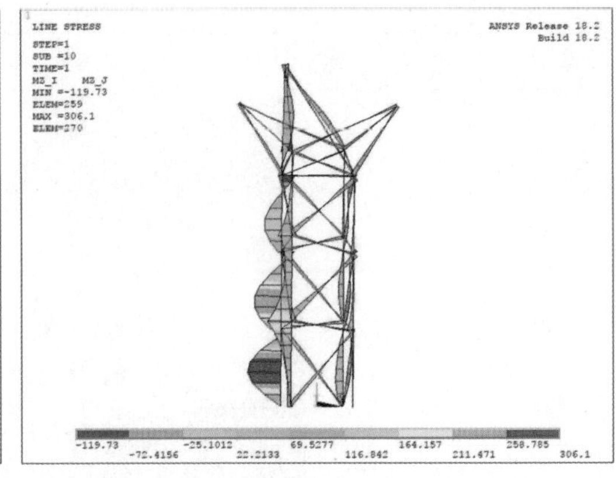

(b)

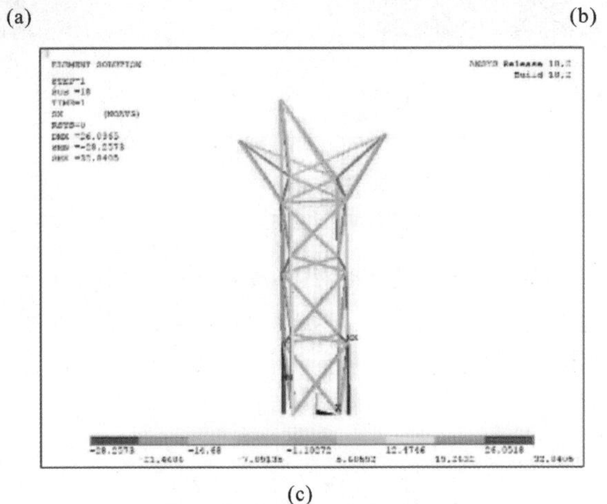
(c)

图 37-2　数值模拟结果

(a)轴力图;(b)弯矩图;(c)变形图

37.4　节点构造

节点是模型制作的关键部位,本模型部分节点详图如图 37-3 所示。

(a)

(b)

(c)

图 37-3　节点详图

(a)高挂点节点;(b)主杆及斜撑节点;(c)柱脚节点

38 福建工程学院

作品名称	战神
参赛学生	黄智彬　康帅文　兰天蔚
指导教师	欧智菁　乔惠云

38.1 设计构思

输电塔的承重结构通常采用四肢格构柱。格构柱由柱肢和缀条焊接而成,具有抗弯扭能力强,侧向变形(挠度)小,经济、高效,各杆件受力均以拉、压为主等特点,被广泛应用于重型工业厂房、高层建筑、体育馆、高压输电塔等实际工程。

根据赛题要求,我们在格构柱整体选型基础上,对柱肢和缀条进行试设计,并经过加载试验改进优化,使结构适应弯矩、扭矩和剪力的分布。首先,格构柱将横弯作用下的塔头内部复杂的应力状态转化为各柱肢内简单的拉压应力状态,使我们能直观了解力的分布和传递,便于结构的变换和组合;同时柱肢主要采用箱形截面,其截面系数和刚度较大,可大大提高塔身的刚度以及结构整体性。其次,通过缀条将塔身分成四部分,并利用缀条与柱肢间的支撑对各部分进行抗扭加固,进一步提高塔身抗扭和抗弯性能。最后,考虑到悬挑梁垂直面的角度越小受力情况越好,两个悬挑梁与塔身的连接点应位于塔高 850mm 处。

38.2 选型分析

选型 1:变截面四肢格构柱。为了使模型更好地承受加载过程中的扭矩,我们将模型塔身设计成变截面的格构柱结构,悬挑梁则采用变截面桁架结构。通过模型实际加载,发现模型在加载过程中扭转变形过大,且加载质量偏小而自重较大,结构承载效率较低,模型最终承载能力得分较小。

选型 2:将结构的层数变更为 4 层、变截面改为等截面,提高了模型的抗扭能力。柱肢之间利用竹材拉杆的抗拉性来应对模型扭转问题。模型高挂点与塔身连接部分采用预留预应力的方法,防止高挂点位移过大,导致最长柱肢的挠度过大。相对于选型 1 的悬挑梁,新设计的单杆悬挑梁只用了 2 根拉杆来平衡低挂点所受的力,通过调整悬挑梁的朝向,低挂点更靠近龙门架,降低了模型需要承受的扭转力。

选型 3:将塔头和悬挑梁由原先的单杆受力变更为由两杆拼接、中间由竹皮抗拉的整体构件,以提高模型的整体性,使结构柱肢受力情况更加稳定;塔头通过 4 根拉条与悬挑梁连成一整体,以承受更大的扭矩,减轻模型变形程度。经试验,模型在二级加载时未发生倾斜。

表 38-1 中列出了三种选型的优缺点。

表 38-1　　**结构选型对比**

选型方案	选型 1	选型 2	选型 3
图示			
优点	材料利用率高，符合实际工程	模型自重较轻，承载能力较好	适用于每种工况和角度的加载，模型受力合理
缺点	模型自重很大，承载能力较差	悬挑梁需根据加载工况和角度调整摆放角度	加工工艺要求高

综合对比以上三种选型，最终确定选型 3 为我们的参赛模型，模型效果图及实物图如图 38-1 所示。

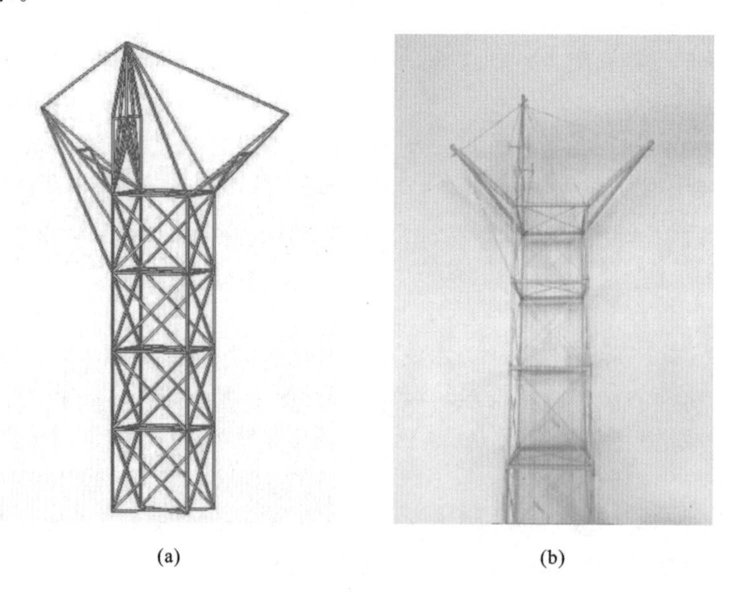

(a)　　(b)

图 38-1　选型方案示意图

(a)模型效果图；(b)模型实物图

38.3　数值模拟

利用有限元分析软件 MIDAS 建立了结构的分析模型，第三级荷载作用下计算结果如图 38-2 所示。

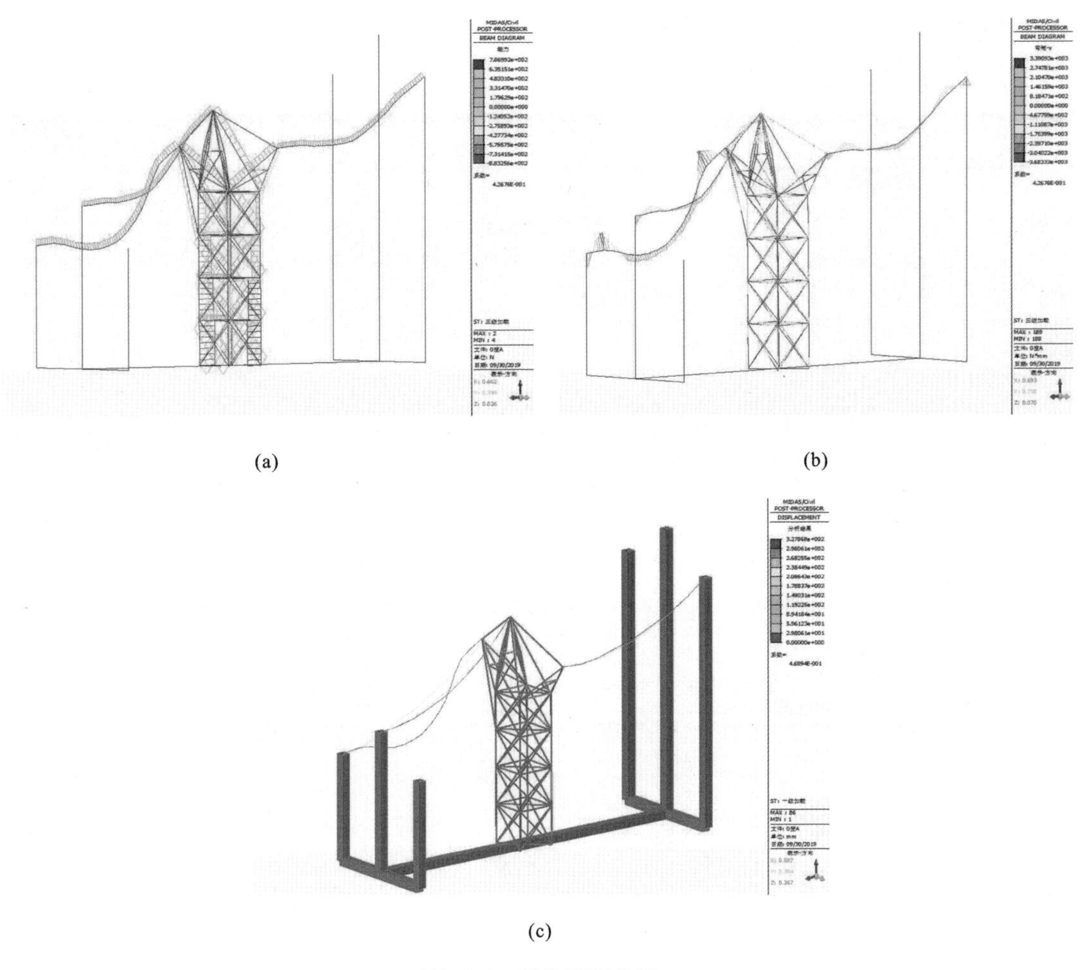

图 38-2 数值模拟结果

(a)轴力图;(b)弯矩图;(c)变形图

38.4 节点构造

节点是模型制作的关键部位,本模型部分节点详图如图 38-3 所示。

(a) (b) (c)

图 38-3 节点详图

(a)高挂点节点;(b)低挂点节点;(c)柱身节点

39 潍坊科技学院

作品名称	七宝琉璃塔
参赛学生	张信浩　蒋德华　王汝金
指导教师	刘昱辰　刘　静

39.1 设计构思

本次赛题要求避免结构过于复杂，控制模型自重，以充分发挥材料性能，保证结构合理、传力明确。山地输电塔模型的加载装置主要由承台板、下坡门架、上坡门架和侧向加载架组成。考虑到低挂点水平荷载产生扭矩较大，要求模型具有较强的抗扭能力。由于静止加载时要以模型荷重比和加载砝码总质量来体现模型结构的合理性和材料利用效率，所以要尽量减轻结构质量，充分考虑材料的受力特性。在模型中，高挂点与低挂点的位置根据下坡门架旋转角度的不同合理选取，以减小扭矩。

39.2 选型分析

因下坡门架旋转角度以及导线加载工况不确定，在结构定型之前我们考虑了多种结构形式，以下是几种具有代表性的选型。

选型 1：采用空间桁架结构形式，内设方形支撑，用矩形横杆保持形状的整体稳定性；用矩形斜杆使模型挂点受力有效传递到底板；用竹条布置水平支撑，用于抵抗偏心加载情况下结构整体的扭转效应以及杆件在轴向力作用下失稳。下坡门架旋转角度增大，使模型所受扭转效应以及杆件轴向力增大，超过构件的抗拉性能，水平支撑宜换为工字形、T 形截面杆件。经过试验验证，该模型自重过大，不能较好地发挥竹材的抗压及抗拉性能，需要进一步简化。

选型 2：杆件截面根据受力大小做出调整，由竹皮换为竹条；同时，为了减少结构的扭转，采用对角支撑方式减小变形。在减小杆件长细比的同时保证其受力明确。底面积减小，在保证主体强度的前提下能让拉条的倾斜角度更大，保证其性能的发挥。该模型制作工艺复杂，自重较大。最终我们舍弃该方案。

选型 3：改变以前模型杆件的制作材料，舍弃竹皮而采用竹条，充分考虑模型制作的时间利用率；将主杆和横杆之间的连接简化为拉条，以保证结构的稳定性及完整性；根据受力大小选择了不同截面的拉条，并对其进行加宽加固，在粘接方式上也有所不同。

表 39-1 列出了各种不同结构选型的优点与缺点，并进行了有效比对，为结构选型提供依据。

表 39-1　　结构选型对比

选型方案	选型 1	选型 2	选型 3
图示			
优点	底面积较大，站立时稳定性好	构造对称、美观，与现实输电塔形状较吻合；构件多为受拉，有效减小低挂点力臂，减小扭矩	结构刚度大，变形小，主体倾斜，截面受压区增大，合理利用材料性能，材料利用效率高，拉条分担主杆受力
缺点	杆件较多，结构复杂，材料利用率低；受压杆长细比较大，容易失稳；自重较大	压杆易发生失稳破坏，拉条受力过大，柱脚剪切应力过大	低挂点力臂大，扭矩大

经过综合对比，选型 3 相比选型 1 与选型 2，结构更稳定，抗弯、抗扭能力及整体性好，且质量轻，时间利用率高，故最终确定选型 3 为我们的参赛模型，模型效果图及实物图如图 39-1所示。

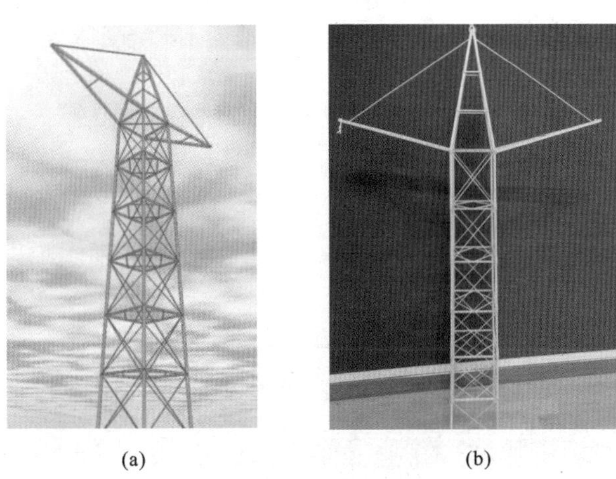

(a)　　(b)

图 39-1　选型方案示意图

(a)模型效果图；(b)模型实物图

39.3　数值模拟

基于有限元分析软件 SAP 2000 建立了结构的分析模型，第三级荷载作用下计算结果如图 39-2 所示。

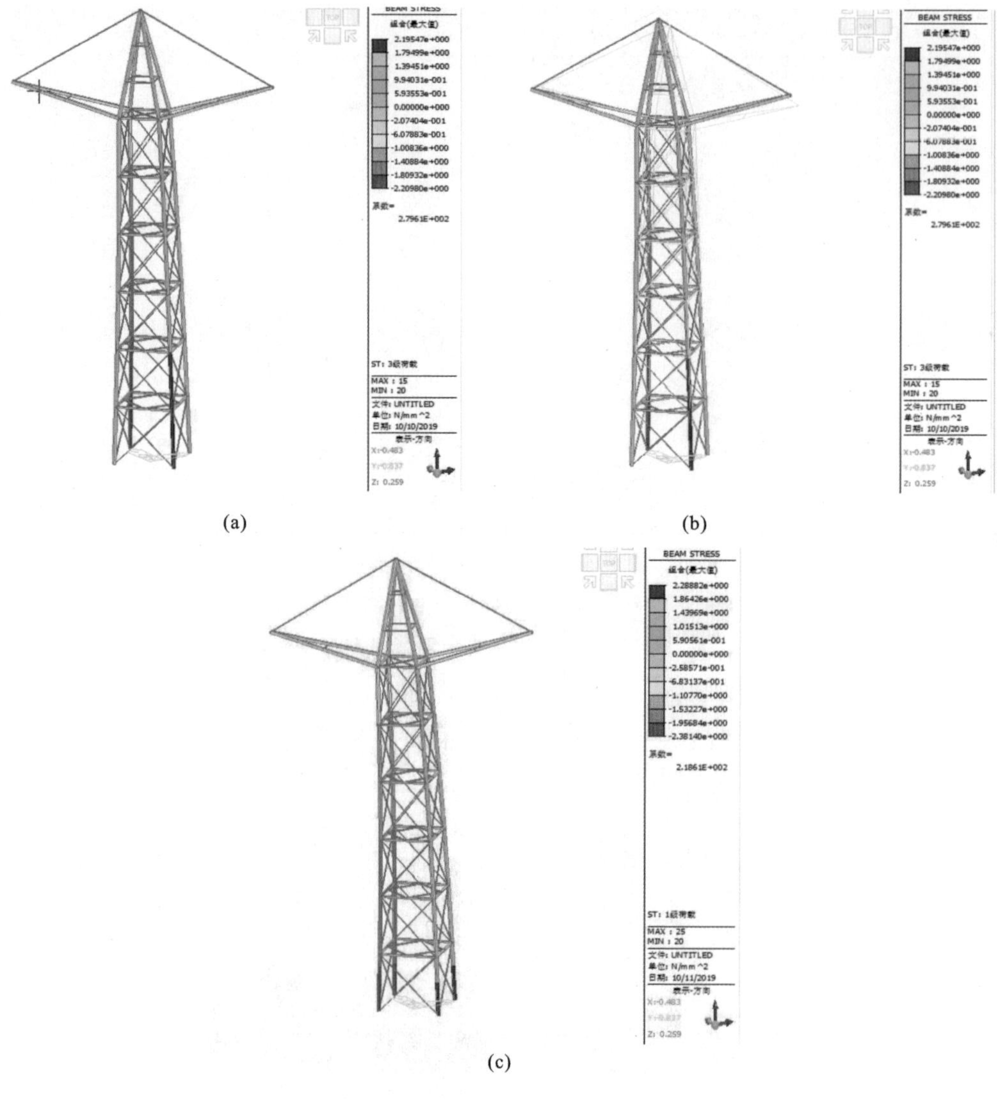

图 39-2 数值模拟结果

(a)应力图;(b)弯矩图;(c)变形图

39.4 节点构造

节点是模型制作的关键部位,本模型部分节点详图如图 39-3 所示。

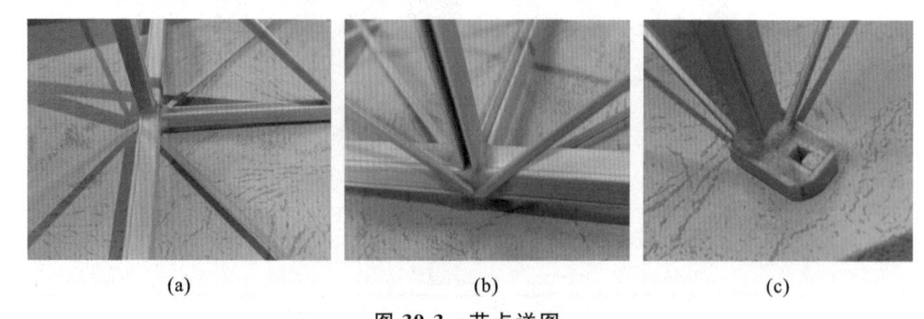

图 39-3 节点详图

(a)柱身连接节点;(b)竹条节点;(c)柱脚节点

40 武汉交通职业学院

作品名称	π大星
参赛学生	曹 卓 杜晋英 辛 攀
指导教师	王文利 陈 蕾

40.1 设计构思

首先，针对塔身形状我们考虑了三角形塔身和四边形塔身两种情况。显然，三角形塔身截面较四边形塔身截面小很多，导致其抗侧刚度和抗扭刚度不如四边形塔身，但三角形塔身减少了立柱和横梁的数量，对提高模型的荷重比效果更明显；同时可以通过布置双向斜拉条和长拉索以抵抗二级导线荷载作用下的扭转和三级侧向水平荷载作用下的拉拔力，这样一方面可以提高模型的荷重比，另一方面也可以保证模型有足够的强度和稳定性。

其次，为了在给定范围内最大限度地提高模型整体稳定性和塔身腰部抗弯、抗扭能力，我们将模型塔身做成直筒形，立柱脚于正方形区域边缘处。

最后，考虑模型高挂点与低挂点的高度。模型越高，杆件的强度、模型的整体刚度和稳定性就越大，且模型质量也会随之增加。塔形要符合一级受压弯为主、二级受压扭为主、三级受拉拔为主的受力特点，可以选择三角形塔身，并对受力较大的立柱进行局部加固，同时采用拉索，以抵抗在水平荷载作用下的扭转，最终确定采用带拉索的三角形格构式羊角塔。

在一级导线荷载和三级侧向水平荷载作用下，与荷载方向相反的柱脚的拉拔力比较大，采用靴柱的方式放大柱脚，并采用螺钉将靴柱与底板相连，以提高模型的整体抗拔能力。对于轴力和弯矩、扭矩比较大的斜撑、立柱、横梁等杆件，采取增设短杆或加大截面等方式进行局部加固，防止强度不足或变形过大造成破坏。

40.2 选型分析

在整个设计周期中，我们以“安全可靠，轻质高强”作为设计指导思想，通过理论分析和不断的模型试验，尝试了近150个模型进行方案的比选和优化，并形成最终的参赛方案。从模型组成、受力特点、模型自重等方面对初步提出的几种选型进行说明，详见表40-1。

表 40-1　**结构选型分析**

选型方案	选型 1	选型 2	选型 3
图示	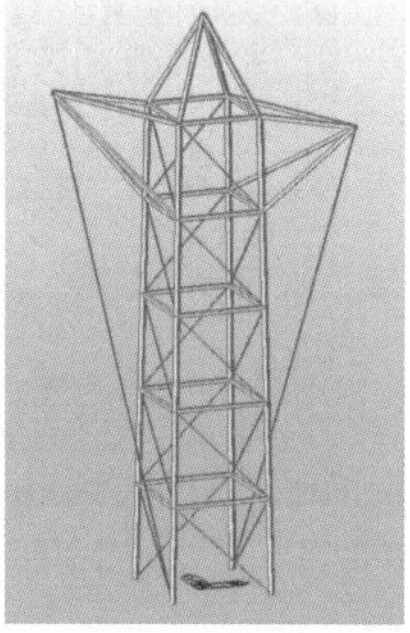	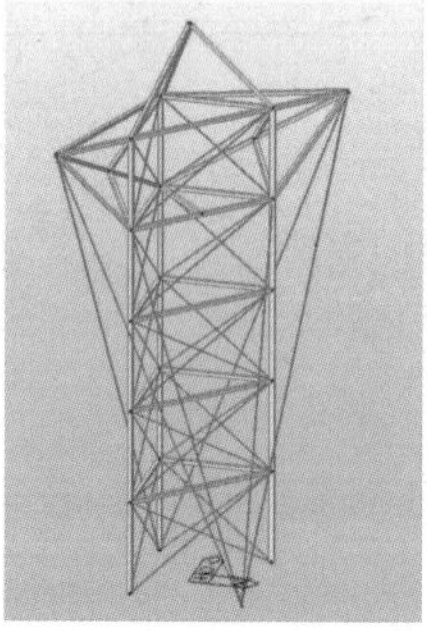	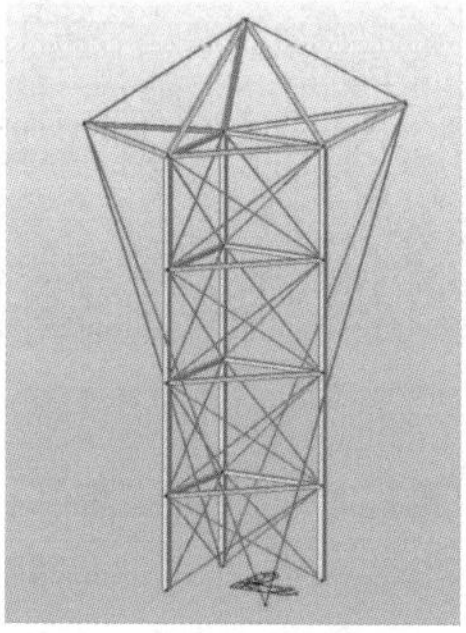
优点	结构整体刚度大、稳定性好，适应各种旋转角度和荷载工况的加载	结构新颖，有较好的自平衡能力，适应各种工况	羊角形的塔头低挂点，不仅减轻了塔头和塔身部分的模型质量，也充分发挥了撑杆的受压性能，适应各个旋转角度和荷载工况的加载
缺点	自重大，杆件多，制作时间长	塔头部分杆件过多，有点头重脚轻	悬挑杆与塔身的连接处容易发生局部倾覆破坏

选型方案	选型 4	选型 5	选型 6
图示	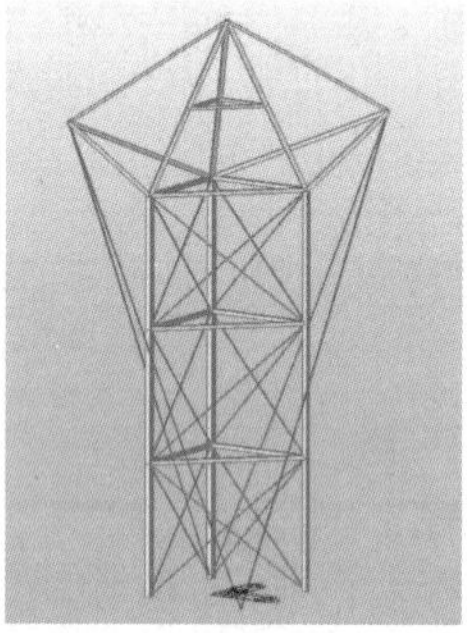	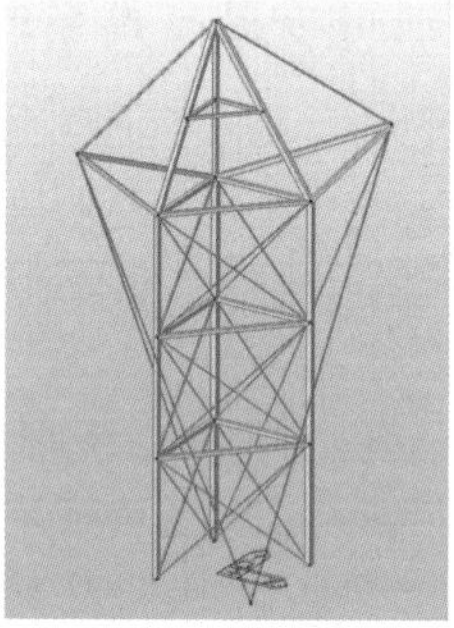	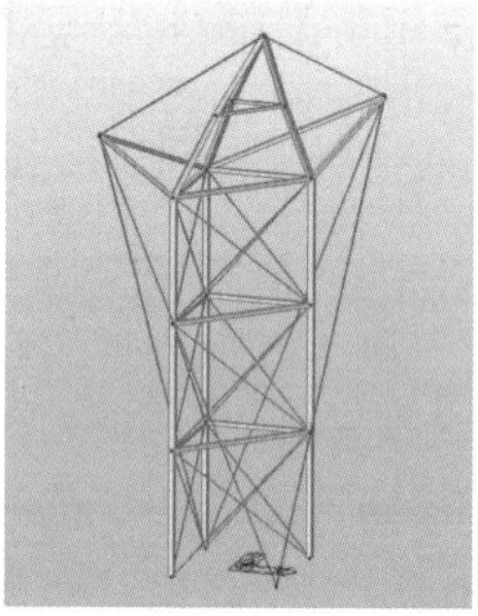
优点	结构新颖，受力合理，传力简单，荷重比较高	轴力大	荷重比较选型 5 有所提高，杆件受力合理
缺点	无法满足下坡门架旋转 45°的 B 工况加载	容易发生失稳破坏，模型自重较大；只适用于下坡门架旋转 45°的各工况加载	只适用于下坡门架旋转 45°的各工况加载

综合对比结构稳定性和荷重比等因素，在下坡门架旋转至 0°、15°、30°时，采用选型 4，并结合不同旋转角度的荷载大小和试验结果进行杆件截面尺寸的局部调整；在下坡门架旋转至 45°时，采用选型 6。最终确定的模型为带拉索的三角形格构式羊角塔，模型效果图及实物图如图 40-1 所示。

40.3　数值模拟

利用有限元分析软件 MIDAS Gen 建立了结构的分析模型，第三级荷载作用下计算结果如图 40-2 所示。

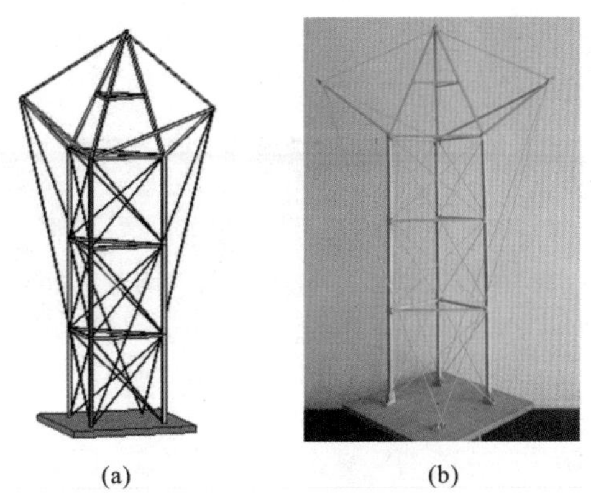

(a) (b)

图 40-1 选型方案示意图

(a)模型效果图;(b)模型实物图

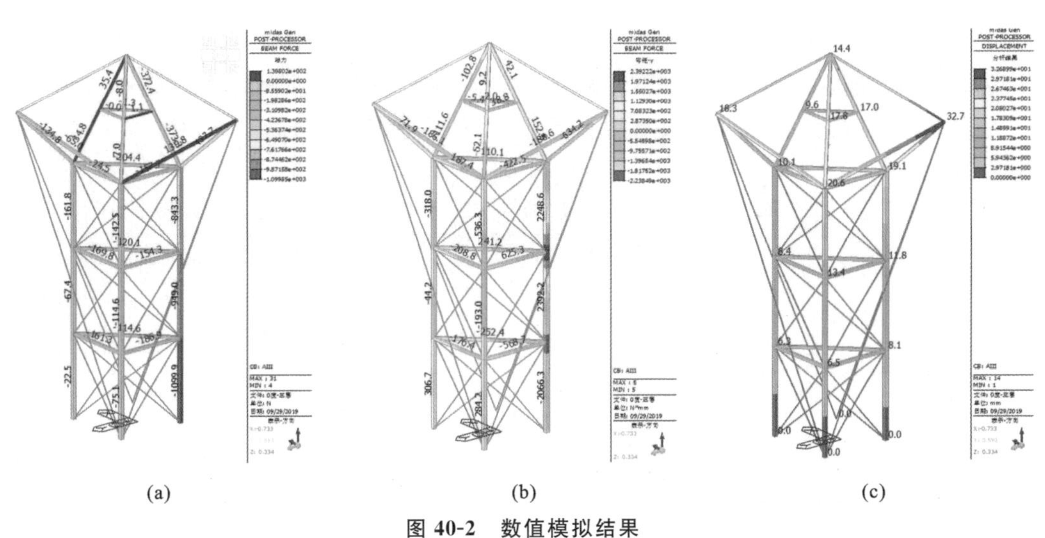

(a) (b) (c)

图 40-2 数值模拟结果

(a)轴力图;(b)弯矩图;(c)变形图

40.4 节点构造

节点是模型制作的关键部位,本模型部分节点详图如图 40-3 所示。

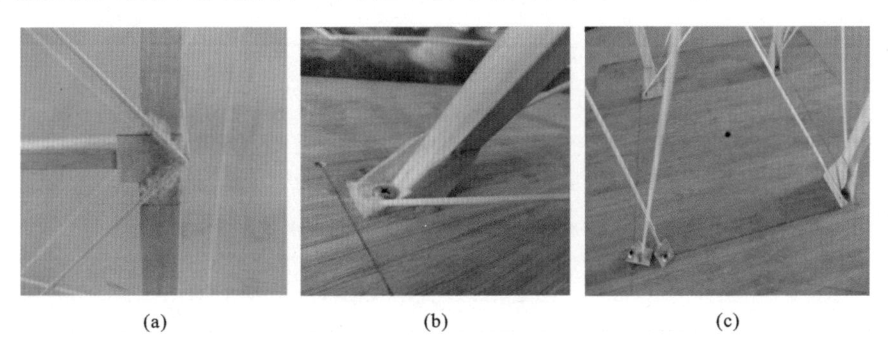

(a) (b) (c)

图 40-3 节点详图

(a)柱身节点;(b)柱脚节点;(c)螺钉连接节点

41 西安理工大学

作品名称	大鹏展翅
参赛学生	胡渭东　杨一玮　张国恒
指导教师	潘秀珍

41.1 设计构思

本次竞赛题目立足于结构设计极限状态(承载力极限状态和正常使用极限状态)的基本概念,在模型满足极限状态的前提下,力求自重轻,造型简洁。由于在实际应用中,输电塔所处环境复杂多变,因此在现场加载时我们随机抽选下坡门架旋转角度,使得赛题具有一定的不确定性,并使模型与实际应用更为贴近,进而也对设计提出了更高的要求。因此,我们从结构的受力特点、建筑造型、功能布局等方面对结构方案进行构思。

41.2 选型分析

选型 1:该结构模型具有几何稳定性高、传力路径明确等优点,主体结构刚架柱截面刚度较大,几乎贯穿整个模型高度,并通过设置横、斜撑等方式使平面内外稳定性得到了可靠的保障。通过有限元分析得出,导线加载工况的差异对该结构影响不大,但由于主体结构柱的形式单调,协同工作机制较弱,下坡门架旋转角度较大时,其抗扭性能不足的缺点便开始显露出来;且模型自重较大,不满足模型单位质量承载力最高的要求。

选型 2:该结构模型具有几何稳定性高、杆件数量少、自重轻、传力路径明确等优点,主体结构刚架柱截面刚度较大,几乎贯穿整个模型高度,并通过设置横、斜撑等方式使平面内外稳定性得到了可靠的保障。通过有限元分析及加载试验得出,施加三级水平荷载时,只有一根柱子受压,极易发生压屈破坏,从而导致模型承载力不高。

选型 3:该结构模型具有整体性能优越、结构形式简洁等优点,通过上下部不同形式刚架结构的连接,整个模型形成了较为突出的协同工作机制,承载能力较强,并通过两侧翼缘的三角形结构相互牵制,共同承担外部荷载作用。同时,通过有限元分析得出,下坡门架旋转角度和导线加载工况的差异对该结构的受力及位移影响不大。

表 41-1 列出了各种不同结构选型的优点与缺点,并进行了有效对比,为结构选型提供依据。

表 41-1 结构选型对比

选型方案	选型 1	选型 2	选型 3
图示			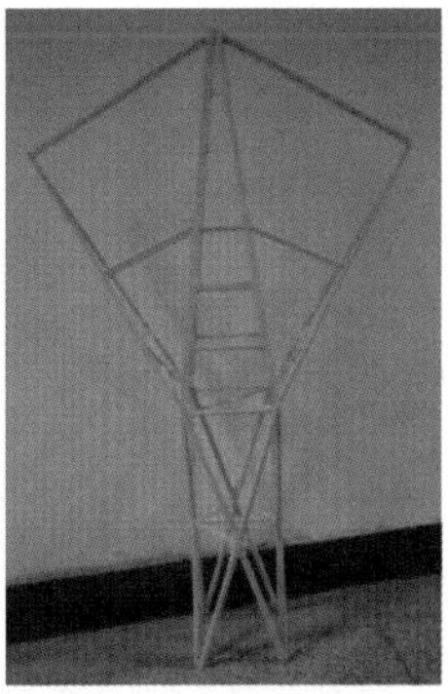
优点	整体性能优越，结构形式简洁	自重轻，杆件与节点数量少，传力路径明确	几何稳定性高，抗扭刚度大，传力路径明确
缺点	自重大，下部结构稳定性略差于上部结构	下部单根压杆承受过大压力，抗扭性能较差	杆件组装与节点处理难度大

综合对比以上三种选型，选型 3 的质量适中、杆件数目适量、传力路径明确、抗扭刚度大、承载能力强，故确定其为我们的参赛模型，模型效果图及实物图如图 41-1 所示。

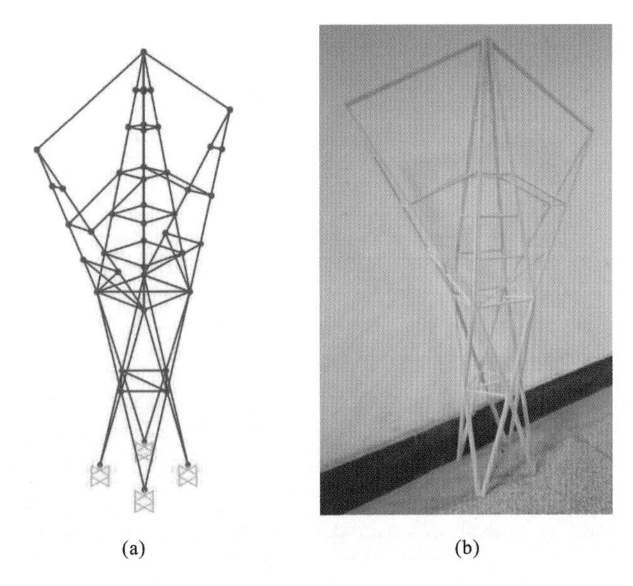

(a) (b)

图 41-1 选型方案示意图

(a)模型效果图；(b)模型实物图

41.3 数值模拟

基于有限元分析软件 SAP 2000 建立了结构的分析模型，第三级荷载作用下计算结果如图 41-2 所示。

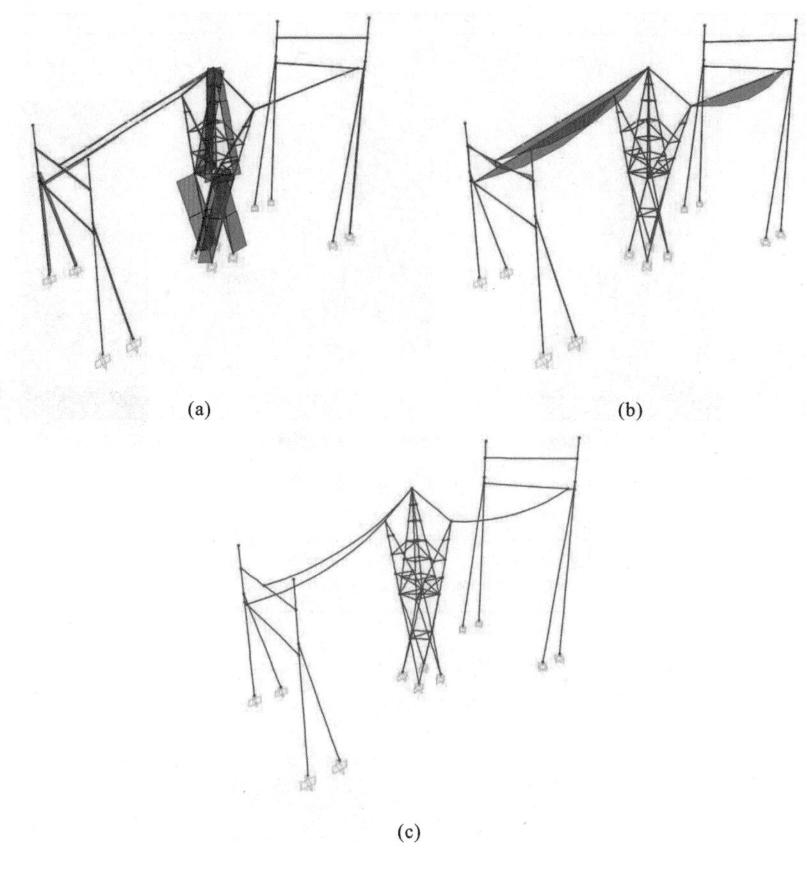

(a)　(b)

(c)

图 41-2　数值模拟结果

(a)内力图;(b)应力图;(c)变形图

41.4　节点构造

节点是模型制作的关键部位,本模型部分节点详图如图 41-3 所示。

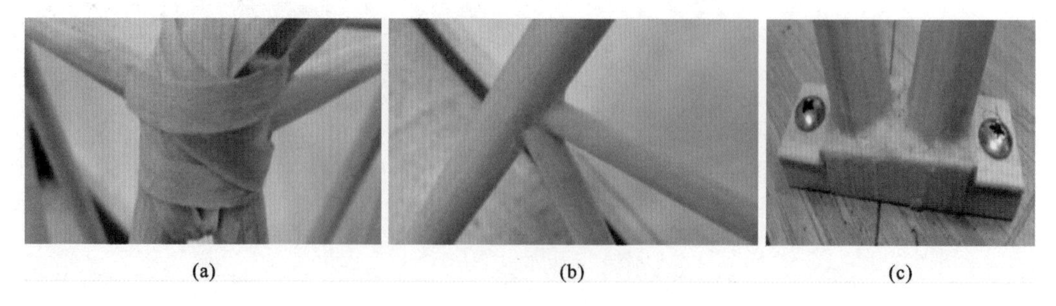

(a)　(b)　(c)

图 41-3　节点详图

(a)柱身连接节点;(b)柱身节点;(c)柱脚节点

42 中北大学

作品名称	立得住
参赛学生	甘洋洋　张鸿晖　乔　恒
指导教师	郑　亮　高　营

42.1 设计构思

本次竞赛题目要求设计山地输电塔空间结构模型，因此，我们从空间结构形式、所提供的材料、结构受力特点等方面对结构方案进行构思。

空间结构形式。现有输电塔空间结构形式包括自立式电塔、拉线电塔、钢管电杆、混凝土电杆等多种。为增强输电塔结构的抗弯刚度和抗扭刚度，以及提高结构的抗倾覆能力，采用自立式电塔和拉线电塔相结合的结构形式。

所提供的材料。竞赛提供的材料有竹皮和竹条两种。将竹皮应用到空间结构中时，加工较为复杂且节点处理较为困难；而采用竹条只需对其进行简单的剪切加工，同时节点可直接用胶水黏结，节点处理相对简单。其缺点是模型质量较大。

结构受力特点。根据赛题要求，所设计结构不仅要承受竖向荷载，还要承受水平荷载和扭转荷载。其中抵抗扭转荷载成为设计该结构的主要问题和难点。

42.2 选型分析

结合赛题要求，根据结构稳定、传力合理、材料经济、兼顾美观的基本原则，初步提出以下几种选型进行对比分析。

选型 1：自立式电塔。该结构可以实现三个加载点加载，同时其形式可以采用竹条和竹皮实现。该结构形式竖向承载力较大，侧向刚度较大，悬挑挑出长度相对较小，但水平荷载作用下抗倾覆能力较弱。其优点是整体刚度较大，自身抗扭性能较好。

选型 2：拉线电塔。该结构也可以实现三个加载点加载，同时可以采用竹条和竹皮制作该结构模型。该结构形式竖向承载力较小，自身侧向刚度较小，自身抗扭性能较差，悬挑挑出长度相对较大，由于拉索作用，水平荷载作用下抗倾覆能力较强。

选型 3：自立式电塔和拉线电塔两者的结合模型。该结构可以实现三个加载点加载，同时可以采用竹条制作该结构模型。该模型结合了自立式电塔和拉线电塔两者的优点，结构竖向承载力较大，侧向刚度较大，由于拉索作用，水平荷载作用下抗倾覆能力较强。

表 42-1 列出了各选型的优点与缺点。

表 42-1 **结构选型对比**

选型方案	选型 1	选型 2	选型 3
优点	竖向承载力较大，侧向刚度较大，悬挑挑出长度相对较小，抗扭性能较好	抗倾覆能力较强	结合选型 1 和选型 2 的优点
缺点	抗倾覆能力较弱	自身侧向刚度较小，自身抗扭性能较差，悬挑挑出长度相对较大	—

综合对比以上三种选型，最终确定选型 3 为我们的参赛模型，模型效果图及实物图如图 42-1 所示。

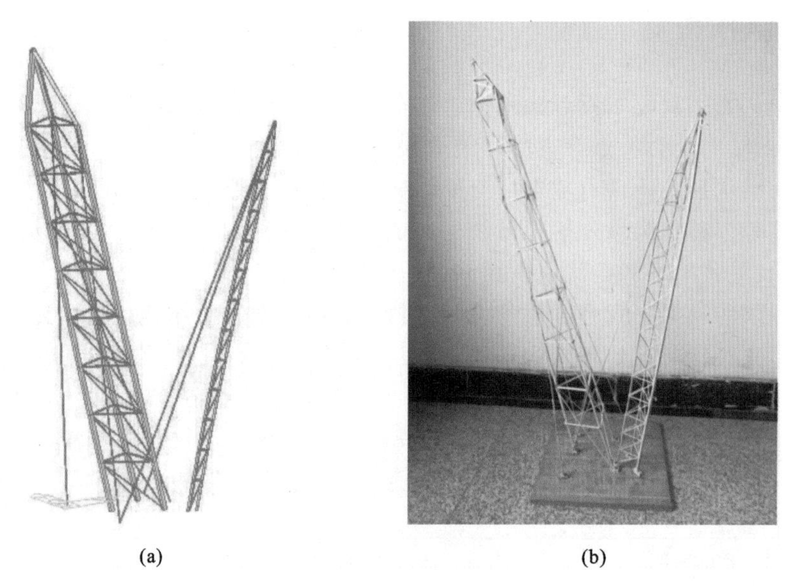

(a) (b)

图 42-1 选型方案示意图

(a)模型效果图；(b)模型实物图

42.3 数值模拟

基于有限元分析软件 MIDAS 建立了结构的分析模型，第三级荷载作用下计算结果如图 42-2 所示。

42.4 节点构造

节点是模型制作的关键部位，本模型部分节点详图如图 42-3 所示。

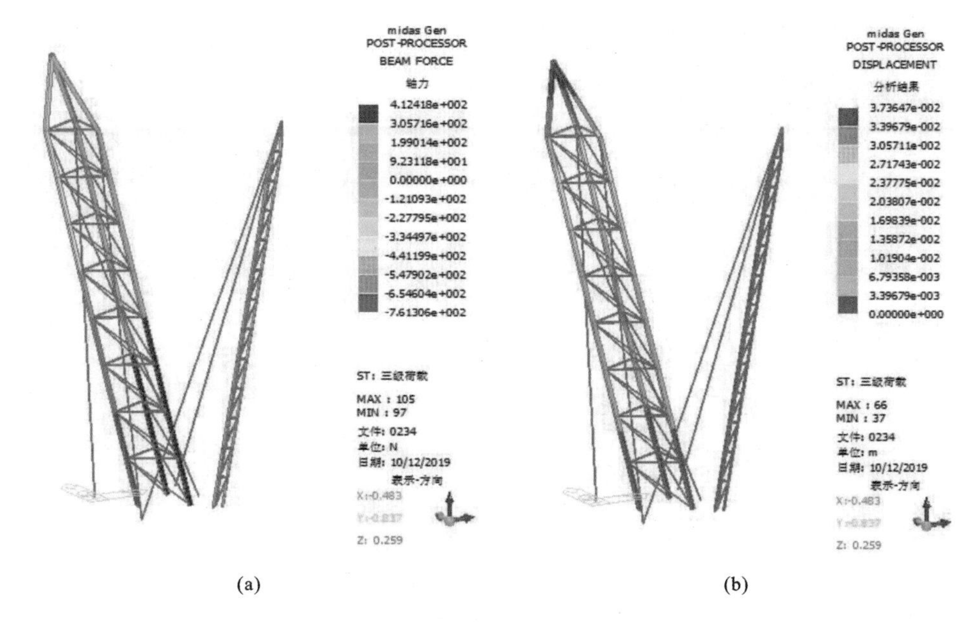

(a) (b)

图 42-2　数值模拟结果

(a)轴力图;(b)变形图

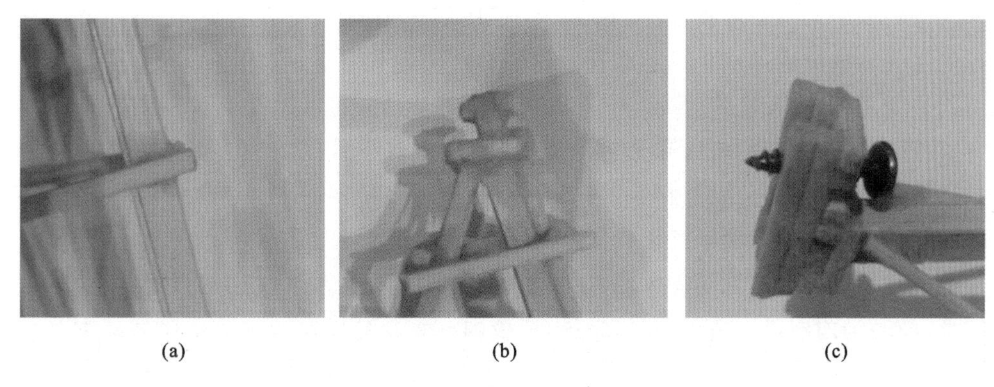

(a) (b) (c)

图 42-3　节点详图

(a)竹条箱形柱连接处节点;(b)加载节点;(c)柱脚节点

43　湖南大学

作品名称	三叉戟
参赛学生	马　彪　余天赋　孙传淇
指导教师	涂文戈　周　云

43.1　设计构思

桁架在实际生活中应用较广泛，其受力明确，结构多变，适用于各种工程。桁架结构具有简明有序的美感，与大自然相协调，在一望无际的平原上，耸立的桁架结构总能给人以视觉的冲击；桁架结构的线形美感更使路桥结合得天衣无缝，充满了劲道。

考虑到赛题中所要求各级加载时结构压弯扭组合受力，受力复杂，因此需要抗侧向力性能好的结构。通过试验以及综合比较各种结构的优缺点，我们选择了桁架结构。桁架结构是梁式结构，各杆件受力均匀，以单向拉、压为主，通过对上下弦杆和腹杆的合理布置，可适应结构内部的弯矩和剪力分布，因此其相对于其他结构的优点是杆件充分承受拉力或压力，可以充分发挥材料的作用，减轻结构质量，从而增加荷重比。

竹皮的抗拉性能远优于抗压性能，而抗剪性能极差，因此在材料利用方面，尽量利用竹皮的抗拉性能。在结构设计方面，通过杆件之间力的传导，最大化地利用竹皮性能，节省材料，减轻结构质量。由于一级、二级、三级加载表现分以模型的荷重比为最主要参考因素，从而体现模型结构的合理性和材料利用效率，所以要尽量减轻结构质量，即结构不能太复杂，杆件数量要尽量少。

43.2　选型分析

结合赛题要求，根据结构稳定、传力合理、材料经济、兼顾美观的基本原则，初步提出几种选型进行对比分析，详见表 43-1。

受高层建筑的启发，选型 3 选用桁架筒体结构。试验结果表明，此结构抗侧力性能优异，四周的柱框架组成竖向箱形截面的框筒，形成整体来抵抗荷载作用，因此抗扭能力优良；在侧力作用下，其受力类似刚性的箱形截面的悬臂梁，一侧受拉，另一侧受压。并且此种模型空间分隔灵活，自重轻，节省材料；桁架结构的梁、柱构件易标准化、定型化，便于采用先放样后制作的方法，以缩短模型制作时间；柱梁截面可根据内力的分配自由变化，便于后续的杆件截面优化。综上所述，我们最终确定对选型 3 进行进一步探讨。

表 43-1 结构选型对比

选型方案	选型 1:门式框架结构	选型 2:竹条桁架结构	选型 3:竹皮桁架筒体结构
图示			
优点	制作简单,材料用量少,荷重比大,外形美观	前处理过程简易,充分发挥竹条的拉压性能	抗扭能力优良,自重轻,节省材料
缺点	锚地拉带所提供的抗力很难满足竞赛的抗扭要求	抗扭性能很不理想	—

43.3 数值模拟

利用有限元分析软件 MIDAS Gen 建立了结构的分析模型,不同荷载作用下计算结果如图 43-1 所示。

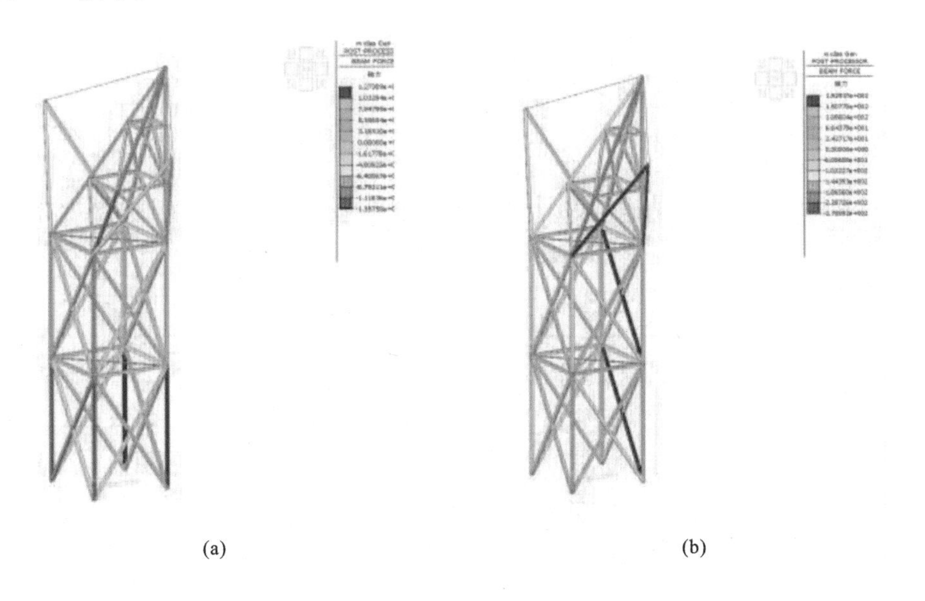

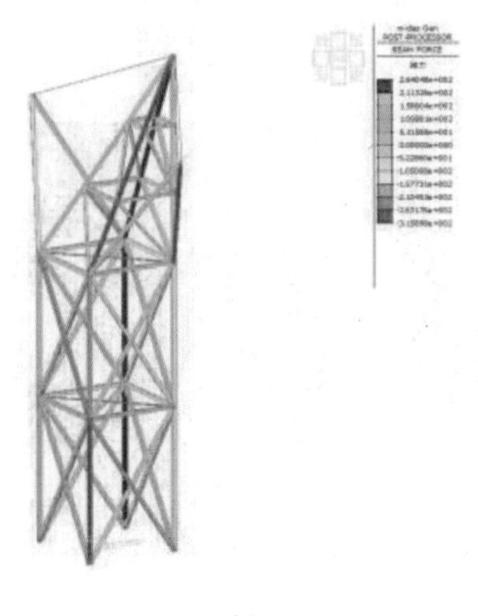

(c)

图 43-1　数值模拟结果

(a)工况 B 下一级加载内力图;(b)工况 B 下二级加载内力图;

(c)工况 B 下三级加载内力图

43.4　节点构造

节点是模型制作的关键部位,本模型部分节点详图如图 43-2 所示。

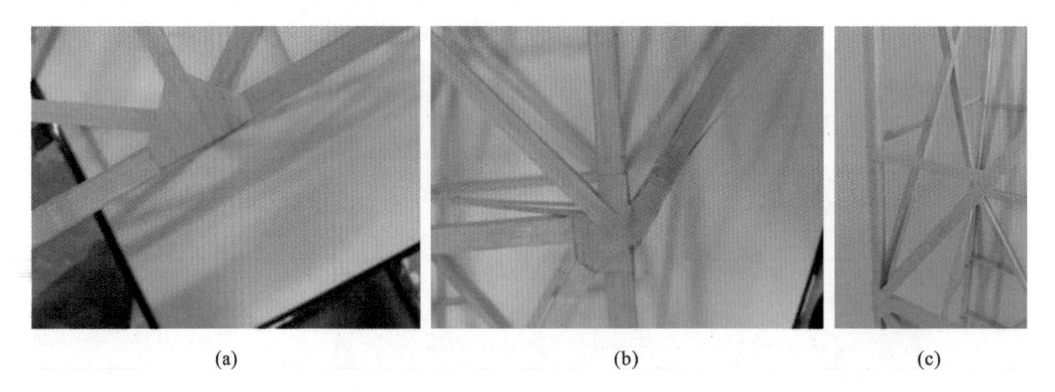

(a)　　(b)　　(c)

图 43-2　节点详图

(a)板节点;(b)竹皮条侧贴节点;(c)横向支撑节点

44 江苏科技大学

作品名称	梦溪宝塔
参赛学生	刘思彤　张慧芳　于森林
指导教师	刘　平　李红明

44.1 设计构思

从材料上看,制作模型的材料为竹材+竹皮,为典型的受拉材料;从结构形式看,模型结构以拉压框架为主;从受力影响看,结构承担水平方向双向受力及扭矩作用。综合考虑材料特性、结构形式、可能受力、材料用量,设计构思如下:尽可能多地使用拉杆;对压杆进行并杆处理,避免失稳;采用对称结构以适应多种导线加载工况。

概念设计时,考虑底部结构采用长方体的结构形式,四面搭配斜撑,这样在承受拉压的同时,还具有良好的抗扭性能。下坡门架旋转角度和导线加载工况的差异会导致高挂点的位置不同,从而导致上部结构的差异。同时,下坡门架旋转角度决定了导线1、2、3的受力方向,导线加载时的受力方向对结构稳定性的影响可以用设置斜撑的方式来弥补。导线加载工况的差异对高挂点和低挂点的承受能力提出了严格要求,上部结构频繁采用三角形构型有利于结构稳定。

44.2 选型分析

选型1:主要构思是减少计算长度以避免压杆失稳。底部采用矩形框架,共五层。每层之间设置斜撑以抗侧向力及抗扭,设置交叉斜撑以防止横杆失稳。顶部结构为正四棱锥,顶点为高挂点。正四棱锥中间有一平台,中间平台外伸一横向杆,杆端为两低挂点。低挂点与底部框架相连形成三棱锥,三棱锥下两杆在三分点处设两个横向支撑、上横杆在二分点处设一个支撑。

选型2:主要构思是增大杆件截面面积以避免压杆失稳。底部结构采用长方体,分为三层。每层设置交叉斜撑拉杆,中点处设置横杆。高挂点位于底部正方形的中心位置,与底部四个点相连形成正四棱锥。四根杆的中点围成一个正方形,低挂点方向沿着正方形对角线。低挂点再与同侧两个底部结构顶点连接,形成三棱锥。低挂点三棱锥在中间位置设置斜撑。

表44-1列出了两种选型的优缺点。

表 44-1　　结构选型对比

选型方案	选型 1	选型 2
图示		
优点	用料少	承载力强
缺点	压杆失稳，承载力弱	用料多

综合对比以上两种选型的承载力、用料比值及制作难度，最终确定选型 2 为我们的参赛模型，模型效果图及实物图如图 44-1 所示。

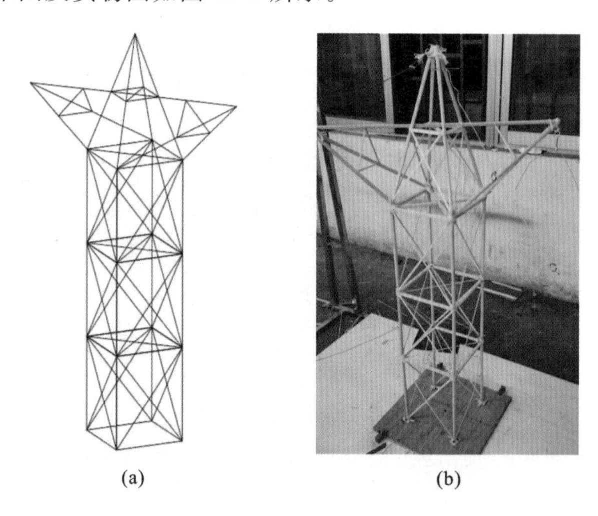

图 44-1　选型方案示意图

(a)模型效果图；(b)模型实物图

44.3　数值模拟

基于有限元分析软件 MIDAS Gen 建立了结构的分析模型，第三级荷载作用下计算结果如图 44-2 所示。

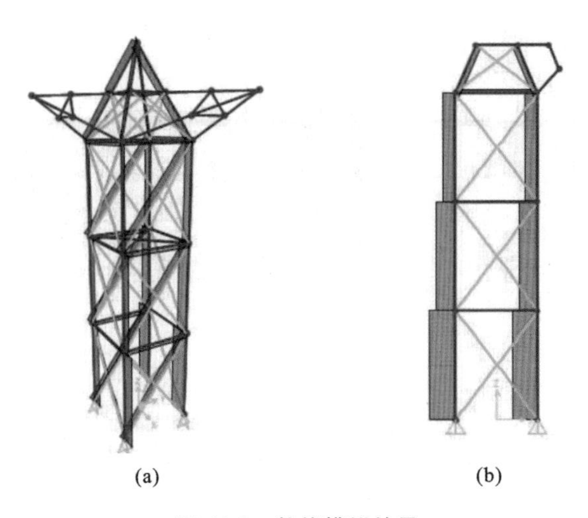

图 44-2 数值模拟结果

(a)轴力图;(b)侧立面轴力图

44.4 节点构造

节点是模型制作的关键部位,本模型部分节点详图如图 44-3 所示。

(a)

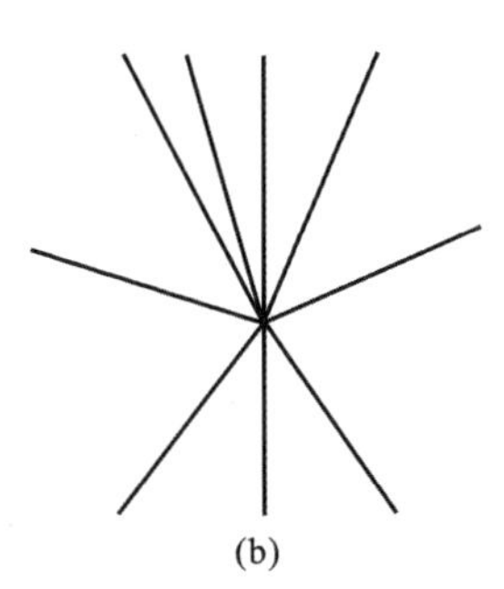

(b)

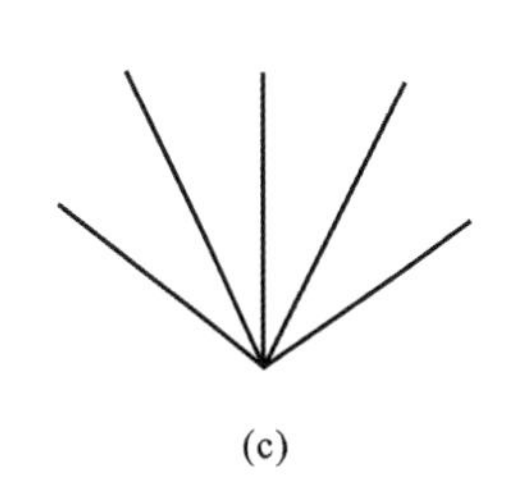

(c)

图 44-3 节点详图

(a)高挂点节点;(b)柱中节点;(c)柱脚节点

45 东北林业大学

作品名称	天空之城
参赛学生	祝怡情 魏大钦 许金宇
指导教师	贾 杰 徐 嫚

45.1 设计构思

本次赛题要求参赛队伍设计并制作一个山地输电塔模型，模型柱脚用自攻螺钉固定于竹制底板上，模型底面尺寸限制在底板中央的正方形区域内。模型上须设置2个低挂点、1个高挂点用于悬挂导线，高挂点同时兼作水平加载点用于施加侧向水平荷载。因此，我们从荷载类型、加载点的布置、材料受力性能等方面对结构方案进行构思。

45.2 选型分析

为了寻求最优方案，从构件和细部方面尝试了几种不同的方案，详见表45-1。

表45-1 结构选型对比

选型方案	选型1	选型2	选型3
图示			
优点	受压构件少，整体传力明确	结构简单，传力较明确	结构抗扭、抗弯能力较强，挠度、侧移较小
缺点	结构抗扭能力不足，侧移大	结构整体抗弯、抗扭能力不足	受压构件多，受力较复杂

综合对比以上三种选型的优缺点，最终确定选型3为我们的参赛模型，模型效果图及实物图如图45-1所示。

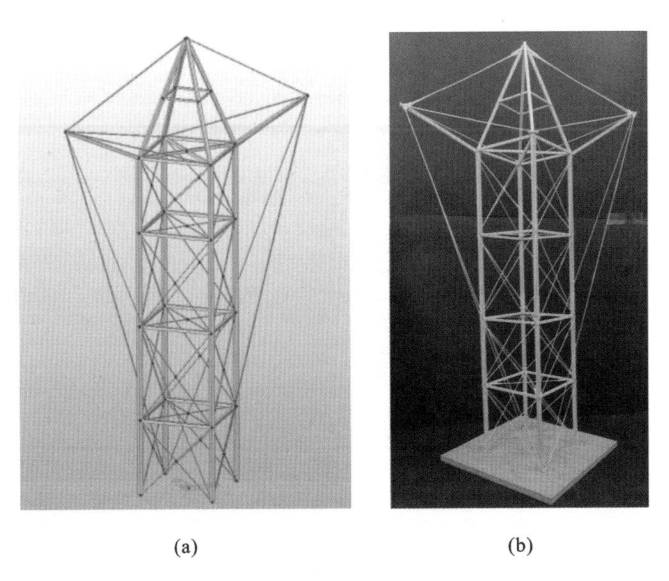

(a) (b)

图 45-1 选型方案示意图

(a)模型效果图;(b)模型实物图

45.3 数值模拟

利用有限元分析软件 MIDAS Gen 建立了结构的分析模型,第三级荷载作用下计算结果如图 45-2 所示。

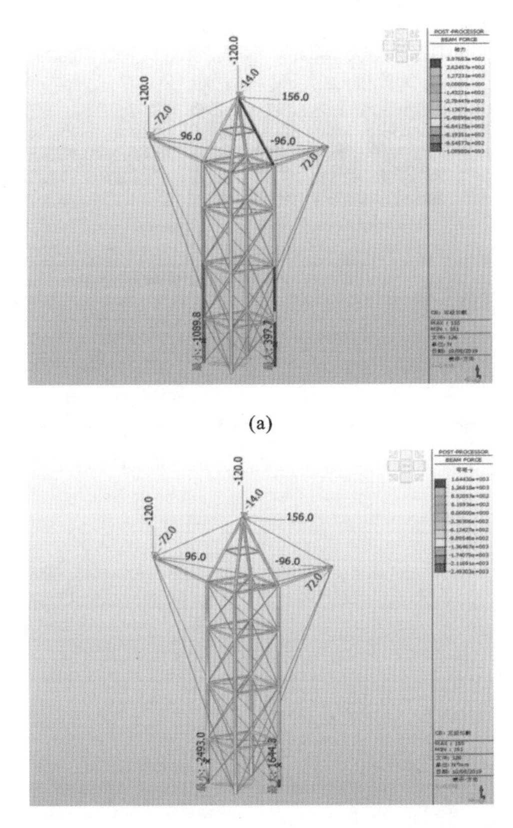

(b)

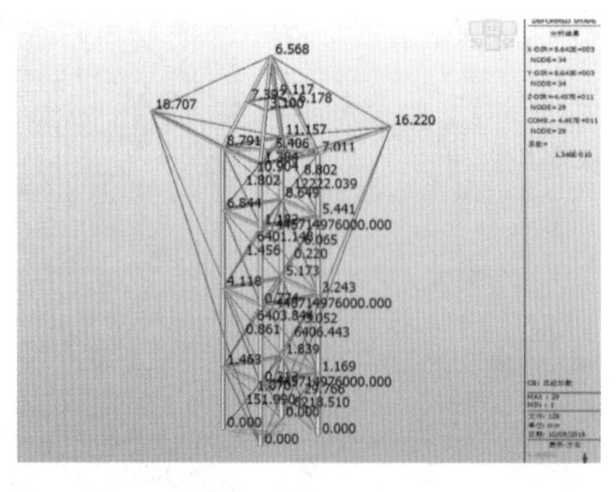

(c)

图 45-2　数值模拟结果

(a)轴力图;(b)弯矩图;(c)变形图

45.4　节点构造

节点是模型制作的关键部位,本模型部分节点详图如图 45-3 所示。

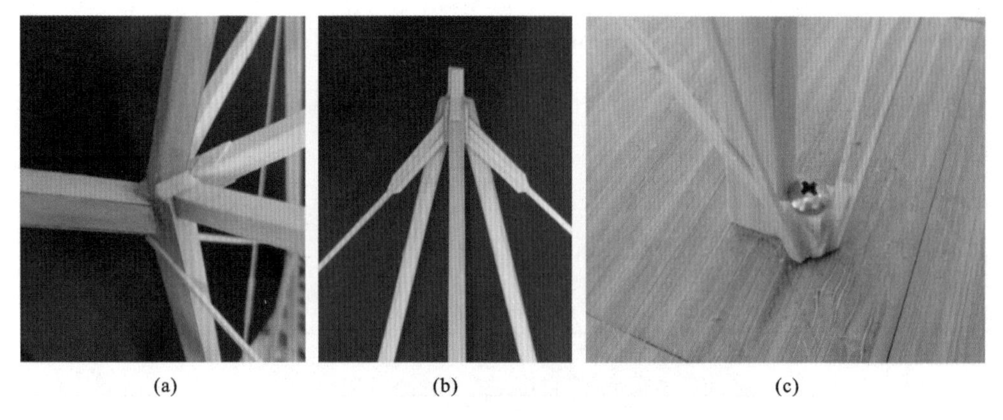

(a)　　(b)　　(c)

图 45-3　节点详图

(a)悬臂外伸节点;(b)高挂点节点;(c)柱脚节点

46 青海民族大学

作品名称	足迹
参赛学生	董占彪　肖振华　刘宇航
指导教师	曹　锋　张　韬

46.1 设计构思

本次竞赛题目是承受多种荷载工况的高耸空间结构模型设计与制作，要求参赛队针对静载和随机选位荷载等多种荷载工况下的空间结构进行受力分析、模型制作及试验。因此，我们从高耸空间棱柱体结构进行构思。

46.2 选型分析

选型 1：采用四个支撑腿作为模型基本承载结构，并以四个支撑腿组成的四棱锥整体为主体，充分考虑加载点的位置，在顶点向下垂直 150mm 处做正方形边线并形成封闭式结构。再任选一对称面，每面运用四根杆件形成四棱锥，然后根据加载点的位置确定杆件长度、角度和连接点，最后根据三角形的稳定性原理将杆件连成一个整体。

选型 2：在选型 1 的基础上将四棱锥分为上四棱锥、下棱台两个结构，四棱锥和棱台采用较小的杆件，然后使用截面尺寸为 6mm×6mm 的杆件同其他杆件连成一个整体。

表 46-1 列出了选型 1 和选型 2 的优缺点。

表 46-1　**结构选型对比**

选型方案	选型 1	选型 2
优点	结构轻便，造型美观	稳定性好，结构承载力大
缺点	稳定性一般	自重较大，结构制作较复杂

经综合对比，最终确定选型方案模型效果图及实物图如图 46-1 所示。

46.3 数值模拟

基于有限元分析软件 SAP 2000 建立了结构的分析模型，第三级荷载作用下计算结果如图 46-2 所示。

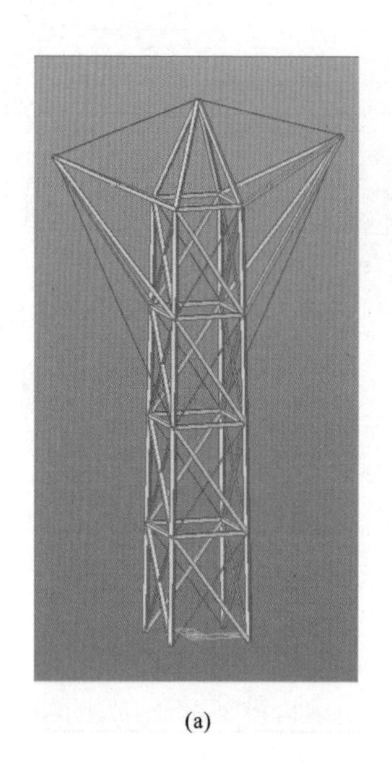

(a)

(b)

图 46-1　选型方案示意图

(a)模型效果图;(b)模型实物图

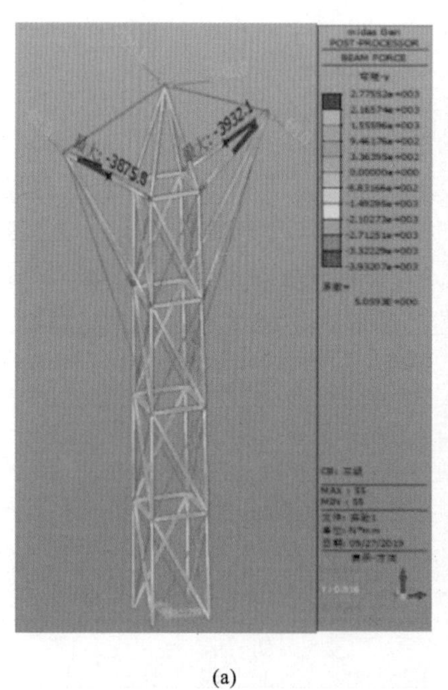

(a)

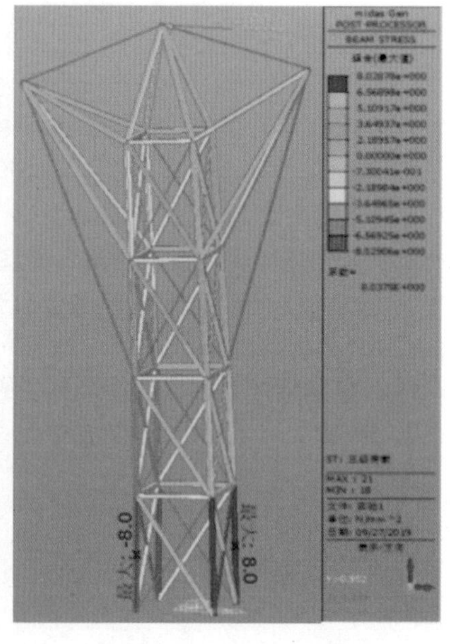

(b)

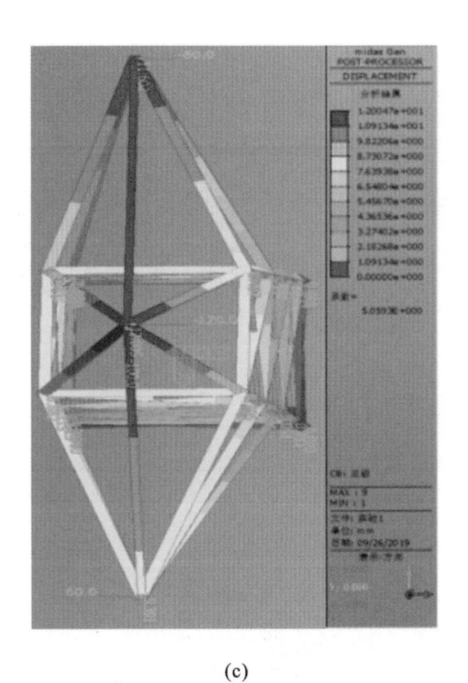

(c)

图 46-2 数值模拟结果

(a)弯矩图;(b)应力图;(c)变形图

46.4 节点构造

节点是模型制作的关键部位,本模型部分节点详图如图 46-3 所示。

(a)

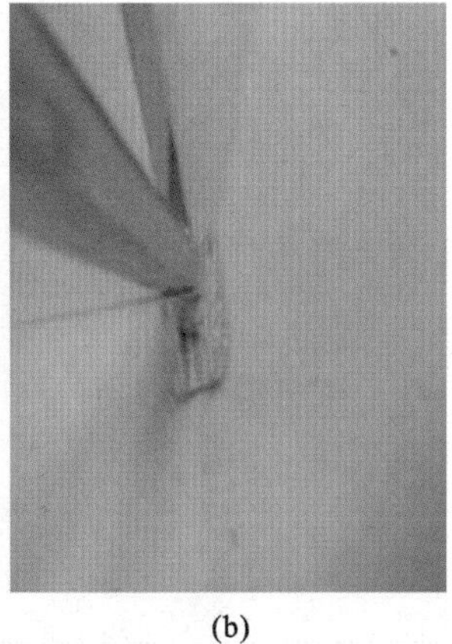

(b)

图 46-3 节点详图

(a)塔身节点;(b)柱脚节点

47　铜仁学院

作品名称	仰望
参赛学生	坴秋艳　龙秋森　罗志永
指导教师	鲍俊雄　朱崇利

47.1　设计构思

输电塔由于所处环境、地形复杂，承受着风荷载、冰荷载、导线荷载等多种荷载作用，这要求它有简洁、大气的外观形态，轻盈的身躯和一副足够刚强的骨架。

在大风、地质灾害、地震等自然灾害发生的时候，输电塔常出现倒塌的情况，给国民生产及生活带来附加灾害。因此，我们此次主要从以下几个方面来构思模型方案：承载能力高，自重轻，结构稳定，外形新颖、大气，符合实际操作要求，使用时变形小。为满足以上各方面要求，我们主要采用以刚节点连接、以三角形为主体的框架结构来设计模型。

根据竞赛规则要求，我们在结构形式所体现出的简洁、大方的风格的基础上利用竹材的一些力学性质，充分考虑结构的整体受力情况和结构自重，最终从受力最好的、最简单的三角形入手。我们最后选定了由多个三角形组成的框架结构，中间部分以刚节点为主衔接而成，提高了结构的稳定性。同时为提高结构的承载能力，恰当地在主要竖向承载部位采用实心杆件，并用横截面尺寸较小的细杆将其中部相连，提高其抗弯性能，以尽量避免结构因失稳而发生破坏。

47.2　选型分析

由于三角形具有较强的稳定性，而且在平面上容易找平，所以我们选择了由多个三角形组成的塔身框架结构。桁架结构受力均匀、简单、明确，仅受轴力，相互协调性好，便于材料性能的发挥，所以本模型理论上应该采用空间桁架结构。但由于杆件铰接十分困难，且难以保证节点处的强度，最终我们采用了刚节点连接。刚节点的弊端是传递弯矩，削弱了结构的稳定性，但可以通过添加垂直于杆件轴向的支撑，来提高结构的稳定性和承载力。同时，刚节点抗变形能力强，承载能力大，对于抵抗动荷载的破坏作用十分有利。具体结构选型对比见表 47-1。

表 47-1　　　　**结构选型对比**

选型方案	选型 1	选型 2	选型 3
图示			
优点	造型美观	材料用量多	结构稳定
缺点	抗拉强度低	稳定性差	结构复杂

综合对比以上三种选型的优缺点，最终确定选型 3 为我们的参赛模型，模型效果图及实物图如图 47-1 所示。

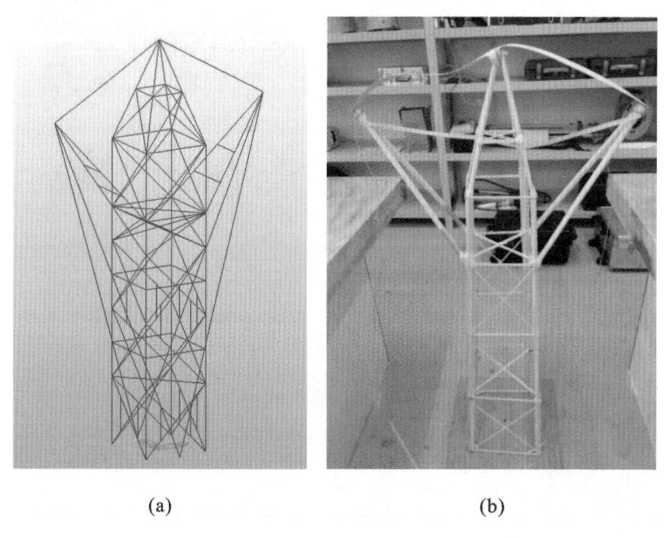

图 47-1　选型方案示意图

(a)模型效果图；(b)模型实物图

47.3　数值模拟

基于有限元分析软件 MIDAS Gen 建立了结构的分析模型，第三级荷载作用下计算结果如图 47-2 所示。

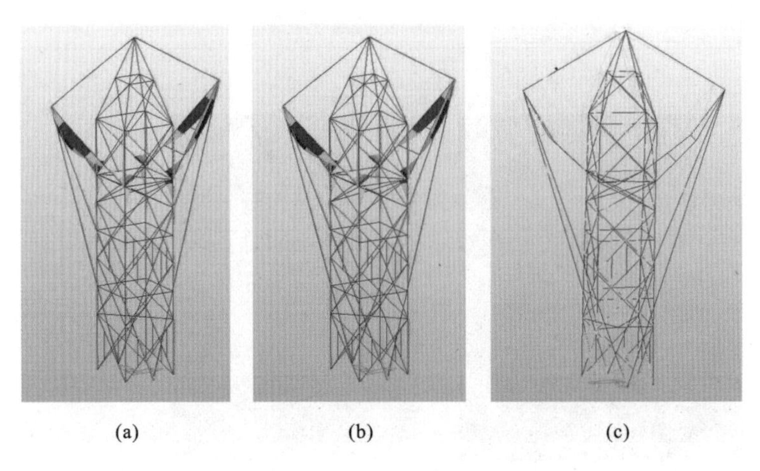
(a) (b) (c)

图 47-2　数值模拟结果

(a)轴力图;(b)弯矩图;(c)变形图

47.4　节点构造

节点是模型制作的关键部位,本模型部分节点详图如图 47-3 所示。

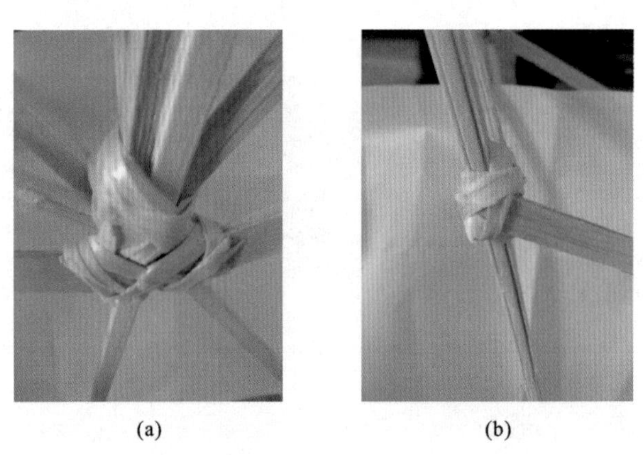
(a) (b)

图 47-3　节点详图

(a)横梁节点;(b)斜撑节点

48　绍兴文理学院元培学院

作品名称	“亮剑”号
参赛学生	刘　贤　刘　超　徐浩潇
指导教师	于周平　张聪燕

48.1　设计构思

选型：根据赛题要求，下坡门架旋转角度有四种，导线加载工况有四种，加载工况多而复杂，符合山地输电塔工程实际。因而在结构选型时，我们充分考虑实际设计工作紧张性，以及工厂批量化生产加工问题，决定采用统一的结构形式。对于结构下半部分，采用传统的四面矩形框架受扭的结构，这种经典形式有其独特的优势及合理性，也符合“天圆地方”的建筑哲学。而在上部结构中，我们考虑利用三角形的稳定性，选择桁架结构。

承载能力：结构主要受力形式为弯剪扭及轴压共同作用下的复杂形式。对于抗扭，我们首选筒体式结构，矩形的结构形式，辅以斜杆来抵抗扭矩，既有框架结构承受竖向荷载，又有足够抗侧刚度，这是较为合理的。而在顶部，我们选用稳定性较好的三角桁架结构来满足不同角度和工况下对变形的要求。考虑材料利用率及竹材顺纹抗拉强度高的特点，我们采用少量压杆、大量拉杆的形式来减轻模型自重。

制作选材：最终模型由手工制作，由于模型材料为竹材，连接材料为 502 胶水，因而截面形式应尽量简单，以箱形、矩形等为主。同时节点的连接也应使传力简单、明确，避免过于拥挤、复杂。

48.2　选型分析

结合赛题要求，根据结构稳定、传力合理、材料经济、兼顾美观的基本原则，初步提出几种选型进行对比分析，详见表 48-1。

表 48-1　　结构选型对比

选型方案	选型 1	选型 2	选型 3
图示			

续表

选型方案	选型 1	选型 2	选型 3
优点	对于旋转角度为 0°与 15°的工况，产生的扭矩较小，扭转破坏较小；模型制作简单；结构传力简单、可靠	承台降低，柱子不易失稳，下部承台稳定性好；通过外设拉条连到柱底，抗扭效果较好；模型加载时，挂盘不易触碰模型	高挂点与低挂点有扭矩的抵消作用；结构质量较轻；制作较简单；整体稳定性好；结构传力简单、可靠
缺点	对于旋转角度为 30°和 45°的工况，导线加载对模型产生的扭矩较大，扭转破坏较大；在三级加载过程中，高挂点杆件易失稳破坏；对于 30°和 45°的导线 1、2、6 工况，模型在加载时挂盘会触碰模型，易违规	模型制作复杂，不利于现场限时制作；高、低挂点易破坏，风险大；受力复杂，两个格构柱节点局部受压严重，易破坏	对柱子的承载能力要求较高，对梁的强度要求较高

综合对比：为了减少扭转破坏，上部低挂点单根杆斜 45°悬挑出去，结构强度不足，拉条不能充分发挥作用，且易对下部筒体结构产生较大的扭转破坏；下部筒体降低，高、低挂点的长度增加，对结构强度要求增大，质量大，且结构复杂，不易制作，破坏风险大，所以决定抬高筒体结构；将高挂点移到与其中一个低挂点同侧的地方，两挂点有力的抵消作用，但是考虑结构的稳定性，最终决定高、低挂点都采用桁架结构。最终确定选型 3 为我们的参赛模型，模型效果图及实物图如图 48-1 所示。

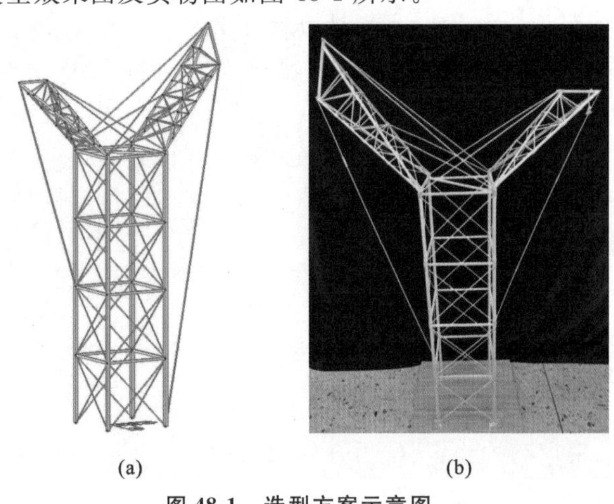

(a)　　(b)

图 48-1　选型方案示意图

(a)模型效果图；(b)模型实物图

48.3　数值模拟

基于有限元分析软件 MIDAS 建立了结构的分析模型，第三级荷载作用下计算结果如图 48-2 所示。

48.4　节点构造

节点是模型制作的关键部位，本模型部分节点详图如图 48-3 所示。

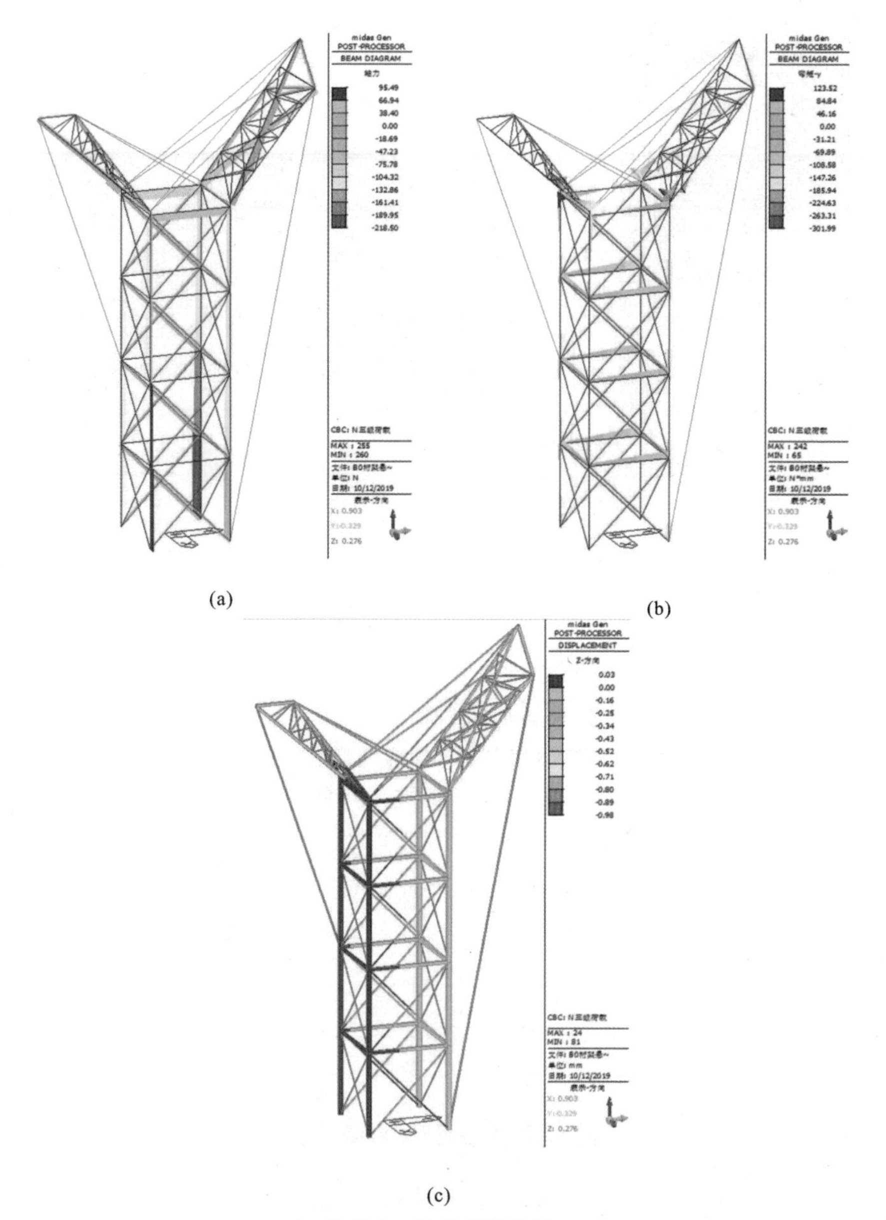

图 48-2　数值模拟结果

(a)轴力图;(b)弯矩图;(c)变形图

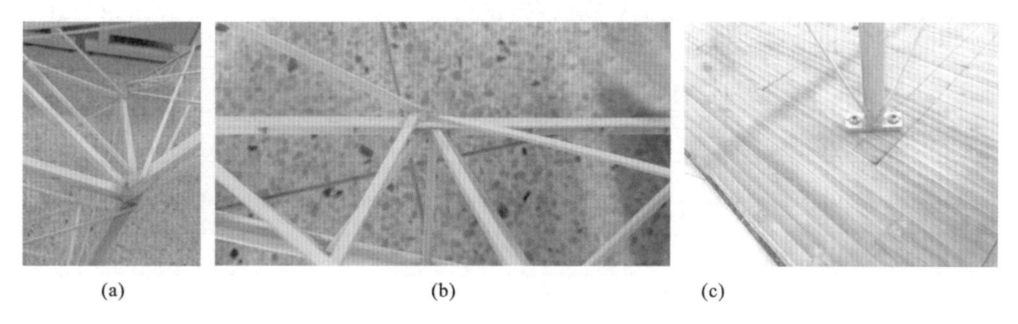

图 48-3　节点详图

(a)柱顶节点;(b)桁架节点;(c)柱脚节点

49 上海大学

作品名称	山地输电塔模型设计与制作
参赛学生	李文波　朱佳璇　杨郅玮
指导教师	任　重　董浩天

49.1 设计构思

经过多次的方案构思，结合竹杆件抗拉能力远高于其抗压能力的特性，如果将输电塔加载给结构的扭转力转化为杆件的轴向力和拉力，可以尽可能利用材料的优点设计输电塔结构。在多次试验后我们发现可以将部分导线上传来的侧向荷载抵消，我们的结构最终定为两个相互独立的塔形结构。其中的副塔结构单独承受一级加载，偏转方向尽可能使其所承受的加载为轴向拉力；主塔结构承受二级加载和三级加载，与副塔简单的三角锥结构不同的是，主塔顶端有两个钻石型的低挂点，左右各一个，以应对不同的加载工况，使结构能最大限度地发挥作用。每个主塔只承受简单的侧向荷载和竖向荷载，几乎不会出现扭转力。

49.2 选型分析

结合赛题要求，根据结构稳定、传力合理、材料经济、兼顾美观的基本原则，初步提出以下几种选型进行对比分析。

选型 1：主塔为中间一根大的方形杆，如同一根电线杆，四个方向都由拉条拉住；副塔为一根承压杆，由两根拉条拉住。副塔为其中一个低挂点。

选型 2：主塔是四根方形空心杆构成的四棱锥形，上小下大，形成传统输电塔样式，空心杆件可作承压受拉杆；副塔结构与选型 1 相同。

表 49-1 列出了两种选型的优点与缺点。

表 49-1　　结构选型对比

选型方案	选型 1	选型 2
优点	质量轻	抗弯性能好
缺点	抗弯性能差	质量偏重

综合对比以上两种选型，最终确定选型1为我们的参赛模型，模型效果图如图49-1所示。

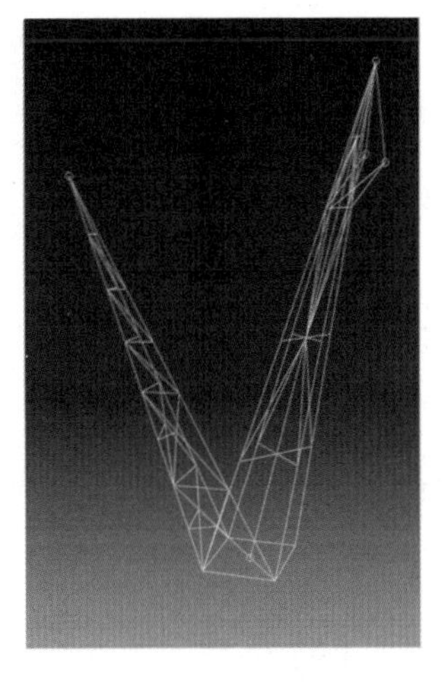

图49-1 选型方案效果图

49.3 数值模拟

基于有限元分析软件ABAQUS建立了结构的分析模型，第三级荷载作用下计算结果如图49-2所示。

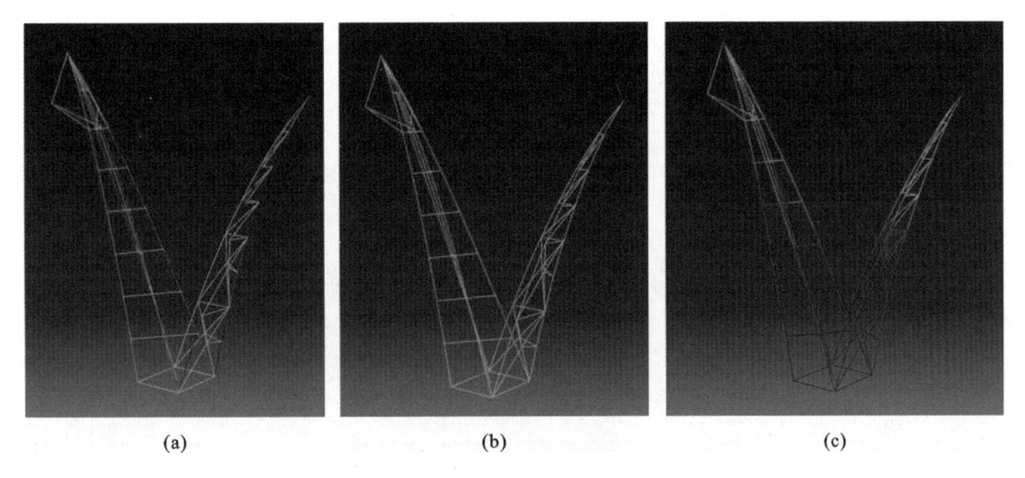

(a) (b) (c)

图49-2 数值模拟结果

(a)轴力图；(b)弯矩图；(c)变形图

50 兰州交通大学博文学院

作品名称	博衍明德
参赛学生	李万春　王　健　车汉杰
指导教师	李敬元　任士贤

50.1 设计构思

无论是从其他角度观察，还是考虑整体结构和局部桁架，都会发现三角形是此次竞赛所需设计的模型结构要表达的主题。三角形除了体现出所具有的棱角的个性，更体现出力学上的稳定性。

结构的好坏直接影响承受荷载的大小以及材料损耗量的多少。输电塔在承受拉压的同时还受到水平方向拉力产生的扭矩作用。筒结构因具有良好的抗扭性能成为我们的第一选择。类似于传统结构，筒结构多以长方体的结构形式出现。在四个外围竖直面上搭建大量的斜杆来抵抗水平方向拉力产生的扭矩，结构中的杆件发挥的作用是极为合理的。

50.2 选型分析

由于梯形具有较强的稳定性，而且在平面上容易找平，所以我们选择梯形为模型的主体结构框架，桁架受力均匀、简单，便于木材性能的发挥。

下坡门架对结构选型的影响是，下坡门架有旋转角度，在二级加载时由于低挂点产生的两个拉力的方向有所改变，力矩的大小也有所不同，所以要考虑如何改变模型的抗扭性能，来适应力矩大小的变化。当下坡门架有旋转角度，在加载时若下坡门架一侧有两根导线则模型受扭更重。根据上述分析，我们设计了以下三种选型。

选型1：我们最初选择的结构是根据现有的输电塔结构制作而成的。模型结构美观，但出现了细长杆问题，且其抗弯承载能力有很大的缺陷，在加载过程中，出现了很多问题。

选型2：增加模型层数，增大低挂点对应主体结构的长度，平面结构使用菱形来减小杆件长度，最低荷载加载成功。但上部结构仍然受力变形，在荷载加大后杆件受压破坏。

选型3：模型保持上述形状基本不变，在设计柱子时，我们将其改成了空心带隔板的结构，把容易变形的杆件替换为"L"形截面的杆件和"T"形截面的杆件，承受荷载能力进一步加强。

表50-1中列出了三种选型的优缺点。

表 50-1 **结构选型对比**

选型方案	选型 1	选型 2	选型 3
图示			
优点	结构轻巧，制作简便	承载能力强，质量相对较轻	节点接触面积大，不用处理，结构好，承载能力强
缺点	节点接触面积小，细长杆较多	节点用竹皮加固，比较笨重	相对比较重

综合对比以上三种选型，最终选择选型 3 作为我们的参赛模型，模型效果图及实物图如图 50-1 所示。

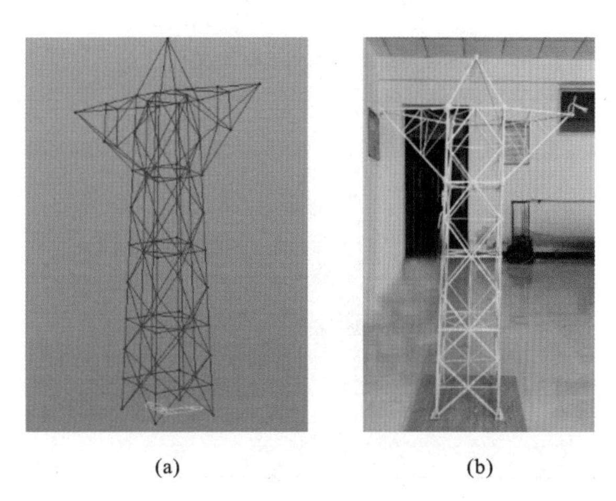

(a) (b)

图 50-1 选型方案示意图

(a)模型效果图；(b)模型实物图

50.3 数值模拟

利用有限元分析软件 MIDAS Gen 建立了结构分析模型，第三级荷载作用下计算结果如图 50-2所示。

50.4 节点构造

节点是模型制作的关键部位，本模型部分节点详图如图 50-3 所示。

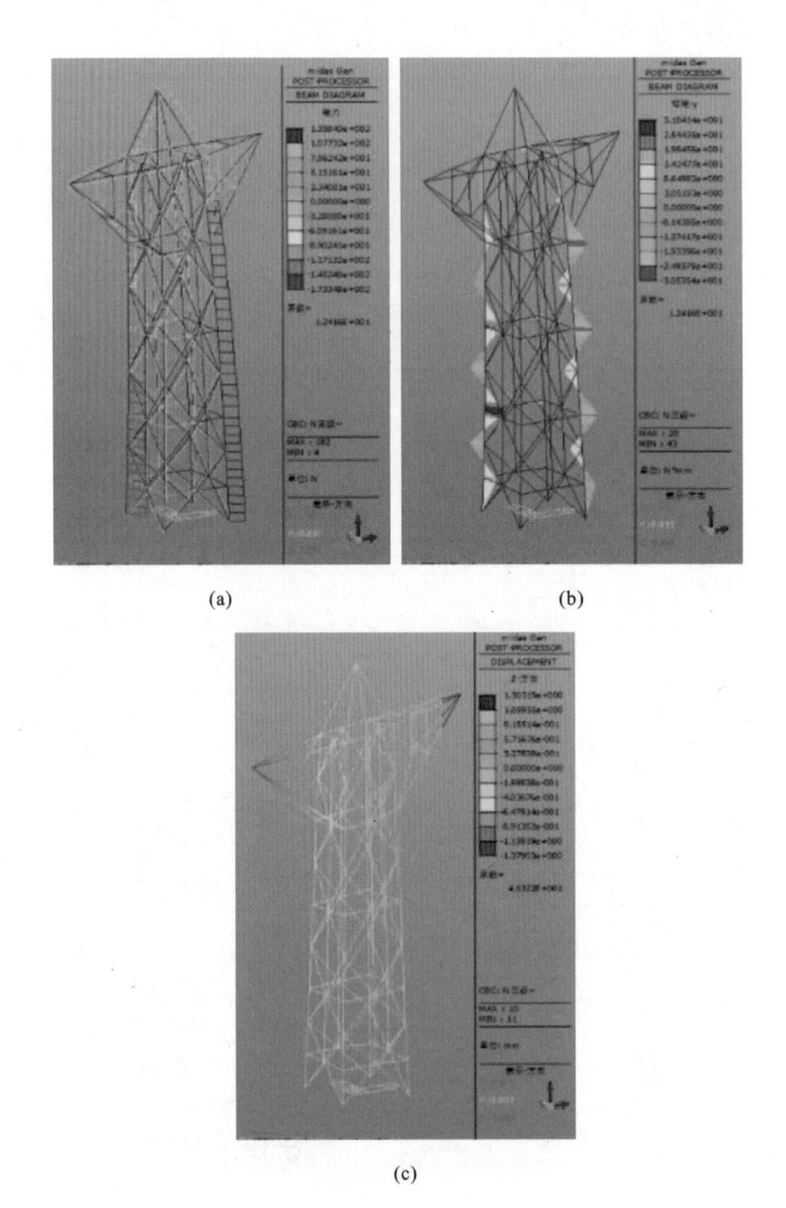

图 50-2　数值模拟结果

(a)轴力图;(b)弯矩图;(c)变形图

图 50-3　节点详图

(a)横杆件节点;(b)主体节点;(c)柱脚节点

51 清华大学

作品名称	织网
参赛学生	李宿莽　周思源　程志刚
指导教师	邢沁妍

51.1 设计构思

山地输电塔是受横向和竖向荷载的长条形结构，其下端固接在底板上，整个结构可看作一个悬臂梁。一级、二级、三级荷载可以分解来看，输电塔模型所受荷载是轴压力、弯矩、扭矩三者的叠加，于是输电塔模型需要按照抗轴力、抗弯矩、抗扭矩的要求设计和制作。为方便制作，输电塔模型塔身设计为正方形截面的格构，顶端中心最高处设置高挂点，设置左右对称的两臂，以安装低挂点。低挂点依靠刚性受压杆件与塔身连接，同时低挂点与高挂点之间用拉索连接，以克服低挂点导线施加的荷载竖直向下分力。

工况分析：模型制作后进行工况抽签，共有四种加载工况。制作模型时不能预测模型的导线加载工况，所以四种工况都必须考虑，任意一种工况下都要符合要求。连接在高挂点的导线，有且仅有一根选中；连接在低挂点的导线成对出现，并只选中一对，为输电塔模型提供扭矩，因扭转方向不同，设计时要考虑两个可能扭转的方向。

角度分析：下坡门架旋转角度有 0°、15°、30°、45°四种选项，在模型制作后抽签决定。下坡门架旋转角度为 0°也就是下坡门架与上坡门架平行时，下坡门架在上坡门架对面，理论上此种情况受力比较对称，受力情况最好。下坡门架旋转角度不为 0°时，其导线给输电塔模型额外的侧向分力，即指向水平加载方向的分力，对模型施加更大的弯矩。

51.2 选型分析

选型 1：四棱台形格构柱主体，下方截面大，向上缩小。格构柱设置压杆和拉杆，提供抗弯、抗剪、抗扭的性能，以增强格构柱稳定性。格构柱的每一个区间，按照扭转方向设置压杆和拉杆。压杆比较长，抗压能力差，除非增大截面，使其增重，否则结构易失稳。每边低挂点主要由一根拉杆、下方一根斜压杆、下方和侧方各一根拉索制成。在低挂点导线牵引下，压杆和下方斜压杆压力大，在试验中下方斜压杆压力过大，导致格构柱主体被破坏。

选型 2：格构整体同样是四棱台形状，去除了斜压杆，改为全拉索的结构，完全杜绝了斜压杆受压的情况。而全拉索设计会给横梁带来过大的压力，也有失稳的隐患。所以主体的斜拉索设计的不是跨一个区间，而是跨两个区间，从而减小横梁的压力。考虑到竖向主柱抗压余量较大，该设计安全性有所提升。

表 51-1 中列出了两种选型的优缺点。

表 51-1 **结构选型对比**

选型方案	选型 1	选型 2
图示		
优点	主柱压力较小	不存在斜压杆，不会发生失稳
缺点	斜压杆易失稳	主柱压力较大

综合对比两种选型的优缺点，最终确定选型 2 为我们的参赛模型，模型效果图及实物图如图 51-1 所示。

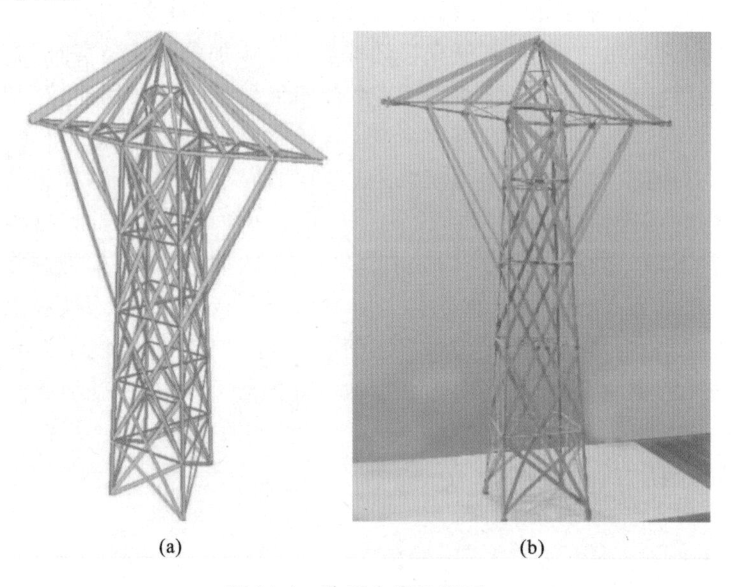

(a) (b)

图 51-1 选型方案示意图

(a)模型效果图；(b)模型实物图

51.3 数值模拟

利用有限元分析软件 SAP 2000 建立了结构的分析模型，第三级荷载作用下计算结果如图 51-2 所示。

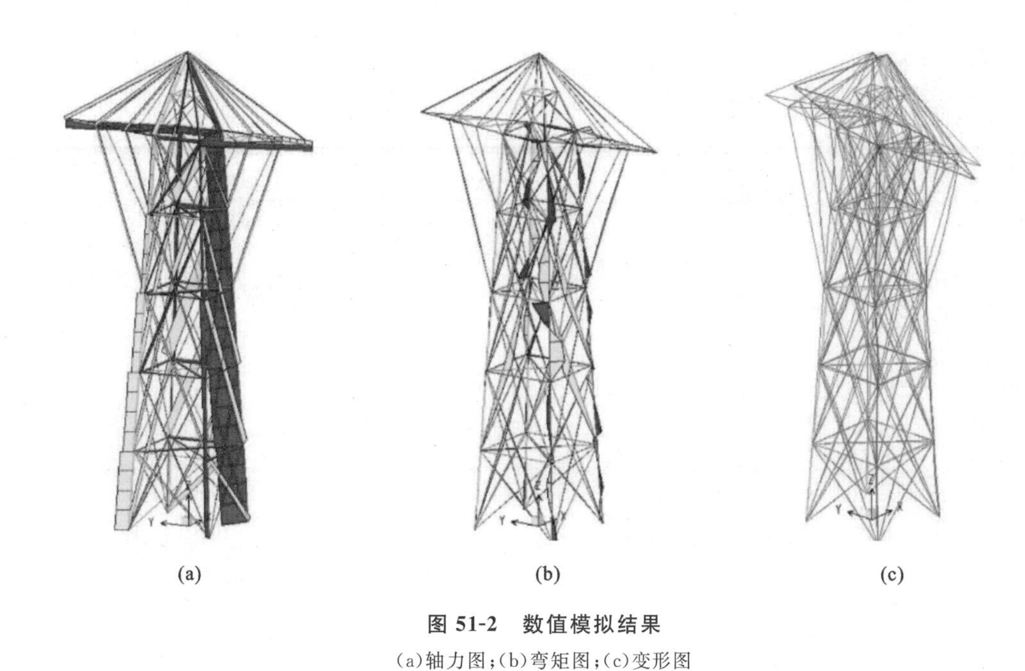

(a) (b) (c)

图 51-2　数值模拟结果

(a)轴力图;(b)弯矩图;(c)变形图

51.4　节点构造

节点是模型制作的关键部位,本模型部分节点详图如图 51-3 所示。

(a) (b) (c)

图 51-3　节点详图

(a)梁柱节点槽形柱内部;(b)梁柱节点箱形柱内部;(c)梁柱节点柱外部

52 海南大学

作品名称	一指苍穹
参赛学生	张钦关 李仲标 周育楷
指导教师	曾加东 谢 朋

52.1 设计构思

我们的设计方案采用中心对称的模型，输电塔下部主体结构的底面和顶部为正方形截面，整体从下往上渐变。上部为四棱锥形式，模型顶点即为高挂点，低挂点在两边分别旋转一定角度，整个模型的俯视图呈中心对称。

52.2 选型分析

选型 1：采用中心对称的模型，主体为从下往上渐变的对称柱体，伸臂则分别旋转一定的角度，可以减小扭矩。但由于模型主体不可旋转，不能应对可能出现的不同加载工况，灵活性稍显不足。此外，上部结构为四棱锥形式，由于模型顶点（高挂点）偏向一边，加载时容易使挂盘触碰模型。整个模型俯视图呈中心对称。

选型 2：采用中轴对称的模型，有利于承受不同方向的扭转，灵活性较好。模型下部是等截面正方形核心筒，由于正方形截面面积减小导致模型抗扭能力变弱，所以在模型下部增设一层横杆，从而选型 2 质量比选型 1 略大。竞赛题目要求柱脚要固定于一定的范围以内，本模型采用的横截面为正方形，该模型可以在要求的范围内适当旋转，以减小模型力臂来应对在不同工况下的加载。模型上部是正四棱锥，与选型 1 相比，克服了"顶点偏向一边容易使加载时挂盘触碰模型"的不足。

为便于对比，在表 52-1 中列出了两个选型的优缺点。

表 52-1 结构选型对比

选型方案	选型 1	选型 2
优点	下部尺寸大，抗扭性好，质量较轻	可随不同工况转动，以减小扭矩
缺点	不能转动，灵活性差	抗扭性降低，质量增加

综合对比以上两种选型，最终确定选型 2 为我们的参赛模型，模型效果图及实物图如图 52-1 所示。

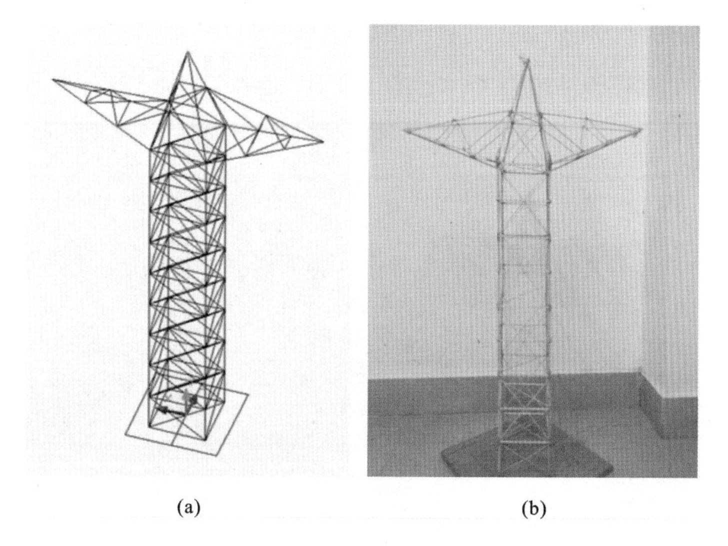

(a)　　　　　　　　　　　　(b)

图 52-1　选型方案示意图

(a)模型效果图;(b)模型实物图

52.3　数值模拟

根据选定的模型方案,利用有限元分析软件 MIDAS Gen 建立了结构的分析模型,然后进行加载试验,第三级荷载作用下计算结果如图 52-2 所示。

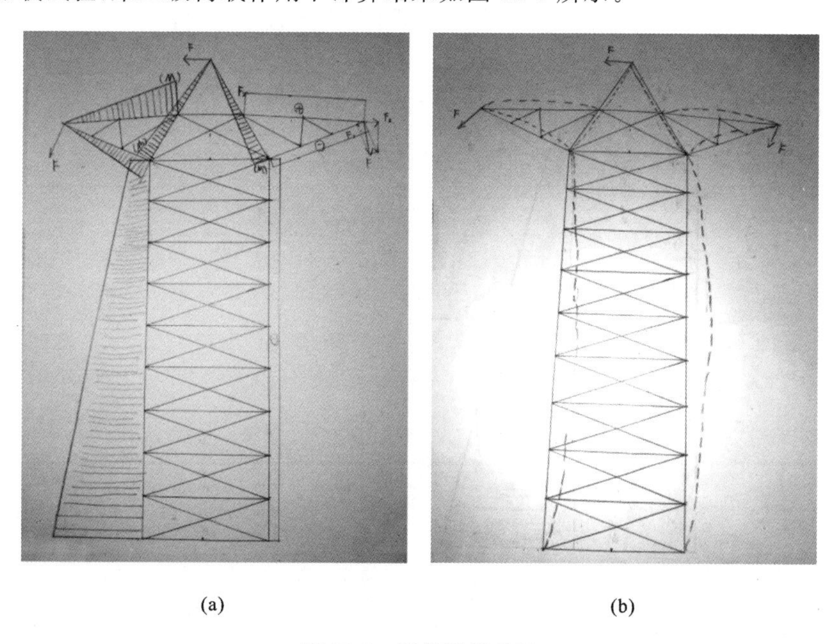

(a)　　　　　　　　　　　　(b)

图 52-2　数值模拟结果

(a)轴力、弯矩图;(b)变形图

52.4 节点构造

节点是模型制作的关键部位，本模型部分节点详图如图 52-3 所示。

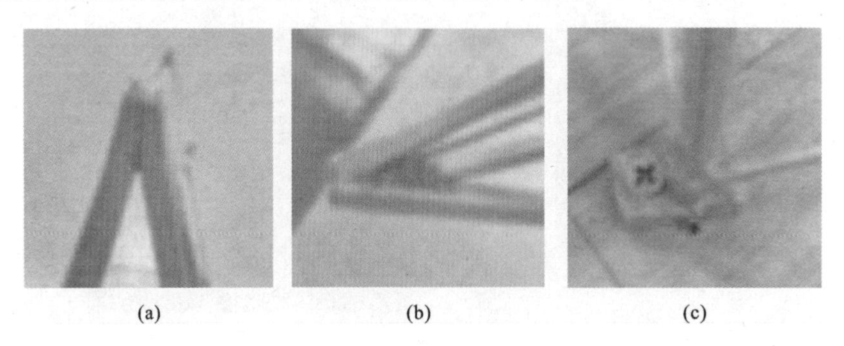

(a)　　(b)　　(c)

图 52-3　节点详图

(a)高挂点节点；(b)低挂点节点；(c)柱脚节点

53 河南大学

作品名称	芭蕾舞者
参赛学生	刘宏伟　宋雨航　彭　佳
指导教师	张　慧　康　帅

53.1 设计构思

本次赛题采用导线加载方式，荷载工况复杂，这是此次模型设计的突出特点也是难点。荷载工况是结构构型的决定性因素，故明晰导线加载特点以及荷载工况的变化，是模型设计的重中之重，且必是首要任务。

经分析，本模型设计需考虑的相关问题：高挂点处的反力大于低挂点处的反力；导线水平距离对施加模型水平力的影响；下坡门架不同旋转角度在各工况组合下对模型施荷方式的影响；模型局部坐标系与整体坐标系夹角对模型施荷方式的影响；导线垂度对模型加载的影响；综合各导线施荷方式，以及各工况分析，得出模型上施加的作用力相同，差异是数值不同；导线的几何非线性问题。

53.2 选型分析

根据输电塔结构及其受力特点，针对不同受力工况及加载情况进行分析后，我们设计了多个输电塔模型进行比对研究，详见表53-1。

表53-1　**结构选型对比**

选型方案	选型1	选型2	选型3
图示			
优点	外形与受力大小一致，上小下大，刚性受力方式，变形量小，基础对地基的要求相对易满足	受力性能好，构件尺寸小，用钢量相对小，经济性较好，安装强度小	只是一个普通的刚性结构，构件种类少，安装简单，具有刚性结构变形控制简单等特点
缺点	用钢量相对于柔性结构大，具有刚性结构的特点，地震反应也较柔性结构大	占地面积大	用钢量大，具有刚性结构的缺点

综合对比以上输电塔结构，借鉴拉线“V”字形结构的抗力理念，采用倒锥体桁架结构代替“V”字形分肢桁架结构，我们最终确定了拉杆式输电塔模型设计方案，模型效果图及实物图如图 53-1 所示。

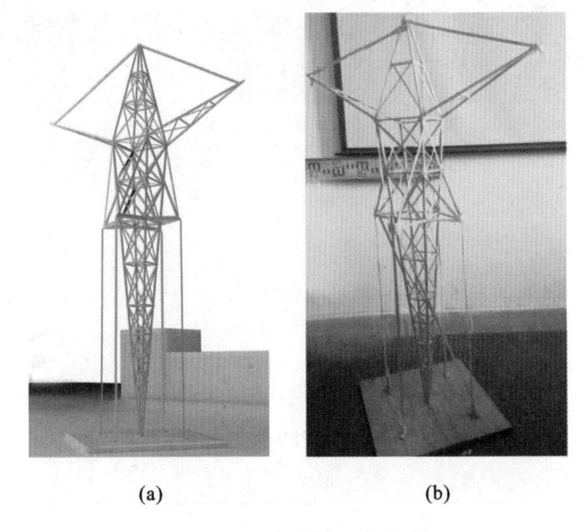

(a)　　(b)

图 53-1　选型方案示意图

(a)模型效果图；(b)模型实物图

53.3　数值模拟

基于有限元分析软件 MIDAS Gen 建立了结构的分析模型，第三级荷载作用下计算结果如图 53-2 所示。

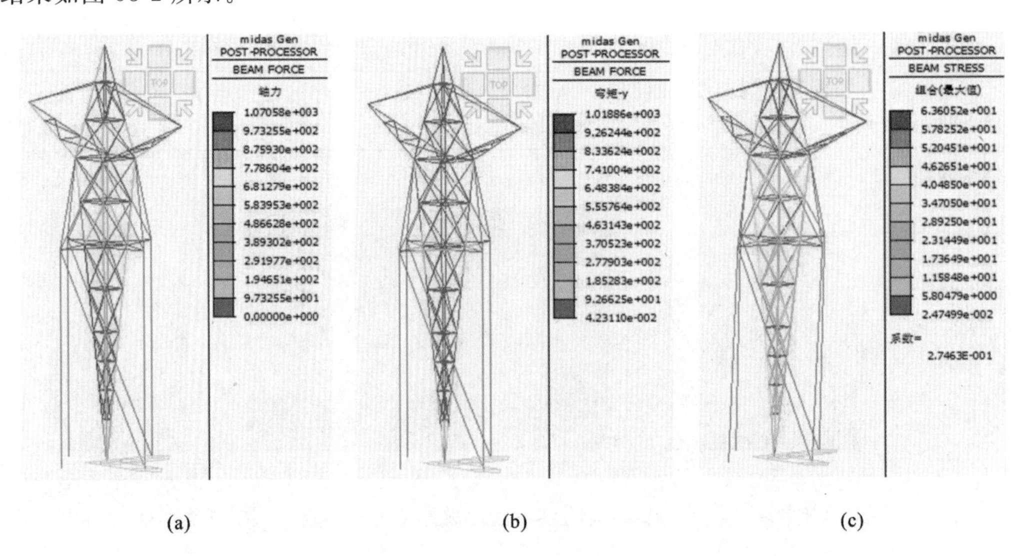

(a)　　(b)　　(c)

图 53-2　数值模拟结果

(a)轴力图；(b)弯矩图；(c)应力图

53.4 节点构造

节点是模型制作的关键部位，本模型部分节点详图如图 53-3 所示。

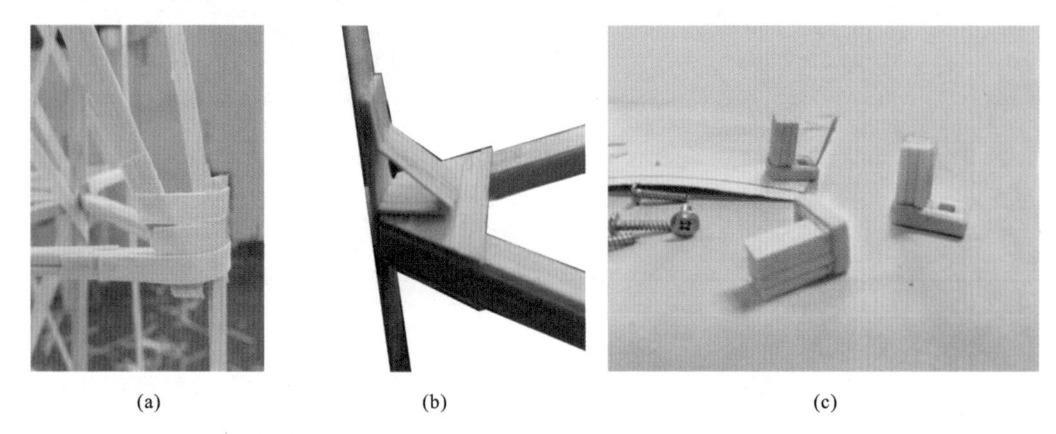

(a) (b) (c)

图 53-3 节点详图

(a)塔身节点；(b)高挂点节点；(c)柱脚节点

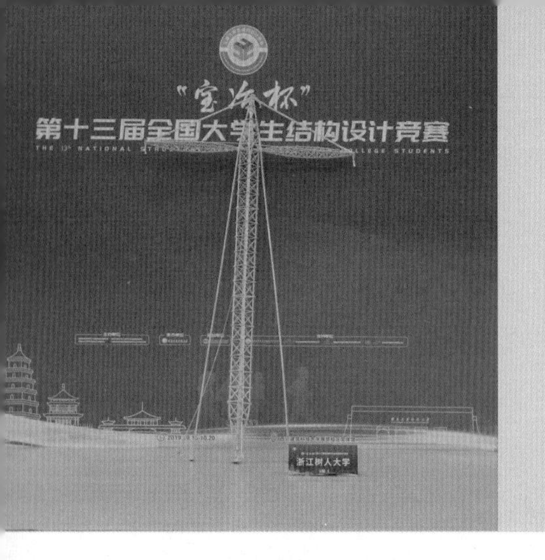

54 浙江树人大学

作品名称	阳光之翼
参赛学生	李政烨　何　洋　陆锦浩
指导教师	楼旦丰　沈　骅

54.1 设计构思

根据导线加载工况先对模型进行简化的受力分析。一级加载时，若选择低挂点导线加载，则模型整体受扭，对模型伤害较大；若选择高挂点加载，可以近似地将导线上的荷载分解成竖直和水平两个方向，模型以承受轴向力和弯矩为主。因此我们选择一级加载导线为高挂点的导线 2 或导线 5。

二级加载时，导线荷载对模型施加了竖向荷载和水平荷载，竖向荷载会使模型产生轴力，水平荷载会使模型发生扭转变形。A、B 工况模型受到逆时针转动的扭矩，C、D 工况模型受到顺时针转动的扭矩。对于二级加载来说，扭转变形为模型的主要变形形式。

三级加载时，在高挂点施加水平荷载，此时模型受弯矩作用，主要发生弯曲变形。

由于旋转角度工况的不同，一级加载时导线 2 的位置会随下坡门架发生变化，随之模型上最危险的杆件也会发生变化；二级加载时由于两条导线中总有一条在下坡门架上，旋转角度发生变化后，力臂变化较大，所以对模型整体的影响非常大。由于赛题工况的差异性较大，而且是在模型制作前才确定旋转角度工况，于是我们考虑针对不同的旋转角度工况进行结构选型。

54.2 选型分析

结合赛题要求，根据结构稳定、传力合理、材料经济、兼顾美观的基本原则，初步提出几种选型进行对比分析，详见表 54-1。

表 54-1　**结构选型对比**

选型方案	选型 1	选型 2	选型 3
图示			

续表

选型方案	选型 1	选型 2	选型 3
优点	制作、安装简单，受力明确	质量轻，扭转破坏可能性小	能够承受大旋转角度工况
缺点	质量重	容易失稳破坏	制作复杂，所需螺钉多

选型方案	选型 4	选型 5
图示		
优点	质量轻，造型美观	质量轻，旋转角度小时成功率高
缺点	制作很复杂，拉条很容易发生破坏	制作复杂，旋转角度大时成功率低

综合前期选型和优化过程，我们最终确定的方案模型效果图及实物图如图 54-1、图 54-2所示。

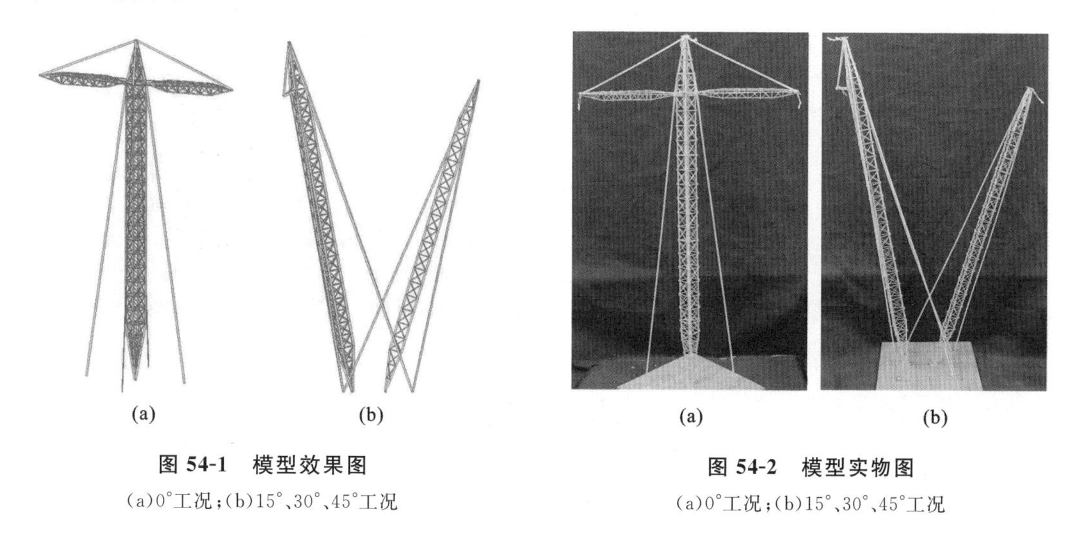

(a) (b)

图 54-1 模型效果图

(a)0°工况；(b)15°、30°、45°工况

(a) (b)

图 54-2 模型实物图

(a)0°工况；(b)15°、30°、45°工况

54.3 数值模拟

基于有限元分析软件 MIDAS 建立了结构的分析模型，第三级荷载作用下计算结果如图 54-3 所示。

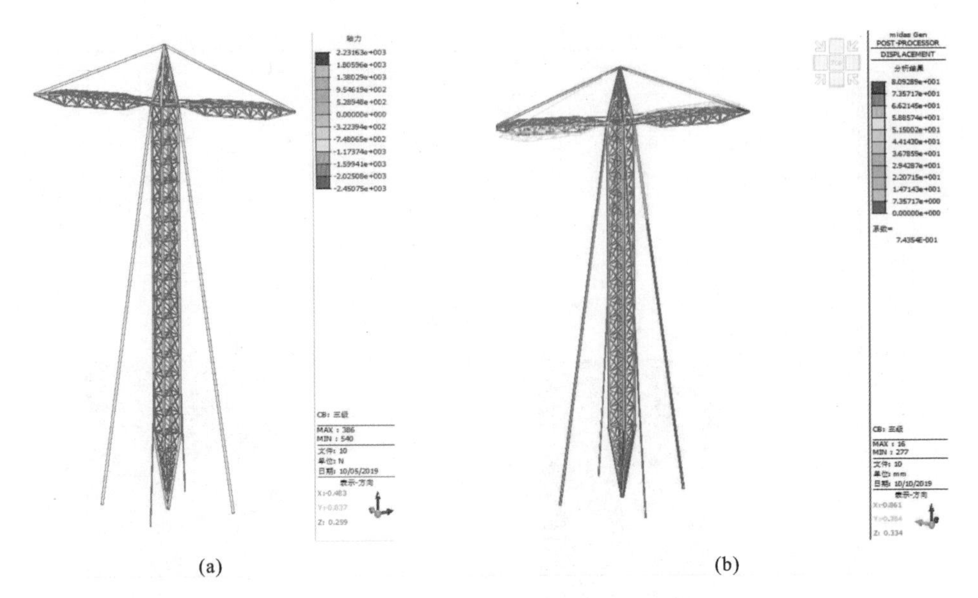

图 54-3　数值模拟结果

(a)轴力图;(b)变形图

54.4　节点构造

节点是模型制作的关键部位,本模型部分节点详图如图 54-4 所示。

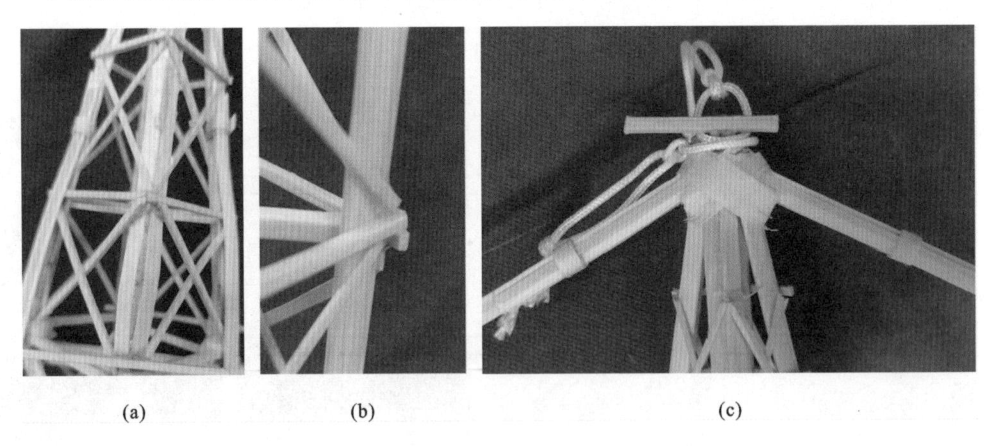

图 54-4　节点详图

(a)塔身连接节点;(b)横撑和主杆连接节点;(c)塔头连接节点

55 河北农业大学

作品名称	拉线格构柱输电塔模型
参赛学生	孔祥飞　孙　玮　曹润姿
指导教师	李海涛　刘兴旺

55.1 设计构思

本次结构设计竞赛题目为山地输电塔模型设计与制作，竞赛流程为制作模型前抽取下坡门架旋转角度，模型制作完毕后、模型加载前抽取 A、B、C、D 四种加载工况。在未知加载工况的条件下制作模型，大大增加了赛题的难度。

由于模型需要同时满足四种加载工况，承载力需要加大，对模型的承载要求也大大提高。传统的山地输电塔模型在同时应对四种加载工况时弊端过多并且模型较重，因此我们采用了拉线格构柱模型，在充分利用拉条抗拉强度的基础上，针对不同工况分别设置拉条，力求在满足加载要求的前提下最大限度地减小力臂。

55.2 选型分析

传统四柱输电塔模型是常见的山地输电塔模型，底座为桁架塔脚，柱身横梁跨度大，主要依靠结构中柱梁抵抗各级荷载；传统三柱输电塔模型由三根桁架柱作为主要支撑，抵抗扭转的能力较差，易产生较大扭曲变形从而导致破坏；拉线格构柱模型整体由柱身、悬臂和拉条三部分组成，一级、二级、三级荷载主要由相对应柱身和拉条承担，二级荷载对模型的影响可以通过旋转模型以缩短力臂的方式降低。同时可以有针对性地加强一级、三级荷载所对应的柱身强度，以及调整拉条的位置来抵抗不同工况荷载。表 55-1 中列出了各种选型的优缺点。

表 55-1　　各选型优缺点对比表

选型方案	选型 1	选型 2	选型 3
优点	结构本身稳定性较强，空间承载力大	结构简单，用材较少	可针对不同荷载工况设置拉条，专门抵抗各级荷载，制作简单
缺点	制作时间较长，材料利用率较低	抗扭能力较差，不能充分、合理利用材料强度	对拉条的强度要求较高

综合对比以上三种选型，最终确定选型 3 为我们的参赛模型，模型效果图及实物图如图 55-1 所示。

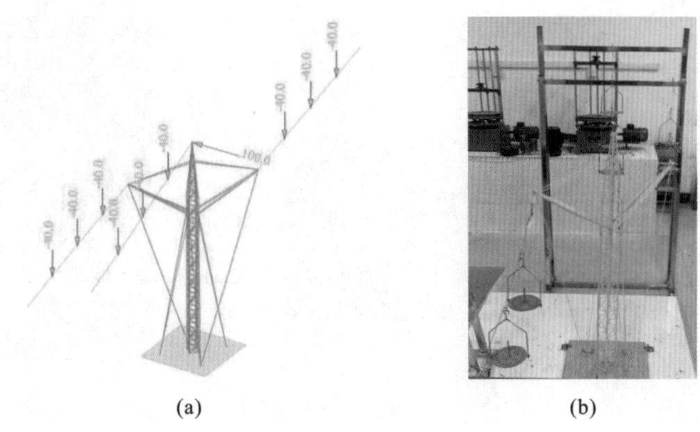

(a) (b)

图 55-1 选型方案示意图

(a)模型效果图;(b)模型实物图

55.3 数值模拟

利用有限元分析软件 MIDAS Gen 建立了结构在单位力作用下的分析模型,第三级荷载作用下计算结果如图 55-2 所示。

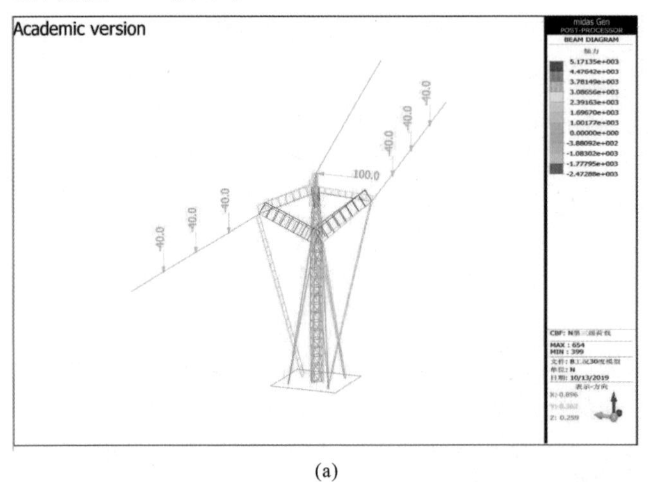

(a)

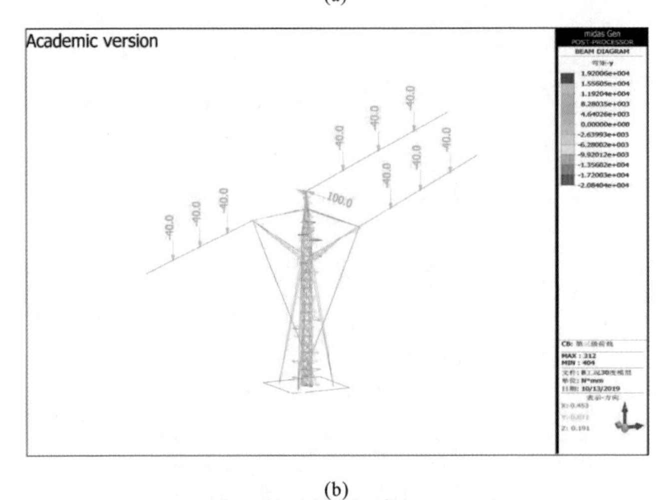

(b)

图 55-2 数值模拟结果

(a)轴力图;(b) 弯矩图

55.4 节点构造

节点是模型制作的关键部位，本模型部分节点详图如图 55-3 所示。

(a) (b) (c)

图 55-3 节点详图

(a)梁柱节点；(b)拉条与柱杆节点；(c)拉条底座节点

56 东华理工大学

作品名称	山海
参赛学生	左炙坪　田永亮　张莉莉
指导教师	程丽红　胡艳香

56.1 设计构思

在考虑导线加载工况的不确定性和各级荷载受力情况的基础上，综合考虑模型受力、制作难易程度、美观度等多方面因素，对模型的整体结构形式进行构思，最终采用对称桁架输电塔结构模型，以消除导线加载工况的不确定性对模型的影响。

针对模型构件，综合赛题具体要求及所加荷载的特点，并充分利用竹条受拉和受压的性能特点，设计了以箱形杆件受压、竹条受拉为主的空间桁架结构。经过多次试验，采取了合理的杆件跨度和节点构造连接方式，使得该模型受力合理、传力明确，在保证结构整体牢固性与稳定性的同时，充分调动各构件共同受力和变形，使材料得到充分利用。

此外，针对下坡门架不同旋转角度及导线加载工况出现的荷载不同程度的变化，综合考虑杆件应用力的相互作用，对模型部分杆件及下坡门架旋转角度进行相应的调整，使得部分受力在模型内部减弱、抵消，在满足赛题要求的基础上，实现模型自重轻、承载力大的目标。

56.2 选型分析

选型 1：下坡门架旋转角度为 0°时，整个模型受力均匀，无偏心受力的情况，所以，该旋转角度的模型结构相对简单。在桁架结构的基础上，对压力较大的杆件进行增强。所有的斜杆采用各向异性材料制作，为避免杆件失稳并保证其强度，所有斜杆采用 L 形构件，以合理利用材料的特性，减轻模型自重。

选型 2：下坡门架旋转角度为 15°时，二级加载出现受力不均匀的情况，模型所受荷载出现向一侧倾斜的现象。因此，如果依旧采用选型 1 进行加载，在施加二级、三级荷载时，模型将出现小幅度变形。将部分 L 形构件替换成空心构件以增强杆件刚度，从而提高模型的承载力。

选型 3：下坡门架旋转角度为 15°时，选型 2 模型质量较大。由于山地输电塔为高耸结构建筑，荷载主要自上而下传递，为减轻模型质量，减少材料的使用，在选型 2 的基础上，将跨度较小的 L 形构件替换成跨度较大、强度更高、稳定性更好的空心构件。如此，既增加了相应杆件的强度，保证了模型的稳定性，又可以使模型的质量减轻。

选型 4：下坡门架旋转角度为 30°、45°时，工况 A（即导线 1、2、6）出现荷载向一侧偏移、模型受力不均匀、受压侧的主杆出现较大塑性变形的现象。为应对此类工况，在选型 3 的基础上，对相应杆件进行了局部加强处理，以避免模型失稳破坏。

表 56-1 列出了各选型的优缺点。

表 56-1　　结构选型对比

选型方案	选型 1	选型 2	选型 3	选型 4
优点	杆件制作简单、快速，且模型质量较轻。强度、刚度、稳定性可以得到保证	模型的整体强度增强，在多层塔身的结构中，几乎所有杆件都被高效利用，无多余零杆	模型塔身层数少，既减轻了模型的质量，又提高了组装模型的效率。塔身斜杆的摆放促使模型的承载能力大大提高	模型塔身层数少，斜杆强度增加，模型的承载力高，模型更加坚固
缺点	杆件数量较多，模型分层较多，节点处理难度较大	模型的分层过多，制作、组装过程繁杂，部分强化后的杆件质量较大，模型整体质量增加	模型杆件节点处理更加复杂，模型制作难度也会随之增加	强化后的杆件质量增加，杆件过多，模型的整体质量有些许增加

综合对比四种选型，最终确定选型 1 和选型 4 为我们的参赛模型，模型效果图及实物图如图 56-1 所示。

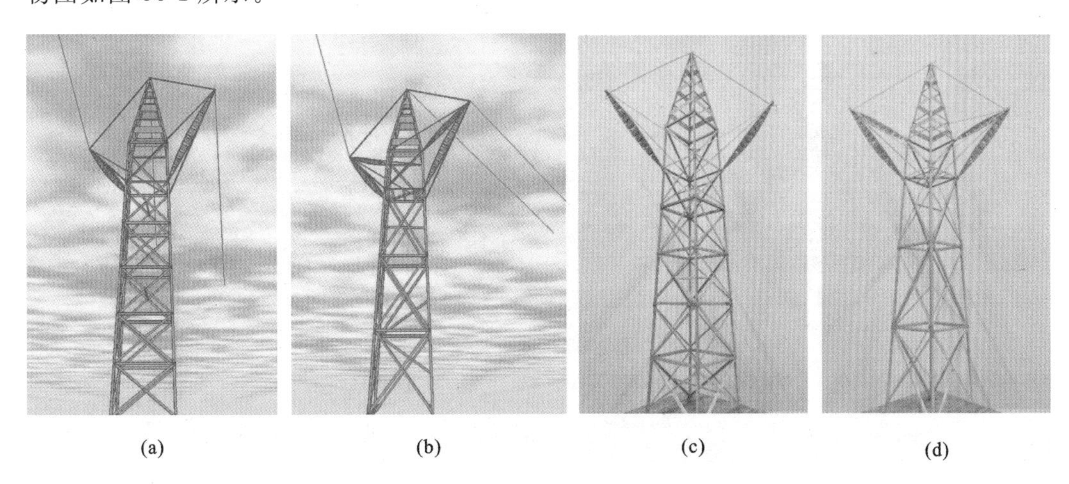

(a)　(b)　(c)　(d)

图 56-1　选型方案示意图

(a)选型 1 效果图；(b)选型 4 效果图；(c)选型 1 实物图；(d)选型 4 实物图

56.3　数值模拟

基于有限元分析软件 MIDAS Gen 建立了结构的分析模型，第三级荷载作用下计算结果如图 56-2 所示。

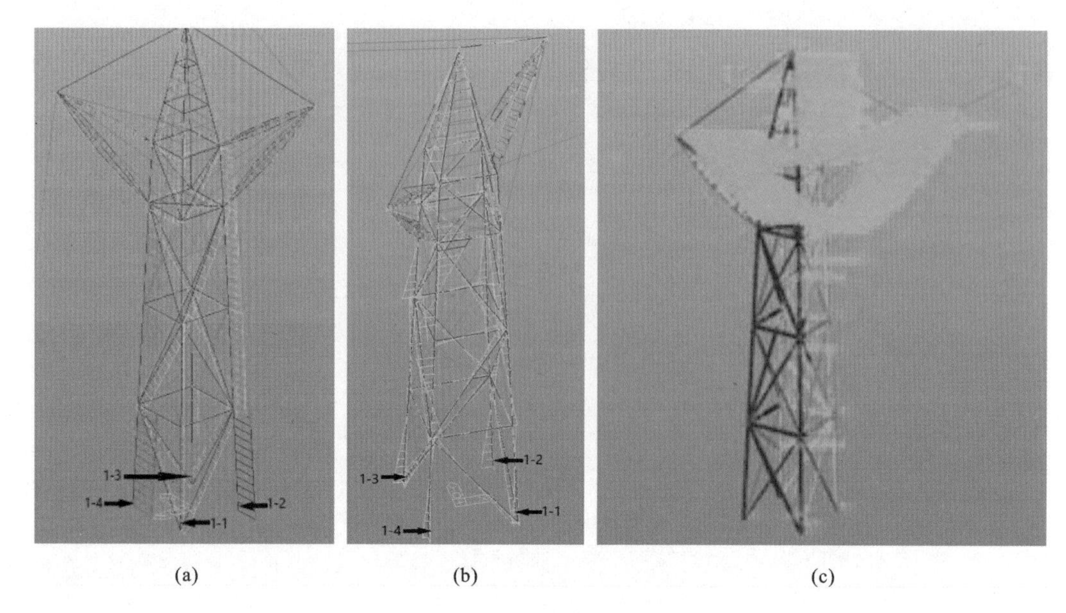

图 56-2　数值模拟结果

(a)轴力图;(b)弯矩图;(c)变形图

56.4　节点构造

节点是模型制作的关键部位,本模型部分节点详图如图 56-3 所示。

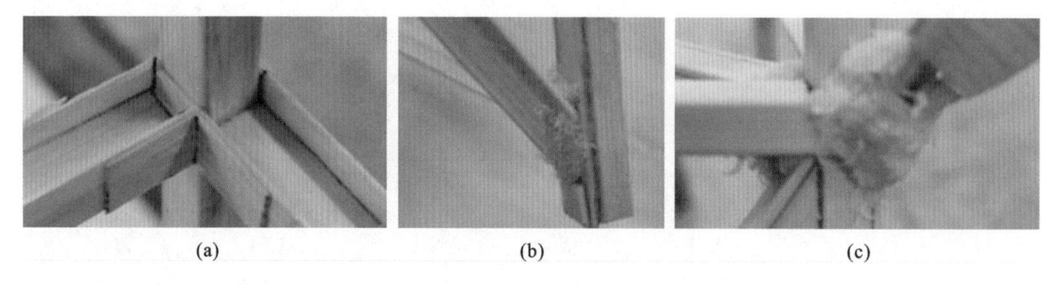

图 56-3　节点详图

(a)横杆与主杆节点;(b)斜杆与主杆节点;(c)梭形杆与主杆节点

57 河南城建学院

作品名称	C70
参赛学生	张晨宇　张程鑫　王　颖
指导教师	王　仪　赵　晋

57.1 设计构思

根据本次赛题要求,我们从下坡门架旋转角度和导线加载工况对结构形式和受力的影响,以及挂点的位置和模型制作等方面对结构方案进行分析和构思。

下坡门架旋转角度的影响:下坡门架旋转角度主要通过改变导线长度和导线方向以及力臂长短来对模型受力的大小和方向产生影响。模型在对称且加载质量相同的情况下,随着下坡门架由0°逐渐旋转至45°,对于导线1、3中任意一根来说均是力臂越来越短,力矩越来越小,导线2无力臂,对模型无扭转作用。当导线1越来越短时,模型受到的竖向分力越来越大,水平分力越来越小。

导线加载工况的影响:导线加载工况不同,会引起模型扭转方向不同,模型总体倾覆方向不同,模型所受扭矩不同,柱体所受轴力不同。同一旋转角度下,在下坡门架上面挂两根钢丝绳的工况会对模型整体的倾覆力以及轴力产生较大影响,且靠近三级加载方向的绳索较多,为此需针对这些工况对模型中的危险杆件进行适当加固;而上坡门架挂绳较多会影响模型整体的扭转与倾覆,因此需对相应抗扭杆件进行加固以保证结构安全性。

模型挂点位置的影响:上坡门架与挂点高差小于下坡门架与挂点高差。因此,我们认为低挂点宜在限值内尽量设置高些,以减少扭矩对模型整体的影响;高挂点同理,但在弯矩与轴向压力同时存在的情况下,我们首先偏向于减小弯矩,这使杆件在能承受荷载范围内相对增大了轴向压力,所以我们考虑将高挂点设置在偏低位置来满足要求。

模型制作:对于本输电塔结构模型,我们采用柱子为箱形空心截面,900mm长的长直杆,连接其他杆件制作而成,制作难度较大,制作时间较长,用502胶水较多。若层间使用竹条,则易把握受力,竹条受拉不易破坏,但竹条耗材较多,安装较烦琐;若使用斜撑杆件,因加载工况不同,不利于把握其拉压受力形式,易造成弯压破坏。因此,在不知道加载工况的情况下,我们将斜撑杆件和竹条配合使用,以保证结构的安全性。

57.2 选型分析

为了寻求最优方案,从构件和细部方面尝试了几种不同的方案,详见表57-1。

表 57-1　　**结构选型对比**

选型方案	选型 1	选型 2	选型 3
图示			
优点	该结构能有效传力；模型质量较轻且易于制作；对于一部分工况来讲，受拉斜撑数量较多，不易造成弯压损坏	该结构传力明确，制作简单，抗弯、抗扭能力强，稳定性较好；用拉条取代层间受拉、受压斜撑杆件，不易损坏且效果良好	该结构传力明确，制作简单，易于拼装；抗弯、抗扭能力强，稳定性较好；上部刚度较大，模型受力十分合理
缺点	模型拼装难度较大；模型抗弯、抗扭性能不好，稳定性差。对于一部分工况来讲，受压斜撑数量较多，容易造成弯压损坏	模型尺寸较大，质量较大；模型受弯、受扭时变形较大，下部刚度过剩，上部刚度偏低，模型整体受力不甚合理	模型上部上挑、外伸构件长细比较大

综合对比以上三种选型的优缺点，最终确定选型 3 为我们的参赛模型，模型效果图及实物图如图 57-1 所示。

(a)

(b)

图 57-1　选型方案示意图

(a)模型效果图；(b)模型实物图

57.3 数值模拟

利用有限元分析软件 MIDAS Gen 建立了结构的分析模型，第三级荷载作用下计算结果如图 57-2 所示。

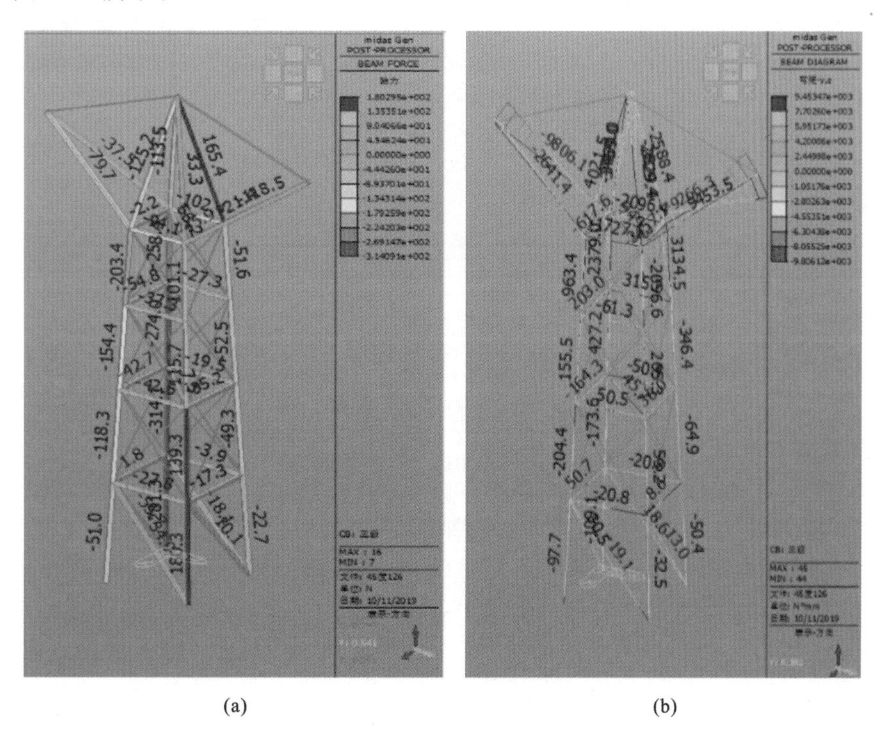

图 57-2 数值模拟结果

(a)轴力图；(b)弯矩图

57.4 节点构造

节点是模型制作的关键部位，本模型部分节点详图如图 57-3 所示。

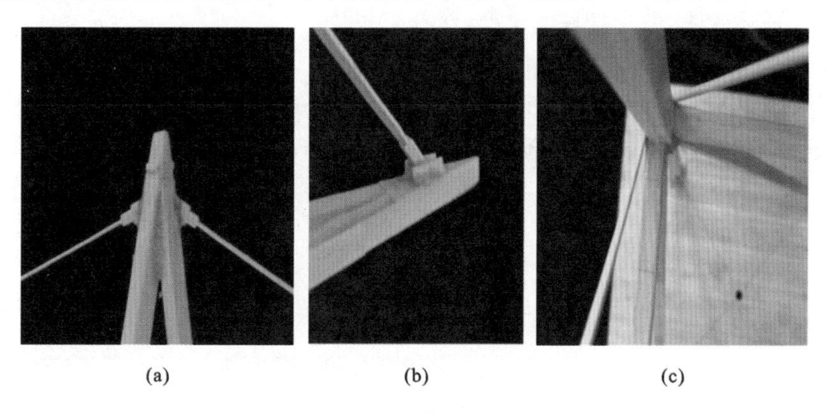

图 57-3 节点详图

(a)高挂点节点；(b)低挂点节点；(c)柱身节点

58　九江学院

作品名称	破晓之光
参赛学生	肖　波　陈佳佳　曾莉琳
指导教师	朱晓娥

58.1　设计构思

结合常见山地输电塔的各种结构选型，本设计考虑到需要承载各种工况，初步选型定位为均匀对称结构。考虑结构总是受三个方向力的作用，且承受较大的扭矩，故选型定位为弦杆沿底板周边的空间桁架结构。

塔体选型：方形四角定位四根立柱，形成桁架弦杆，抵抗竖向压力，并形成抵抗各向弯曲的拉压弦杆。塔体选型有渐变小型和直筒型，考虑制作方便，本设计选择了直筒型。

悬臂选型：悬臂承受二级荷载，本设计最初选择满载，上坡门架导线对悬臂的作用经分析为水平力，下坡门架导线对悬臂的作用经分析为水平 x 向、竖向 z 向、水平 y 向各方面作用。综合分析悬臂部分随机承受三个方向力，考虑采用空间四弦杆变截面桁架结构。

塔体腹杆选型：腹杆选择交叉型。另外，腹杆安装需要在交叉点处增加水平杆件，水平杆件和交叉腹杆分别对立柱形成侧向支撑以降低立柱长细比，确保不受压失稳。

58.2　选型分析

选型 1：常见电线塔底座，上部塔体微收，抗弯、抗扭性能较好。

选型 2：塔体微收，减少杆件的类型，腹杆统一化。

选型 3：从微收的塔体变成直筒塔体，减小了操作的复杂性，塔体直筒部分高度为 900mm，分为三等份，塔体所有腹杆长度统一化，操作方便。

表 58-1 列出了三种选型的优缺点。

表 58-1　　**结构选型对比**

选型方案	选型 1	选型 2	选型 3
图示			
优点	符合工程实际	塔体微收、腹杆略短	简单规整、操作方便
缺点	柱脚杆件略多	操作稍微复杂	美观性较差

综合对比以上选型，最终确定选型 3 为我们的参赛模型，模型效果图及实物图如图 58-1所示。

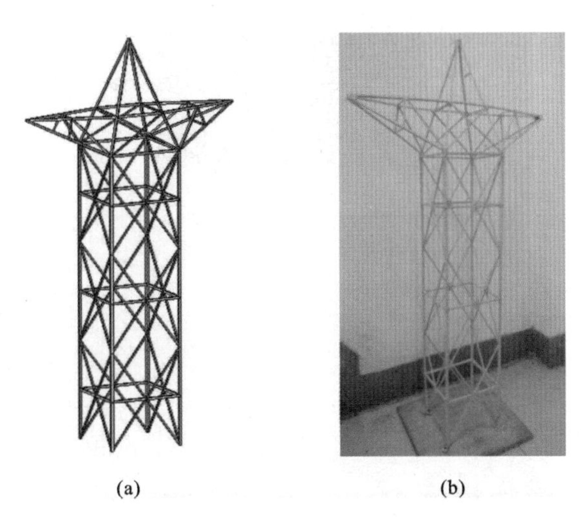

(a)　　(b)

图 58-1　选型方案示意图

(a)模型效果图；(b)模型实物图

58.3　数值模拟

基于有限元分析软件 MIDAS Gen 建立了结构的分析模型，第三级荷载作用下计算结果如图 58-2 所示。

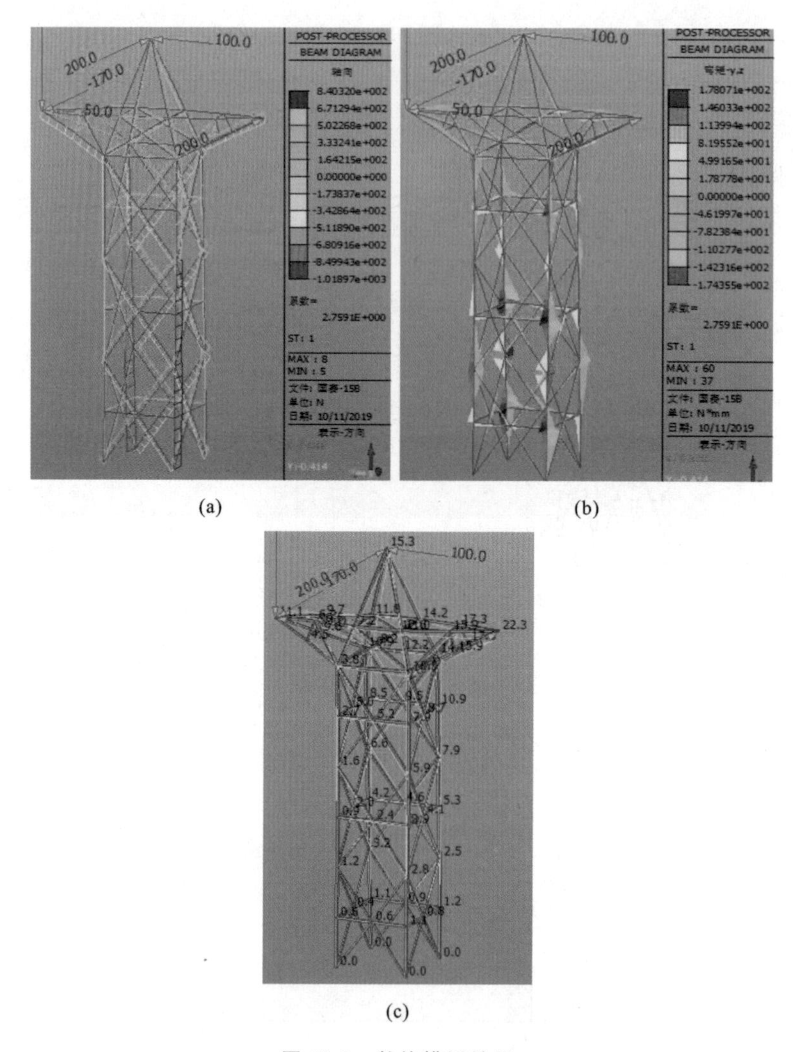

(a) (b)

(c)

图 58-2　数值模拟结果

(a)轴力图;(b)弯矩图;(c)变形图

58.4　节点构造

节点是模型制作的关键部位,本模型部分节点详图如图 58-3 所示。

(a) (b) (c)

图 58-3　节点详图

(a)中部节点;(b)斜腹杆节点;(c)桁架节点

59　重庆交通大学

作品名称	垂云之翼
参赛学生	范婉晴　武经玮　胡　勇
指导教师	张江涛　许　羿

59.1　设计构思

本次竞赛题目规定了四种角度，每种角度都有 A、B、C、D 四个工况，总共 16 个工况；且一级、二级加载会对模型产生很大的扭矩，三级加载会对模型产生很大的弯矩。在三级荷载共同作用下，结构的受力非常复杂。因此，本参赛团队在构思模型方案时，首先考虑的就是在只能做小范围改动的情况下使模型适应多种工况；其次是考虑尽可能地减小一级、二级荷载作用下的扭矩。

59.2　选型分析

结合赛题要求，根据结构稳定、传力合理、材料经济、兼顾美观的基本原则，初步提出几种选型进行对比分析，详见表 59-1。

表 59-1　**结构选型对比**

选型方案	选型 1	选型 2	选型 3
图示			
优点	六根柱在偏载情况下主柱的受力较小，容易满足多工况加载	不对主塔产生扭矩，只产生竖向荷载	偏位的高挂点与同侧的低挂点可以形成平衡，减小对主塔的扭矩
缺点	主柱数量较多，为满足多工况，主柱截面无法充分利用，导致质量无法减轻	主塔和低挂点结构主要杆件较长，在压力作用下为保证稳定性，截面尺寸不宜太小，质量较大	主塔靠近三级加载侧的主柱压应力较大

综合前期选型和优化过程，最终确定选型 3 为我们的参赛模型，模型效果图及实物图如图 59-1 所示。

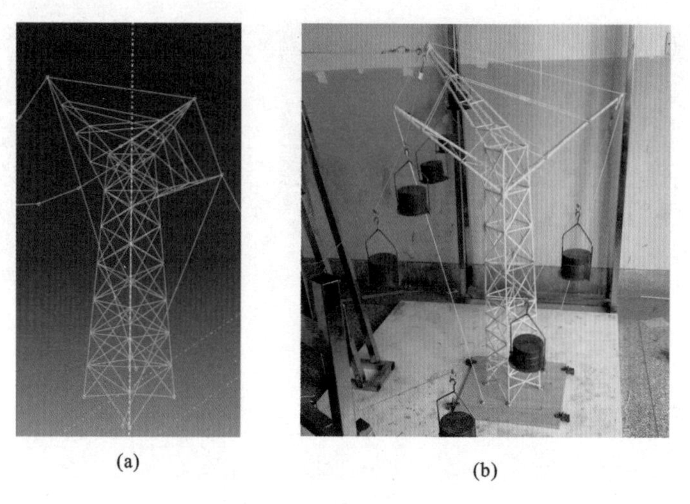

(a) (b)

图 59-1 选型方案示意图

(a)模型效果图；(b)模型实物图

59.3 数值模拟

基于有限元分析软件 MIDAS 建立了结构的分析模型，第三级荷载作用下计算结果如图 59-2 所示。

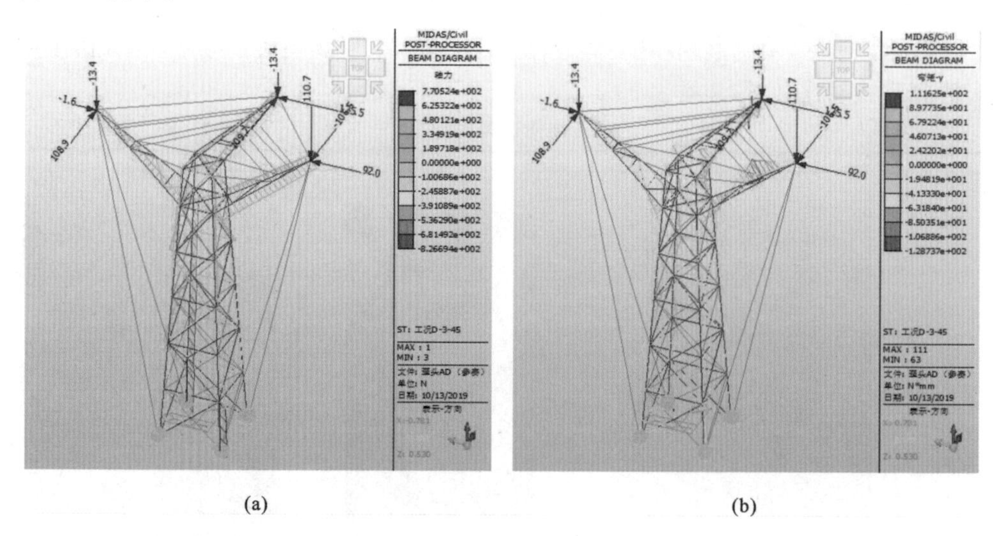

(a) (b)

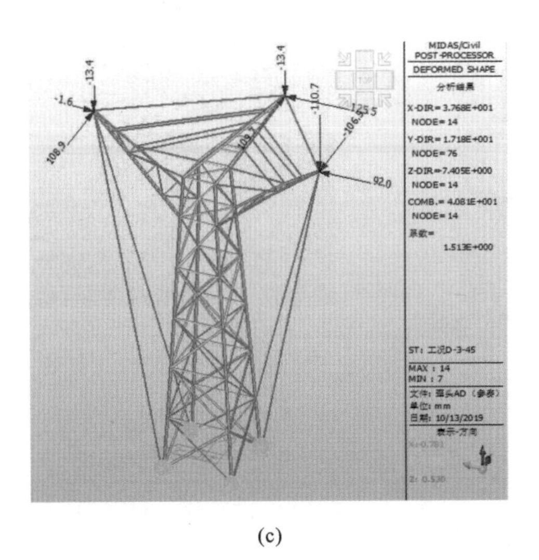

(c)

图 59-2　数值模拟结果

(a)轴力图;(b)弯矩图;(c)变形图

59.4　节点构造

节点是模型制作的关键部位,本模型部分节点详图如图 59-3 所示。

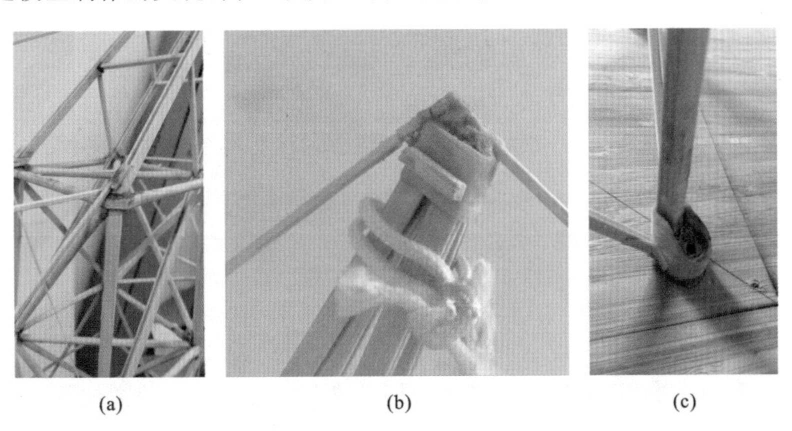

(a)　　(b)　　(c)

图 59-3　节点详图

(a)顶层节点;(b)高挂点节点;(c)柱脚节点

60 井冈山大学

作品名称	随变
参赛学生	刘祎祯　王玥　司莹莹
指导教师	杜晟连　梁爱民

60.1 设计构思

主体桁架结构，不论荷载大小，底部都最易被破坏，所以增强底座整体性和强度是非常重要的。桁架结构具有很强的整体性，也可以更直观地增减杆件的刚度，来达到质量轻、持荷重的效果。

桁架内部采用双向斜压杆。因高挂点与低挂点的荷载作用不同，主体受扭、底部受弯的受力特点，并且不同的下坡门架旋转角度使荷载具有差异性，选择斜压杆来应对不同的下坡门架旋转角度的荷载。

悬臂采用单体棱形柱。传统的棱形柱结构有很强的抗压性能，但抗弯性能不足，在柱中增加一根杆件，使其抗弯性能大大增加。在悬臂的两边分别设置两个单体棱形柱，共四个，如此一来，棱形柱就可以承受不同工况的荷载，将其抗压性能发挥到极致。

60.2 选型分析

选型 1：以三角形为底的八面体叠加桁架悬臂模型，由四个八面体为主体、两个变形桁架为悬臂、三棱锥为塔尖组成。该结构多为三角形的切面，稳定性较好，经多次加载后杆件易遭破坏，分别加固底部低挂点方向的竖杆以及塔尖侧向荷载方向的竖杆以增加其强度，在主体中多设置拉杆，增强抗扭能力。

选型 2：以四边形为底的十面体叠加悬臂模型，由四个十面体为主体、两个变形桁架为悬臂、三棱锥为塔尖组成。该结构采用了实际施工中的角钢与箍筋相联合的方式，这样在水平和垂直轴线上都具有良好的力学性能。为了尽量将结构重心放低，采用下大上小的塔形结构。同时结合十面体的特点，设计了对称等高的桁架悬臂，通过增加自身刚度来应对不同的下坡门架旋转角度的荷载。

选型 3：桁架加单体棱形柱为悬臂模型，由矩形桁架为主体、两个单体棱形柱为悬臂、三棱锥为塔尖组成。该模型的桁架为双向斜压杆桁架，为了减轻自身质量并增加高挂点与低挂点两个方向的荷载取消了横向杆，并在两角钢拼接的结构主杆中增加细杆来弥补扁竹条自身刚度的不足。悬臂由单体棱形柱构成，大大增强了单杆件的抗压强度，也使悬臂的外形更加简单、明了。

表 60-1 列出了三种选型的优缺点。

表 60-1　　结构选型对比

选型方案	选型 1	选型 2	选型 3
图示			
优点	强稳定性;对不同的下坡门架和工况有专门的摆放位置;模型外形特殊,有设计感;模型所需自攻螺钉少	重心低,下大上小结构,增强了模型稳定性和抗扭能力;自身强度可以应对不同的下坡门架和工况;模型有特殊的外形,具有很强的设计感	具有很强的整体性,方便增加杆件自身刚度;单体棱形柱自重小、持荷重,并且可以应对下坡门架和工况变化
缺点	规定制作完成后抽取工况,难以预判模型摆位;自身刚度不足,难以在维持自重的同时增加杆件强度;制作工艺要求高,制作时间过长;仅对下坡门架旋转角度 30°最有利	自重大,且杆件刚度不能满足满载要求;制作工艺要求高,制作时间过长;仅对下坡门架旋转角度 0°最有利	杆件刚度不能满足满载要求;仅对下坡门架旋转角度 0°最有利

综合对比以上选型,最终确定选型 3 为我们的参赛模型,模型效果图及实物图如图 60-1所示。

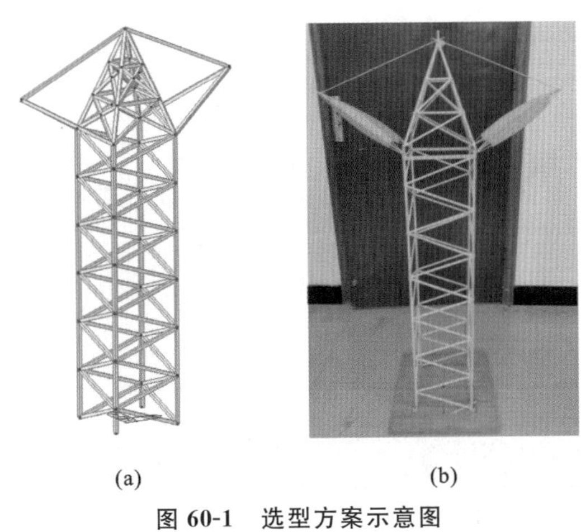

(a)　　(b)

图 60-1　选型方案示意图

(a)模型效果图;(b)模型实物图

60.3　数值模拟

基于有限元分析软件 MIDAS Gen 建立了结构的分析模型,第三级荷载作用下计算结果如图 60-2 所示。

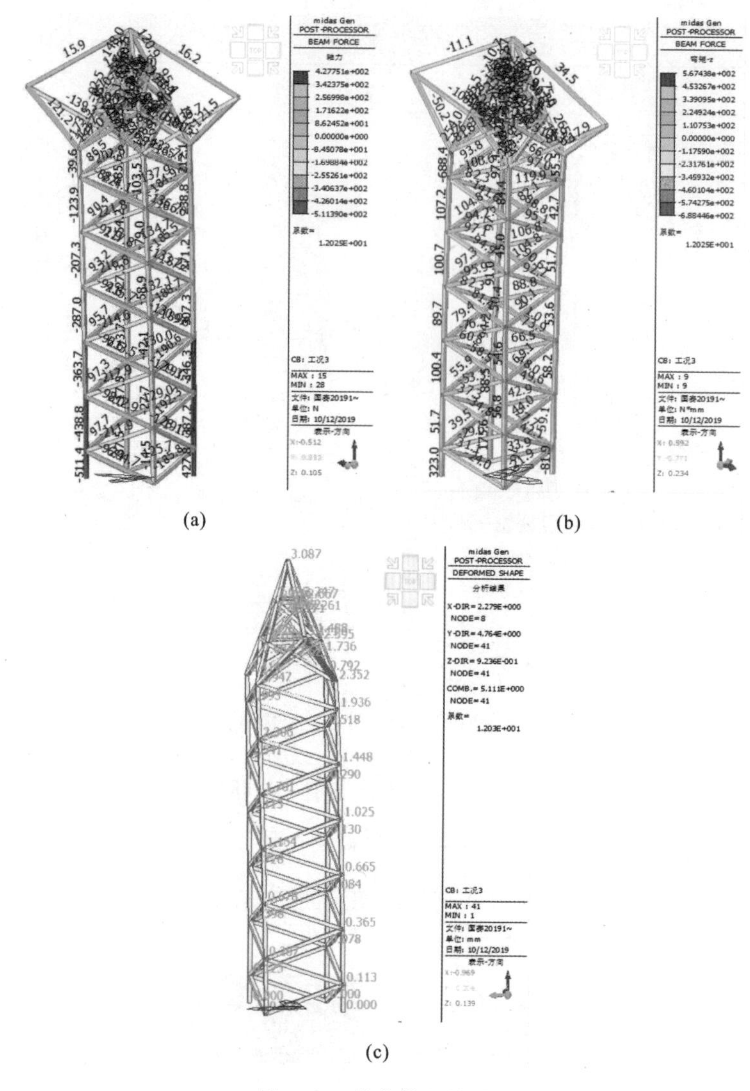

图 60-2　数值模拟结果

(a)轴力图;(b)弯矩图;(c)变形图

60.4　节点构造

节点是模型制作的关键部位,本模型部分节点详图如图 60-3 所示。

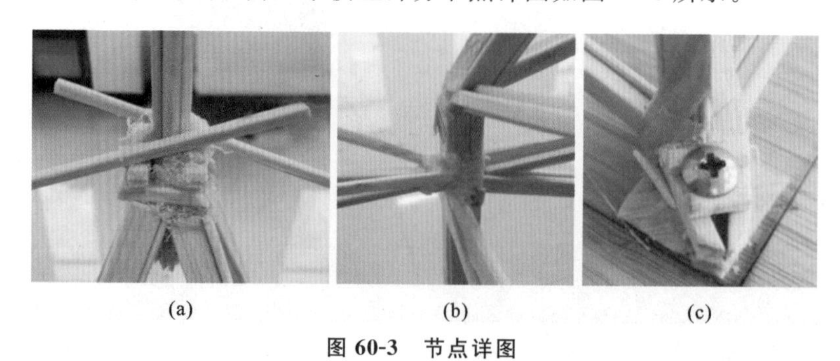

图 60-3　节点详图

(a)高挂点节点;(b)悬臂底部节点;(c)柱脚节点

61 海口经济学院

作品名称	擎天柱
参赛学生	钟孝寿　陈爽爽　何富马
指导教师	杜　鹏　唐　能

61.1 设计构思

由于本次竞赛题目为山地输电塔模型设计与制作,模型柱脚用自攻螺钉固定于竹制底板上,模型底面尺寸限制在底板中央正方形区域内。模型上须设置低挂点2个、高挂点1个用于悬挂导线,高挂点同时兼作水平加载点用于施加侧向水平荷载,共设置4个加载点。

我们的方案设计主要考虑结构传力简单、明确,制作方便,充分利用竹材抗拉性能强的优点,合理卸载,力求结构模型实用、简单、轻巧、美观,充分利用材料特性和结构特点。因此我们选择框架+支撑的结构体系,其中X交叉拉杆除了能充分利用竹材抗拉性能强的优点外,还能给结构提供足够的抗侧移刚度和抗扭刚度。采用多种措施减小扭矩:一是低挂点悬臂结构旋转至与上坡门架约成45°;二是考虑下坡门架不同的旋转角度,优化结构安装;三是尽量做长导线,减小导线对结构的水平力分量。

61.2 选型分析

为了寻求最优方案,从构件和细部方面尝试了几种不同的方案,如整体结构方案优化和柱脚方案优化等,详见表61-1。

表61-1　　结构选型对比

选型方案	选型1	选型2	选型3
图示			

续表

选型方案	选型 1	选型 2	选型 3
优点	柱体强度大，层数少，抗压能力强	抗压能力强，能有利地避免在 45°悬挂加载盘不触碰模型	抗压能力强，抗扭转能力强，传力简单、明确
缺点	框架整体层间长细比太大，抗扭转能力差	抗扭转能力差，制作复杂，梁长细比太大	自重较大，制作复杂，安装要求高

综合对比以上三种选型的优缺点，选型 3 在满足一级、二级、三级荷载要求的前提下，模型整体稳定性最好，失效率最低，最终确定选型 3 为我们的参赛模型，模型效果图及实物图如图 61-1 所示。

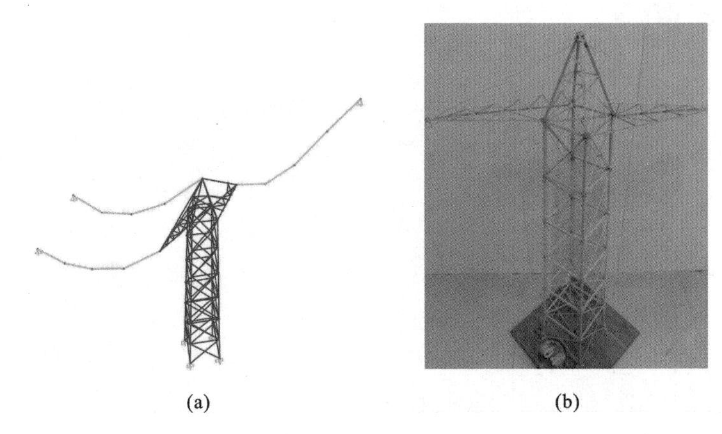

(a)　　(b)

图 61-1　选型方案示意图

(a)模型效果图；(b)模型实物图

61.3　数值模拟

利用有限元分析软件 SAP 2000 建立了结构的分析模型，第三级荷载作用下计算结果如图 61-2 所示。

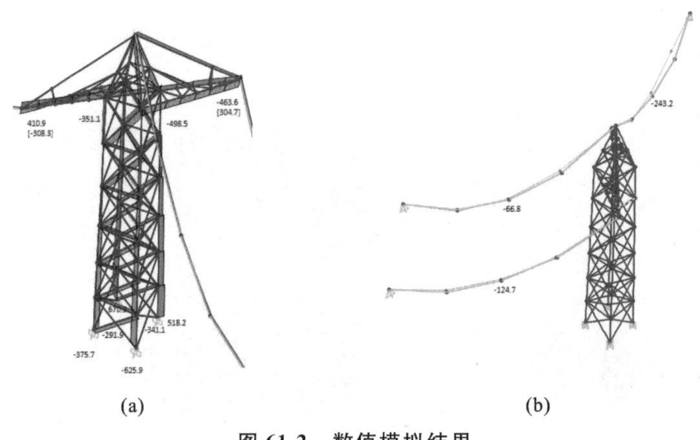

(a)　　(b)

图 61-2　数值模拟结果

(a)轴力、弯矩图；(b)变形图

61.4 节点构造

节点是模型制作的关键部位，本模型部分节点详图如图 61-3 所示。

(a) (b) (c)

图 61-3 节点详图

(a)高挂点节点；(b)低挂点节点；(c)柱脚节点

62 浙江大学

作品名称	求是斜塔
参赛学生	邵江涛　朱佩云　陈　星
指导教师	徐海巍　邹道勤

62.1 设计构思

考虑到竞赛成绩的主要衡量指标是荷重比，为了减少材料用量，模型的塔臂长度在满足投影范围内取接近 70cm 的长度为最佳。

二级加载产生了巨大的扭矩，由扭矩的计算公式可知，在荷载值不变的情况下，力臂越小，扭矩越小。塔臂两端的低挂点位于半径为 350mm 和 450mm 的长度范围以及与三级水平荷载方向成 45°和 135°的直线构成的角度范围之内。所以塔臂方向越靠近底板对角线，力臂越小。同时考虑到加载过程中塔臂会有偏转，为了使塔臂外侧拉杆发挥最大作用，塔臂与水平受力方向成钝角。这样既可以确定塔臂位置，又可以使之达到最小扭矩。

实际工程中输电塔通常为空间格构式结构，这种体系虽然稳定性很好，但是耗材多、自重大。为了满足经济性要求，同时考虑到十字形结构的基本构型，我们将目光投到了桅式结构上。桅式结构的特点就是简单，由拉索、主杆和基础组成，拉索可以增强桅杆的刚度和整体稳定性。这样结构体系简单，用材较少。

62.2 选型分析

结合赛题要求，根据结构稳定、传力合理、材料经济、兼顾美观的基本原则，初步提出以下几种选型进行对比分析。

选型 1：圆形截面塔身支撑结构。主塔采用圆形截面，增加抗扭强度，塔臂使用单根箱形杆，周围辅以平面拉杆。同时将主塔塔身用竹条与底板相连。

选型 2：方形截面支座铰接拉杆体系。主塔塔身为 8cm×8cm 截面的桁架结构，四根主柱是由两根 1mm×6mm 的竹条所组成的 L 形截面杆件，塔臂为空间桁架结构，其中主体是一根 7mm×7mm 的通长箱形杆，塔身上的四根拉杆尺寸为 3mm×3mm，塔臂上的两根拉杆尺寸为 2mm×2mm。支座改为铰支，允许塔身适当转动，释放部分扭矩。

选型 3：偏心支撑拉杆桁架体系。塔身是三角形格构柱，三根主柱为三角形截面，塔臂采用 C 形加肋的截面形式，同时在粘底板时让塔身具有一定的偏心。支座同样采用铰支。

各选型优缺点见表 62-1。

表 62-1　结构选型对比

选型方案	选型 1	选型 2	选型 3
图示			
优点	圆形截面本身抗扭性能较好,编织状增强了整体性	将扭矩通过拉杆释放,制作简单	对所有杆件的力学性能利用率较高,造型独特,创新点多(铰接且偏心)
缺点	截面较小时,编织状塔身难以提高强度,但极大地增加截面质量	质量不理想	制作工艺要求高(如杆件数据不可随意更改)

综合对比以上三种选型,最终确定选型 3 为我们的参赛模型,模型效果图及实物图如图 62-1所示。

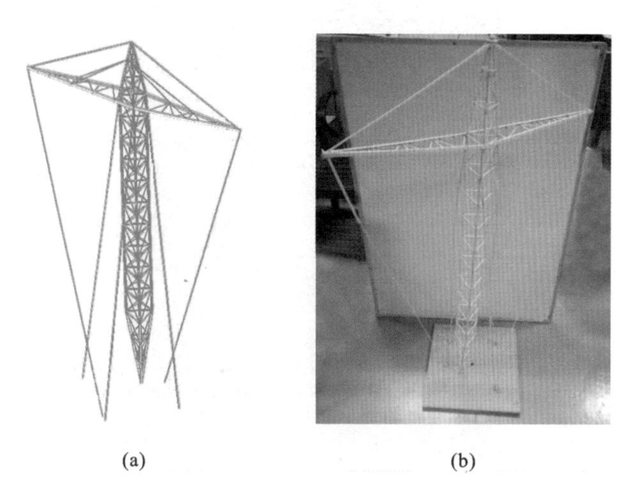

(a)　　(b)

图 62-1　选型方案示意图

(a)模型效果图;(b)模型实物图

62.3　数值模拟

基于有限元分析软件 MIDAS 建立了结构的分析模型,第三级荷载作用下计算结果如图 62-2 所示。

62.4　节点构造

节点是模型制作的关键部位,本模型部分节点详图如图 62-3 所示。

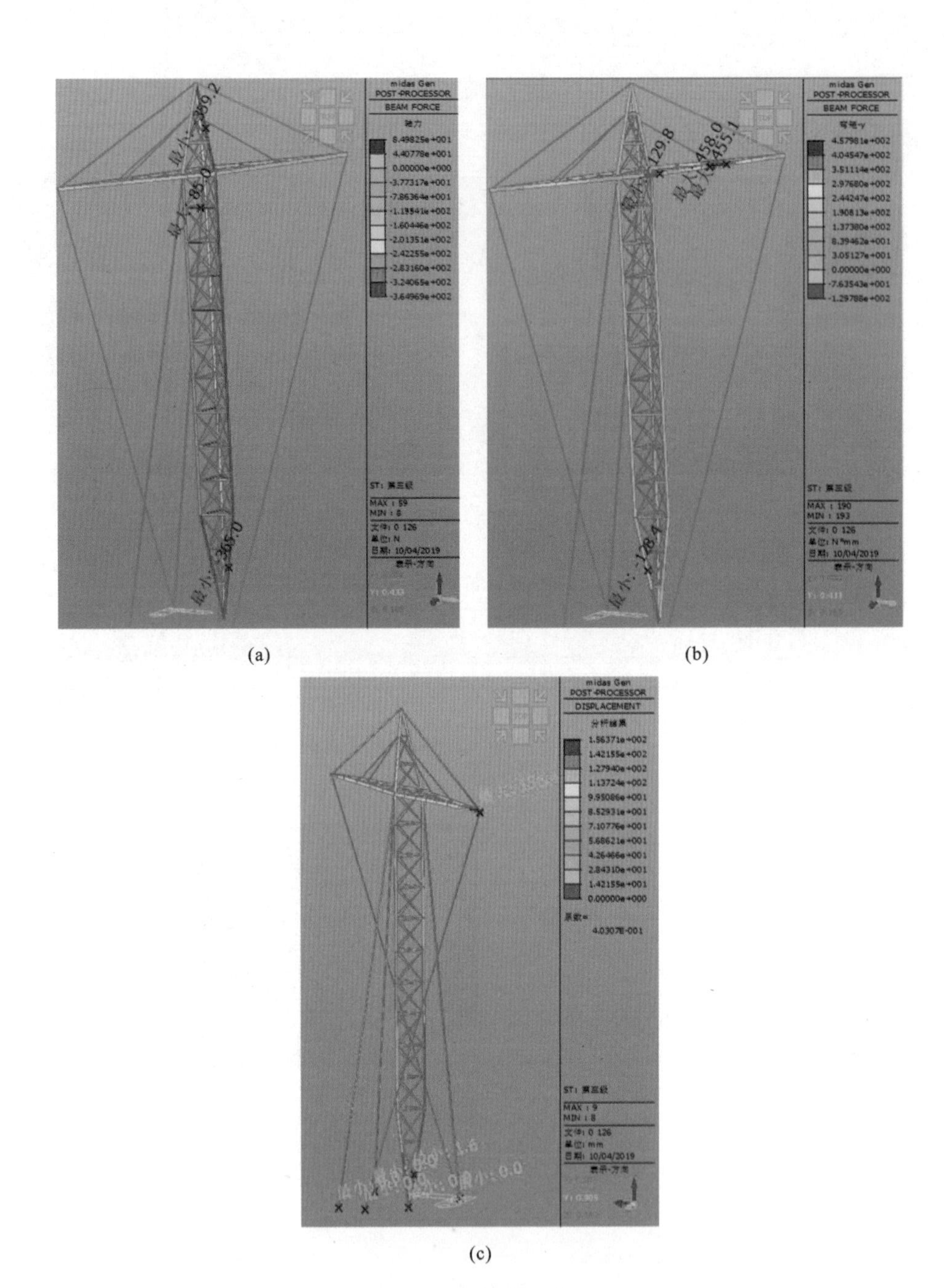

图 62-2　数值模拟结果

(a)轴力图；(b)弯矩图；(c)变形图

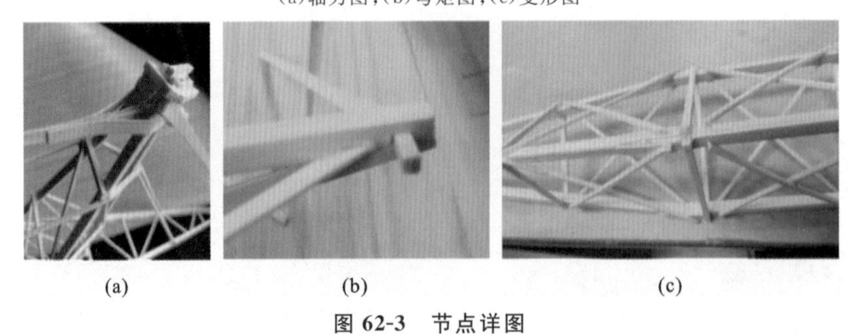

图 62-3　节点详图

(a)塔头与塔臂节点；(b)塔臂端点处节点；(c)塔身节点

63 成都理工大学 工程技术学院

作品名称	核心力量
参赛学生	朱炳晨　魏　聪　陈雨知
指导教师	姚　运　章仕灵

63.1 设计构思

根据本次赛题要求，模型上须设置一个高挂点和两个低挂点用于悬挂导线，我们又参考了生活中的山地输电塔，最后制作出来的模型都把顶端汇聚于一点，作为模型的高挂点，并在模型的中上部加上一对“鸟翼”作为模型的低挂点。

经过讨论分析后我们认为这个模型设计的难点在于，它的下坡门架旋转角度和导线加载工况对模型结构的挑战，所以我们的模型围绕着这两点展开设计。旋转 0°和 45°这两个极端角度是一个难点，只要这两个角度能够加载成功，其他的角度对于模型的挑战相对而言较小。另外一个难点是加载工况，当旋转角度为 45°和导线加载工况为 C 时，所有的力都压向同一侧，这种情况对受拉一侧的柱脚的影响极大，所以柱脚的处理也是一个极大的挑战。控制模型的质量亦相当重要。对赛题而言，模型质量过大(例如 1000g)会失去结构设计的意义，所以我们一开始设定的模型目标质量是 250g 左右。

在确保结构合理、符合力学要求的情况下，建筑美学也是我们设计时考虑的一个因素。例如在模型的空间稳定感、局部和整体的比例及尺寸等方面我们都做了考量，使模型具有一定的审美价值。

63.2 选型分析

结合下坡门架旋转角度、导线加载工况、模型质量、模型耗材，以及模型的制作难度对各选型方案进行对比，详见表 63-1。

表 63-1　　结构选型对比

选型方案	选型 1	选型 2	选型 3
图示			
优点	模型简单，质量小，制作时间短	模型抗压能力强	可以承受任何下坡门架旋转角度和导线加载工况的加载，并且满载
缺点	模型对细节处理要求极高，若稍微处理不当，则二级加载易失败	抗扭能力弱，制作太费时间，需 12h 左右	模型质量稍大，达到 380g 左右

综合对比，选型 3 比选型 1 和选型 2 更好、更安全，也更符合此次竞赛的要求，故最终确定选型 3 为我们的参赛模型，模型效果图及实物图如图 63-1 所示。

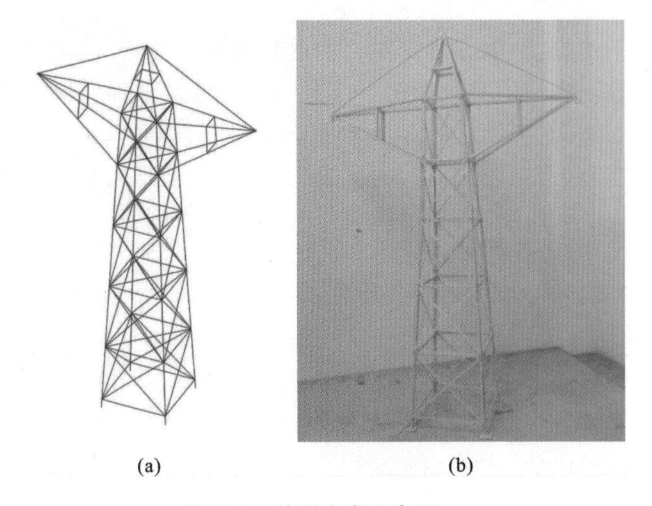

(a)　(b)

图 63-1　选型方案示意图

(a)模型效果图；(b)模型实物图

63.3　数值模拟

基于有限元分析软件 MIDAS Gen 建立了结构的分析模型，第三级荷载作用下计算结果如图 63-2 所示。

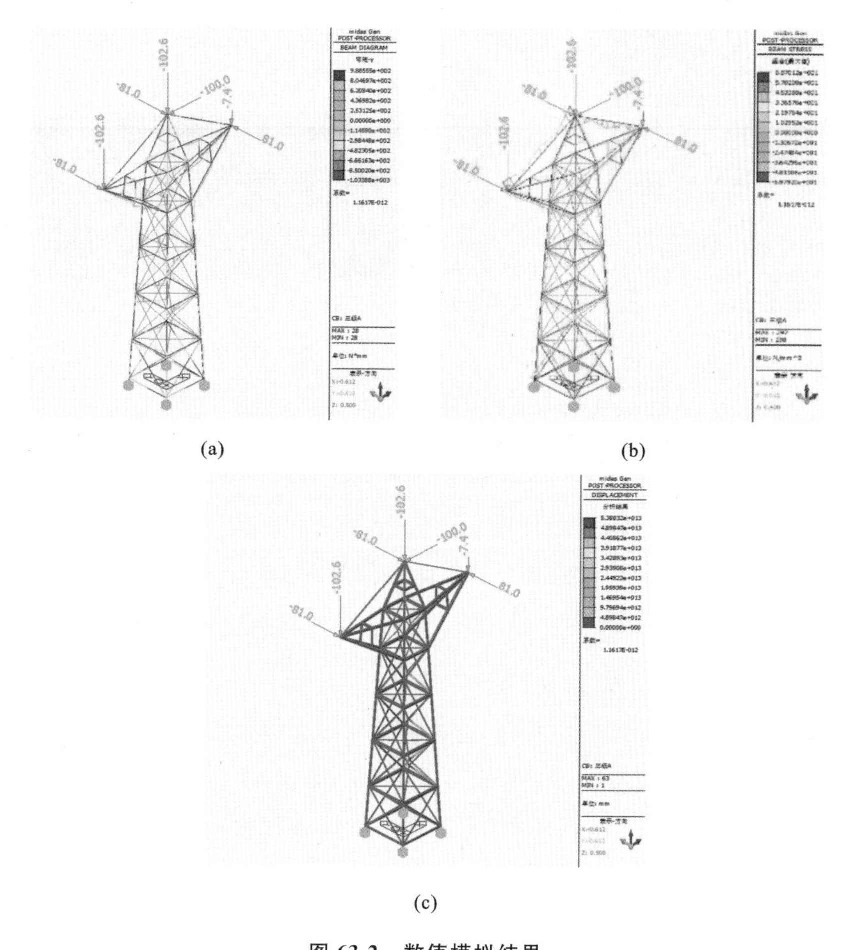

图 63-2　数值模拟结果

(a)弯矩图;(b)应力图;(c)变形图

63.4　节点构造

节点是模型制作的关键部位,本模型部分节点详图如图 63-3 所示。

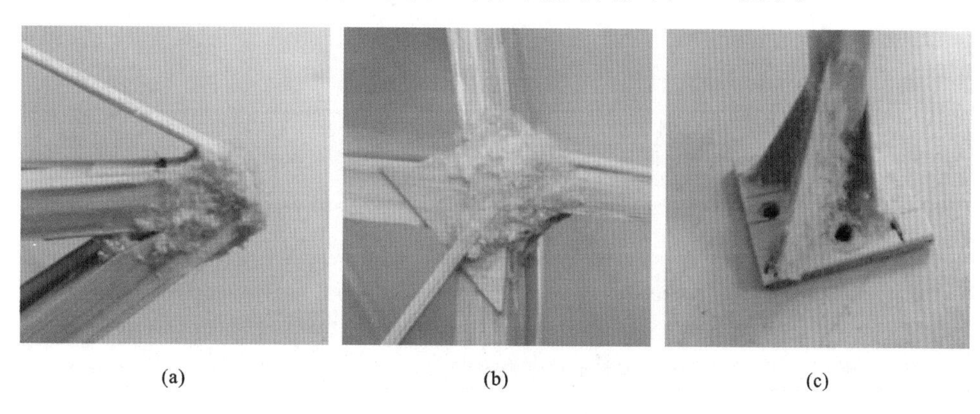

(a)　(b)　(c)

图 63-3　节点详图

(a)低挂点节点;(b)柱间节点;(c)柱脚节点

64 广东工业大学

作品名称	创想华尔兹
参赛学生	封柄良 杨明磊 王欣睿
指导教师	梁靖波 陈士哲

64.1 设计构思

模型不仅需要承受竖向荷载，还要抵抗因为荷载不对称而产生的弯矩和扭矩。经过计算对比悬臂对称居中与悬臂旋转45°时一级、二级、三级荷载下扭矩大小，选择合适的悬臂角度，从而控制力臂大小，达到减小扭矩的目的。此外，还要考虑最低点与悬挂点之间的垂度，尽可能地增大导线垂度，减少模型承受的荷载。

我们从强度、刚度、稳定性、结构优化、荷重比等方面对结构方案进行构思：设计最合理的结构类型，保证结构的刚度；选用最合理的杆件尺寸，保证杆件的强度及稳定性；在模型能满载的前提下尽可能减轻模型质量，提高模型的荷重比。因赛题工况较多，可基于同种结构选型，根据不同角度所产生的扭矩大小，增减斜撑。

64.2 选型分析

选型1：该结构类型为同塔双向输电塔变式，有两个铁塔顶部，可根据不同工况进行最高点的挑选；悬臂居于悬臂限制范围中部，悬臂倾斜角度较大，传力较直接；塔身侧面根据扭转方向设置斜撑，将柱脚上的扭转传至斜撑，再从斜撑传至底座。自重285g。

选型2：塔身由四根垂直的柱脚组成，低挂点居中对称布置，高挂点唯一且位于模型中点由四根刚性杆支撑，为防止失稳在长杆件中间增加支撑；塔身主体靠近三级荷载一侧设置交叉斜撑以抵抗三级荷载，其余侧面均为拉带，可适用于4种角度16个工况。自重283g。

选型3：为减小悬臂力矩，将模型设置为六根柱脚，可在限制框内按顺、逆时针旋转底座各30°，悬臂居中对称布置，三根主受压柱脚为竹条回形杆，另外三根为竹皮拼杆。自重320g。

选型4：传统的正悬臂输电塔。自重266.8g。

选型5：旋转悬臂45°，可根据抽到的不同工况将模型旋转90°来适应不同工况，缩小塔身，可将悬臂转入制作范围内，避免由于制作误差导致悬臂超出范围。自重251g。

表64-1中列出了各选型的优缺点。

表 64-1 结构选型对比

选型方案	选型 1	选型 2	选型 3	选型 4	选型 5
图示					
优点	结构对称，传力明确，刚度高	强度高，抗扭能力强，制作时间短	刚度提高，模型挠度减小，杆件受力变化较小，优化方向明确	模型挠度减小，杆件受力变化较小，优化方向明确	模型整体受力减小，刚度提高，模型整体挠度降低，荷重比进一步提高
缺点	主受力杆强度不足，杆件较多，制作时间过长	杆件较多，刚度不足，荷重比提升空间小	竹皮材质的杆件较多，制作时间较长，对手工有一定要求	杆件质量要求高，处于失稳临界点，刚度小，变形大，实际情况与计算结果有较大偏差	竹皮材质的杆件较多，制作时间较长，对手工有一定要求

综合对比上述选型，选型 5 可用同一种结构形式应对不同的旋转角度所产生的不同扭矩，通过增减斜撑及杆件尺寸来满足强度和刚度的要求。因此我们最终确定选型 5 为参赛模型，模型效果图及实物图如图 64-1 所示。

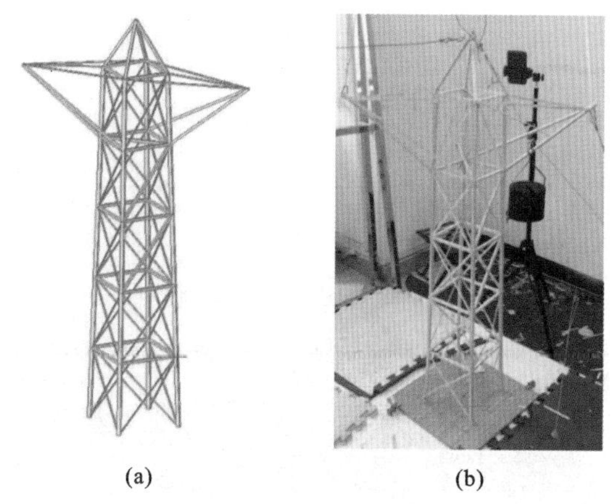

(a) (b)

图 64-1 选型方案示意图

(a)模型效果图；(b)模型实物图

64.3 数值模拟

利用有限元分析软件 MIDAS 建立了结构的分析模型，第三级荷载作用下计算结果如图 64-2 所示。

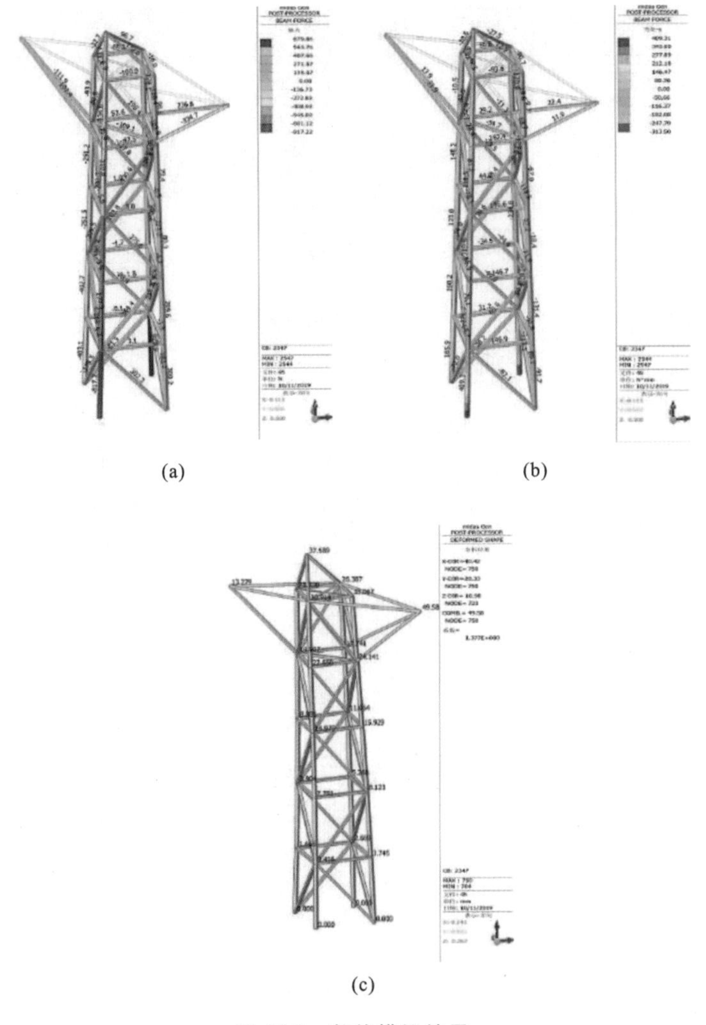

图 64-2　数值模拟结果

(a)轴力图;(b)弯矩图;(c)变形图

64.4　节点构造

节点是模型制作的关键部位,本模型部分节点详图如图 64-3 所示。

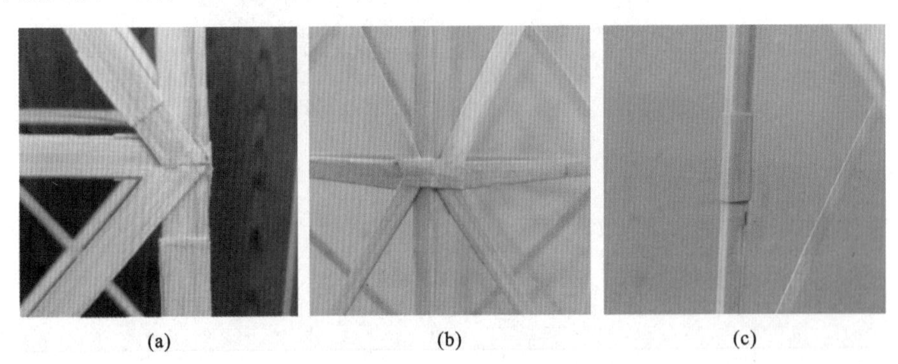

图 64-3　节点详图

(a)横隔节点;(b)正交横隔节点;(c)竹条杆件节点

65 大连理工大学

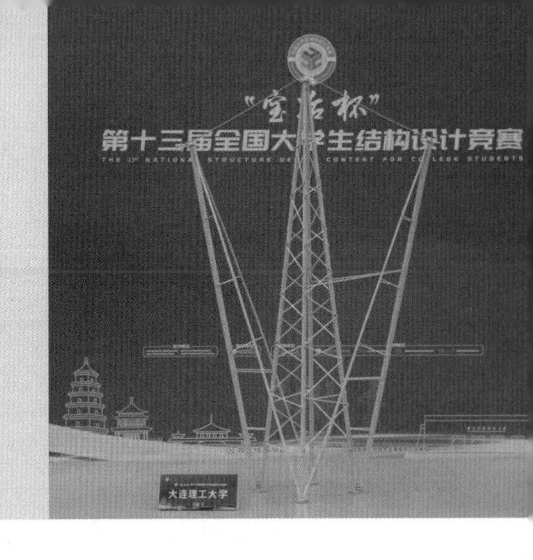

作品名称	峰岚
参赛学生	唐海恩 王逸彬 刘佳立
指导教师	崔 瑶 付 兴

65.1 设计构思

基于对赛程的详细分析最终确定了一个基本构型，同时针对门架旋转角度变换出四个细分方案，每个细分方案能够应对四种加载工况。由于底板和尺寸限制条件均具有90°旋转对称性，而二级荷载的扭矩部分可以分为顺时针和逆时针两类，因此本参赛队的主要构思为设计一个"原位抵抗正向扭矩，整体旋转 90°固定后抵抗反向扭矩"的结构，从而减少受扭和受压杆件的数目，使整体结构更加轻盈、美观。

对于多工况、最大荷载的情形，中部和底部接入导线进行加载是比较可取的，通过提高工艺水平、精细化建模，应能求出最优的接入高度。但是最终选择了底部接入的方式，主要目的是简化受力，简化施工工艺，避免材料离散性、天气、制作时间等因素带来的风险。悬臂的朝向和低挂点的位置也是至关重要的。由于底板为正方形，具有 90°的旋转对称性，因此在满足几何尺寸限制的前提下，将底板和模型整体安装到加载台上的时候，仍然有四种位形可以选择，但是能够使旋转 90°前后低挂点的投影都能位于扇形区域的，则低挂点只有 45°(即正方形对角线)一个方向，因此将低挂点的位置定在扇形的 45°的内角上。

65.2 选型分析

在结构定型过程中，我们考虑了多种结构形式，并依次制定出多种方案。

选型 1：四柱主塔，双侧张弦式悬臂柱。这是最简单的结构形式，也是我们构思的雏形，底面由四根空心箱形截面杆件作为主塔的主要支撑，相邻两杆间用竹竿交错相连，以稳固塔身；承担二级荷载的两个空心箱形截面悬臂柱从底部正方形对角线上的两个柱脚向上、向外伸出，两杆件在底面的投影位于该对角线的延长线上，悬臂柱上部依次与主塔塔尖、两个相邻柱脚用竹皮相连，且连接悬臂柱上部端点和其相邻柱脚的两个竹皮与悬臂柱间用竹竿相连。

选型 2：三柱主塔，张弦式悬臂柱。由于竹材的受拉强度是受压强度的 2 倍，因此可以对四柱方案进行减重，减少一个受拉柱，使主塔在底面的投影为一个三角形，同时需要保证旋转 90°后仍为两柱受压、一柱受拉。由于竹材顺纹抗拉强度是抗压强度的 2 倍，因此将主塔的主要支撑设为三根空心箱形截面杆件，其中两杆受压、一杆受拉，相邻两杆间用竹竿交错相连，以稳固塔身。

选型3：四柱主塔，悬臂柱柱脚内收。主塔依旧采用四根空心箱形截面杆件构成，其中三杆在底板四边形的三个角点上，另一杆根据下坡门架旋转角度的不同，放在合适的位置，使悬臂柱施加3号导线荷载时能够有向外的趋势。

表65-1列出了三种选型的优缺点。

表65-1 **结构选型对比**

选型方案	选型1	选型2	选型3
图示			
优点	结构简单，制作简便，主塔稳定	质量轻，结构简单，悬臂柱可适用于任意旋转角度、任意工况	结构简单，主塔稳定，悬臂柱可适用于任意旋转角度、任意工况
缺点	除下坡门架旋转0°外，施加3号导线荷载时，悬臂柱向主塔一侧偏移过大	主塔强度低，受压侧强度低、稳定性差，受材料、天气等因素影响大	质量略大

综合对比以上三种选型，最终确定选型3为我们的参赛模型，模型效果图及实物图如图65-1所示。

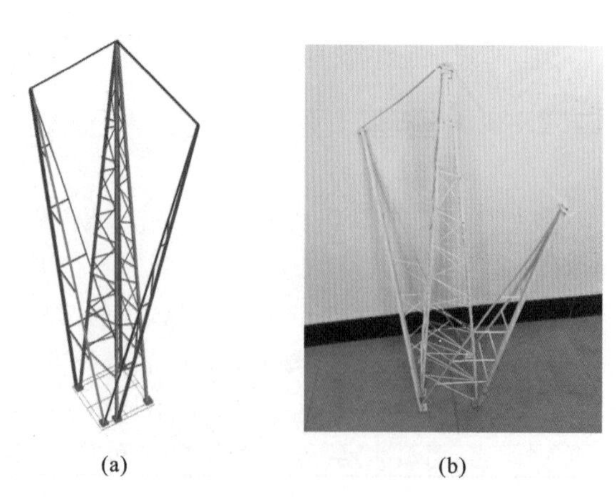

(a) (b)

图65-1 选型方案示意图

(a)模型效果图；(b)模型实物图

65.3 数值模拟

基于有限元分析软件 ANSYS 建立了结构的分析模型，第三级荷载作用下计算结果如图 65-2 所示。

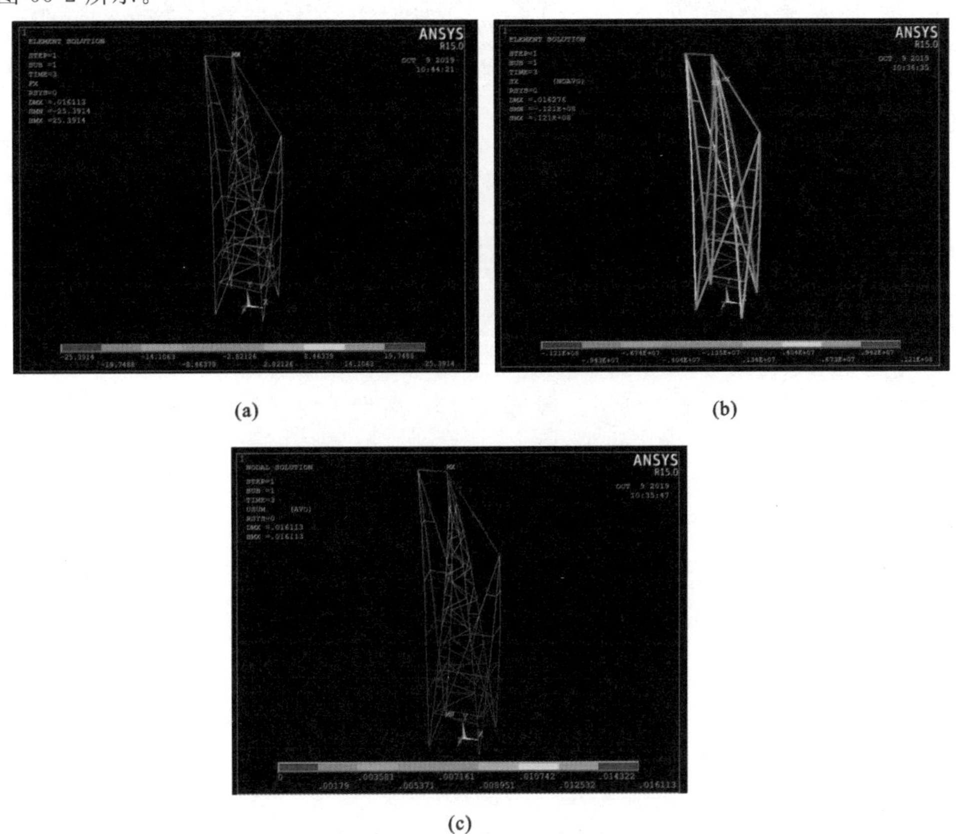

(a) (b) (c)

图 65-2 数值模拟结果

(a)轴力图；(b)应力图；(c)变形图

65.4 节点构造

节点是模型制作的关键部位，本模型部分节点详图如图 65-3 所示。

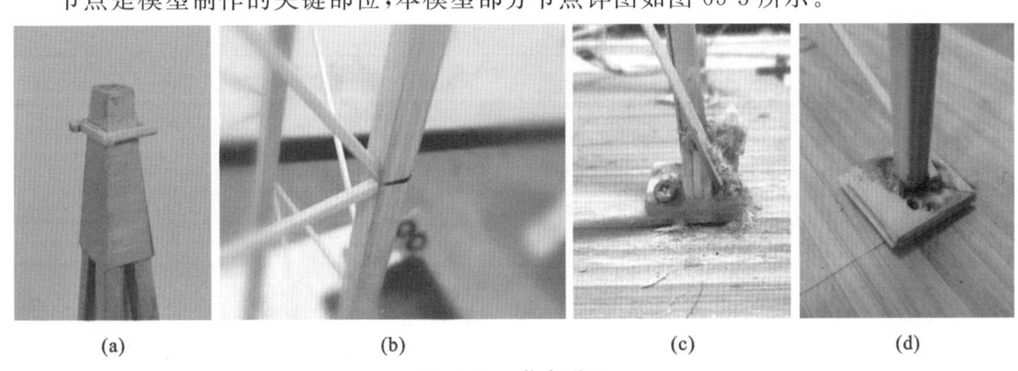

(a) (b) (c) (d)

图 65-3 节点详图

(a)主塔高挂点节点；(b)腹杆与柱连接节点；(c)下拉条与柱脚节点；(d)柱脚节点

66 北京航空航天大学

作品名称	不会响的礼炮
参赛学生	蒋宇轩　齐　琦　王禹辰
指导教师	周　耀　黄达海

66.1 设计构思

除了侧向水平荷载外，其余荷载依据模型尺寸和操作队员的操作能力会发生变动，最后的受力形式将较为复杂。到了三级加载阶段，模型上将不仅有集中拉压荷载，还有空间力矩使其扭转。因此，除了利用合理的设计对抗复杂的加载形式外，依靠精巧的加工形式和细节处理减少内部不良预应力和应力集中也很重要。

在旋转角度较大时，主体受力主要被分摊至四根主杆件上面，所受扭矩不大，所以主体杆件需要承受住最大压应力并且保证不失稳；在旋转角度较小时，主体受力主要为扭矩，主体上面的剪刀支撑受力较大，因为工况未确定，所以剪刀支撑的两根杆件必须保证强度相等，满足等强度原则，并且在杆件受压时保证不失稳。对于悬臂架，在靠近低挂点位置设计为直杆带一定角度，在远离低挂点位置设计为直杆不带角度，以防导线上的砝码盘碰撞主体。

66.2 选型分析

在旋转角度较大时，主体所受扭矩较小。在旋转角度较小时，主体所受扭矩较大，拉力相等。导线 1、2、3 所受拉力比导线 4、5、6 更大，对主体要求更多，主体主杆件更容易失稳。

选型 1：悬臂结构以下的结构分 3 层，层与层之间设置水平杆件。

选型 2：悬臂结构以下的结构分 5 层，层中设置横杆支撑。

表 66-1 中列出了两种选型的优缺点，可以对比两者之间的差异。

表 66-1　结构选型对比

选型方案	选型 1	选型 2
图示		

续表

选型方案	选型 1	选型 2
优点	结构简单,用料少,便于制作,水平杆件可以分摊更多力	剪刀支撑角度理想,抗扭转和弯曲效果均理想,杆件每段长度小,不容易失稳,水平杆件可以防止主体主杆件失稳
缺点	剪刀支撑角度过小,不足以应对扭转力,支撑层数少,主体主杆件容易失稳	结构件较多,节点多,制作复杂

经综合对比,选型 2 可以承受更大的荷载,其水平杆件与选型 1 相比不容易失稳,剪刀支撑可以承受住荷载,因此最终确定选型 2 为我们的参赛模型,模型效果图及实物图如图 66-1 所示。

(a) (b)

图 66-1 选型方案示意图

(a)模型效果图;(b)模型实物图

66.3 数值模拟

采用有限元分析软件 SolidWorks 2018 建立了结构分析模型,第三级荷载作用下计算结果如图 66-2 所示。

66.4 节点构造

节点是模型制作的关键部位,本模型部分节点详图如图 66-3 所示。

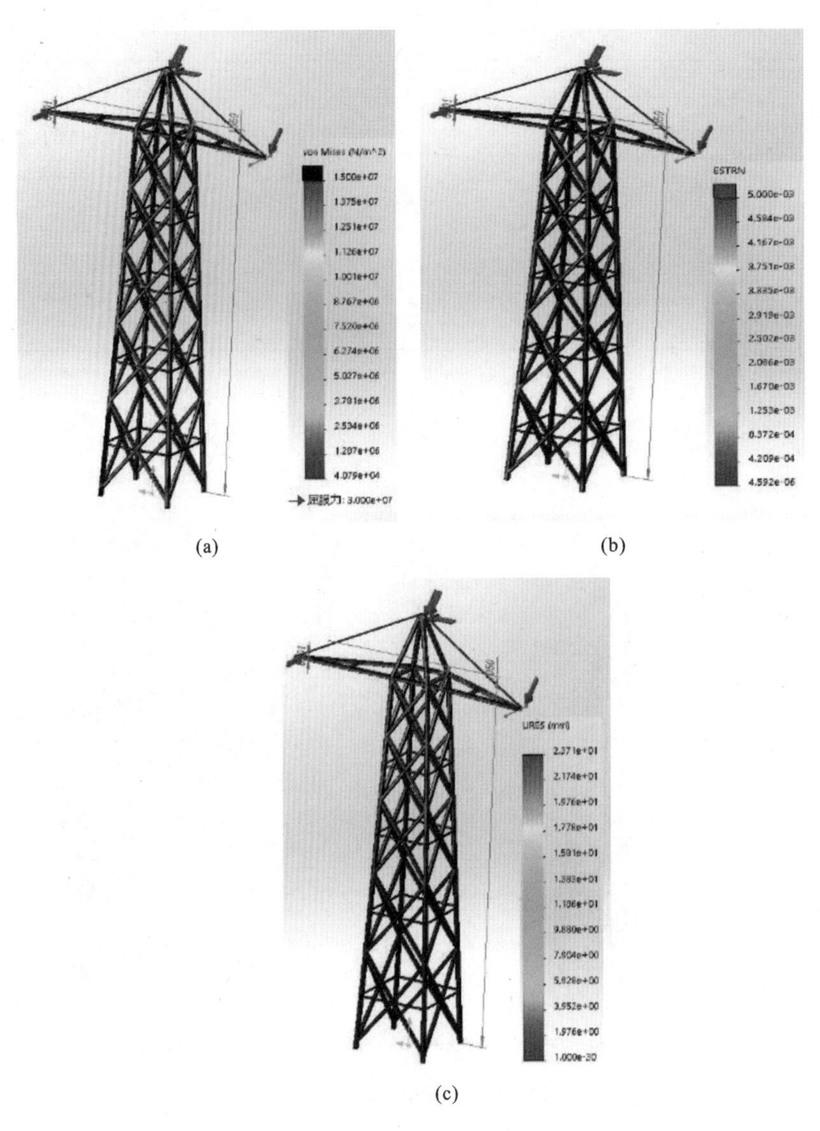

(a) (b) (c)

图 66-2 数值模拟结果

(a)应力图;(b)应变图;(c)变形图

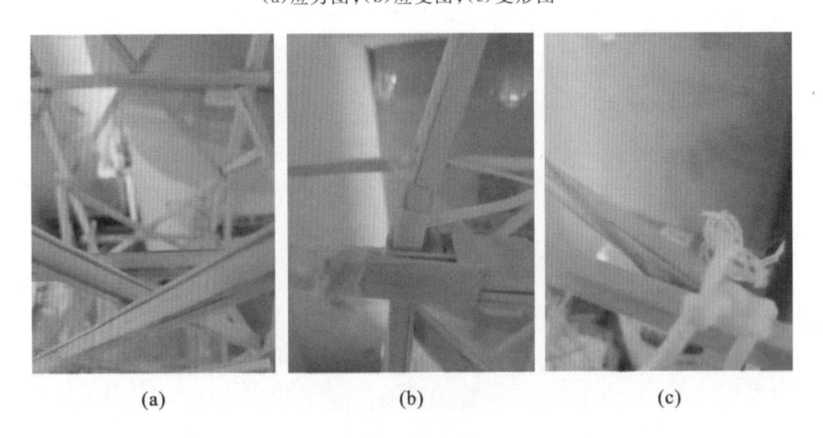

(a) (b) (c)

图 66-3 节点详图

(a)剪刀支撑中间节点;(b)悬臂架杆件粘接节点;(c)悬臂架拉线连接节点

67　宁夏大学新华学院

作品名称	贺兰之巅
参赛学生	任馥懋　打彦德　海锐睿
指导教师	孙　迪　陈明秀

67.1　设计构思

首先，我们给本次设计的模型取名"贺兰之巅"，其含义源于巍峨雄伟、绵延不绝的贺兰山脉，象征着积极探索、不畏艰险、勇于攀登、顽强拼搏的贺兰山精神！

合理选取结构形式，并通过理论和试验相结合的方式分析研究各设计方案的优劣。我们在选取结构形式的过程中发现，不同的立体塔架结构各有特色，需要对这些方案进行理论和受力分析，并进行各工况试验后，比选出最优方案。而从方案比选到确定最终模型结构的过程是本次模型设计的重点和难点。经过对诸多结构模型综合对比后，我们最终选取了以四边形塔架为主框架的立体结构。

通过理论分析发现，竹皮在用502胶水黏合加固后，相较于单个竹材，其弹性模量、强度和刚度有大幅度提高，而且在本次结构模型设计中，竹材所发挥的作用和具有的性质与钢材近似。因此要充分发挥竹材的抗拉、抗压等性能，对给定的材料进行加工组合。在模型制作过程中，需要采用不同的方式对模型结构进行加强。由于整体结构高、所受荷载大，因此，如何设计出合理的构件节点连接方式和基础柱脚，是本次模型设计的关键。另外，还需要设置合理的杆件支撑来抵抗侧向水平荷载（风荷载）和扭转，避免单纯依靠单一构件来承受相应荷载。

67.2　选型分析

本次竞赛要求建造一个输电塔结构模型，在结构定型之前我们考虑了多种结构形式，并依次提出多种方案。根据方案比对，我们最终选择了四边形塔架结构体系。

选型1：柱腿采用角钢形式，柱腿强度差，所以为减小柱腿的长细比采用7层结构；考虑到结构主要受扭转力，各层采用十字交叉的方式来加固。

选型2：柱腿采用直径为0.8cm的实心圆杆，加强了柱腿强度；减少层数至5层，各层采用直径为0.5cm的实心圆杆，因为杆件的加强作用，每层采用两个受拉杆件和两个受压杆件。选型2的整体性要优于选型1。

表67-1列出了选型1和选型2的优缺点。

表 67-1　　结构选型对比

选型方案	选型 1	选型 2
优点	杆件制作简单	质量轻
缺点	施工工艺要求高	杆件制作复杂,胶水用量多

综合对比以上两种选型,在质量相同的情况下,选型 1 承载力更强,故最终确定选型 1 进行制作,在遇到突发情况时,对模型进行微调和局部加固。模型效果图及实物图如图 67-1所示。

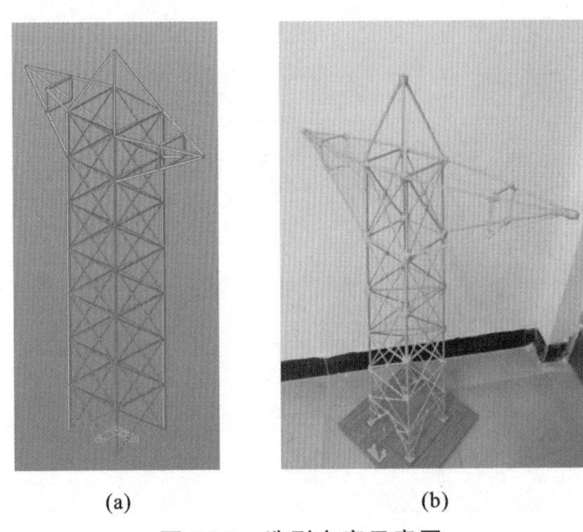

(a)　　(b)

图 67-1　选型方案示意图

(a)模型效果图;(b)模型实物图

67.3　数值模拟

基于有限元分析软件 MIDAS Gen 建立了结构的分析模型,第三级荷载作用下计算结果如图 67-2 所示。

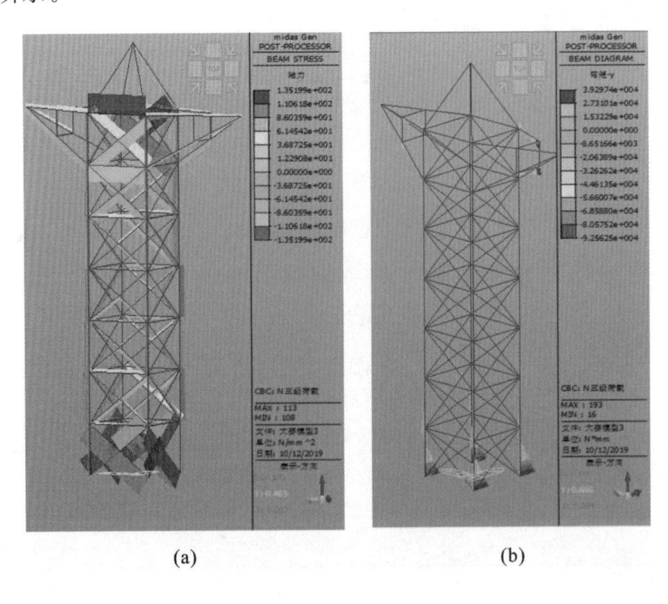

(a)　　(b)

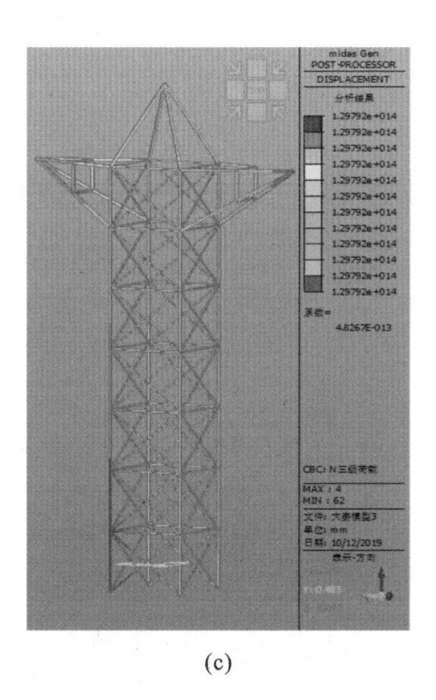

(c)

图 67-2　数值模拟结果

(a)轴力图;(b)弯矩图;(c)变形图

67.4　节点构造

节点是模型制作的关键部位,本模型部分节点详图如图 67-3 所示。

(a)

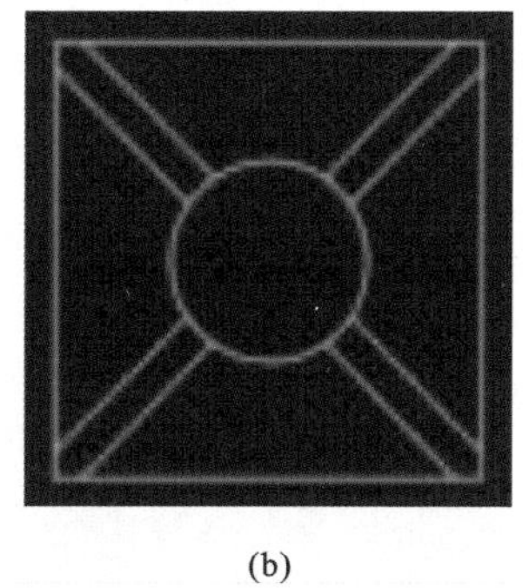

(b)

图 67-3　节点详图

(a)桁架节点;(b)柱脚节点

68 武夷学院

作品名称	wing
参赛学生	陈旭兵　聂建聪　林　骋
指导教师	钟瑜隆　周建辉

68.1 设计构思

仔细阅读完竞赛细则，我们从模型设计的要求、模型制作材料的性能、加载形式、制作方便程度等方面出发，进行构思设计。本次的设计模型必须能在抵抗偏心荷载后，还能承受扭矩。我们从结构实用、设计美观、节省材料等方面出发，进行模型设计和制作。

本次赛题在加载方面情况较为复杂，多角度、多工况加载成为本次竞赛的一大特点，不同角度、不同工况下受力情况有着明显的区别。依照赛题的要求，我们决定在同角度的情况下制作适应四种工况的模型，所以我们先对角度进行分析，0°、15°、30°模型受力情况基本相同，45°模型受力部分工况与其他角度不同。

我们总结出此次赛题有以下几点需侧重考虑：模型主柱截面宽度、模型最远外伸（悬臂）点旋转角度对模型受力的影响、导线松紧对模型偏心荷载及扭矩的影响、模型质量与荷载砝码之间的“供给需求”。

68.2 选型分析

10.2.1 柱子选型

选型1：实心杆件小变截面，底面尺寸为100mm×100mm，均匀变截，顶部尺寸为50mm×50mm。

选型2：实心杆件大等截面，尺寸为160mm×160mm。

选型3：空心杆件大变截面，底面尺寸为180mm×180mm，均匀变截，底部尺寸为140mm×140mm。

表68-1中列出了三种柱子选型的优缺点。

表 68-1　　**柱子选型对比**

选型方案	选型 1	选型 2	选型 3
图示			
优点	抗弯效果好，材料利用率高	抗扭效果好，制作简单，适应多种工况	整体抗扭、抗弯效果好，制作简单，适应多种工况
缺点	抗扭效果差，变形大，工况针对性太强，制作难度大	抗压效果稍差	杆件接触面小，抗压效果差，容易裂开

10.2.2　低挂点外伸结构选型

根据受力分析，针对低挂点外伸结构的受力特点，我们分别设计了五种不同结构选型，并对其优缺点进行分析对比，详见表 68-2。

表 68-2　　**低挂点外伸结构选型对比**

选型方案	选型 1	选型 2	选型 3	选型 4	选型 5
优点	变形小，受力简单	角度好控制	用材少，制作简单	用材少，受力小	变形小，受力稳定
缺点	用材多，角度不好控制	用材多，变形大	变形大	变形大	用材多

综合对比柱子选型和低挂点外伸结构选型，并且通过反复模拟计算分析，结合实物模型加载结果，最终确定方案的模型效果图及实物图如图 68-1 所示。

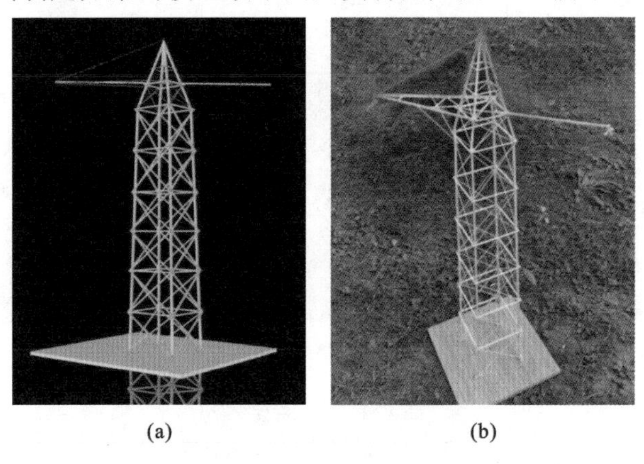

(a)　　(b)

图 68-1　选型方案示意图

(a)模型效果图；(b)模型实物图

68.3 数值模拟

利用有限元分析软件 MIDAS Gen 建立了结构的分析模型，第三级荷载作用下计算结果如图 10-2 所示。

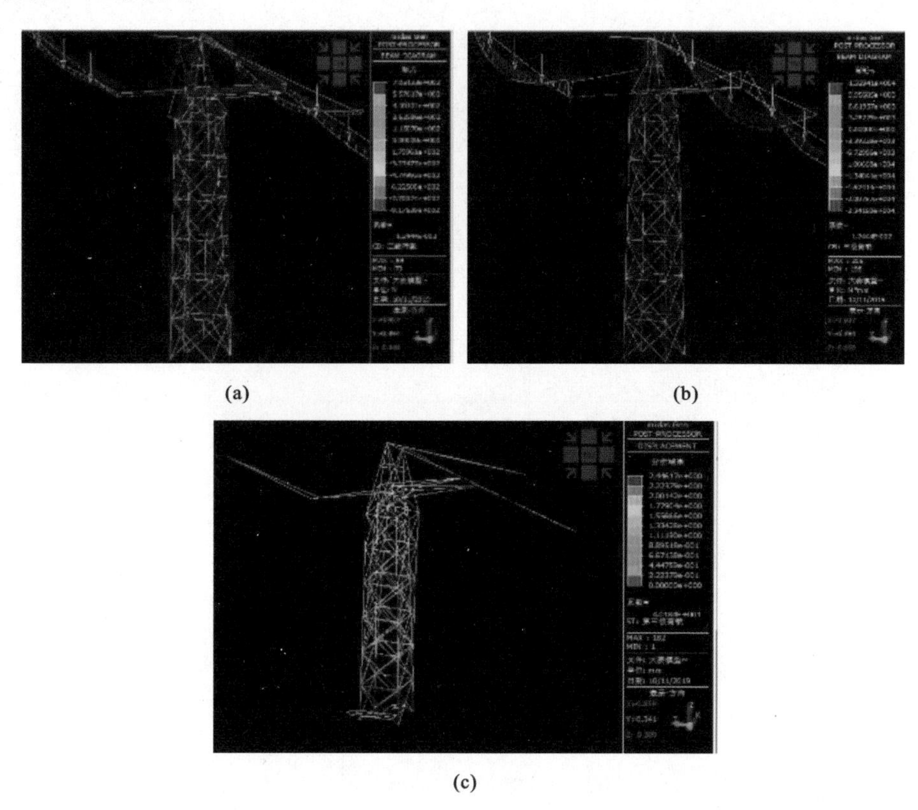

图 68-2 数值模拟结果

(a)轴力图；(b)弯矩图；(c)变形图

68.4 节点构造

节点是模型制作的关键部位，本模型部分节点详图如图 68-3 所示。

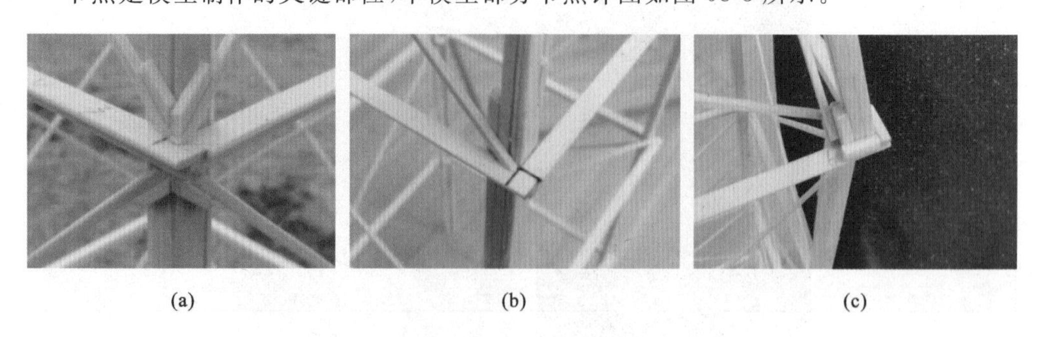

图 68-3 节点详图

(a)拉条节点；(b)横杆节点；(c)柱顶节点

69　西安建筑科技大学（一队）

作品名称	九天
参赛学生	袁海森　王兆波　殷晓虎
指导教师	惠宽堂　张锡成

69.1　设计构思

在结构选型方面，根据赛题的要求，本次制作的山地输电塔结构模型需要满足三阶段的静力加载试验，但对具体的结构形式没有限定，因此我们在结构选型过程中有了较大的发挥空间。根据竞赛要求，我们认为选取结构体系需满足的基本理念如下：充分利用竹材的抗拉性能；结构受力合理，传力路径简洁、明确；材料集中利用，规避材料缺陷；空间整体性好，稳定性高；承载力大，刚度较大；节点连接可靠；模型制作简单、可靠。

69.2　选型分析

根据输电塔结构及其受力特点，针对不同受力工况及加载情况进行分析后，我们设计了多个输电塔模型进行比对研究，详见表69-1。

表69-1　结构选型对比

选型方案	选型1	选型2	选型3
图示			

续表

选型方案	选型 1	选型 2	选型 3
优点	受力合理，节约材料，结构自重小；充分发挥竹材的抗拉性能，材料利用率高；结构形式简单，制作速度较快	受力性能较好，能够较充分地发挥竹材的抗压强度；带拉杆的拱，结构受力明确；在竖向荷载作用下，支座只产生竖向反力；能适应各种工况且模型质量较小	充分利用竹材的抗拉性能，组合具有抗压和抗弯能力的梁而使体系的刚度增大；梁与索构成受力体系，各杆件受力合理，强度高；受力明确，传力路径合理，荷载直接传至立柱
缺点	结构后期强度低且稳定性较差，易出现较大的偶然误差	与赛题规定有所冲突	相比装配式模型质量略增大

综合对比以上三种选型的优缺点，最终确定选型 3 为我们的参赛模型，模型效果图及实物图如图 69-1 所示。

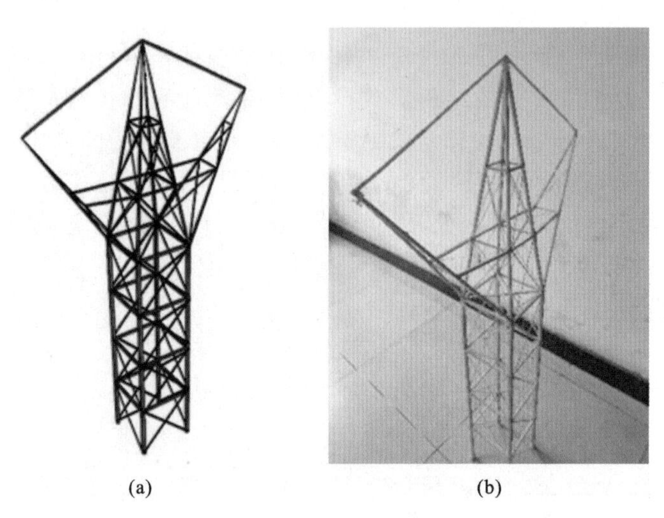

(a) (b)

图 69-1 选型方案示意图

(a)模型效果图；(b)模型实物图

69.3 数值模拟

基于有限元分析软件 SAP 2000 建立了结构的分析模型，第三级荷载作用下计算结果如图 69-2 所示。

69.4 节点构造

节点是模型制作的关键部位，本模型部分节点详图如图 69-3 所示。

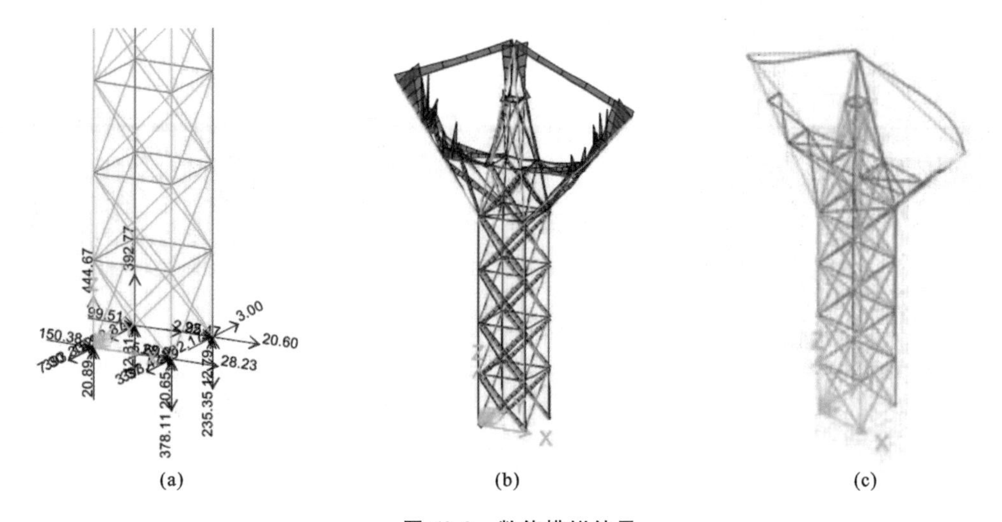

图 69-2　数值模拟结果

(a)反力图;(b)应力云图;(c)变形图

图 69-3　节点详图

(a)层间节点;(b)柱顶节点;(c)柱脚节点

70 河海大学

作品名称	千幻塔
参赛学生	郭方舟 王昊康 韩洪亮
指导教师	张 勤 胡锦林

70.1 设计构思

根据赛题规定，门架的旋转角度不同会导致模型承受的荷载形式不尽相同，因此模型需具备在给定旋转角度下应对不同导线加载工况的能力，具体可分为以下两类情况。

在旋转角度为0°和15°时，由于旋转角度不大，对模型角柱的抗压能力以及整体抗扭能力要求不高，因此可以将模型设计为上部由四棱锥空间网格体系、倒张弦体系组成以及下部由梯台桁架支撑体系组成的复合体系。该复合体系中，倒张弦体系的低挂点旋转角度约为40°，在一定程度上减小了二级荷载对模型产生的扭矩，而且梯台桁架支撑体系中可设抗扭桁架，能保证模型具备足够的抗扭能力；而对于模型遭受的倾覆荷载与侧向荷载，主要由模型的主塔结构承受，只需保证该主塔结构具有足够的强度和刚度即可。

在旋转角度为30°和45°时，由于旋转角度较大，当导线加载工况为1、2、6三根导线时，模型所受倾覆荷载会显著增大，此时就需要在不改变上述模型体系的情况下，将对应的梯台桁架肢柱由单层竹皮杆改为复合竹皮杆，以增强其强度与刚度；当导线加载工况为2、3、4三根导线时，模型所受扭矩显著增大，此时就需要增大空间桁架杆件的截面面积，通过提高杆件强度及刚度以提高模型整体的抗扭性能。

70.2 选型分析

结合赛题要求，根据结构稳定、传力合理、材料经济、兼顾美观的基本原则，初步提出几种选型进行对比分析，详见表70-1。

表 70-1 **结构选型对比**

选型方案	选型 1	选型 2
图示	四棱锥空间网格体系；倒张弦体系；梯台桁架支撑体系；V字拉结体系	倒张弦体系；四棱锥空间网格体系；梯台桁架支撑体系
优点	抗倾覆能力强	梯台桁架肢柱受力较小，抗扭性能更强
缺点	梯台桁架肢柱受力较大，易导致压杆失稳	抗倾覆能力较差，自重相对大

综合对比上述两种选型，考虑到长拉条制作的难度以及模型受力的稳定性，最终确定选型 2 为我们的参赛模型。该方案中尽管模型质量较重，但模型制作的难度相对较小，而且加载过程中受力杆件的可控性较好，模型效果图及实物图如图 70-1 所示。

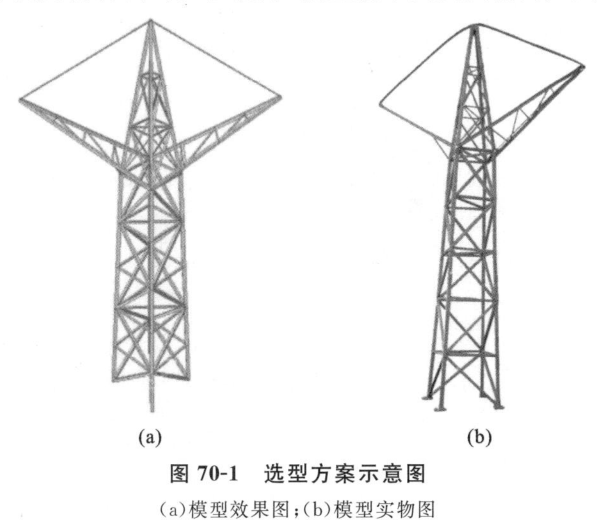

(a) (b)

图 70-1 选型方案示意图

(a)模型效果图；(b)模型实物图

70.3 数值模拟

基于有限元分析软件 MIDAS Gen 建立了结构的分析模型，第三级荷载作用下计算结果如图 70-2 所示。

70.4 节点构造

节点是模型制作的关键部位，本模型部分节点详图如图 70-3 所示。

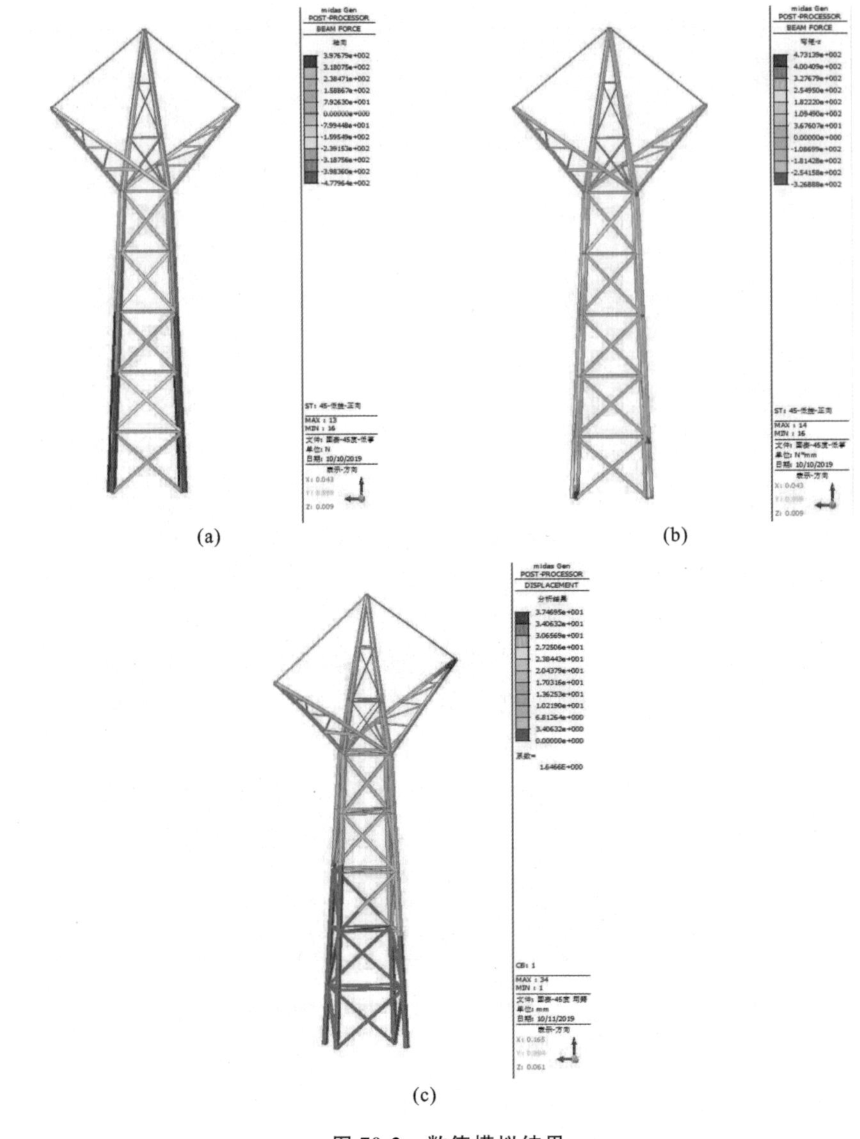

图 70-2 数值模拟结果

(a)轴力图;(b)弯矩图;(c)变形图

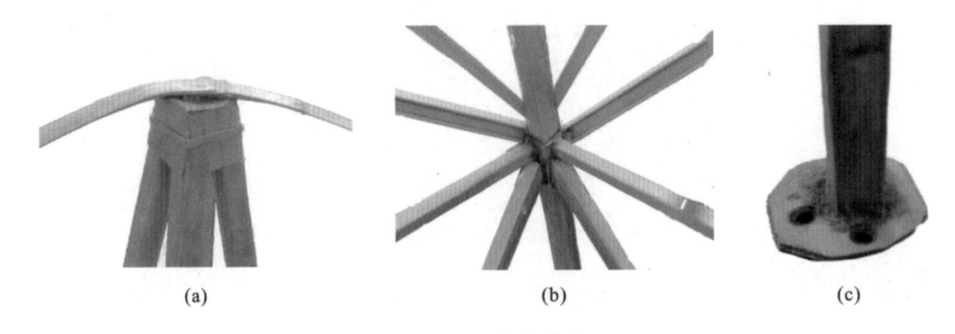

图 70-3 节点详图

(a)高挂点节点;(b)塔顶与塔身交接节点;(c)柱脚节点

71　南阳师范学院

作品名称	卧龙雄鹰
参赛学生	张　阳　李振华　马宇豪
指导教师	李　科　陈小可

71.1　设计构思

根据本次竞赛题目的要求，结构要承受竖向荷载、水平动力荷载，要求其在静力荷载和动力荷载作用下，对不同的荷载工况都有较好的适应能力，保证其有足够的刚度、强度和稳定性，从而不发生结构损坏以保证结构的安全，因此在进行结构设计时，利用材料的力学属性，提高材料利用率，减少材料消耗，实现结构强度、刚度的最大化。

根据竞赛题目对模型柱脚处理方案、模型底面尺寸、高挂点与低挂点位置的具体要求，考虑实际工程中塔架的具体形式，结合审美需求，我们认为采用空间刚架结构是较理想的选择，空间刚架具有大空间的建筑功能优势。同时在视觉上，我们也希望以尽量少的杆件形成较强大的空间结构，并通过设计等截面柱的塔形结构来减小杆件的横截面尺寸，其中充分考虑 $P\text{-}\Delta$ 效应。

71.2　选型分析

选型 1 模型主体构造：横截面为正六边形，对角顶点以拉杆加固，三层横梁共 18 根柱，且以斜拉杆加固。

选型 2 模型主体构造：横截面为正四边形，对角顶点以拉杆加固，三层横梁共 12 根柱，且以斜拉杆加固。

表 71-1 中列出了两种选型的优缺点。

表 71-1　　结构选型对比

选型方案	选型 1	选型 2
优点	力学性能相对较好	质量轻，且易于手工制作
缺点	质量较大，且构造复杂	抗扭性能相对较差

综合对比选型 1 和选型 2 的优缺点，最终确定选型 2 为我们的参赛模型，模型效果图及实物图如图 71-1 所示。

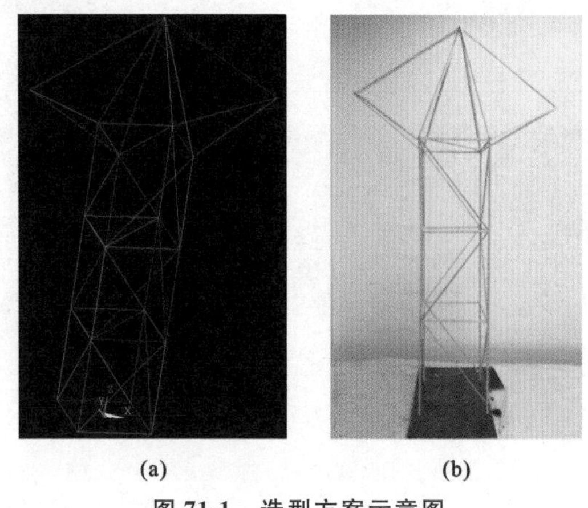

(a)　　　　　　　　(b)

图 71-1　选型方案示意图

(a)模型效果图;(b)模型实物图

71.3　数值模拟

利用有限元分析软件 ANSYS 16.0 建立了结构的分析模型,第三级荷载作用下计算结果如图 71-2 所示。

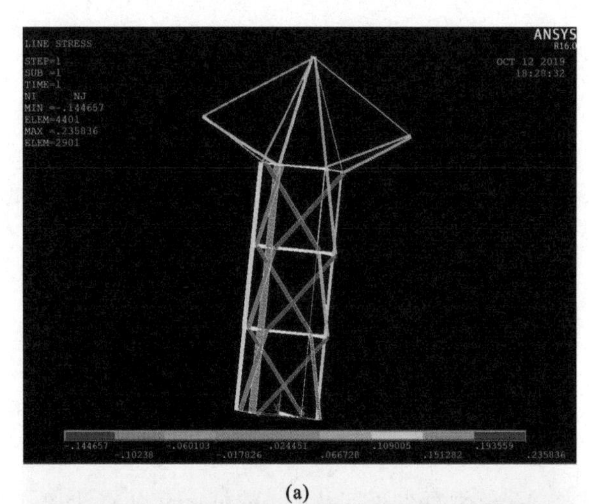

(a)

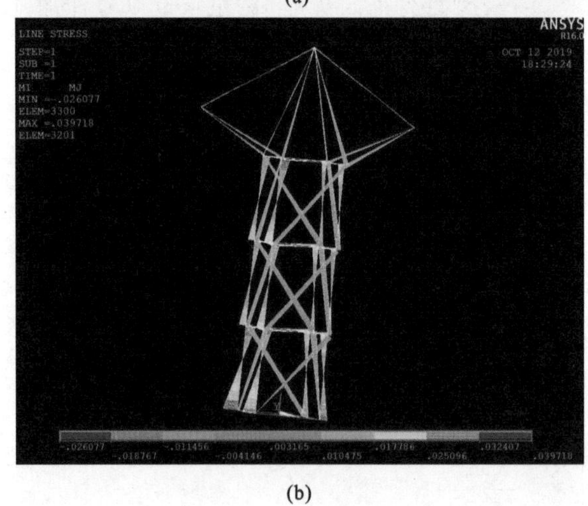

(b)

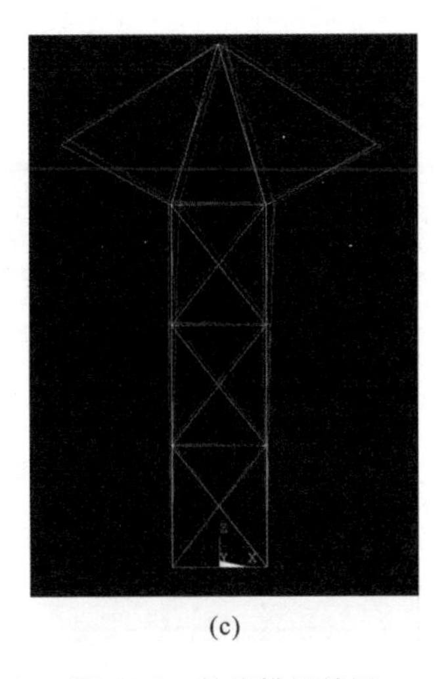

(c)

图 71-2　数值模拟结果

(a)轴力图;(b)弯矩图;(c)变形图

71.4　节点构造

节点是模型制作的关键部位,本模型部分节点详图如图 71-3 所示。

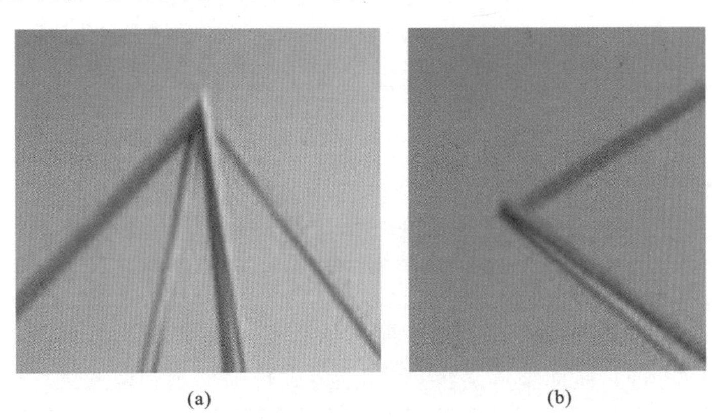

(a)　　(b)

图 71-3　节点详图

(a)柱顶节点;(b)高挂点节点

72　广西水利电力职业技术学院

作品名称	建科之星
参赛学生	叶小铨　曾庆彬　刘镇武
指导教师	黄雅琪　梁少伟

72.1　设计构思

本次赛题下坡门架旋转角度有 0°、15°、30°、45°四种，导线加载工况有 A、B、C、D 四种。考虑到竞赛流程是先抽取旋转角度再制作模型，制作完模型、上螺钉前抽取工况，我们根据抽取旋转角度不同，设计不同的造型，这样对特定旋转角度更具有针对性；我们设计模型为 3 根主杆的杆系结构，3 个支座呈等边三角形，根据抽取工况 A、B、C、D 的不同，上螺钉前调整模型的摆放方位，从而更有利于加载方向的选择。

设计思路：根据抽取的工况，将模型分成 AB、CD 两种摆放方式，主要是导线 1 和 6、导线 3 和 4 会形成顺时针、逆时针两种不同方向的扭转，这对模型的影响差异较大。模型根据所抽取工况调整摆放方位更有针对性，利用率更高，而没有必要同时满足四种工况，这是我们模型设计的特点和亮点。

72.2　选型分析

根据旋转摆放模型的思路，符合角度要求的模型首选等边三角形三支座的形式，可行的模型旋转角度有两种，即整体旋转 60°和整体旋转 120°。结构选型对比见表 72-1。

表 72-1　结构选型对比

选型方案	选型 1：整体旋转 60°	选型 2：整体旋转 120°
优点	受力明确，制作成功率高	选型普通，制作简单
缺点	质量较大，制作耗时较长	质量大，受力不够明确

上述两种方案都满足模型外观尺寸要求，我们在比选方案时，需要综合考虑四种工况的影响。其中，下坡门架挂点对模型影响较大；为了能更准确地进行定量分析，我们对两种方案都使用有限元分析软件 MIDAS 进行建模分析，通过初步的模拟模型自重比较，

最终确定选型1即整体旋转60°的方案为我们的参赛模型。同时，翼缘挂点尽可能靠近下坡门架，对模型加载有利。最终确定方案模型效果图如图72-1所示。

图72-1　选型方案效果图

72.3　数值模拟

利用有限元分析软件MIDAS建立了结构的分析模型，第三级荷载作用下计算结果如图72-2所示（以0°模型为例）。

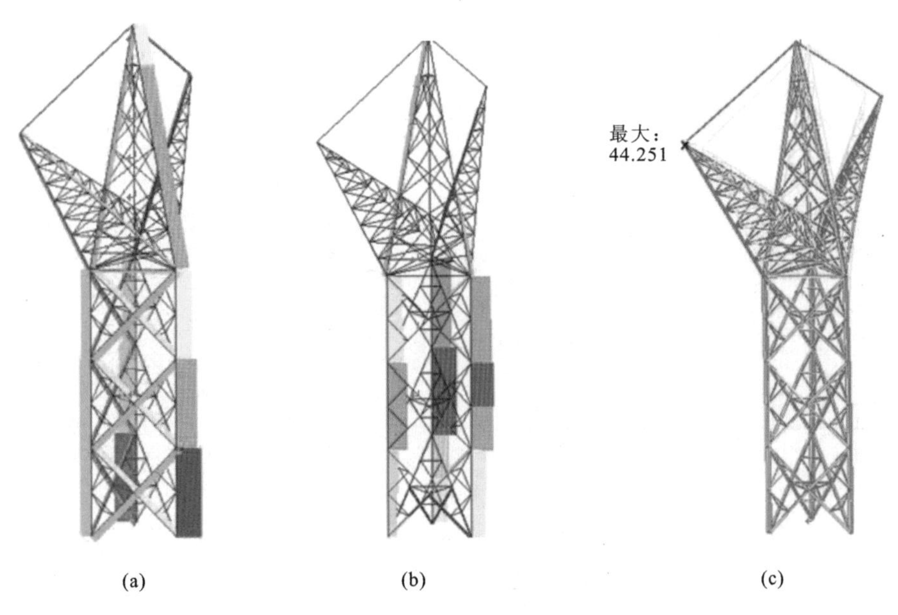

图72-2　数值模拟结果

(a)轴力图；(b)弯矩图；(c)变形图

72.4 节点构造

节点是模型制作的关键部位,本模型部分节点详图如图 72-3 所示。我们的模型节点设计原则是节点强度必须大于杆件强度。采用的方式主要有钻洞、上竹粉、包裹竹皮等。

(a) (b) (c)

图 72-3 节点详图

(a)顶部节点;(b)主杆节点;(c)柱脚节点

73 塔里木大学

作品名称	塔河之星
参赛学生	鹿文昊　孙　梦　梁　虎
指导教师	黎　亮　李宏伟

73.1 设计构思

根据加载要求，模型主体结构将受压扭弯组合作用，考虑到指定竞赛材料竹材具有抗拉压性能强、抗弯曲变形能力弱的特点，结合施工效率、经济美观的需求，选择四棱锥作为输电塔的主体结构，由四棱锥四根主柱杆件的拉压作用形成的反力偶平衡外荷载弯曲作用，这样设计可避免主体结构杆件承受弯矩作用，发挥其拉压强度优势。

四棱锥四根主柱杆件在力学模型上属于长细杆，受压容易失稳，为了防止其失稳，用十字撑将四根主柱两两对称连接，以此减少主柱的计算长度，使其保持稳定。

低挂点将受到较大的水平与竖向弯曲荷载，这些荷载会迫使悬臂水平和竖向弯曲，同时对四棱锥主体结构产生较大的扭转作用。将悬臂结构设计成三棱锥的形式，使悬臂结构水平及竖向弯曲荷载由三棱锥的拉压作用承担，同时可以将低挂点施加给主体结构的扭转作用向下转移。

三棱锥杆件也属于长细杆，为了增强其整体性，对其设计了三级支撑。主体结构下部将承受较大的由上部荷载传递来的扭矩，为此在四棱锥主体结构四个面各设置 4 层剪刀撑，剪刀撑与主体杆件柔性连接，既可传递拉力，又可传递压力。

73.2 选型分析

结合赛题要求，根据结构稳定、传力合理、材料经济、兼顾美观的基本原则，初步提出以下几种选型进行对比分析。

选型 1：矩形筒体主体结构＋梭形悬臂结构。该结构具有较好的抗扭性能，抗弯能力一般，在各种工况及各种旋转角度条件下都具有较好的承载能力和变形能力，但质量大，耗材多。

选型 2：四棱锥主体结构＋梭形悬臂结构。该结构具有较好的抗扭能力，抗弯能力良好。由于受主体结构限制，梭形过于细长，变形较大。

选型 3：四棱锥主体结构＋三棱锥桁架悬臂结构。主体结构及悬臂结构都具有极强的抗弯能力，同时三棱锥桁架悬臂结构可将施加在低挂点的水平力所产生的扭矩向下转移；结构刚度大、承载力高、耗材省，且具有一定的塑性变形能力。

表 73-1 列出了各选型的优点与缺点。

表 73-1　　结构选型对比

选型方案	选型 1	选型 2	选型 3
优点	制作简单,性能稳定	抗弯能力强	抗弯、抗扭能力优越
缺点	材料耗费多	悬臂结构变形大	制作精度要求高

综合对比以上三种选型,最终确定选型 3 为我们的参赛模型,模型效果图及实物图如图 73-1所示。

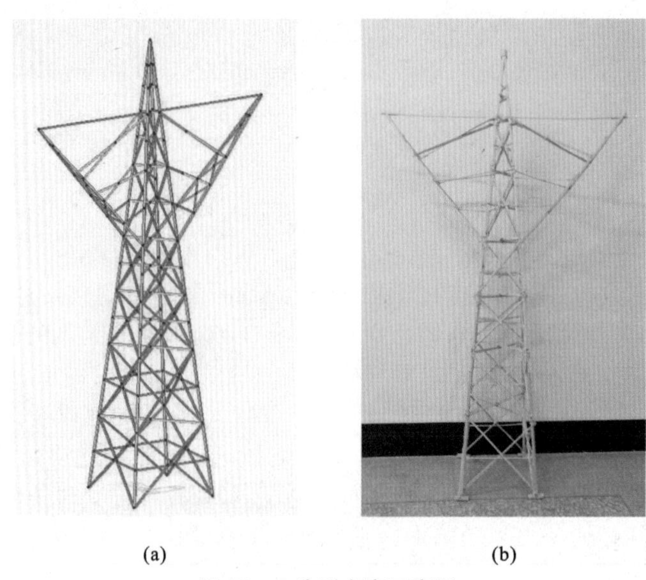

(a)　　(b)

图 73-1　选型方案示意图

(a)模型效果图;(b)模型实物图

73.3　数值模拟

基于有限元分析软件 MIDAS 建立了结构的分析模型,第三级荷载作用下计算结果如图 73-2 所示。

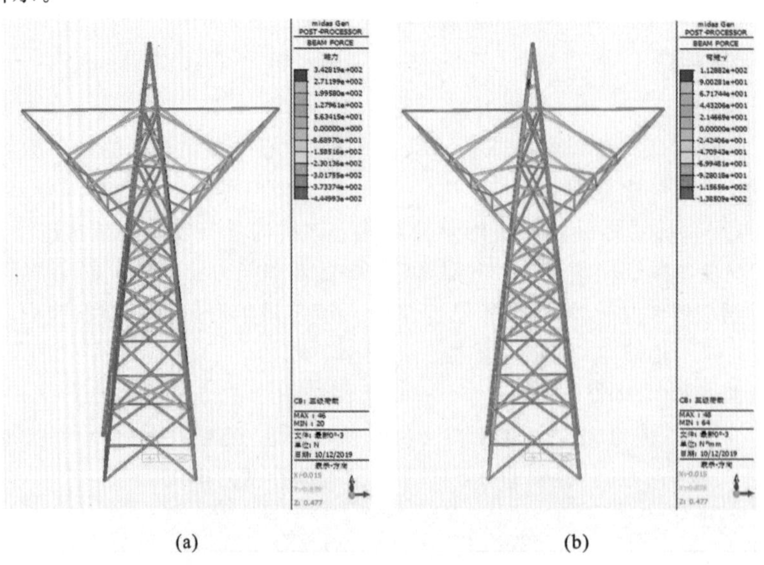

(a)　　(b)

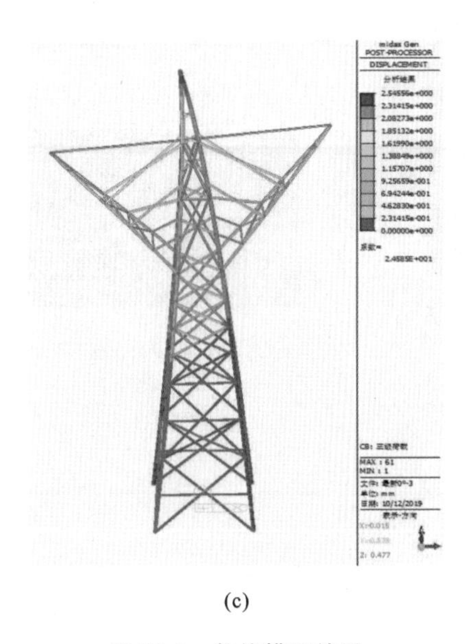

(c)

图 73-2　数值模拟结果

(a)轴力图;(b)弯矩图;(c)变形图

73.4　节点构造

节点是模型制作的关键部位,本模型部分节点详图如图 73-3 所示。

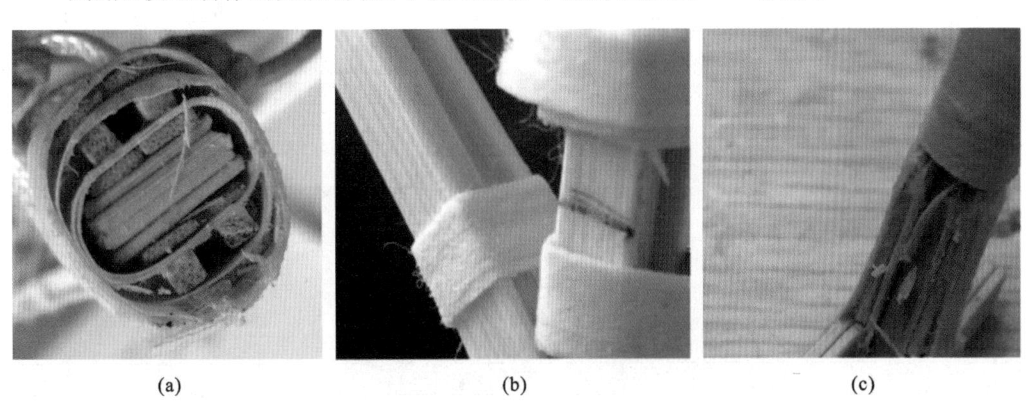

(a)　(b)　(c)

图 73-3　节点详图

(a)高挂点连接节点;(b)柱与斜撑连接节点;(c)柱脚连接节点

74 江苏科技大学 苏州理工学院

作品名称	无畏
参赛学生	李大旺　孙　蒙　陈娇娇
指导教师	张建成　王　林

74.1 设计构思

在充分理解赛题的基础上，我们将采用塔式桁架结构作为设计思路，以材料中所给的竹条作为主要受力构件，用竹皮包裹杆件以增强杆件强度和刚度，用竹皮纸卷成空心横杆，以提高结构的整体稳定性。同时，在节点处，我们采用由竹皮纸制成的绳包裹，并涂以502胶水，以期达到减小因材料尺寸差异而产生装配应力的目的。

本次竞赛题目在全面满足竞赛要求的前提下，对参赛队员的力学分析能力、结构设计和计算能力、现场制作能力提出了较高要求。通过山地输电塔结构模型的设计和制作，学生的结构知识运用能力、创新能力、动手能力、团队协作能力等得到全面提升。根据加载的计分规则，模型必须具有较大的竖向刚度、水平刚度以及非常高的强度。所以，在设计模型时必须从整体出发，这对结构体系及结构选型提出了较高的要求。

74.2 选型分析

结合赛题要求，根据结构稳定、传力合理、材料经济、兼顾美观的基本原则，初步提出几种选型进行对比分析，详见表74-1。

表74-1　结构选型对比

选型方案	选型1:单斜	选型2:双斜	选型3:交错
图示			

选型方案	选型 1:单斜	选型 2:双斜	选型 3:交错
优点	受力清晰,节点包扎方便、牢固	拉条代替拉杆,减轻自重	三根柱代替四根柱,大大减轻自重;主体柱分成两节,方便制作
缺点	“K”形节点易造成主体杆断裂	主体柱过长,不易制作	对斜支柱的要求很高,需要根据支柱的位置以及工况更换做法,容易出错

利用扁长杆弯曲后材料最外部与中性轴距离很小的特性,在等长度的矩形杆中,扁长杆可以拥有更大的曲率以及较高的弹性,因此可以承受更大的弯矩,节约材料。在加载点处,我们采用用四根矩形长杆黏结而成的杆作为箍,以期将集中力分散为较小的均布荷载作用于主骨架上。根据一般的截面选择原则,截面合理程度通常用抗弯截面与截面面积的比值来衡量,通过简单的计算得出矩形截面效能最高。根据本次设计的特点,梁采用实心矩形截面;支撑杆受轴力为主,受材料限制,采用箱形截面。最终确定选型 3 为我们的参赛模型,模型效果图及实物图如图 74-1 所示。

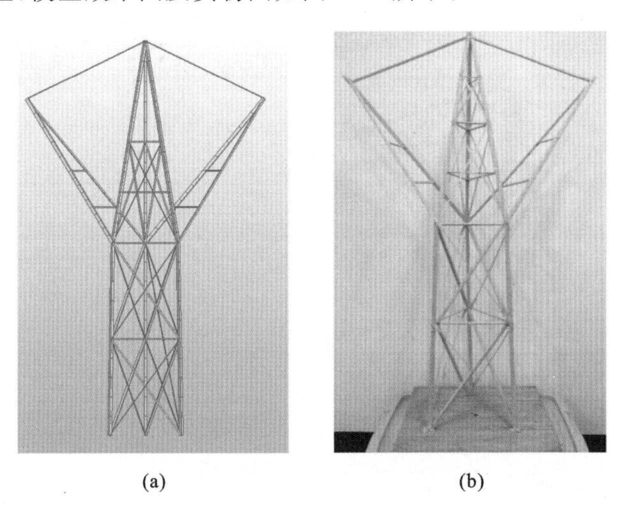

(a) (b)

图 74-1 选型方案示意图

(a)模型效果图;(b)模型实物图

74.3 数值模拟

基于有限元分析软件 MIDAS Gen 建立了结构的分析模型,第三级荷载作用下计算结果如图 74-2 所示。

74.4 节点构造

节点是模型制作的关键部位,本模型部分节点详图如图 74-3 所示。

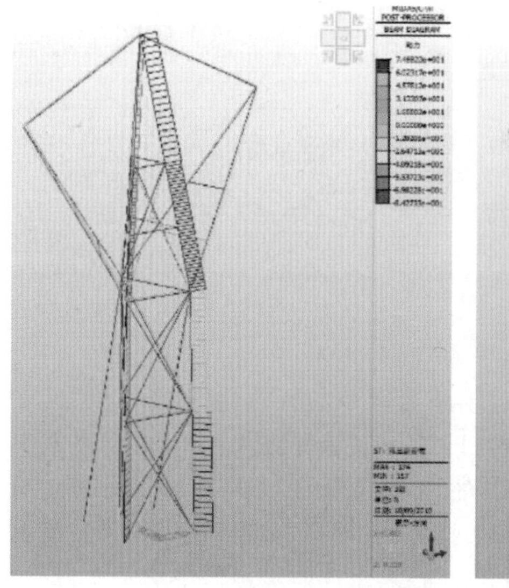

(a)

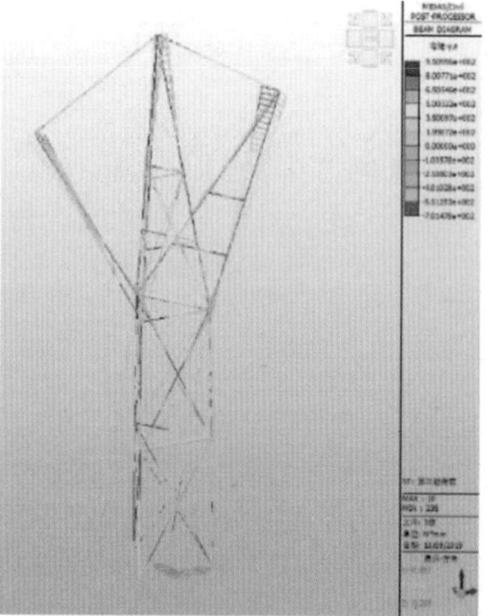

(b)

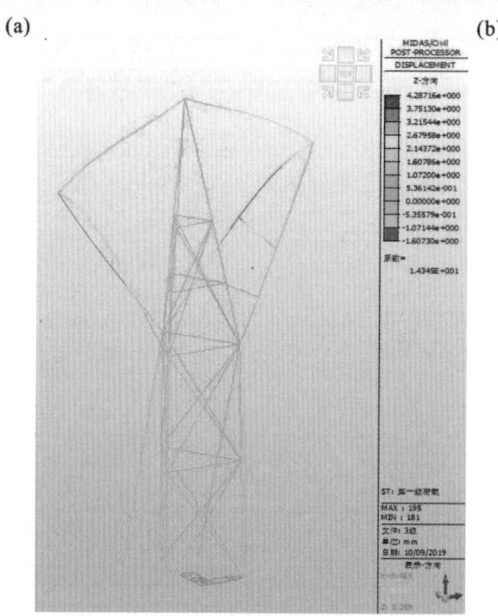

(c)

图 74-2　数值模拟结果

(a)轴力图；(b)弯矩图；(c)变形图

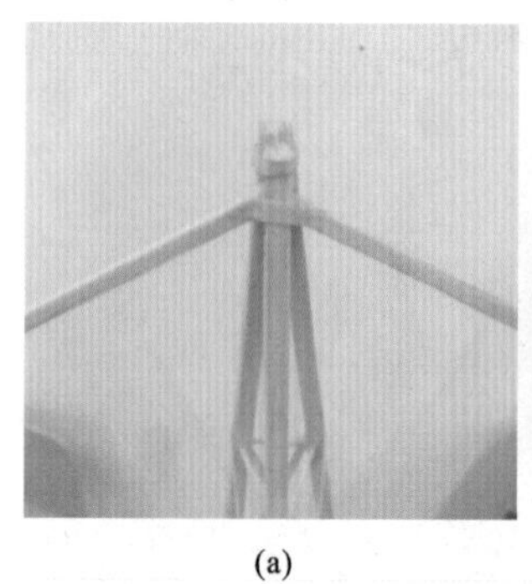

(a)

(b)

(c)

图 74-3　节点详图

(a)高挂点节点；(b)柱身节点；(c)柱脚节点

75 辽宁工程技术大学

作品名称	雄鹰
参赛学生	信长昊　崔莹妹　姚柏聪
指导教师	张建俊　孙　闯

75.1 设计构思

一个构筑物给我们带来视觉上的冲击的是它的外形。任何物体都必须克服其自身的质量,轻盈的身躯将为基础减去相当的负担。即使承受再轻的质量,也必须有相应的骨架,高耸的输电塔更是如此。一副合理的骨架结构是确保承载能力的关键。因而我们主要考虑以下几个方面来设计结构:承载能力强,自重轻,结构稳定、合理,外形新颖,符合实际制作,使用时结构变形小。模型主要承受弯矩、扭矩,以及竖向力的作用,为了抵抗这三种情形的外力负载,有如下设计思路:结构加载时,主要承受弯矩、扭矩等,但结构及杆件的抗弯性能及抗扭性能较弱,可通过将结构分层来建立斜支撑,从而增强结构的稳定性。

75.2 选型分析

通过研究发现,一级与三级加载主要考验结构的抗弯、抗压性能,二级加载主要考验结构的抗扭性能。下坡门架旋转角度越大,对三级加载方向结构的抗弯和抗压性能要求越严格。为此,我们设计了 3 种结构选型进行对比分析,详见表 75-1。

表 75-1　**结构选型对比**

选型方案	选型 1	选型 2	选型 3
说明	结构采用多层的方式抗弯并保证其稳定性	结构设计灵感来源于广州塔,采用增加竖向杆件数目的方式抗扭	结构采用多层加斜支撑的方式,并主要以三角形进行拼接,可以更好地传力,抗压、抗扭、抗弯
优点	抗弯性能好	抗弯、抗扭、抗压性能好	抗弯、抗扭、抗压性能好
缺点	抗压、抗扭性能差	所需材料多、质量重	不确定性多

综合对比各选型，最终确定选型 3 为我们的参赛模型，模型效果图及实物图如图 75-1 所示。

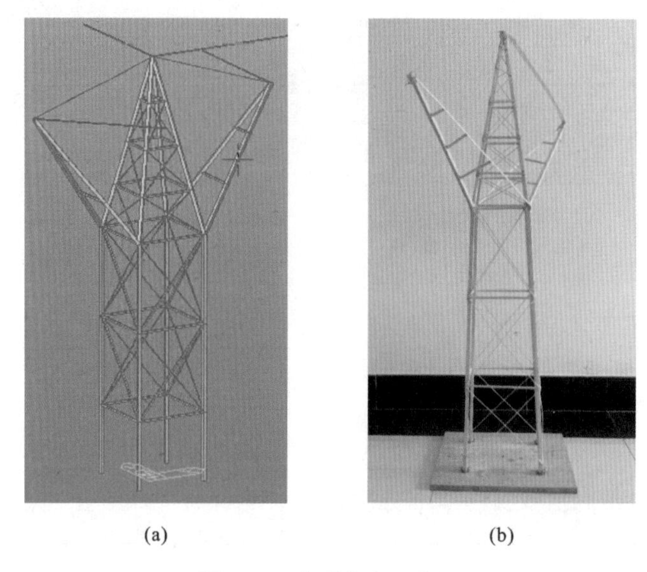

(a)　　　　　　　　(b)

图 75-1　选型方案示意图

(a)模型效果图;(b)模型实物图

75.3　数值模拟

基于有限元分析软件 MIDAS Gen 建立了结构的分析模型，第三级荷载作用下计算结果如图 75-2 所示。

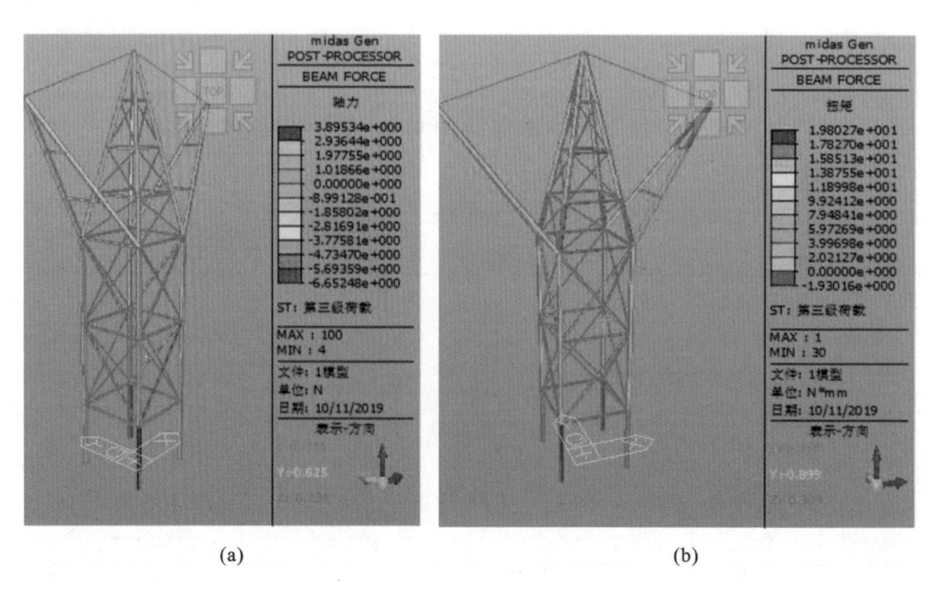

(a)　　　　　　　　(b)

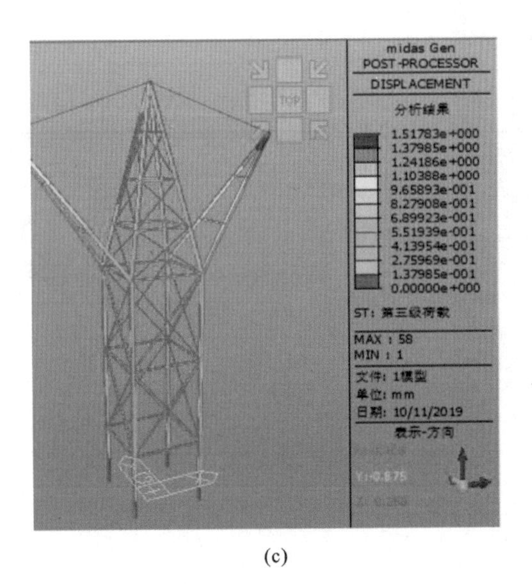

(c)

图 75-2 数值模拟结果

(a)轴力图;(b)弯矩图;(c)变形图

63.4 节点构造

节点是模型制作的关键部位,本模型部分节点详图如图 75-3 所示。

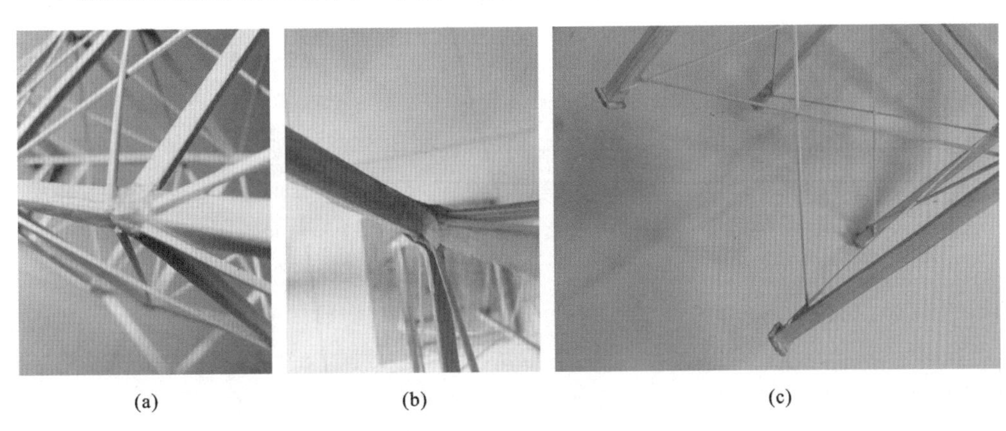

(a) (b) (c)

图 75-3 节点详图

(a)受压节点;(b)受拉节点;(c)柱脚节点

76 大连民族大学

作品名称	莽夫十六
参赛学生	王锦楠 彭文苏 祁剑南
指导教师	指导组

76.1 设计构思

依据本次竞赛题目“山地输电塔模型设计与制作”，通过对该模型受力进行研究，将对该模型影响最大的作用分为两大类：一是悬臂上的荷载给模型带来的扭矩；二是各级荷载给模型带来的弯矩。其中，悬臂的摆放方向是结构选型的焦点，其角度的大小直接影响着模型受扭矩的大小。对此本参赛队提出了 0°和 45°两种拼装方案，并对两种方案开展了可行性研究、有限元分析软件模拟求证、实体模型证明等诸多研究。

76.2 选型分析

选型 1：0°拼装方案。此方案为最常规的摆放方案，是原赛题提供的摆放方案。此方案适用于所有工况，且所用杆件少，主要构件短，长细比合理，杆件制作周期、施工时间都短。但缺点明显，主要构件受力较大，传递到模型主体的扭矩较大，扭转变形和主体腹杆受力较大。对于主体是四棱台结构的模型，0°拼装方案对模型空间刚度要求较大。

选型 2：45°拼装方案。此方案并非严格意义上的 45°，因为低挂点投影范围必须落在 90°扇形区域内，而 45°会使挂点刚好落在该区域边缘，所以将该角度设计成 40°，以确保挂点投影能落在 90°扇形区域内。该方案应用灵活，能根据不同工况灵活调整拼装方式和模型摆放方式，这样可以让模型适应下坡门架各种旋转角度和不同的加载工况。由于悬臂旋转了 40°，扭矩的力臂也相应减小，巧妙地减小了悬臂主要杆件的受力，扭矩也相比选型 1 减少 20%左右。其缺点是悬臂构件较多，主要受力杆件长，节点多，拼接烦琐，若设计不当则不符合赛题要求。两种结构选型对比详见表 76-1。

表 76-1 结构选型对比

选型方案	选型 1	选型 2
优点	杆件少，构件短，长细比合理，适用于所有工况	悬臂构件受力较小、扭矩小、传力合理
缺点	悬臂构件受力较大，模型扭矩较大	杆件多而长，不能适用于所有工况

在特定工况下，45°拼装方案为最优方案，但由于在模型制作前只能确定下坡门架旋

转角度而不能确定加载工况，为了适应多种加载工况下的荷载，选定 0°拼装方案为最终研究方案。模型效果图及实物图如图 76-1 所示。

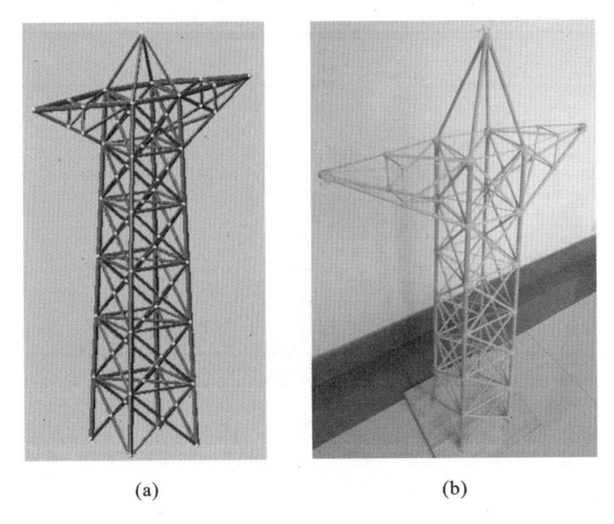

(a) (b)

图 76-1 选型方案示意图

(a)模型效果图；(b)模型实物图

76.3 数值模拟

基于有限元分析软件 MIDAS Gen 建立了结构的分析模型，将各个构件简化成细长的杆件，忽略杆件的截面面积，第三级荷载作用下计算结果如图 76-2 所示。

(a)

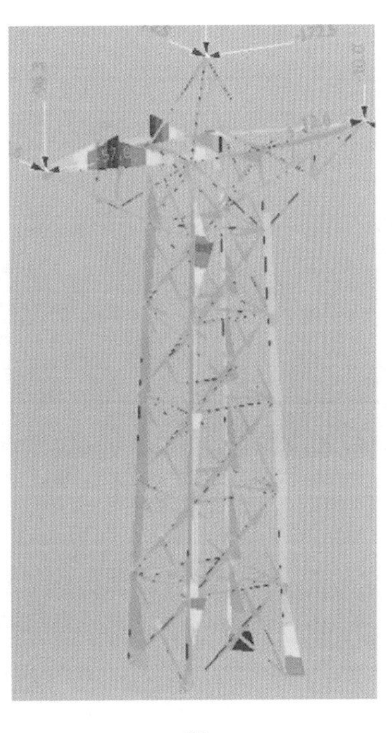

(b)

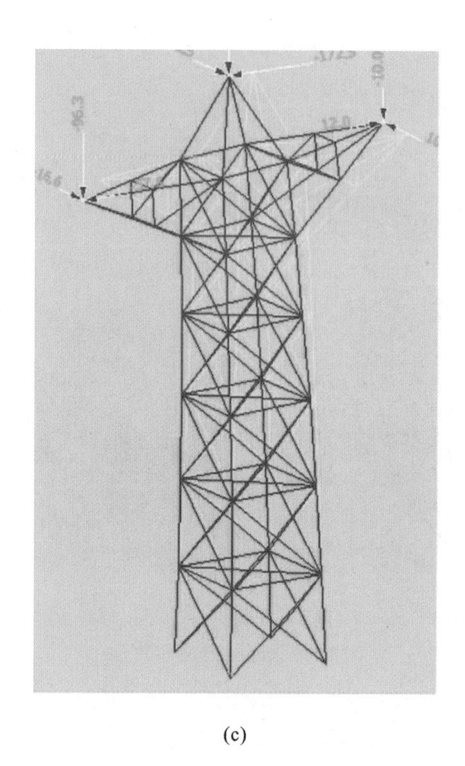

(c)

图 76-2　数值模拟结果

(a)内力图;(b)应力图;(c)变形图

76.4　节点构造

节点是模型制作的关键部位,本模型部分节点详图如图 76-3 所示。

(a)　　(b)　　(c)

图 76-3　节点详图

(a)悬臂-立柱节点;(b)腹杆-立柱节点;(c)柱脚节点

77 上海工程技术大学

作品名称	腾龙塔
参赛学生	俞钧凯　黄侃如　李纪泽
指导教师	颜喜林

77.1 设计构思

本次竞赛题目所要求设计的山地输电塔真实模拟了山地建造的空间要求，即在既定的250mm×250mm小范围内搭建高度下限为1200mm、上限为1400mm的输电塔，且需满足高挂点与低挂点位置的几何要求。其中，低挂点2个，高挂点1个，用于悬挂导线，高挂点兼作水平加载点，用于施加侧向水平荷载。低挂点为模型悬臂点，距离底板表面高度为1050mm，高挂点距离底板表面高度为1250mm。

根据竞赛加载规则，模仿真实的输电塔结构受力时，悬臂斜侧45°，以缩短悬臂长度，并将大部分下压力分布在主要的承压立柱上。经过MIDAS软件分析，选定合适的承压立柱截面。

输电塔模型的主体部分采用桁架结构，并连接支撑形成四边形以及三角形，由于四边形是沿主轴方向对称的边数最少的多边形，所以结合材料利用率采用四边形截面主体。其中设计了交叉型连接梁，梁中交叉点再用连接梁连接，减小交叉型连接梁的水平方向计算长度。而且交叉型连接梁能产生更多立柱节点，减小立柱计算长度，提高整体抗压性能。

77.2 选型分析

结合赛题要求，根据结构稳定、传力合理、材料经济、兼顾美观的基本原则，初步提出以下几种选型进行对比分析。

选型1：对于下坡门架旋转角度为0°及15°的工况，悬臂与主体成45°，可以使力臂尽可能缩小，减小整体结构受到的力矩。

选型2：对于下坡门架旋转角度为30°及45°的工况，悬臂与主体成0°，可以使力臂略微变小的同时，与塔身连接更为稳固。

表77-1列出了两种选型的优点与缺点。

表77-1　结构选型对比

选型方案	选型1	选型2
优点	力臂较小，悬臂受拉为主	悬臂角度小，易于制作
缺点	悬臂角度过大，空间构型难以确定	力臂略大，悬臂受压

综合对比两种选型，最终确定选型1为我们的参赛模型，模型效果图及实物图如图77-1所示。

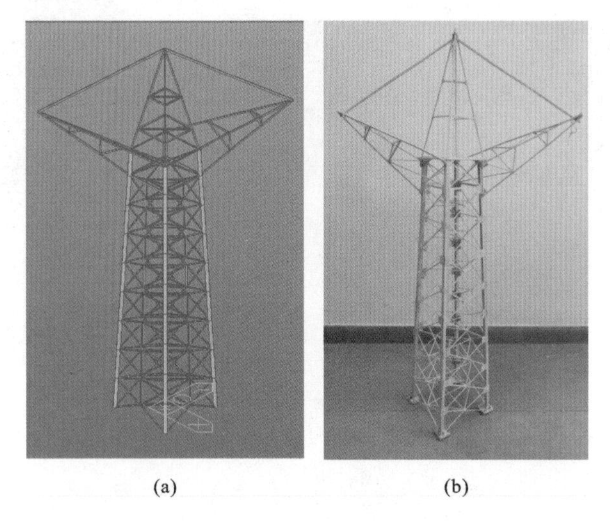

(a) (b)

图77-1 选型方案示意图

(a)模型效果图；(b)模型实物图

77.3 数值模拟

基于有限元分析软件MIDAS建立了结构的分析模型，第三级荷载作用下计算结果如图77-2所示。

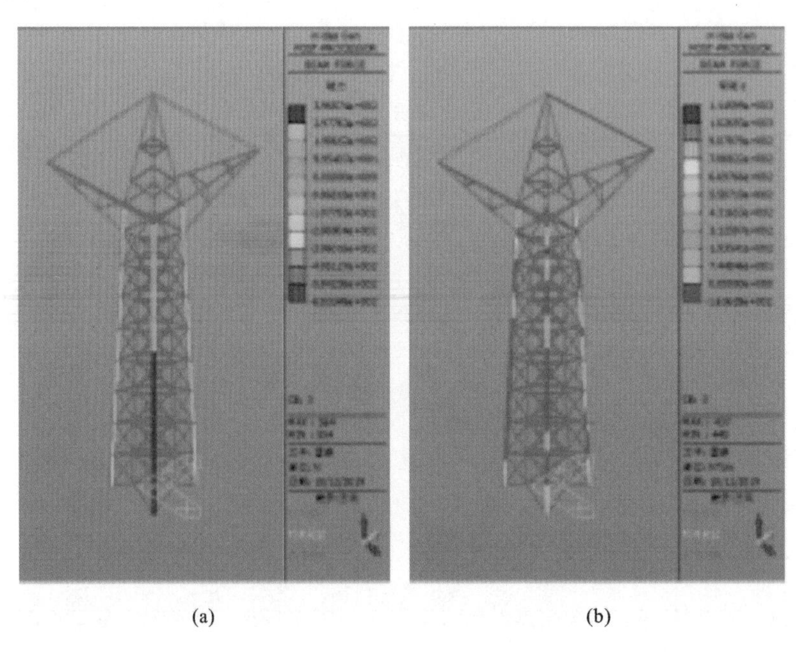

(a) (b)

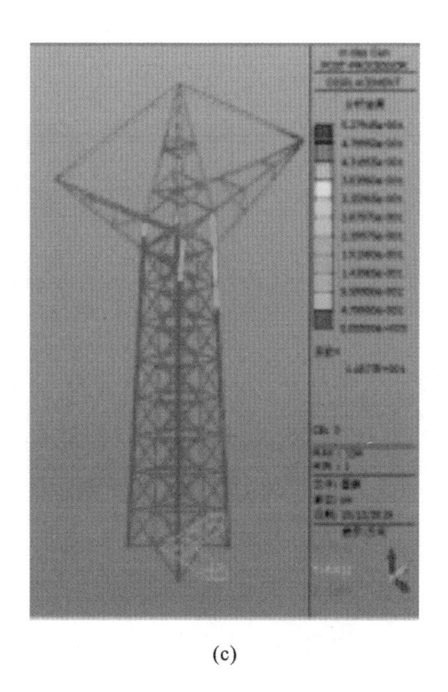

(c)

图 77-2 数值模拟结果

(a)轴力图;(b)弯矩图;(c)变形图

77.4 节点构造

节点是模型制作的关键部位,本模型部分节点详图如图 77-3 所示。

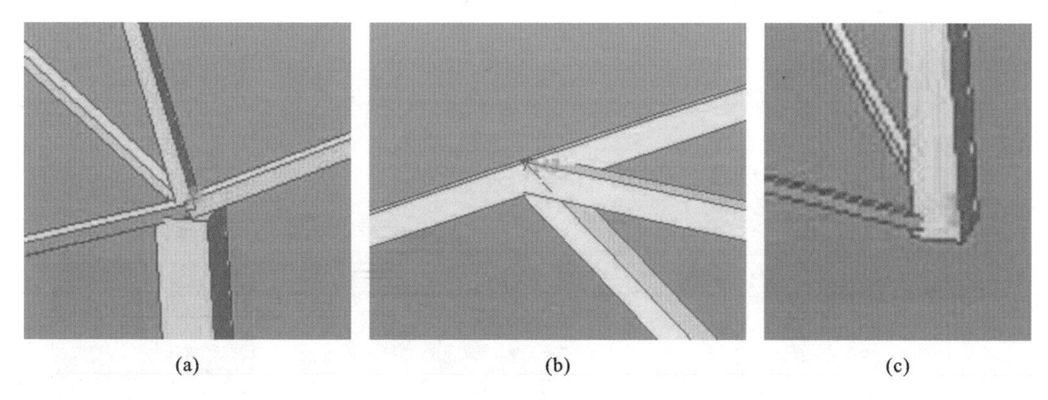

(a) (b) (c)

图 77-3 节点详图

(a)柱顶节点;(b)支撑节点;(c)柱脚节点

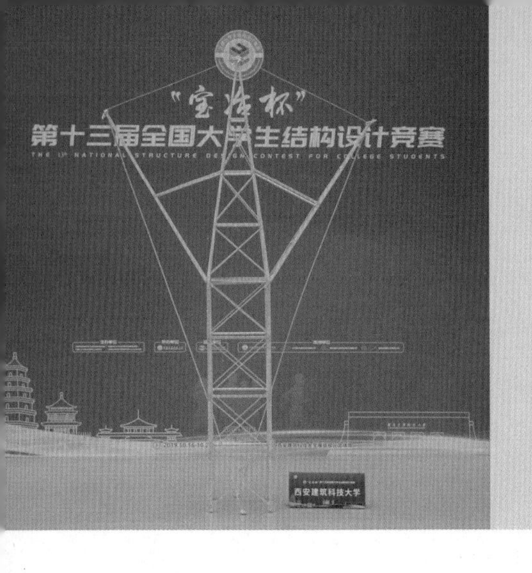

78　西安建筑科技大学（二队）

作品名称	竹木雁塔
参赛学生	史川川　贾　硕　张伟桐
指导教师	吴耀鹏　谢启芳

78.1　设计构思

通过认真研读赛题，我们有如下设计思路：结构加载时以模型荷重比来体现模型结构的合理性和材料的利用效率，因此结构不能太复杂，杆件要尽量少、尽量轻；框架结构具有轻质高强的特点，且便于制作，结构相对较稳定，故本模型考虑采用抗弯力框架结构；二级加载会对模型产生极大的扭矩，通过增设拉杆的方式可将部分扭力直接从低挂点传到底座，从而减小对框架结构的破坏；模型制作依据“强节点弱构件，强柱弱梁”的原则进行，尽量利用多种形式的构件设置合理的结构用以抵抗荷载，避免依靠单一构件来抵抗荷载的劣势。

78.2　选型分析

根据输电塔结构及其受力特点，针对不同受力工况及加载情况进行分析后，我们设计了多个输电塔模型进行比对研究，详见表78-1。

表78-1　　结构选型对比

选型方案	选型1	选型2	选型3
图示			
优点	质量轻，时间和材料利用率均较高	模型相对简单，时间利用率高	模型质量轻且受力合理
缺点	拉杆较难绷紧，部分工况受力不利	部分杆件容易失稳	模型较复杂，制作时间长

综合对比以上三种选型的优缺点，最终确定选型 3 为我们的参赛模型，模型效果图及实物图如图 78-1 所示。

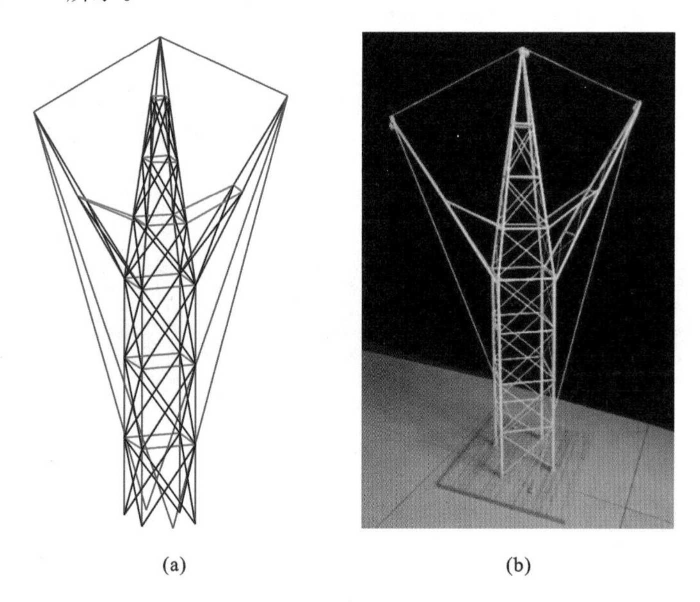

(a) (b)

图 78-1 选型方案示意图

(a)模型效果图；(b)模型实物图

78.3 数值模拟

基于有限元分析软件 SAP 2000 建立了结构的分析模型，第三级荷载作用下计算结果如图 78-2 所示。

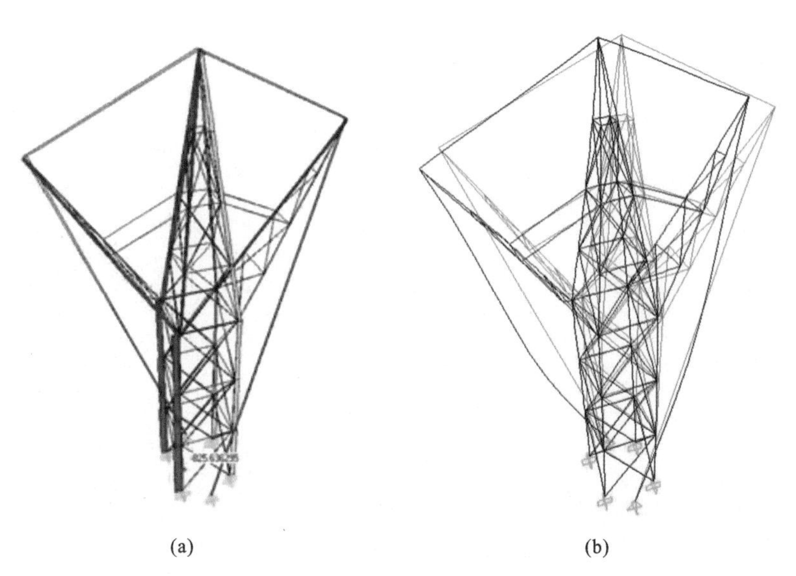

(a) (b)

图 78-2 数值模拟结果

(a)轴力图；(b)变形图

78.4 节点构造

节点是模型制作的关键部位，本模型部分节点详图如图 78-3 所示。

(a) (b) (c)

图 78-3 节点详图

(a)层间节点；(b)柱顶节点；(c)柱脚节点

79 山西大学

作品名称	永恒之塔
参赛学生	申子怡　姚建霞　梁　昊
指导教师	孙　补　陈　瑜

79.1 设计构思

本次竞赛题目要求设计并制作一个山地输电塔模型，由于山地地势不平，高低挂点落差较大，受力很不均匀，而且此次赛题还需要考虑山地坡度、四种不同导线加载工况和四种不同旋转角度的影响，所以对塔的质量要求比较高，选择合适的塔形和截面尤为重要。

本次竞赛考虑到工况的复杂性，从截面及塔形方面进行了如下考虑：

(1)截面选择：截面优先采用方形截面、管形截面、三角形截面及薄壁"花"形截面。

(2)塔形：主塔采用直塔或斜塔，塔头采用"倒伞形"的网架结构。

79.2 选型分析

结合赛题要求，根据结构稳定、传力合理、材料经济、兼顾美观的基本原则，初步提出以下几种选型进行对比分析。

选型 1：三角形塔。采用三根三角形空心主材搭接成三棱锥形。考虑到三根柱子的承载力有限，在模型的每个侧面布置了两道斜支撑，增强其整体承载力；对于截面外弯曲现象，通过在柱与斜支撑之间设置拉杆构成小三角形来提高结构的整体稳定性，同时设置拉杆来提高其抗拉能力，此时结构的拉压问题基本得到解决。对于抗扭问题，通过设置拉杆来解决。该方案比较适用于旋转角度为 45°、扭矩较小的情况。

选型 2："永恒之塔"。总高为 1220mm，采用四边形空心主材，添加刚度较大的横材保证结构整体性。将下部结构的截面面积做大，则惯性矩越大，抗扭刚度越大，于是解决了抗扭的问题。将上部结构做成四棱锥形，既节约了材料，又增强了稳定性。整个塔传力明确，受力路径清晰。该方案适用于旋转角度为 0°、扭矩较大的情况。

表 79-1 列出了两种选型的优点和缺点。

表 79-1 **结构选型对比**

选型方案	选型 1	选型 2
优点	抗弯能力好,质量轻	抗弯、抗扭能力都比较好
缺点	抗扭刚度不足	质量相对较重

综合对比以上两种选型,最终确定选型 2 为我们的参赛模型,模型效果图及实物图如图 79-1所示。

(a) (b)

图 79-1 选型方案示意图

(a)模型效果图;(b)模型实物图

79.3 数值模拟

基于有限元分析软件 MIDAS 建立了结构的分析模型,第三级荷载作用下计算结果如图 79-2 所示。

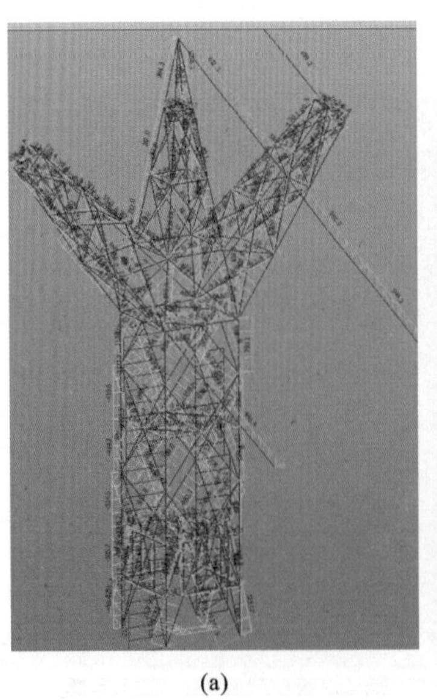

(a) (b)

(c)

图 79-2 数值模拟结果

(a)轴力图;(b)弯矩图;(c)变形图

79.4 节点构造

节点是模型制作的关键部位,本模型部分节点详图如图 79-3 所示。

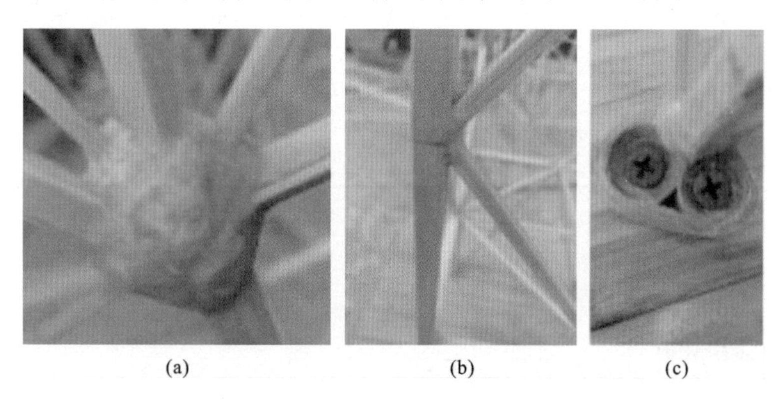

(a) (b) (c)

图 79-3 节点详图

(a)中部六杆连接处节点;(b)中部三杆连接处节点;(c)柱脚节点

80 青海大学

作品名称	锲而不舍 竹可成塔
参赛学生	孙仁杰 颜月宁 余子豪
指导教师	孙军强 张元亮

80.1 设计构思

在进行方案的初始构思时，主要从外观及结构受力两方面进行了设计。

外观：保留传统的四面矩形结构，规规矩矩，厚重大方；外伸臂由塔的中部向上、向外延伸；节点处有竹竿与竹条黏结，使横撑嵌入其中，又有竹粉填充缝隙，安全稳固，细腻美观。

结构：结构的好坏直接影响承载力和荷载的大小以及材料损耗量的多少。因此，以如何提高输电塔模型的抗扭强度为出发点，我们确定了初步设计目标，即尽量减小导线加载带来的附加弯矩，以及通过杆件截面和门架平面、立面形状加强下坡门架的抗扭刚度。对于抵抗扭矩而言，四面矩形的框架依然是一个不错的选择，它具有良好的抗扭性能。同时，由于竹皮具有抗拉性能较好的优点，在外围竖向受力杆件之间做大量的斜竹皮来抵抗水平方向拉力产生的扭矩，使结构中的杆件充分发挥作用，从而降低了杆件截面的强度要求。然而，这种做法却过多地损耗了材料。另外，我们通过在外伸臂的两端向支座拉四条竹皮，增强了结构的整体稳定性。竖向荷载和侧向荷载主要由框架结构承受，因顶部拉力过大，我们考虑加大杆件强度以及加强其与塔身的连接来保证其不会被破坏。

80.2 选型分析

选型对于荷载的承重尤为重要。本次竞赛中，我们对常见的输电塔形状进行了一定的改进。常见的电塔类型有酒杯形塔、猫头形塔、“上”字形塔、拉线“V”形塔等。

选型 1：酒杯形塔，塔形呈酒杯状。塔上架设两根避雷线，三相导线排列在一个水平面上，通常用于 110kV 及以上电压等级送电线路中，特别适用于重冰区或多雷区。

选型 2：猫头形塔，塔形呈猫头状。塔上架设两根避雷线，导线呈等腰三角形布置，它也是 110kV 及以上电压等级送电线路中常用的塔形，能节省线路走廊，其经济技术指标较酒杯形塔稍差。

选型 3：“上”字形塔，铁塔外形如“上”字。铁塔顶端架设单根或双根避雷线，导线呈不对称三角形布置，适用于少雷及轻冰地区，以及导线截面偏小的送电线路中。该杆塔具有较好的经济指标。

选型 4：拉线“V”字形塔，塔形呈“V”字形。塔上架设两根避雷线，导线呈水平布置，常用于 220kV 及以上电压等级的送电线路。该种塔形具有施工方便、耗钢量低于其他门形拉线塔等优点，但它占地面积较大，在河网及大面积耕地地区使用受到一定限制。

表 80-1 列出了各选型的优缺点。

表 80-1　**结构选型对比**

选型方案	选型 1	选型 2	选型 3	选型 4
图示				
优点	抗压性能较好，抗扭性能良好	抗压性能较好，抗扭性能良好	受力情况清晰、直接，经济性较好，上部结构符合赛题要求	便于施工，耗材量较少，经济性较好
缺点	经济性差，受力情况较为复杂	经济性差，受力情况较为复杂	节点处理较为复杂	抗扭性能较差

综合对比以上四种选型，在满足承载力要求的基础上，选择了经济性较好的“上”字形塔，并根据本次竞赛题目的要求进行了部分改造。选型方案示意图如图 80-1 所示。

(a)　　(b)

图 80-1　选型方案示意图

(a)模型效果图；(b)模型实物图

80.3　数值模拟

基于有限元分析软件 SAP 2000 建立了结构的分析模型，第三级荷载作用下计算结果如图 80-2 所示。

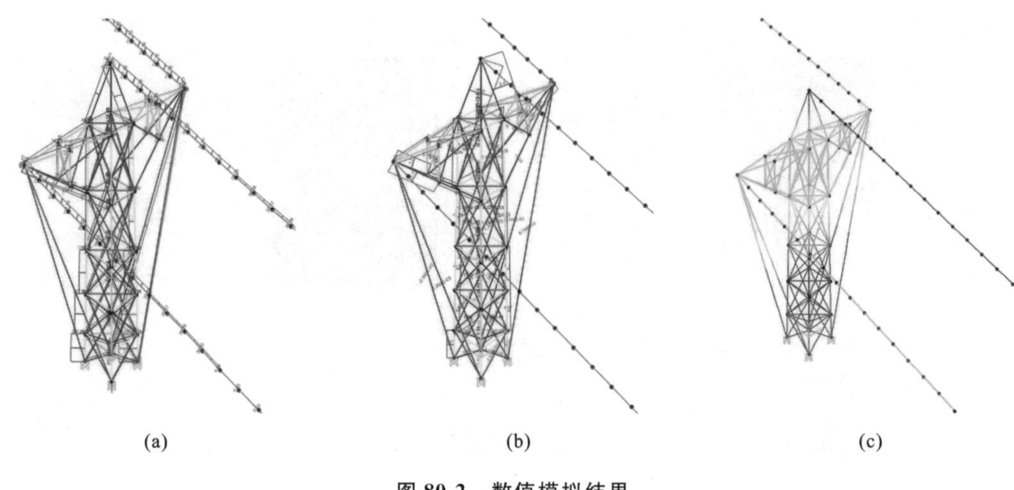

(a)　　(b)　　(c)

图 80-2　数值模拟结果

(a)内力图；(b)应力图；(c)变形图

80.4　节点构造

节点是模型制作的关键部位，本模型部分节点详图如图 80-3 所示。

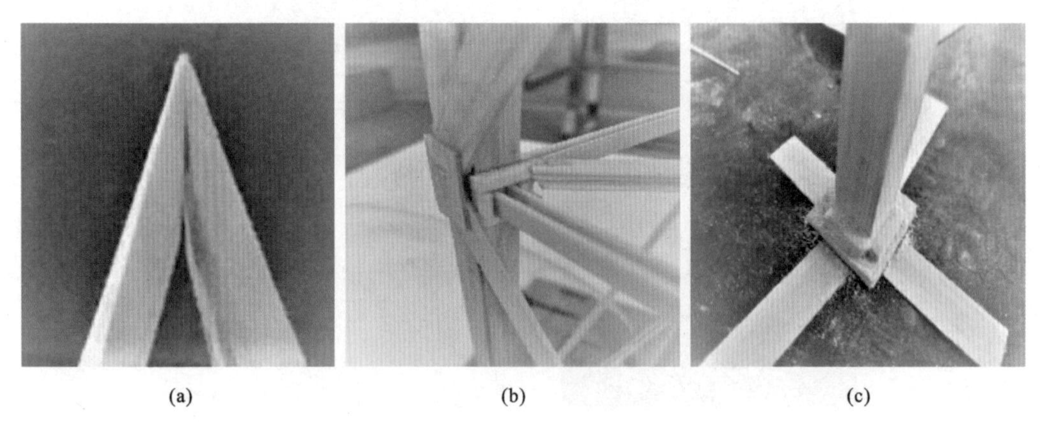

(a)　　(b)　　(c)

图 80-3　节点详图

(a)高挂点节点；(b)塔身节点；(c)柱脚节点

81 兰州工业学院

作品名称	擎宇
参赛学生	冯玉芳　王　亮　柳彦东
指导教师	李轶鹏　赵永花

81.1 设计构思

先对结构进行定性分析。一级荷载为拉压作用，对模型底部产生弯矩剪力和轴力；二级荷载使得结构整体发生扭转并附带弯曲作用；三级荷载对结构 y 方向产生弯曲剪切作用。

当选用塔架形式模型时，为抵抗弯曲作用，结构应尽量增大塔架的柱脚位置间距；为抵抗扭转作用，应使得塔架塔体尽量“粗”。为此，我们构思整个塔体为 4 柱脚直筒结构。在允许范围内伸出伸臂，进行不同挂点的加载。

低挂点在水平范围内投影为扇形区域，因此可以考虑模型采用转动安装方式，而转动安装的角度与位置取决于相应位置上荷载的大小。

由荷载分析可知，在条件允许的范围内如减小外荷载作用，可以使得结构更为经济。但是由于结构高挂点需要满足多种工况，并在三级荷载时施加水平力，所以取用 1350mm 整体模型高度，防止因超限而被判罚犯规。

两翼采用 45°斜向布置，这样既可以减小外荷载作用，也可以减小水平拉力产生的扭转效应。

考虑到模型需要满足同一角度多个荷载工况，模型设计为转动安装。

81.2 选型分析

选型 1：该角度（下坡门架旋转角度为 0°）下模型采用半伸臂，能保证 2 号挂点取最小荷载的同时绳索和挂盘均不触碰模型。该模型正放置可以满足加载工况为导线 1、2、6，导线 1、5、6；顺时针旋转放置可以满足加载工况为导线 2、3、4，导线 3、4、5。

选型 2：该角度（下坡门架旋转角度为 0°）下模型采用伸臂较粗的全伸臂形式，伸臂稳定性较好，但是空间位置较远，会触碰到 2 号挂点的绳索，尤其显得其他角度几何空间不足。

由选型 1 与选型 2 对比可知，选型 2 因伸臂水平投影面过大，钢丝绳有可能触碰模型，所以需要拉紧绳索，或者偏转顶部挂点，但其使模型受力不均匀。同理 15°、30°、45°模型，为避免绳索及挂盘与模型碰撞，均采用半伸臂模型。

表 81-1 中列出了两种选型的优缺点。

表 81-1　结构选型对比

选型方案	选型 1	选型 2
图示		
优点	满足外荷载最小条件	伸臂刚度较大,受力均匀
缺点	伸臂刚度较小,受力局部不均匀	由于会触碰模型,需要拉紧绳索,导致荷载增大

综合对比以上两种选型,最终确定选型 1 为我们的参赛模型,模型效果图及实物图如图 81-1 所示。

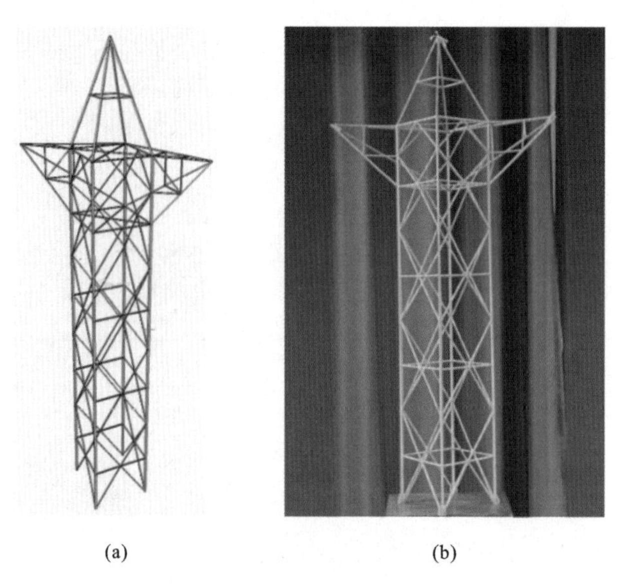

(a)　(b)

图 81-1　选型方案示意图

(a)模型效果图;(b)模型实物图

81.3　数值模拟

利用有限元分析软件 MIDAS 建立了结构的分析模型,第三级荷载作用下计算结果如图 81-2 所示。

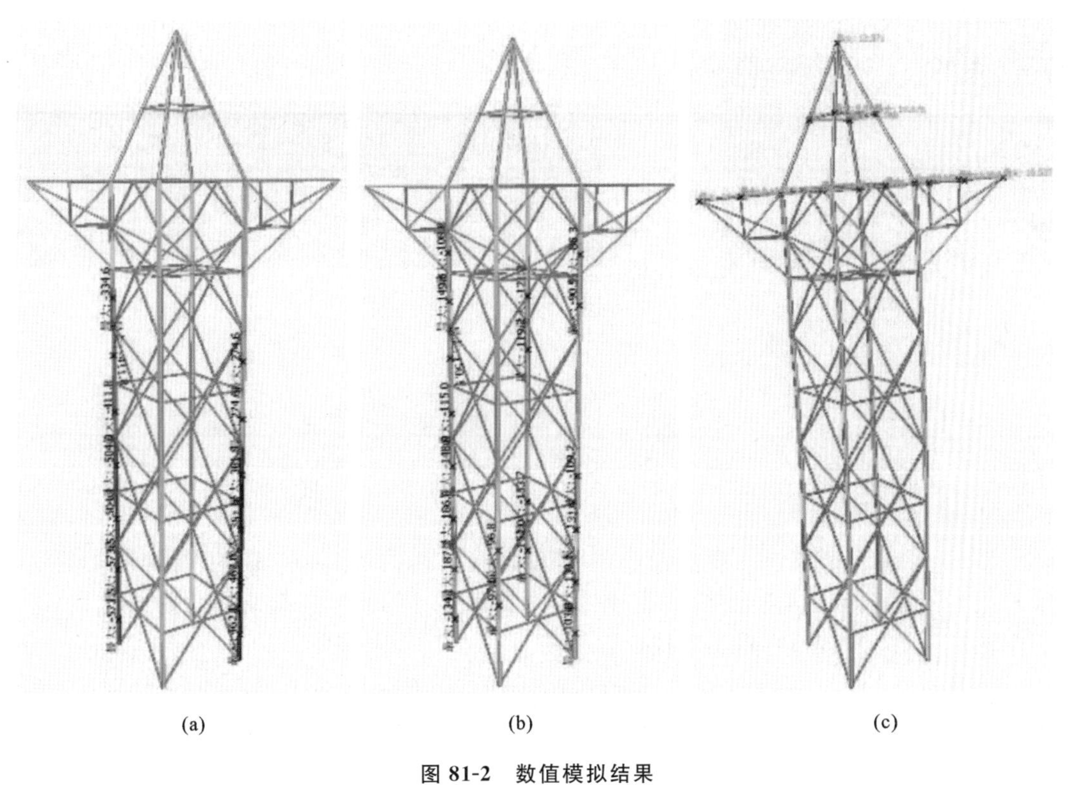

(a) (b) (c)

图 81-2 数值模拟结果

(a)轴力图;(b)弯矩图;(c)变形图

81.4 节点构造

节点是模型制作的关键部位,本模型部分节点详图如图 81-3 所示。

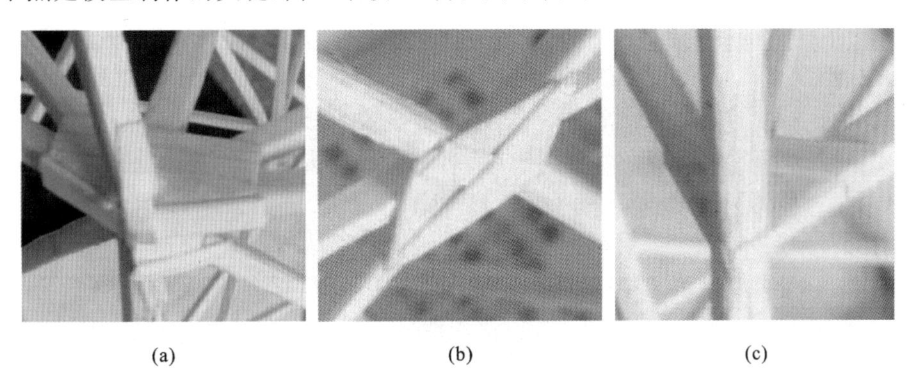

(a) (b) (c)

图 81-3 节点详图

(a)柱与头部节点;(b)十字交叉节点;(c) 角部节点

82 吉林建筑大学

作品名称	建设者
参赛学生	李思远　罗　洋　成　鑫
指导教师	闫　铂　李广博

82.1 设计构思

一级和二级加载工况主要施加竖向荷载,产生整体的弯矩和扭矩,三级加载工况主要产生整体的弯矩。因此,在模型设计过程中我们尽可能地选择轻质高强的结构,利用竹材的抗拉性能来提高结构的整体稳定性。

塔身采用多层刚架结构形式,充分考虑压杆与拉杆位置的选择。塔脚部分相互垂直,利用螺钉固定在底板上。塔顶采用加强单杆设计,利用拉带辅助受力。充分考虑3个加载级别,通过拉条对力的传导使整体结构受力均匀。

82.2 选型分析

选型1:采用了倒三角桁架结构并使用拉带将其向荷载方向反拉,上部将各加载点用杆件连接,下部支撑结构采用立体三角桁架。该模型的桁架结构采用了长细比较大的短杆代替长杆,具有结构不稳定、位移较大、刚度大,能够承受较大荷载的特点。此外,该设计方案的模型质量较大,受力较为复杂,制作工艺要求较高,模型制作烦琐、耗时较长。经过多次优化,模型质量始终无法达到预期,最终放弃该结构方案。

选型2:主体采用了桁架结构,低挂点使用斜支撑的方式。加载试验表明,该结构稳定性较好,可以承受期望的荷载。但低挂点处荷载较大,危险性高,节点连接处容易开裂。此外,杆件较为笨重。综合以上考虑,最终放弃该结构方案。

选型3:采用了多层刚架结构。塔身由6层刚架组成,每一层刚架的截面尺寸相同,都采用杆件、拉带交叉的连接方式。塔顶由4根杆件搭建形成高挂点。低挂点由加强的单根杆件,以及2根拉条黏结而成。考虑3个级别的加载特点,采用多根长拉条以保证整体结构的抗倾覆能力。

表82-1列出了三种选型的优缺点。

表 82-1　　　　　　　　　　　　　　　**结构选型对比**

选型方案	选型 1	选型 2	选型 3
图示			
优点	模型制作简单，杆件传力清晰，受力明确	模型接近实际输电塔结构，整体受力合理，各杆件受力均匀	模型主体为空间矩形辅以拉带进行受力，制作简单
缺点	杆件所受轴向力很大，用薄竹皮卷杆很难满足刚度要求	制作烦琐，杆件数量多且节点连接复杂，容易出现断点、杆件不连续等现象	模型主体承受扭转弯曲后对拉带的强度要求很高，主体杆件受力复杂

综合对比以上三种选型，最终确定选型 3 为我们的参赛模型，模型效果图及实物图如图 82-1 所示。

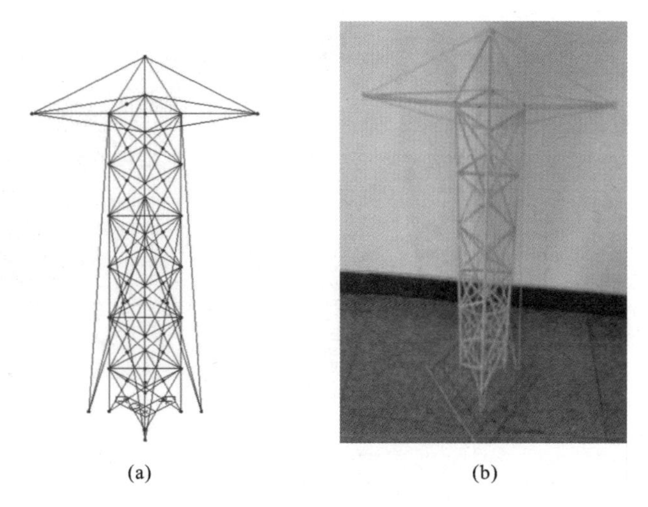

图 82-1　选型方案示意图

(a)模型效果图；(b)模型实物图

82.3　数值模拟

基于有限元分析软件 MIDAS Gen 建立了结构的分析模型，第三级荷载作用下计算结果如图 82-2 所示。

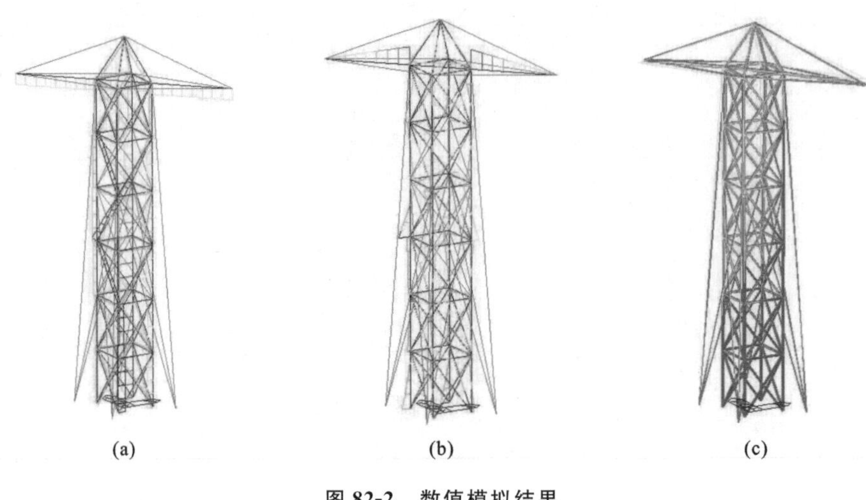

图 82-2　数值模拟结果

(a)内力图;(b)应力图;(c)变形图

82.4　节点构造

模型节点处的受力较为复杂,是结构中的薄弱环节。实际工程中,一般要求框架结构节点的强度大于梁柱结构。模型制作也不例外,尤其是受拉节点。节点设计要保证连接可靠,且每个节点都使用竹粉进行处理。本模型部分节点详图如图 82-3 所示。

图 82-3　节点详图

(a)高挂点节点;(b)柱子与腹杆连接节点;(c)柱脚节点

83 重庆文理学院

作品名称	埃菲尔竹塔
参赛学生	刘　洋　孔　超　周滨芳
指导教师	王明振　杨文晗

83.1 设计构思

对于本次竞赛所针对的山地输电塔，在外部荷载作用下所承受的内力以弯矩、扭矩、剪力、压力等为主，所以设计的结构模型在结构整体层次上应具有足够的抗倾覆、抗扭转、稳定和协调变形能力，而在结构构件层次上应具有抗压屈曲能力和极限承载能力。此外，由于所建立输电塔结构底部节点在结构整体倾覆弯矩作用下所受拉力较大，因此应注重加强结构底部节点与加载底板之间的有效锚固。

根据相关结构设计理论可知，当结构在外部荷载作用下整体变形且结构强度达到合理的平衡时，输电塔结构方能在较小的自重条件下承受较大的外部荷载。即所设计输电塔模型不应只强调结构强度而导致结构质量很大，也不应使结构变形过大而产生附加内力。综上，最优的结构设计方案应是在综合考虑结构的刚度、强度、稳定性、整体性等多方面条件，并保证强度足够的前提下使结构具有一定的变形能力。

83.2 选型分析

根据输电塔结构及其受力特点，针对不同受力工况及加载情况进行分析后，我们设计了多个输电塔模型进行比对研究，详见表 83-1。

表 83-1　结构选型对比

选型方案	选型 1	选型 2	选型 3	选型 4
图示	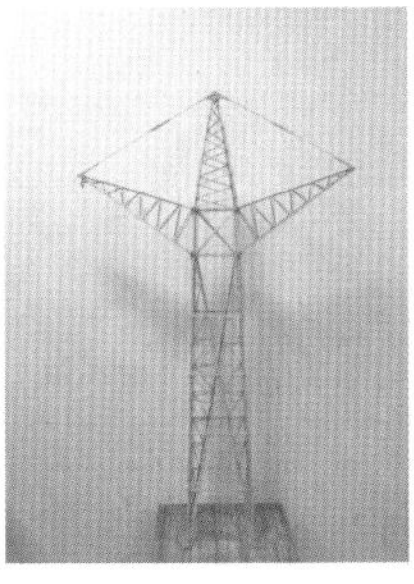			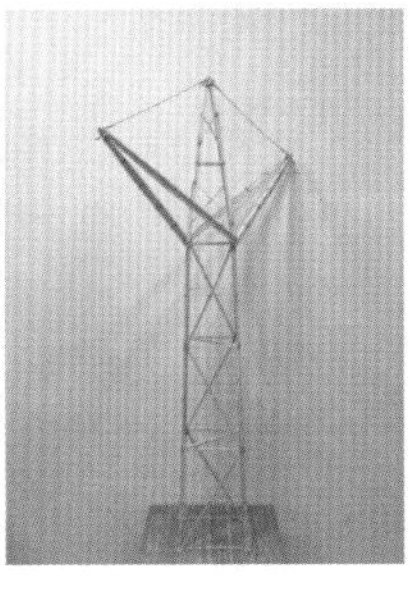

续表

选型方案	选型 1	选型 2	选型 3	选型 4
优点	结构造型美观,承载能力较好	斜拉杆能较好地将荷载传递到底部约束,结构变形较小	质量较小,承载能力较好,变形较小	质量较小,承载能力较好,变形较小
缺点	质量较大,杆件较多,制作周期较长,变形较大	质量较大,结构复杂,杆件类型较多,不适用于工况未知的情况	对杆件制作、节点连接要求较高	两翼低挂点高度较小,加载过程中砝码易触碰模型

综合前期选型和优化过程,最终确定的方案模型效果图及实物图如图 83-1 所示。

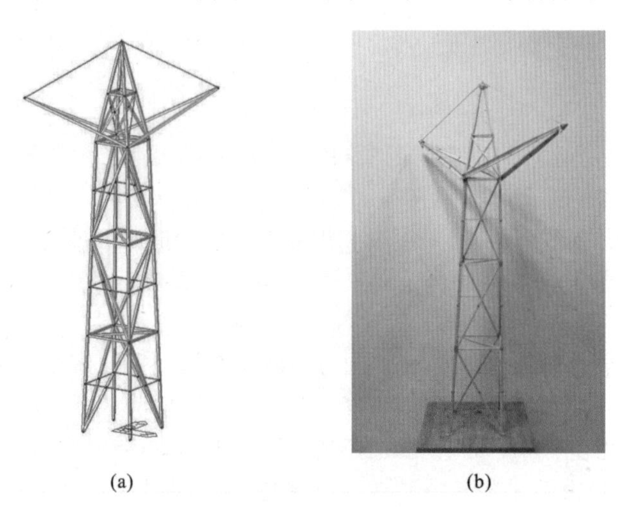

(a) (b)

图 83-1 选型方案示意图

(a)模型效果图;(b)模型实物图

83.3 数值模拟

基于有限元分析软件 MIDAS 建立了结构的分析模型,第三级荷载作用下计算结果如图 83-2 所示。

83.4 节点构造

节点是模型制作的关键部位,本模型部分节点详图如图 83-3 所示。

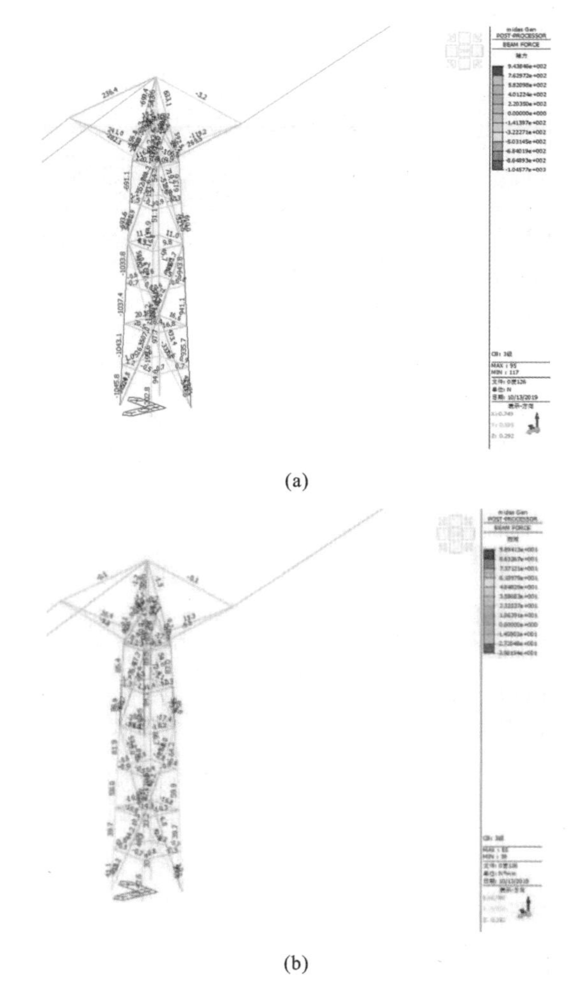

(a)

(b)

图 83-2　数值模拟结果

(a)轴力图;(b)弯矩图

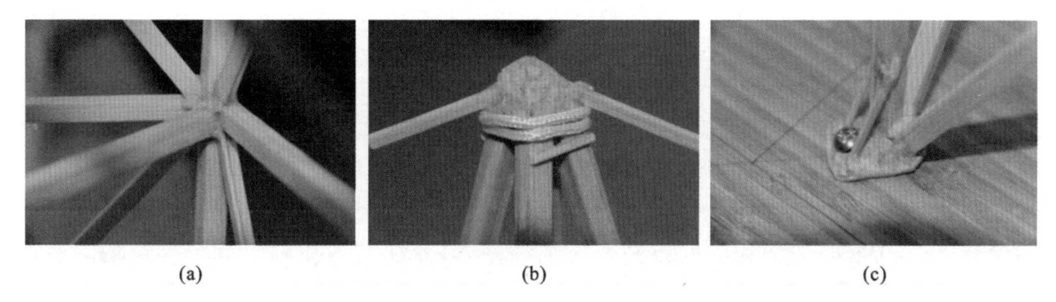

(a)　(b)　(c)

图 83-3　节点详图

(a)塔身节点;(b)高挂点节点;(c)柱脚节点

84　齐齐哈尔大学

作品名称	风之翼
参赛学生	赵丽娟　景云雷　王　爽
指导教师	张　宇　王　丽

84.1　设计构思

结构的整体设计以"承载力强、轻质稳定"为核心，在力求创新、经济、便捷、美观的基础上实现其使用功能。

从受力的角度，结构本身在16种工况的作用下可能承受压、拉、弯、剪、扭等力的作用，一级、三级加载主要检验结构的抗压和抗弯能力，二级加载主要检验结构的抗扭能力；同时下坡门架旋转角度的变化及加载工况的不同对结构的受力影响均较大，应根据不同的旋转角度分别考虑结构内力。相同旋转角度、不同加载工况以及在制作模型之后进行工况抽签的规定则要求结构在各个方向的受力相对平衡且均匀。

从变形的角度，结构在加载之前要进行净空检测，同时在一级和二级加载下也需要进行净空检测，这就限制了结构为可变结构或超柔性结构的可能，需要结构本身的杆件合理布置以起到减小变形的作用。

84.2　选型分析

针对下坡门架的不同旋转角度，以消除扭矩为出发点，制作三角形等截面的拉压结构，主体结构由一根大截面箱形杆、两根小截面箱形杆和诸多拉条组成，在规定的旋转角度区域内通过改变结构的安装角度最大限度地减小结构所要抵抗的扭矩，通过大跨度斜拉的方式来实现拉压平衡，箱形杆和拉条共同抵抗由弯矩及扭矩产生的应力。

下坡门架四种旋转角度与四种加载工况相组合，受力复杂，难以有针对性地进行结构设计，以主要抵抗弯矩为出发点制作方形截面，以及四面均质的空间桁架结构。通过四根内部有填充的箱形杆搭配格构式空间桁架共同抵抗弯矩与压力，充分利用竹皮的抗拉性能和箱形杆的稳定性，将结构所受的扭矩转化为箱形杆的压力和竹皮的拉力。在主体结构和主要受力杆件满足稳定性的前提下最大限度地提高受拉竹皮的用量，以达到"轻质稳定"目的。表84-1中列出了两种选型的优缺点。

表 84-1　　　　　　　　　　　　　　**结构选型对比**

选型方案	选型 1	选型 2
优点	受力清晰，抗扭能力强，质量轻，制作简单	抗压、抗弯、抗扭能力均较好，可适用于四种工况
缺点	抗压和抗弯能力差，局限性大，难以适用于四种工况	质量大，材料有效利用率低，制作工艺复杂

综合对比选型 1 和选型 2 的优缺点，最终确定选型 2 为我们的参赛模型，模型效果图及实物图如图 84-1 所示。

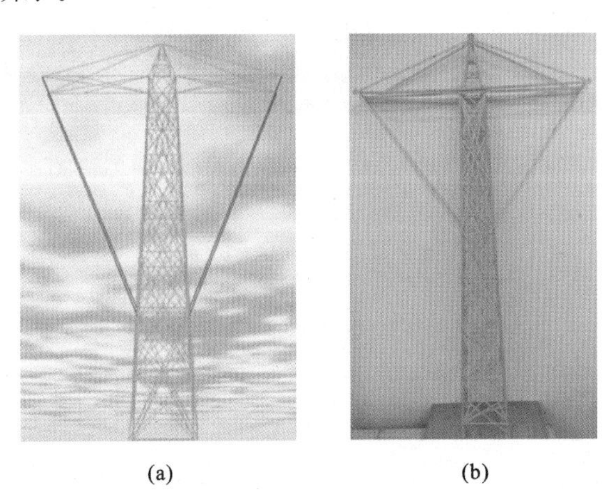

(a)　　　　　　　　(b)

图 84-1　选型方案示意图

(a)模型效果图；(b)模型实物图

84.3　数值模拟

利用有限元分析软件 MIDAS、ANSYS 建立了结构的分析模型，第三级荷载作用下计算结果如图 84-2 所示。

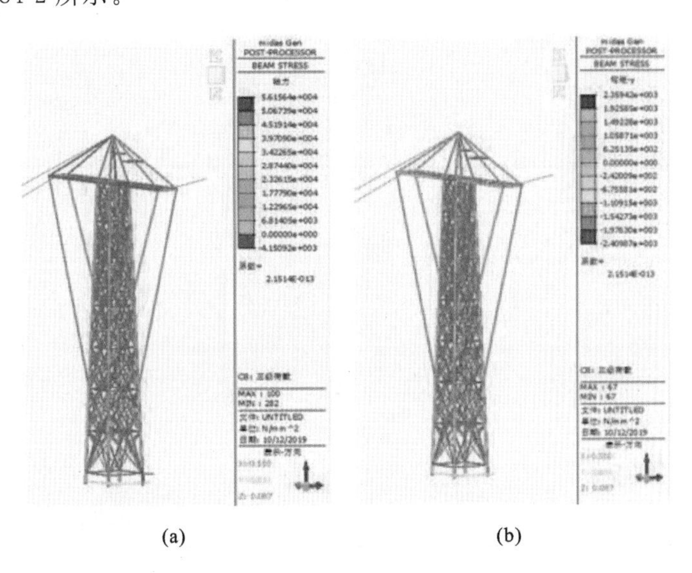

(a)　　　　　　　　(b)

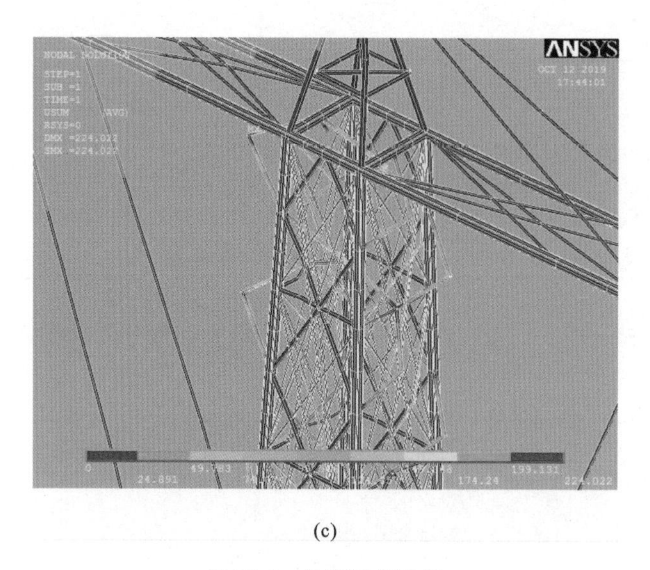

图 84-2　数值模拟结果

(a)轴力图;(b)弯矩图;(c)变形图

84.4　节点构造

节点是模型制作的关键部位,本模型部分节点详图如图 84-3 所示。

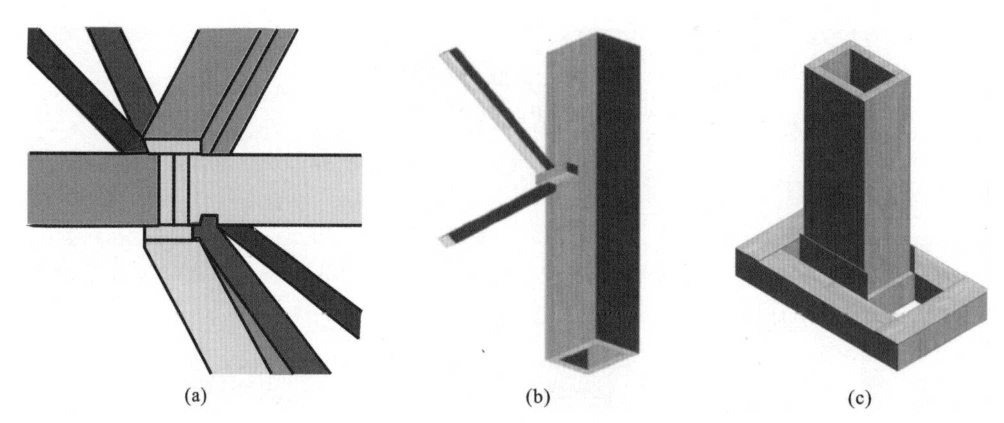

图 84-3　节点详图

(a)柱顶节点;(b)斜撑连接节点;(c)柱脚节点

85 长春建筑学院

作品名称	沙漠之星
参赛学生	曹智健　杨大伟　蔡　贺
指导教师	张志影　衣相霏

85.1 设计构思

在满足强度和稳定性的前提下,对结构起控制作用的变量主要是不同旋转角度和不同工况下模型所受的力。不同的结构选型在这些方面有较大的差异,需要一一在理论和实践中进行分析和比较。在结构选型中,我们对各种结构形式进行了比较详尽的理论分析和试验比较,着重分析结构自重和加载点位置,以期达到较大的效率比。具体措施有:根据模型的制作材料,选择适当的结构形式,提高结构刚度和整体性;针对不同的结构形式,在保证安全、可靠的前提下,尽量优化模型、减轻模型自重,使荷重比达到最大;针对不同的荷载分布,通过大量加载试验,观测模型的变形量和位移量,在满足强度和稳定性的前提下,尽可能提高效率比。针对上述措施,我们重点讨论了拉索、格构式塔身+桁架塔顶两种结构形式,并分析了这两种结构形式的优缺点。

85.2 选型分析

选型 1:拉索结构自重较轻,且十分节省材料,但拉索结构对结构的稳定性有较高的要求,拉索的设计较为复杂,拉索对材料的要求比较高。由于本赛题要求结构在加载过程中承受较大的扭矩和面外荷载产生的弯矩,难以控制其稳定性,并且对结构的刚度要求也比较高,拉索结构的强度也难以得到保证,因此在实际工程中应用并不广泛。

选型 2:格构式塔身+桁架塔顶结构具有比较好的刚度,塔身腹杆可作为压杆使用,也可以使塔身形成一个整体,提高结构的刚度和稳定性。竹条可作为承受拉力构件,正好发挥竹条受拉性能。考虑到赛题的要求和实际情况中不同结构的受力性能不同,以及结构性能和制作工艺,我们选用截面为箱形的空心截面,截面形状较规则,制作起来相对容易一些,同时空心截面材料主要分布在外围,使得塔身部分有较大的惯性矩,抗弯性能好,承载能力强。

两种选型优缺点对比如表 85-1 所示。

表 85-1 **结构选型对比**

选型方案	选型 1	选型 2
优点	自重较轻、节省材料	刚度较好,稳定性好,抗扭性能好
缺点	稳定性差,对材料的要求比较高,设计较为复杂,在实际工程中应用并不广泛	自重稍大,手工制作要求较高

格构式塔身+桁架塔顶结构传力方式简洁、明确,避免了复杂节点处理,杜绝了薄弱环节的存在;采用刚节点连接设计方法,应用节点片连接节点,连接传力可靠,节点连接刚度大;放样、制作标准化,提高了制作精度。选型方案示意图如图 85-1 所示。

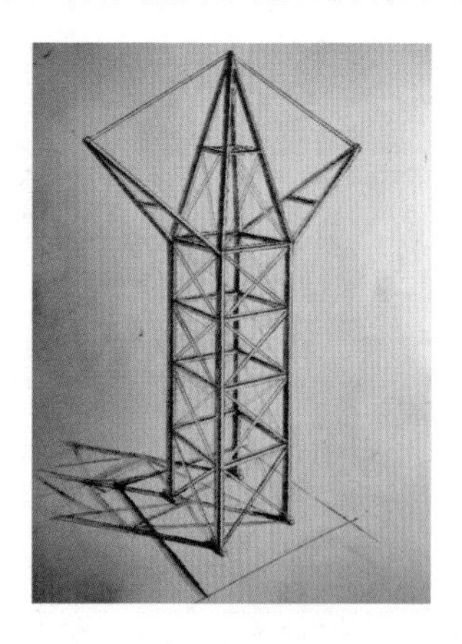

图 85-1 选型方案示意图

85.3 数值模拟

基于有限元分析软件 MIDAS Gen 建立了结构的分析模型,第三级荷载作用下计算结果如图 85-2 所示。

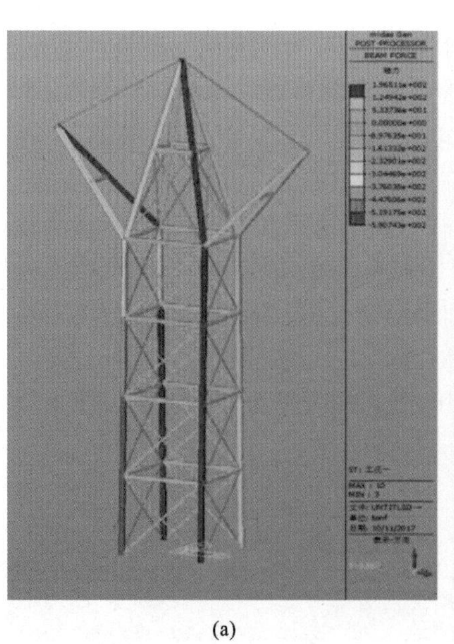

(a)

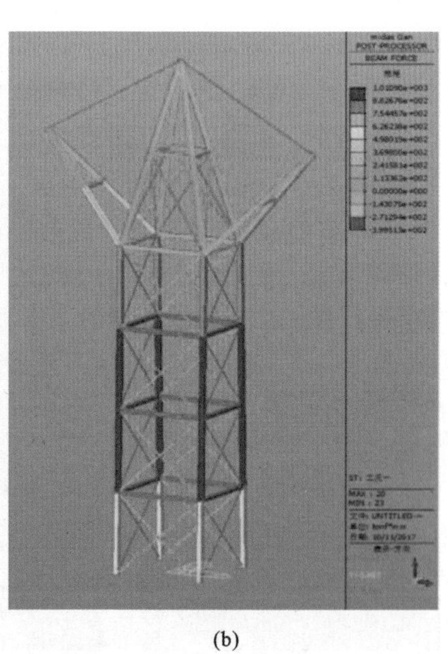

(b)

(c)

图 85-2　数值模拟结果

(a)轴力图;(b)弯矩图;(c)变形图

85.4　节点构造

节点是模型制作的关键部位,本模型部分节点详图如图 85-3 所示。

(a)

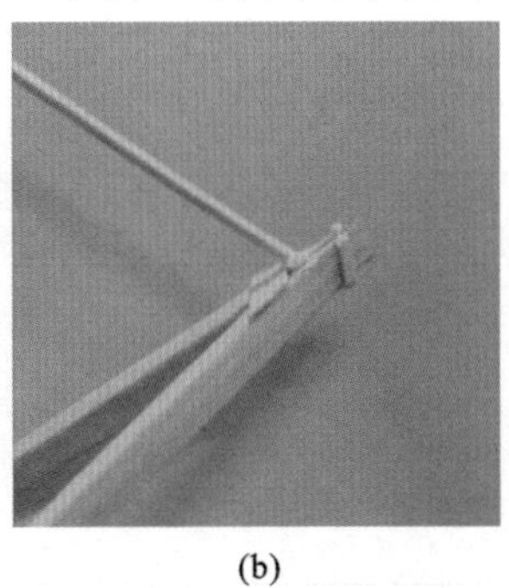

(b)

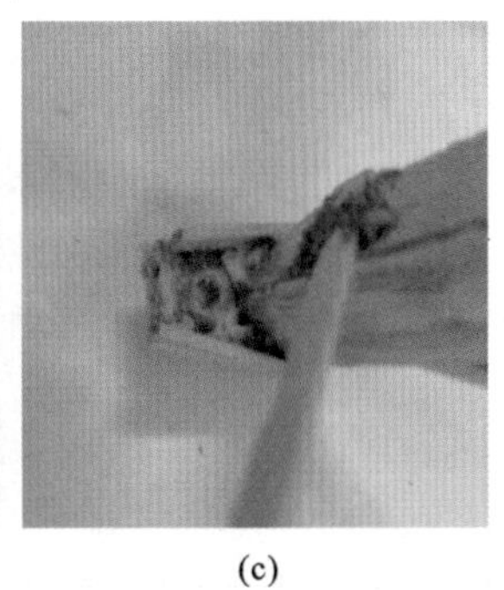

(c)

图 85-3　节点详图

(a)高挂点节点;(b)低挂点节点;(c)柱脚节点

86 内蒙古科技大学

作品名称	输电1号
参赛学生	丁腾之　马　枭　刘效武
指导教师	田金亮　陈　明

86.1 设计构思

本次竞赛题目要求参赛队设计并制作一个山地输电塔结构模型，因此，我们从所给材料性能、结构选型及结构体系的受力方式、构件布置、结构的加载方式、多工况内力分析等方面对结构方案进行构思，综合分析后选择了空间桁架结构作为参赛结构。模型有四根立柱，上部结构和下部结构之间采用斜撑来辅助支撑。为保证结构的稳定性，提高结构的安全储备，我们在四根立柱之间采用拉带拉结和撑杆固定，以有效控制加载时模型的位移和变形。

86.2 选型分析

从结构设计到模型制作及后期测试的过程中，共设计了两套模型。

选型1：原模型，优点是结构稳定，加载成功率较高；缺点是侧面拉杆刚度较大。结构受扭时侧面拉杆受拉，而侧面拉杆设计时是抗压，导致模型加载失败。

选型2：在原模型的基础上对杆件长度进行优化。经过长度优化后的杆件不仅满足模型的加载需求，还减轻了模型的质量。

综合对比两种选型，最终确定选型2为我们的参赛模型，模型效果图及实物图如图86-1所示。

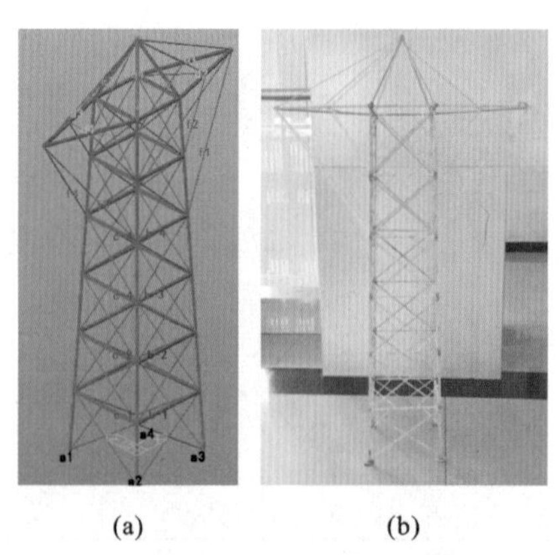

图86-1　选型方案示意图

(a)模型效果图；(b)模型实物图

86.3 数值模拟

基于有限元分析软件 MIDAS Gen 建立了结构的分析模型，第三级荷载作用下计算结果如图 86-2 所示。

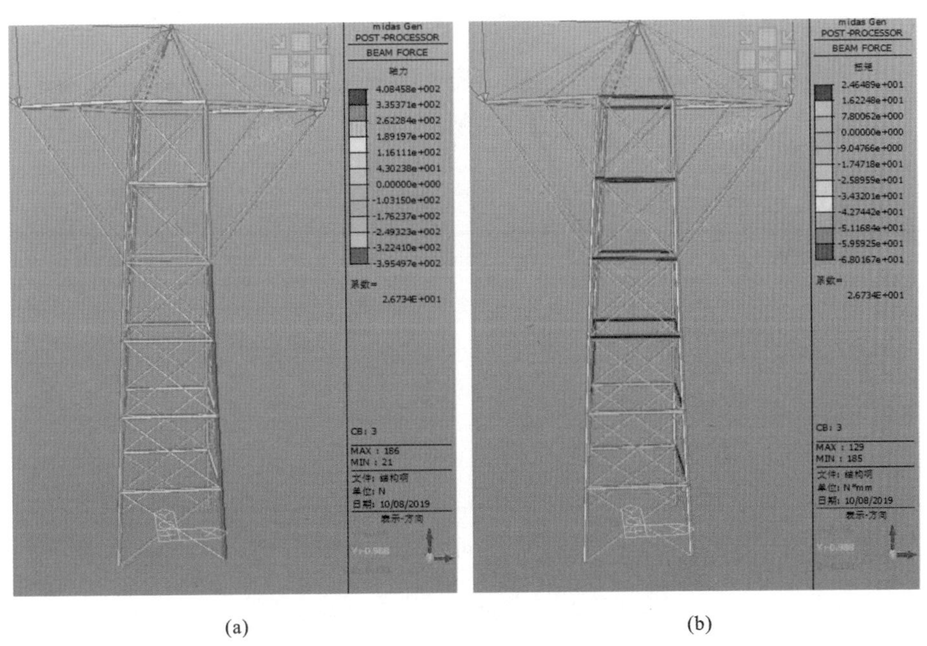

(a) (b)

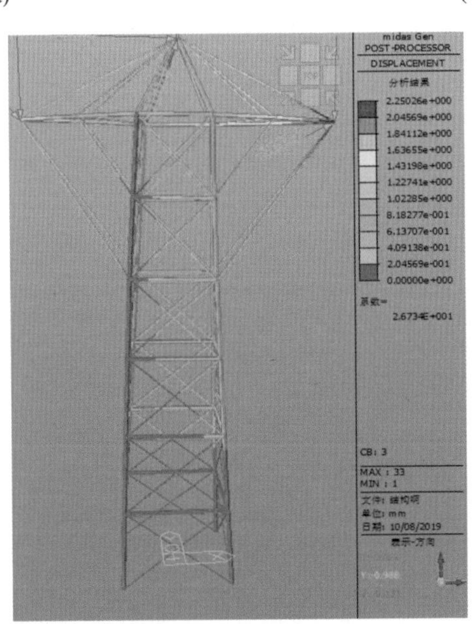

图 86-2 数值模拟结果

(a)轴力图；(b)弯矩图；(c)变形图

86.4 节点构造

节点是模型制作的关键部位，本模型部分节点详图如图 86-3 所示。

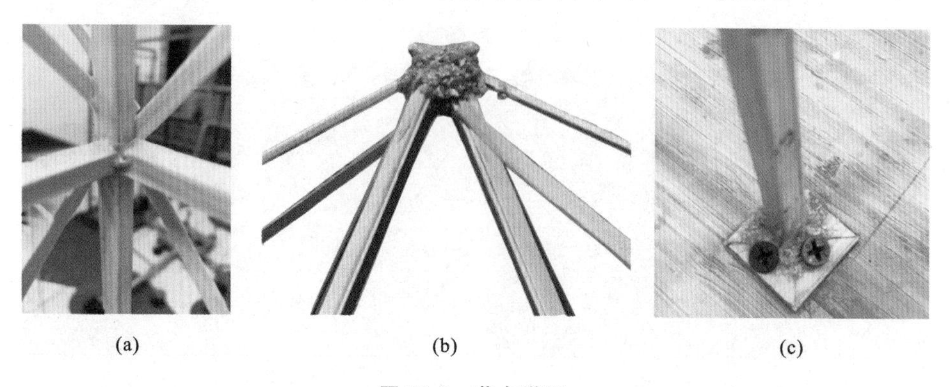

(a)　　(b)　　(c)

图 86-3　节点详图

(a)主框架节点；(b)高挂点节点；(c)柱脚节点

87 西安建筑科技大学华清学院

作品名称	战塔
参赛学生	宋鹏辉　冉永辉　于学徽
指导教师	吴耀鹏　万婷婷

87.1 设计构思

本次结构设计竞赛要求设计并制作一个山地输电塔模型。结构模型只需满足几何尺寸以及挂点在有效范围内的要求，而对于结构体系的选择不作限制，这为我们的方案选择提供了较大空间。我们的设计思路如下：模型主体选用桁架结构，部分受拉杆件用抗拉性能良好的竹皮代替；二级加载会对模型产生极大的扭矩，通过增加拉条将部分扭力直接从低挂点传至底板；在不违规的前提下，模型安装时旋转合适角度，以减少结构内力和变形。

87.2 选型分析

根据输电塔结构及其受力特点，针对不同受力工况及加载情况进行分析后，我们设计了多个输电塔模型进行比对研究，详见表 87-1。

表 87-1　结构选型对比

选型方案	选型 1	选型 2
图示		
优点	模型对称布置，质量较小	模型非对称布置，制作时间长
缺点	模型抗扭能力相对较弱	质量相对较大

综合对比以上两种选型的优缺点，最终确定选型 2 为我们的参赛模型，模型效果图及实物图如图 87-1 所示。

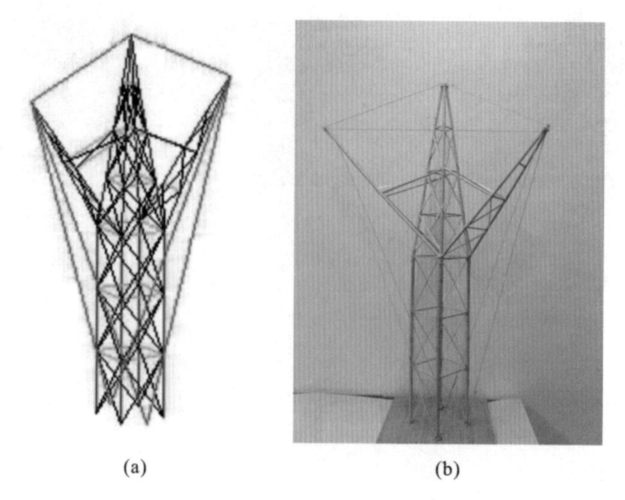

(a)　　　　(b)

图 87-1　选型方案示意图

(a)模型效果图；(b)模型实物图

87.3　数值模拟

基于有限元分析软件 SAP 2000 建立了结构的分析模型，第三级荷载作用下计算结果如图 87-2 所示。

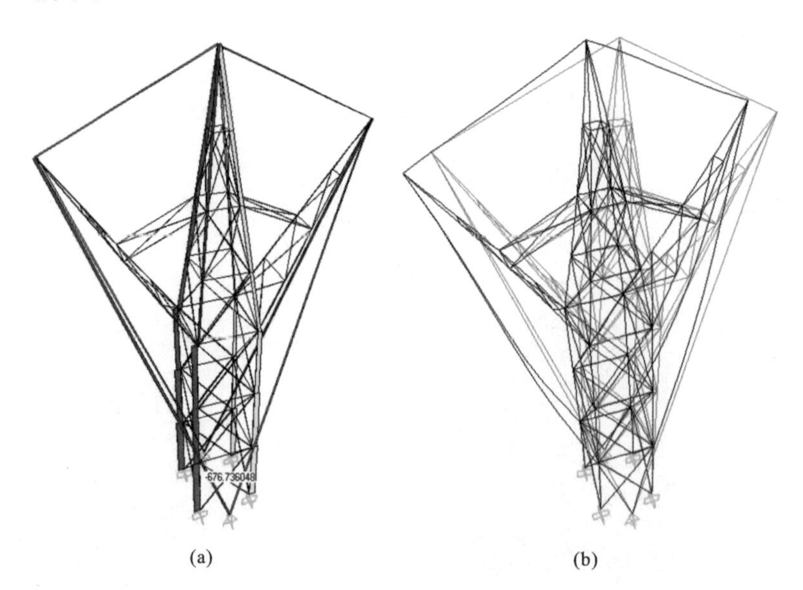

(a)　　　　(b)

图 87-2　数值模拟结果

(a)轴力图；(b)变形图

87.4 节点构造

节点是模型制作的关键部位，本模型部分节点详图如图 87-3 所示。

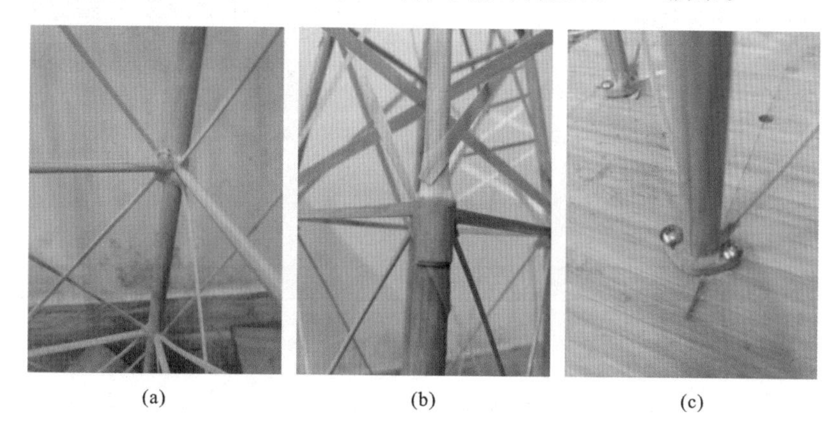

(a) (b) (c)

图 87-3 节点详图

(a)支撑节点；(b)柱间节点；(c)柱脚节点

88 天津大学

作品名称	东风
参赛学生	周伟悦　张光辉　杨建川
指导教师	李志鹏

88.1 设计构思

本次赛题要求设计并制作输电塔模型。模型必须有两个低挂点和一个高挂点以便加载。低挂点高度要求为1000～1100mm，高挂点高度要求为1200～1400mm。模型加载分为三级：一级加载主要表现为压力和弯矩，二级加载主要表现为扭矩和压力，三级加载主要表现为弯矩和压力。

为使荷载带来的弯矩最小，即模型柱脚处弯矩最小，应使模型的高挂点高度在满足要求的情况下尽量小。为使荷载带来的扭矩最小，应尽量减小扭力的力矩，即应使模型的低挂点外伸尽量小。

88.2 选型分析

根据输电塔结构及其受力特点，针对不同受力工况及加载情况进行分析后，我们设计了多个输电塔模型进行比对研究，详见表88-1。

表88-1　结构选型对比

选型方案	选型1	选型2	选型3	选型4
图示				
优点	质量小，传力清晰	质量较小	结构稳定，挠度小	稳定，刚性大
缺点	挠度大，制作难度大	挠度大，制作难度较大	抗扭能力较弱	质量大

综合对比以上四种选型的优缺点，最终确定选型 3 为我们的参赛模型，模型效果图及实物图如图 88-1 所示。

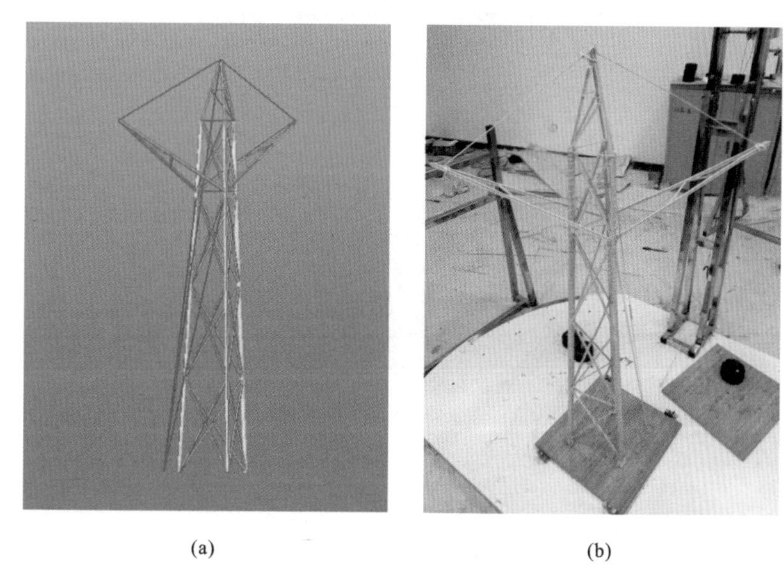

(a)　　　　　　　　(b)

图 88-1　选型方案示意图

(a)模型效果图；(b)模型实物图

88.3　数值模拟

基于有限元分析软件 MIDAS Gen 建立了结构的分析模型，第三级荷载作用下计算结果如图 88-2 所示。

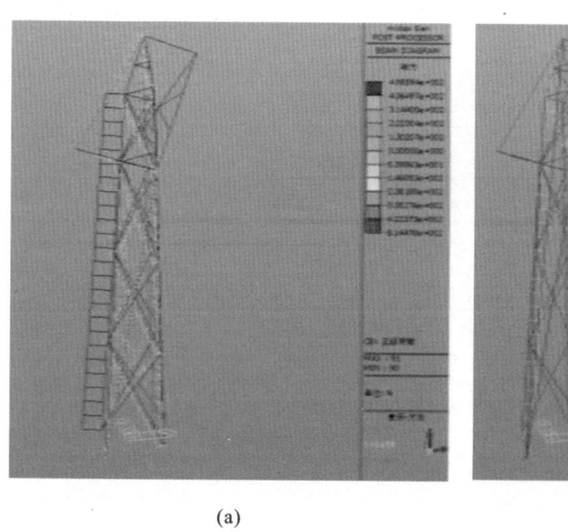

(a)

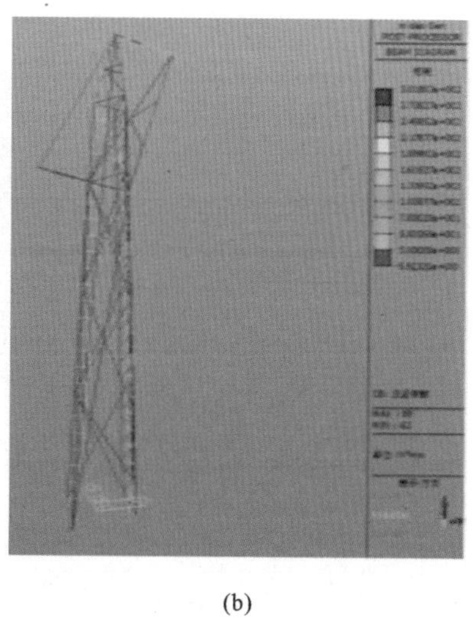

(b)

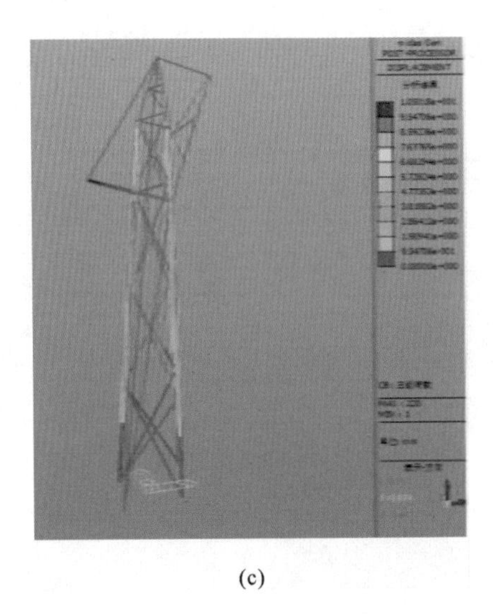

(c)

图 88-2　数值模拟结果

(a)轴力图;(b)弯矩图;(c)变形图

88.4　节点构造

节点是模型制作的关键部位,本模型部分节点详图如图 88-3 所示。

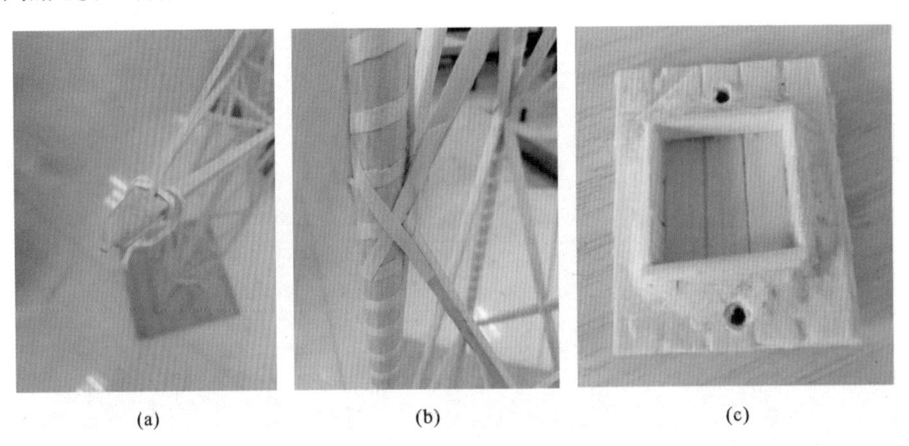

(a)　(b)　(c)

图 88-3　节点详图

(a)低挂点节点;(b)柱间节点;(c)柱脚节点

89 黄山学院

作品名称	倚天剑
参赛学生	黄建成　王公成　张　凯
指导教师	邓　林　王小平

89.1 设计构思

本次竞赛题目是关于山地输电塔,十分贴合实际,既要考虑质量也要考虑抗拉与抗扭的能力,要求在工程中保证结构的强度、刚度、稳定性的前提下,设计出既安全又经济的方案。

下坡门架旋转角度对模型的影响:赛题指出有四种不同的下坡门架角度,即 0°、15°、30°、45°。实际中的山地输电塔是架空线路的支撑点,塔两端的钢索质量相差不大,即塔的受力基本平衡,对塔的强度要求很高,但对抗拉、抗扭能力要求不高。而赛题所设的上坡门架与下坡门架,则打破了实际的平衡状态,要求模型具有很强的抗扭能力。下坡门架旋转角度的存在,实则就是要求设计构思时是直接利用所做模型的强度硬抗扭力,还是选择在规定范围内设计高挂点与低挂点点位来释放扭力。

导线加载工况的差异对模型结构的影响:本次赛题利用在导线上挂砝码来模拟实际的钢索。我们在实际模型试验中发现,在满足净空要求的情况下,导线越长越好。在多次试验中同样发现,上坡门架与下坡门架悬挂点受力也存在巨大差异,上坡门架悬挂点受力相对于所悬挂的砝码质量而言,小了好几倍,且低挂点点位越高越好,下坡门架却没有这种优势。

89.2 选型分析

直接利用所做模型的强度硬抗扭力,还是选择在规定范围内设计高挂点与低挂点点位来释放扭力,这是个值得思考的问题,在多次试验中,我们发现以下三种选型有一定加载能力。

选型 1:框架支撑方案。为了有最大的承载力,将四根柱子笔直伸至 1100mm 的位置,高挂点在四根柱子的中心,高 1300mm。考虑到两侧低挂点受扭力太大,有了两点设计:其一是将两侧伸臂缩短以减小力臂;其二是将两处低挂点靠近相应的下坡门架与上坡门架,将部分扭力转化为拉力,使模型承载力提升。

选型 2:三立柱方案。在多次试验中我们发现,选型 1 将低挂点伸至极限位置时的扭力对模型整体的影响还是很大,于是我们想单独做两个结构来进行一对一承载,再做一个结构来承载三级荷载和导线 2、5。这样既能释放扭力,又对模型强度要求有所降低。利用实际工程中的独脚拔杆原理来制作模型,利用所提供的杆件进行约束,将三根柱子摆在最优的承载位置来完成加载。

选型3:格构柱+伸臂桁架方案。我们在试验中发现,相对于固定端支座,铰支座能够很大程度地释放弯矩,整个模型的最大弯矩也会变小,选型2就采用铰连接而取得了试验的成功。而选型1的两侧伸臂的承载能力也较强,所以如果能将这两种优点充分利用起来,就能达到设计和制作要求。

表89-1中列出了三种选型的优缺点。

表89-1 结构选型对比

选型方案	选型1:框架支撑方案	选型2:三立柱方案	选型3:格构柱+伸臂桁架方案
图示			
优点	整体稳定性好	无构件扭转	质量轻且承载能力强
缺点	构件制作工艺要求高	质量较大	安全裕度小,风险高

综合对比三种选型的优缺点,最终确定方案的效果图如图89-1所示。

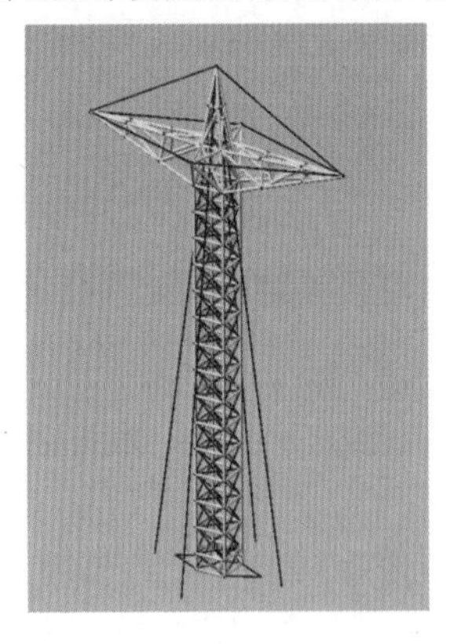

图89-1 选型方案效果图

89.3 数值模拟

利用有限元分析软件MIDAS Gen建立了结构的分析模型,第三级荷载作用下计算结果如图89-2所示。

89.4 节点构造

节点是模型制作的关键部位,本模型部分节点详图如图89-3所示。

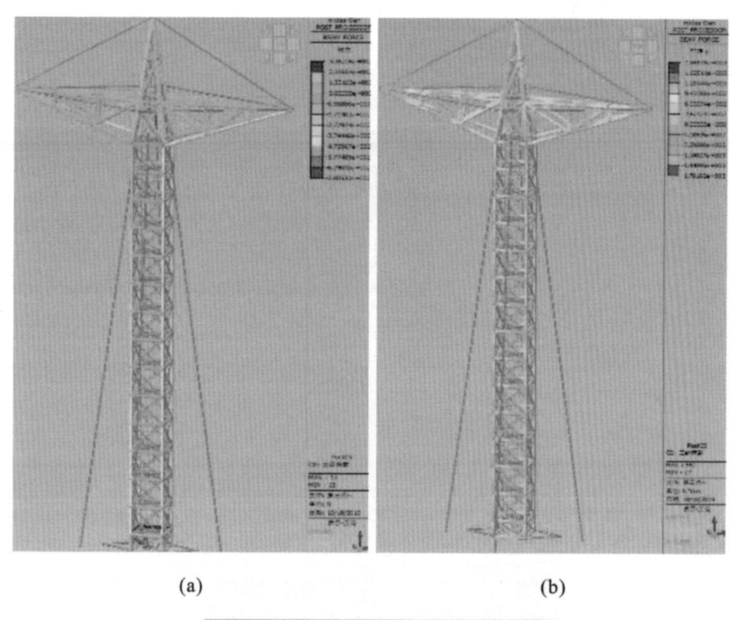

(a) (b)

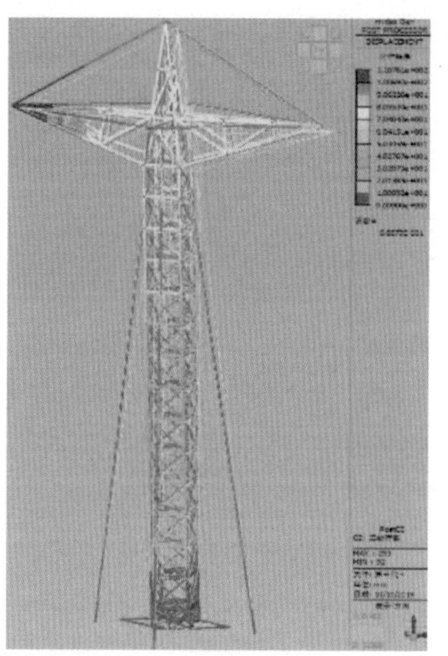

(c)

图 89-2 数值模拟结果

(a)轴力图；(b)弯矩图；(c)变形图

(a) (b) (c)

图 89-3 节点详图

(a)角钢内侧节点；(b)顶部竹条节点；(c)外伸臂拉条节点

90　浙江工业职业技术学院

作品名称	一十一
参赛学生	何文浩　洪进锋　费少龙
指导教师	罗烨钶　罗晓峰

90.1　设计构思

在满足强度和稳定性的前提下，对结构起控制作用的变量主要是模型自重以及在配重作用下模型的表现。同时模型设计应考虑结构能否满足强度和稳定性的要求。

在结构选型中，应对各种结构形式进行比较详尽的理论分析和试验比较，着重分析结构自重和荷载分布，以期达到自重小，可承受荷载大的效果。具体措施有以下几点：根据模型的制作材料，选择适当的结构形式，提高结构刚度和整体性，符合强柱弱梁、强节点弱杆件的设计要求；针对不同的结构形式，在保证安全、可靠的前提下，尽量优化模型、减轻质量，使荷重比达到最大；针对不同的结构形式，通过大量加载试验，观测模型的位移，在满足安全性的前提下，尽可能提高效率比；由于制作材料是竹皮、竹条和502胶水，三者的材料力学特性因制作工艺不同而与理论有所差异，因此需做材料性能试验，包括竹皮抗拉强度试验、竹条抗拉强度试验、立柱抗压强度试验、胶水抗剪强度试验等；合理运用竹材的特性，充分发挥其优越的力学性能；精心设计和制作杆件及节点板，发现问题及时解决，从实践中不断总结经验，敢于创新，打破思维定式。

90.2　选型分析

根据输电塔结构及其受力特点，针对不同受力工况及加载情况进行分析后，我们设计了多个输电塔模型进行比对研究，详见表90-1。

表90-1　结构选型对比

选型方案	选型1	选型2	选型3	选型4	选型5
图示	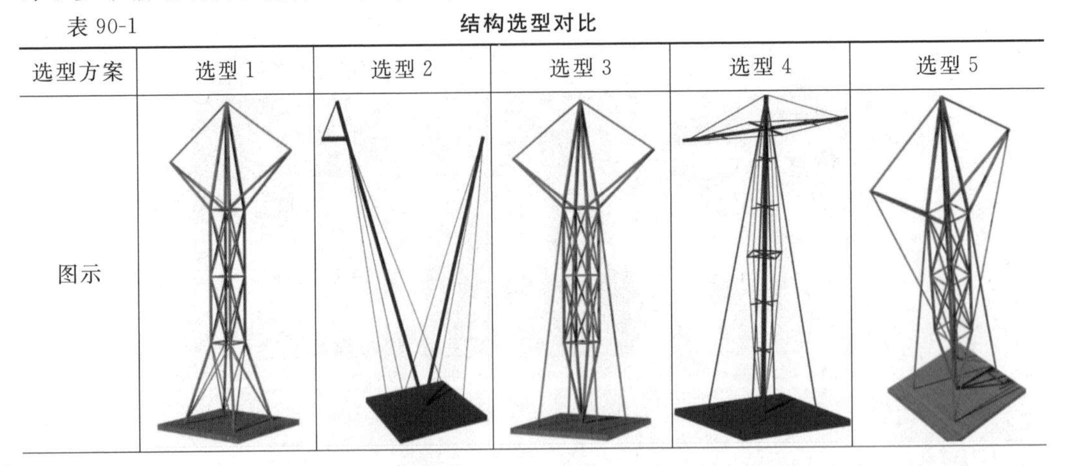				

续表

选型方案	选型 1	选型 2	选型 3	选型 4	选型 5
优点	稳定性好，形式简单，易于制作和安装	形式简单，易于制作	稳定性好；形式较简单，易于制作和装配；底部可部分旋转	稳定性好；形式简单，易于制作	稳定性好；形式简单，易于制作；抗扭能力好
缺点	受扭，易出现薄弱节点	装配困难，尺寸难控制	底板上安装较难，转动时拉条风险大，抗扭能力差	优化、安装费时，抗扭能力差	拉条风险大，安装难度大

经过综合对比，最终确定的选型方案示意图(分下坡门架旋转 0°和下坡门架旋转 15°、30°、45°两种情况)如图 90-1 所示。

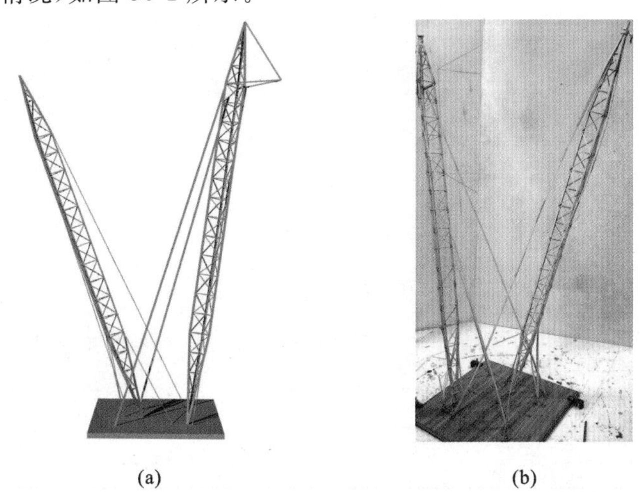

(a) (b)

图 90-1 选型方案示意图

(a)下坡门架旋转 0°；(b)下坡门架旋转 15°、30°、45°

90.3 数值模拟

基于有限元分析软件 MIDAS Gen 建立了结构的分析模型，第三级荷载作用下计算结果如图 90-2 所示。

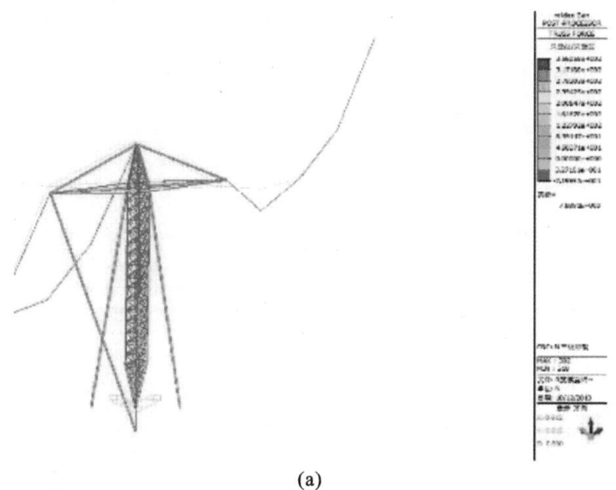

(a)

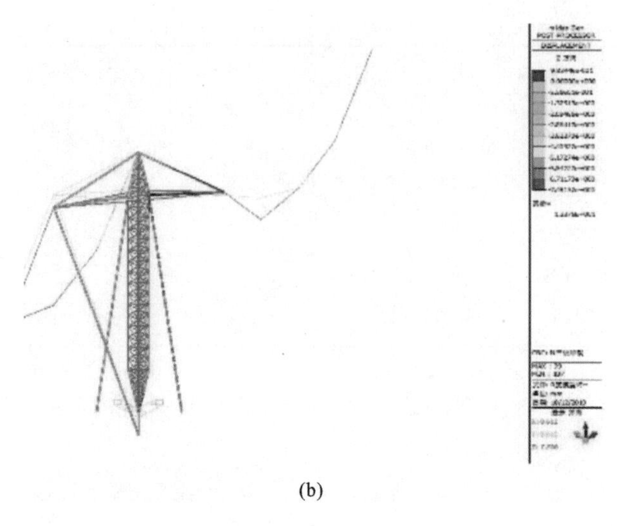

(b)

图 90-2 数值模拟结果

(a)轴力图;(b)位移图

90.4 节点构造

节点是模型制作的关键部位,本模型部分节点详图如图 90-3 所示。

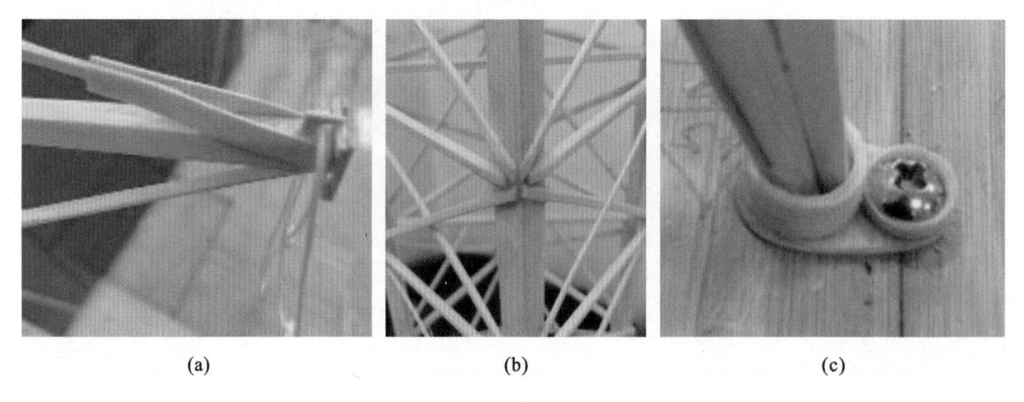

(a) (b) (c)

图 90-3 节点详图

(a)悬挑节点;(b)柱间节点;(c)柱脚节点

91　南京航空航天大学

作品名称	四分之一
参赛学生	韩东磊　陈建建　李景松
指导教师	唐　敢　王法武

91.1　设计构思

本次竞赛题目要求设计并制作一个山地输电塔模型，模型柱脚用自攻螺钉固定于400mm×400mm×15mm（长度×宽度×厚度）的竹制底板上，模型底面尺寸限制在底板中央250mm×250mm的正方形区域内，底板中心点为o点。

模型上须设置2个低挂点、1个高挂点用于悬挂导线，高挂点同时兼作水平加载点用于施加侧向水平荷载。低挂点应为模型最远外伸（悬臂）点，距离底板表面高度应在1000～1100mm范围内，2个低挂点在底板面上的投影应分别位于上、下扇形圆环阴影区域内；高挂点距离底板表面高度应在1200～1400mm范围内，其在底板面上的投影距离o点不得大于350mm，且高挂点应为模型的最高点。本次竞赛方案的初步选型原则：减小节点荷载对模型产生的扭转效应；除导线2、5以外，尽量缩短各导线两端挂点的水平距离。在不违背上述两项原则的情况下避免导线、挂载盘和模型发生触碰。

91.2　选型分析

结合赛题要求，根据结构稳定、传力合理、材料经济、兼顾美观的基本原则，通过对上述三个选型原则的分析，初步制定了3种选型方案，具体分析见表91-1。

表91-1　**结构选型对比**

选型方案	选型1	选型2	选型3
优点	布局固定，制作工作量小；不会发生触碰	荷载可自行平衡；不会发生触碰	荷载适应性极佳
缺点	荷载适应性差	工作量大	工作量大，有触碰风险

综合对比以上3种选型方案，最终确定选型3为我们的参赛模型，模型效果图及实物图如图91-1所示。

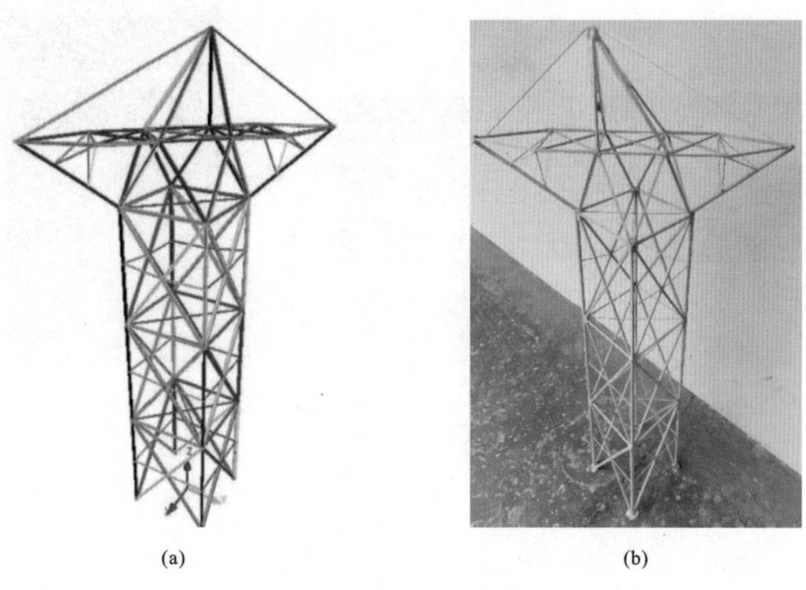

(a)　　　　　　　　(b)

图 91-1　选型方案示意图

(a)模型效果图;(b)模型实物图

91.3　数值模拟

基于有限元分析软件 MIDAS Gen 建立了结构的分析模型,第三级荷载作用下计算结果如图 91-2 所示。

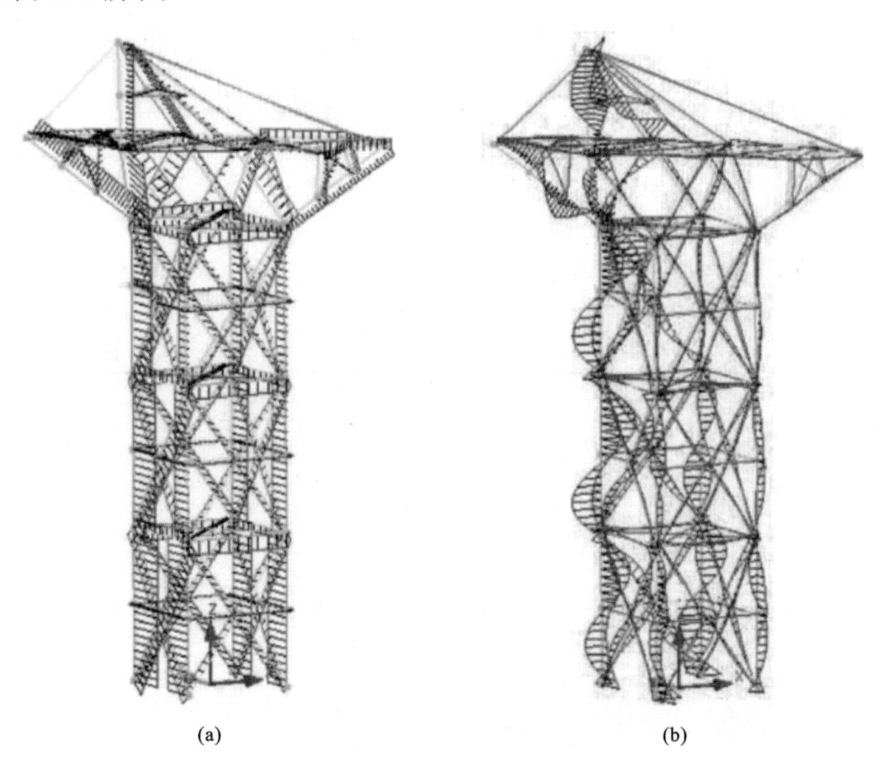

(a)　　　　　　　　(b)

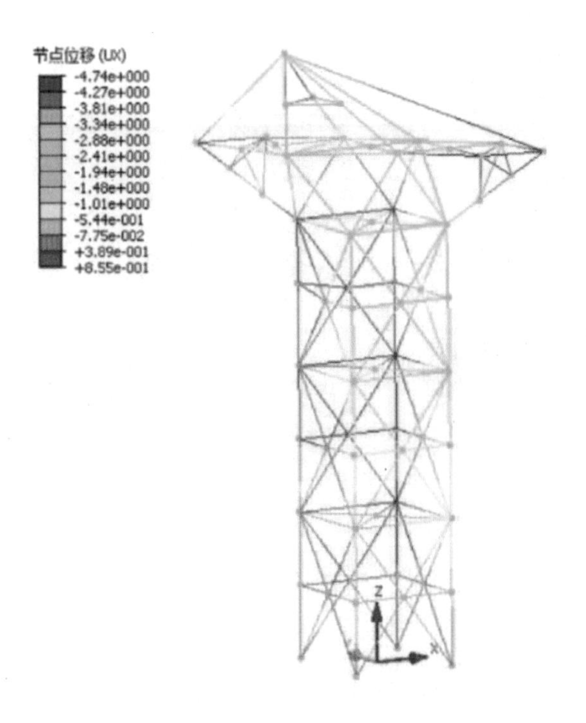

图 91-2　数值模拟结果

(a)轴力图;(b)弯矩图;(c)变形图

91.4　节点构造

节点是模型制作的关键部位,本模型部分节点详图如图 91-3 所示。

(a)　(b)　(c)

图 91-3　节点详图

(a)高挂点节点;(b)下柱支撑节点;(c)柱脚节点

92 北京建筑大学

作品名称	朴竹
参赛学生	卢成杰　罗鸿睿　李思彤
指导教师	祝　磊

92.1 设计构思

输电塔结构是生活中常见的建筑结构，但本次竞赛题目加载工况与现实生活中输电塔有所不同，其要求塔身承受很大扭矩，并且在侧向施加一个较大的水平荷载。根据本次竞赛要求及所提供材料，我们秉承"安全、经济、美观"的原则，根据模型整体受力来设计结构，并尽可能减少材料的用量。

在结构选型上，经过讨论，我们认为桁架输电塔结构最为稳妥，同时考虑到材料的抗拉性能，在对每根杆件受力情况进行分析之后，再确定杆件的截面。

根据赛题，我们初步确定塔的高度、底面积、臂长。根据工程经验和资料分析，初步确定输电塔模型。以实际情况为准，提取计算简图。利用有限元分析软件 SAP 2000 对模型进行模拟加载，计算出各杆件轴力，确定各杆单元截面。结合模型制作过程中产生的问题，对局部细节的构件进行微调。

我们通过对模型整体布局的思考，在比较了轴对称和中心对称两种结构形式之后，采用了中心对称结构形式，在减轻质量的同时，减小了整体模型的体量，在一定程度上减少了可能出现破坏的节点数目。除此之外，通过对杆件受力情况的分析，结合材料性能，将竹皮当作拉杆，在很大程度上使得模型更为轻巧。

92.2 选型分析

本模型整体布局为中心对称，主体结构由塔身和塔臂组成，均采用桁架结构。组成桁架的杆件中，部分压杆采用常规杆件，部分压杆采用 T 形截面，梁则为箱形梁，拉杆巧妙地利用所提供材料的抗拉性能，采用双层竹皮设计。

表 92-1 中列出了两种选型的优缺点。

表 92-1　　结构选型对比

选型方案	选型 1	选型 2
图示		
优点	抗弯、抗扭性能良好	材料利用率高，制作简单
缺点	节点过多，所需材料过多，制作复杂	节点受力偏大

综合对比两种选型的优缺点，最终确定选型 2 为我们的参赛模型，模型效果图及实物图如图 92-1 所示。

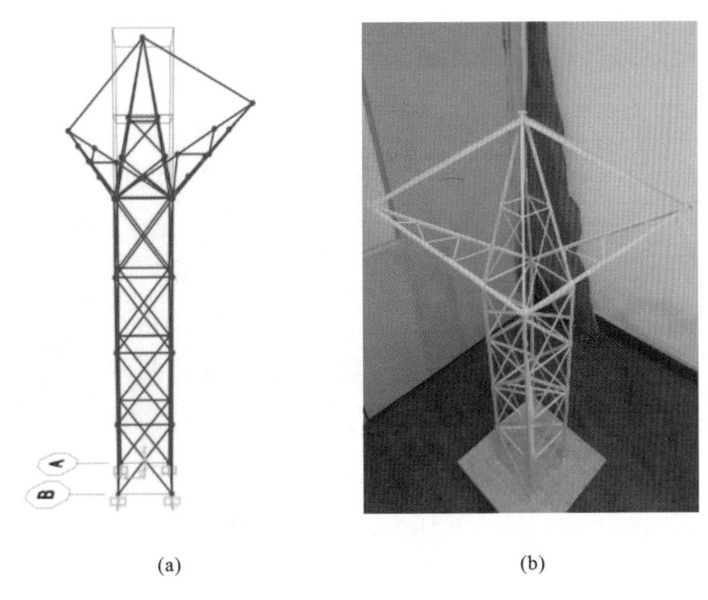

(a)　　(b)

图 92-1　选型方案示意图

(a)模型效果图；(b)模型实物图

92.3　数值模拟

利用有限元分析软件 SAP 2000 建立了结构的分析模型，第三级荷载作用下计算结果如图 92-2 所示。

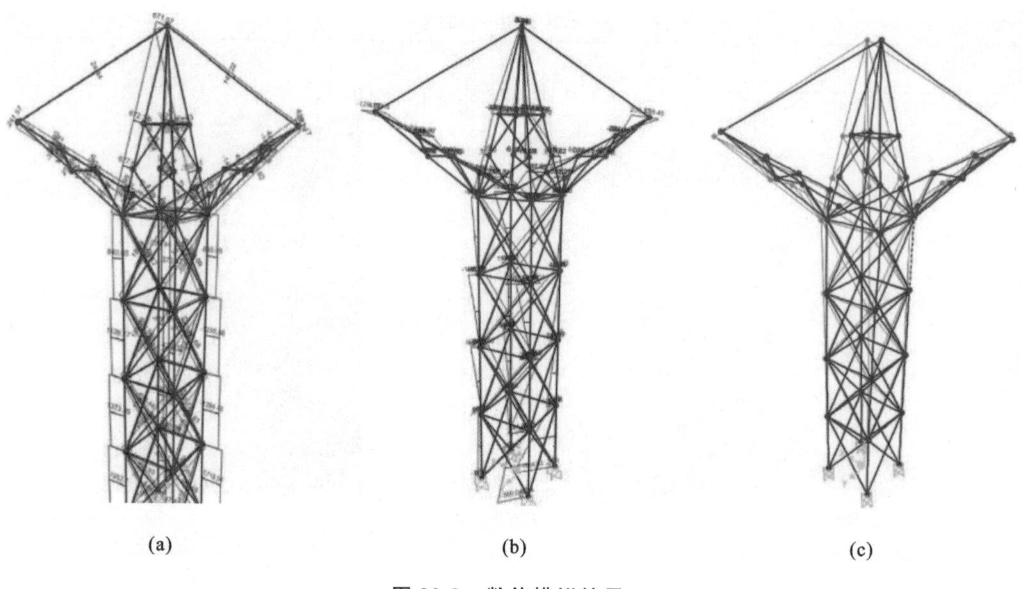

(a)　　(b)　　(c)

图 92-2　数值模拟结果

(a)轴力图;(b)弯矩图;(c)变形图

92.4　节点构造

节点是模型制作的关键部位,本模型部分节点详图如图 92-3 所示。

(a)　　(b)　　(c)

图 92-3　节点详图

(a)柱身节点;(b)斜撑连接节点;(c)柱脚节点

93 湖南科技大学

作品名称	塔之巅
参赛学生	谢承佳 胡隆健 杨 朔
指导教师	陈炳初 赵玉萍

93.1 设计构思

本次竞赛题目要求制作山地输电塔模型。模型柱脚用螺钉固定于底板上，模型加载后在结构中产生轴力、剪力、弯矩和扭矩。结构中的内力大小以及方向均随下坡门架旋转角度(0°、15°、30°、45°)以及加载工况(A、B、C、D)的不同而变化。

根据模型总体的尺寸要求，该模型可看作高耸塔架；根据内力类型，该模型是受力比较全面的组合变形结构，需要综合考虑结构的强度、刚度、整体稳定性及局部稳定性。

不同的下坡门架旋转角度(0°、15°、30°、45°)在相同的加载工况下，以及相同的下坡门架旋转角度在不同的加载工况(A、B、C、D)下，结构中产生的内力数值相差较大，需要考虑模型因角度而异的可行性。

根据理论计算、加载试验和数值模拟确定合理的构件尺寸，以保证构件之间协调发挥作用，使结构最优化。结构造型尽可能简洁，比例协调，具有美感。

93.2 选型分析

结合赛题要求，根据结构稳定、传力合理、材料经济、兼顾美观的基本原则，初步提出几种选型进行对比分析，详见表 93-1。

表 93-1 结构选型对比

选型方案	选型 1	选型 2
图示		

续表

选型方案	选型 1	选型 2
优点	充分利用了竹条的抗拉性能,抗扭能力较好	抗压弯能力较好,传力直接,杆件利用率较高
缺点	竖向杆件不能均匀地承受上部横梁传递的力	构件制作复杂

综合对比以上两种选型的承力特点、加工制作的复杂程度等方面,最终确定选型 2 的格构式矩形截面框架为我们的参赛模型,模型效果图及实物图如图 93-1 所示。

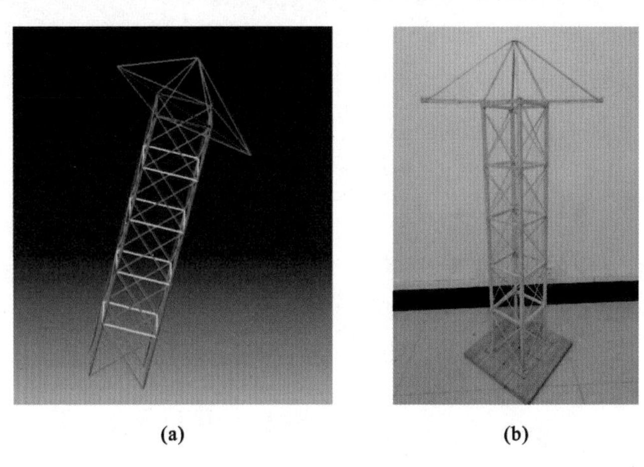

(a) (b)

图 93-1 选型方案示意图

(a)模型效果图;(b)模型实物图

93.3 数值模拟

利用有限元分析软件 MIDAS Civil 建立了结构的分析模型,第三级荷载作用下计算结果如图 93-2 所示。

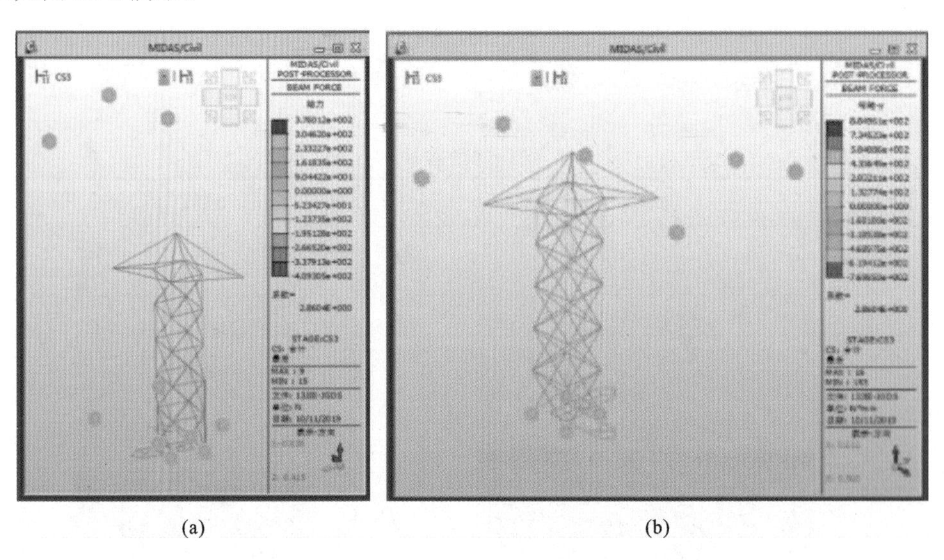

(a) (b)

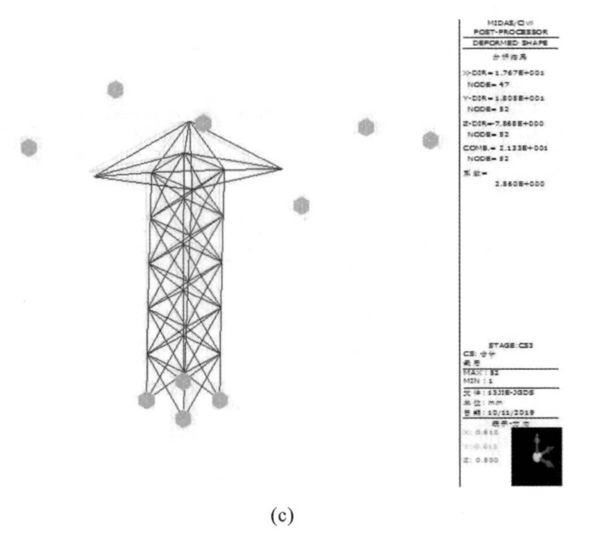

(c)

图 93-2　数值模拟结果

(a)轴力图;(b)弯矩图;(c)变形图

93.4　节点构造

节点是模型制作的关键部位,本模型部分节点详图如图 93-3 所示。

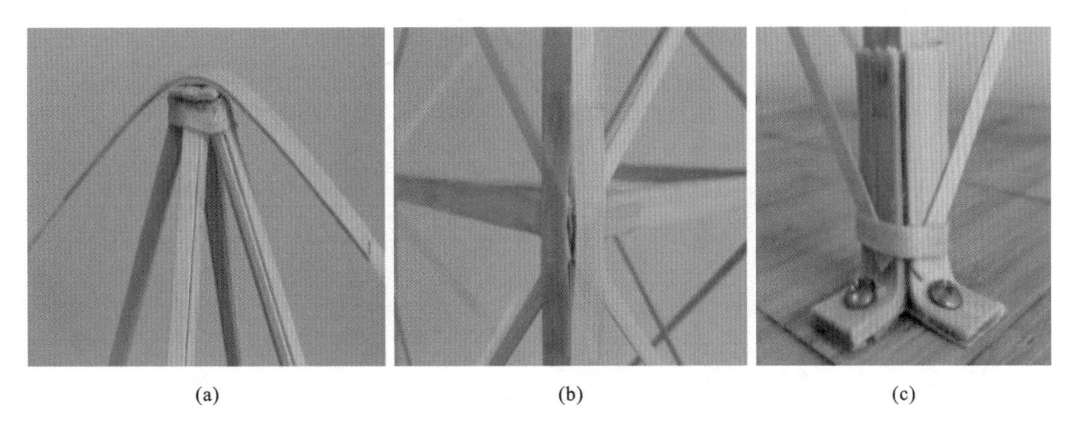

(a)　　(b)　　(c)

图 93-3　节点详图

(a)高挂点节点;(b)柱身节点;(c)柱脚节点

94 昆明学院

作品名称	四棱锥塔
参赛学生	倪富顺　唐　航　武自坤
指导教师	吴克川　邱志刚

94.1 设计构思

本次竞赛中导线加载工况 4 选 1、下坡门架旋转角度 4 选 1 都是随机选择，因此设计模型要能兼顾各种复杂工况下的受力情况。模型塔身既要承受正交两个方向的弯曲变形，又要承受塔臂的扭转变形，受力复杂，且都是对结构最不利的受力工况，因此本次竞赛对模型的设计要求很高。并且工况的不同还导致塔身受扭方向的不同，例如，A、B 工况塔身逆时针受扭，C、D 工况塔身顺时针受扭。因此，模型必须兼顾正反两个方向的扭矩才能应对各种随机的工况。

考虑到 1000mm 高处塔身承受最大扭矩，同时还承受正交方向的弯矩，因此塔身截面不宜太小，且应适当减小扭转截面以保证底部各柱的稳定性；同时塔底承受正交两个方向最大弯矩，截面也不宜过小，因此塔底到塔身 800mm 处采用相同的截面。考虑到结构可能顺时针、逆时针受扭，因此塔身截面采用轴对称图形比较有利。塔身采用空间桁架结构，将整体的弯扭作用转化成各杆的拉压作用，以节约材料。塔臂受扭，是结构的薄弱点，又考虑到有多角度、多工况情况，因此塔臂截面也采用空间桁架结构，以增强结构稳定性。

94.2 选型分析

结合赛题要求，根据结构稳定、传力合理、材料经济、兼顾美观的基本原则，初步提出几种选型进行对比分析，详见表 94-1。

表 94-1　　结构选型对比

选型方案	选型 1	选型 2	选型 3
图示	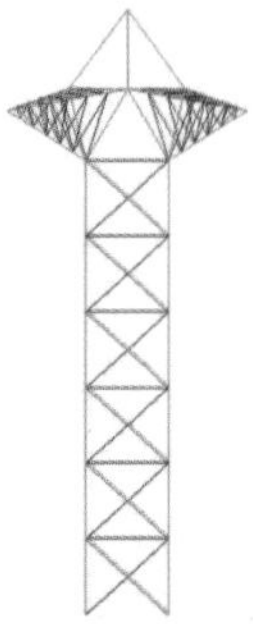		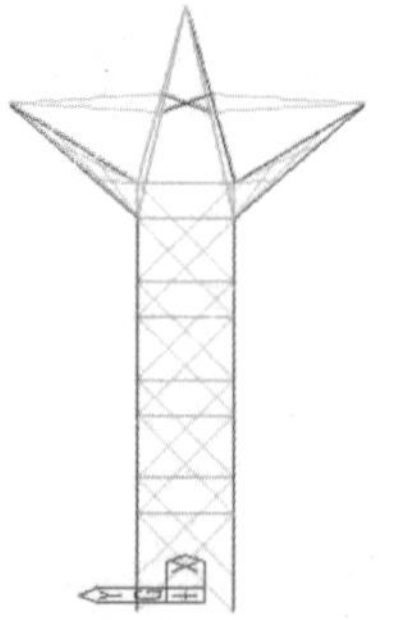

续表

选型方案	选型 1	选型 2	选型 3
优点	弦杆少，制作方便，时间利用率高，塔顶抗弯、抗扭能力强	整体抗弯扭能力较强，结构较轻，材料利用率较高	弦杆少，制作较方便，受力明确，整体抗弯扭能力强，结构轻
缺点	塔底抗弯扭能力弱，材料利用率不高	弦杆多，制作复杂，时间利用率低；因材料不够，部分弦杆用竹皮制作易被破坏	由于弦杆少，只靠梁柱承担弯扭荷载，易导致应力集中；制作工艺要求高，时间利用率低

综合对比以上三种选型，最终确定选型 3 为我们的参赛模型，模型效果图及实物图如图 94-1所示。

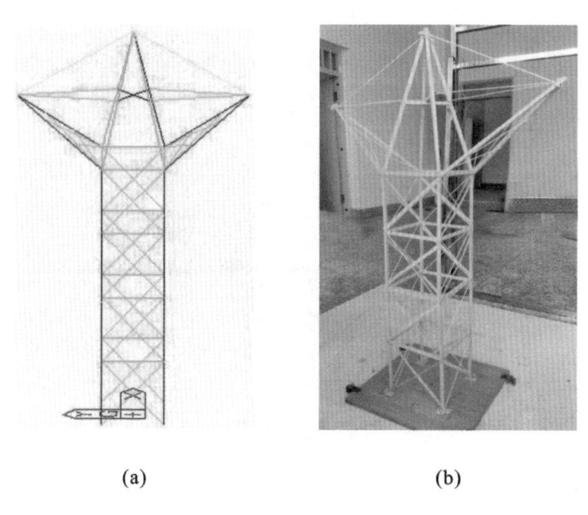

(a) (b)

图 94-1 选型方案示意图

(a)模型效果图；(b)模型实物图

94.3 数值模拟

基于有限元分析软件 MIDAS 建立了结构的分析模型，第三级荷载作用下计算结果如图 94-2 所示。

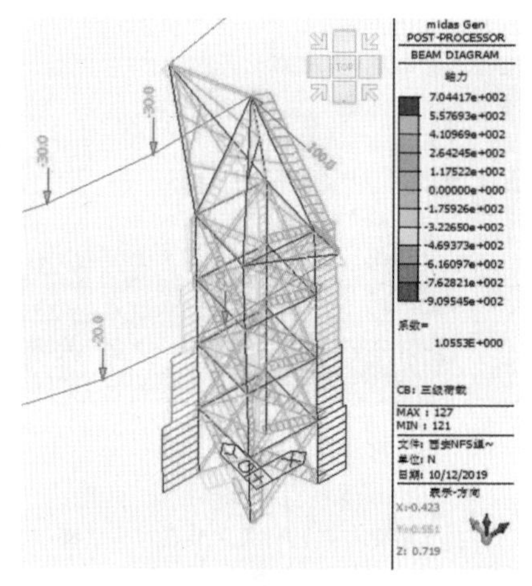

(a)

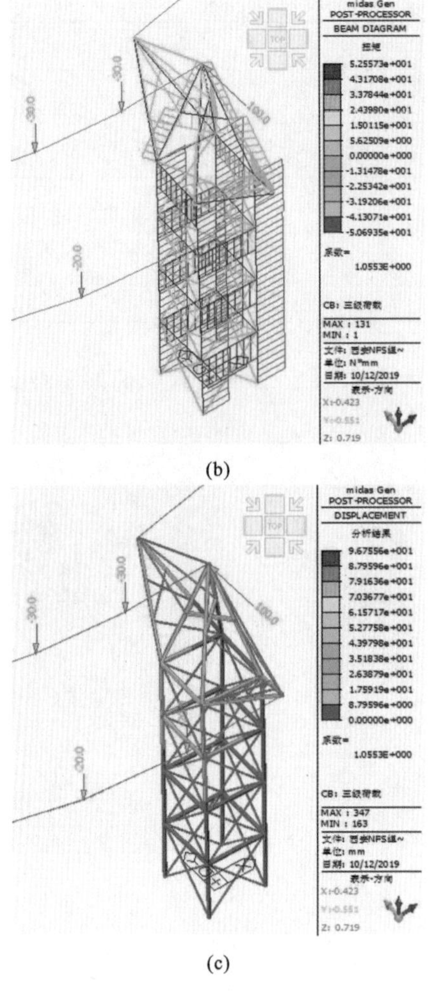

(b)

(c)

图 94-2 数值模拟结果

(a)轴力图；(b)弯矩图；(c)变形图

94.4 节点构造

节点是模型制作的关键部位，本模型部分节点详图如图 94-3 所示。

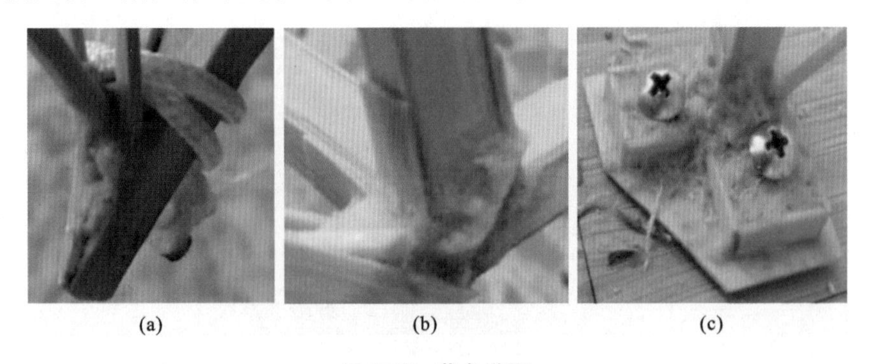

(a) (b) (c)

图 94-3 节点详图

(a)低挂点塔臂节点；(b)梁柱节点；(c)柱脚节点

95 长安大学

作品名称	顶得住
参赛学生	付祖坤　折志伟　单佳欣
指导教师	王　步　李　悦

95.1 设计构思

在分析赛题之后,我们首先确定了几个原则:结构必须在节点进行加载;在完成承载目标的同时,设计结构应该刚柔并济,适当地使用柔性结构来减轻质量;结构的竖向传力构件应该尽可能垂直,如此结构传力更为科学;整体结构应为多层框架结构,并且需要设置斜撑。这几条原则在之后的方案选型阶段起到了关键的作用。模型在加载试验过程中,扭转变形很大,如果将模型做成刚性模型,则对模型每个构件的承载力都有很高的要求;如果将模型做成柔性模型,则对拉带的要求更高。为此,我们提出设计一个刚柔并济的模型作为最终参赛方案。同时还对模型材料进行了分析。

95.2 选型分析

根据输电塔结构及其受力特点,针对不同受力工况及加载情况进行分析后,我们设计了多个输电塔模型进行比对研究,详见表 95-1。

表 95-1　　结构选型对比

选型方案	选型 1	选型 2	选型 3
图示			
优点	稳定性好	质量稍小,传力路径科学	质量最小,制作简便
缺点	质量大	稳定性稍差	稳定性较差

综合对比以上三种选型的优缺点,最终确定选型 3 为我们的参赛模型,模型效果图及实物图如图 95-1 所示。

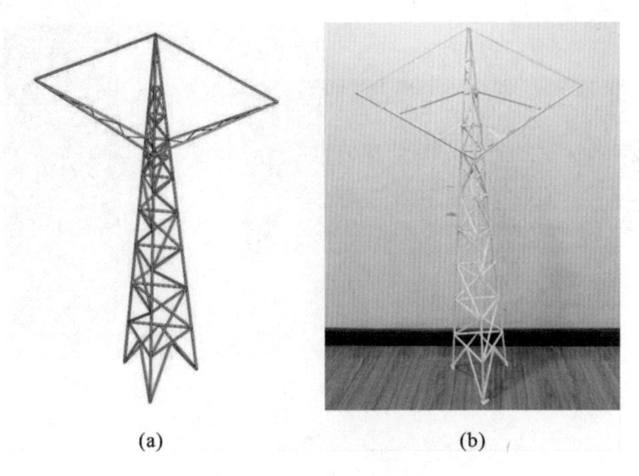

(a) (b)

图 95-1 选型方案示意图

(a)模型效果图；(b)模型实物图

95.3 数值模拟

基于有限元分析软件 MIDAS Gen 及 SketchUp 建立了结构的分析模型，第三级荷载作用下计算结果如图 95-2 所示。

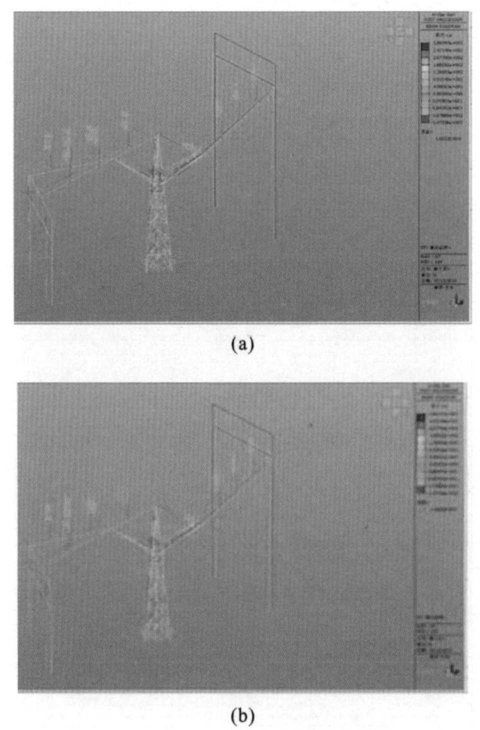

(a)

(b)

图 95-2 数值模拟结果

(a)轴力图；(b)弯矩图

95.4 节点构造

节点是模型制作的关键部位，本模型部分节点详图如图 95-3 所示。

(a) (b) (c)

图 95-3 节点详图

(a)层间节点；(b)柱顶节点；(c)柱脚节点

96 贵州大学

作品名称	出云
参赛学生	龙罗彬　郭典易　翁应欣
指导教师	吴　辽　郑　涛

96.1 设计构思

本次竞赛模型主要承受侧拉、双向扭转、正拉(一级、二级、三级)荷载,正拉荷载较容易满足,双向扭转荷载对结构的抗扭刚度要求较高,同时要求结构有较强的抗剪能力。我们的主要设计构思是利用四根柱子及整体桁架结构的强度、刚度来抵抗各种荷载的作用。

设计的总原则:尽可能地利用空向支撑的四根粗杆来提高柱子的承载力,而在柱子之间辅以细杆来稳定结构,并利用竹材的抗拉性能和一定的抗剪、抗扭作用及抗压性能来抵抗荷载的作用。

96.2 选型分析

结构运用四根柱子作为主要支撑杆,再根据三角形具有较强的稳定性原则以三角形的形式加以辅助。整体结构框架为三角形,桁架受力均匀、简单,便于制作。

结构下部由四根长柱子组成近似棱台状,上部由横担、塔头组合而成,横担和塔头均为细长杆,内部采用三角形桁架结构,加强稳定性。

主体四根柱子横截面由四根杆件黏结而成,形成近似正方形的箱形结构,保证每个横截面相同,受力均匀。四根柱子从下到上有五个跨面,每个跨面近似正方形,尺寸相对减小,每个跨面以三角形形式加强其稳定性。上部横担与塔头也类似正方形,其大小也不尽相同,中间用三角形桁架结构加强其稳定性。模型效果图及实物图如图 96-1 所示。

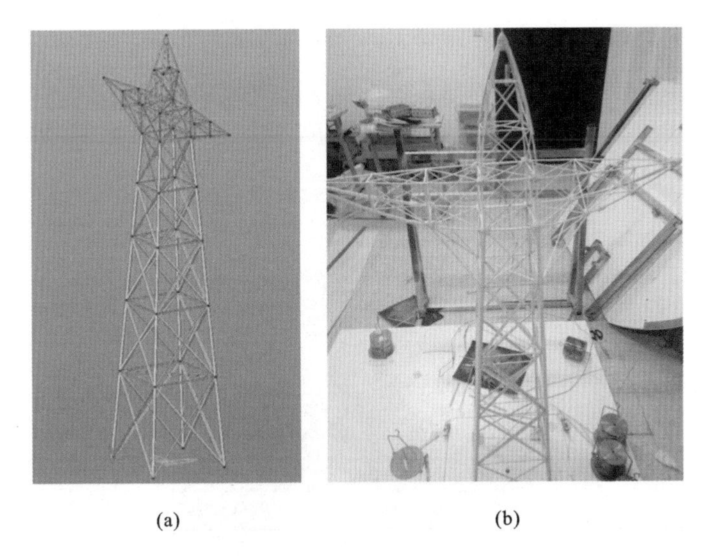

(a)　　(b)

图 96-1　选型方案示意图

(a)模型效果图;(b)模型实物图

96.3　数值模拟

基于有限元分析软件 MIDAS Gen 建立了结构的分析模型,不同荷载作用下计算结果如图 96-2 所示。

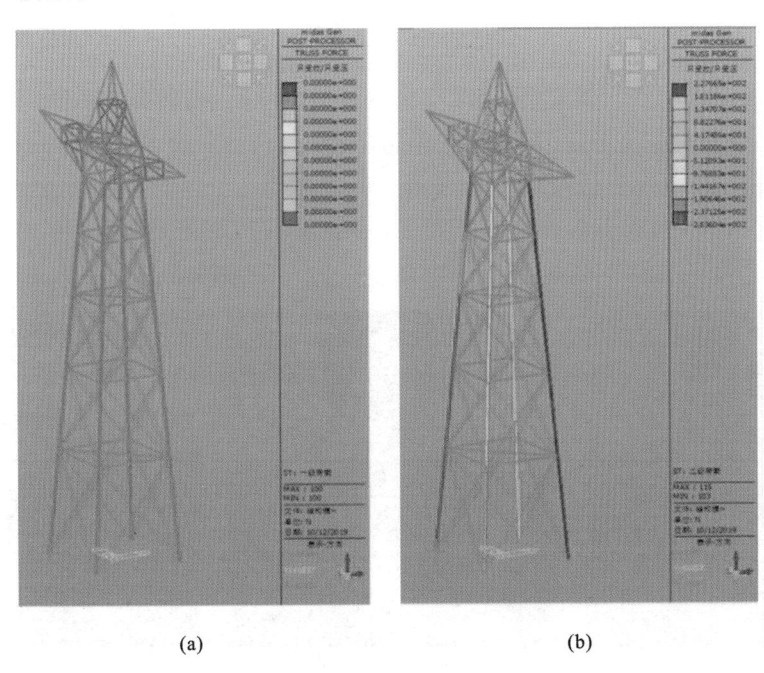

(a)　　(b)

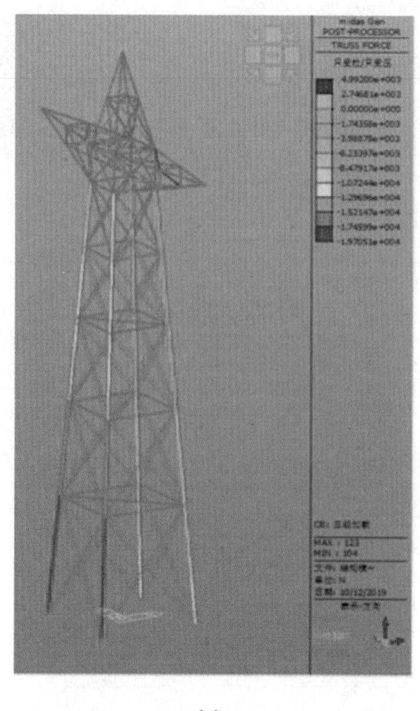

(c)

图 96-2　数值模拟结果

(a)一级加载内力图；(b)二级加载内力图；
(c)三级加载内力图

96.4　节点构造

为了加固主体框架结构相交的节点，我们采用了榫结、黏结、胶结、竹皮缠绕等加固形式，由于每个节点受力复杂，为了避免粘接不充分导致节点脱落，主体部分在以上粘接基础上还采用了竹皮混合粘接的方式，加强了黏固作用。主体下部分在连接时用小木片填充密实，再用水平杆件与斜撑短木条相连，使木条在下方顶住节点上部的斜撑。本模型部分节点详图如图 96-3 所示。

(a)

(b)

(c)

图 96-3　节点详图

(a)柱中节点；(b)顶部节点；(c)柱脚节点

97　山东交通学院

作品名称	锋芒
参赛学生	康翰尧　耿　浩　周玉坤
指导教师	王行耐　赵鹍鹏

97.1　设计构思

本次竞赛题目要求参赛队设计并制作一座符合多工况的高耸抗扭转结构模型，并对其进行加载测试。下坡门架的旋转角度决定了导线长度与导线线型。故不同下坡门架旋转角度与不同工况要求模型能抵抗多方向的扭矩、弯矩。

赛题规定先抽取下坡门架旋转角度，然后制作模型，模型可承载任意工况，以模型荷重比、材料利用率和时间利用率来体现模型结构的合理性。由于赛题对导线中点托盘有净空限制，所以模型挂点的高度和模型抗扭刚度至关重要。因此模型刚度要大，结构形式要简单。综合分析受力特点可知，桁架结构更为合理。

由于本次竞赛新增时间利用率与材料利用率要求，我们考虑在提高手工工艺水平的基础上，最大化地对结构的制作与安装进行简化，提高材料利用率，缩短制作时间。

97.2　选型分析

选型 1：正方形截面双螺旋轴对称桁架结构。在考虑扭转刚度和稳定性的情况下，最终决定使用桁架结构，桁架杆件主要承受轴向拉力或压力，从而能充分利用材料的强度，在杆件长细比较大时较节省材料，可以减轻自重和增大刚度。在考虑扭转刚度和稳定性的情况下，主体截面采用正方形，正方形截面面积最大，截面惯性矩最大，即使对于下坡门架旋转 45°、导线加载工况 C，模型也可以完全抵抗扭转荷载和侧向力荷载。但由于主体截面面积很大，所以模型较重。

选型 2：等边三角形截面双螺旋轴对称桁架结构。由于加载时要以模型荷重比来体现模型结构的合理性和材料利用效率，所以结构质量要轻，结构不能太复杂。腹杆对称等边三角形桁架抗扭转时，主要通过桁架斜腹杆来抵御扭转变形。桁架的抗扭刚度可根据组成桁架三个面的剪切刚度得到，因此，只要使桁架斜腹杆强度增大，就可以增大主体抗扭刚度。

表 97-1 列出了各种不同结构选型的优点与缺点，并进行了有效对比，为结构选型提供依据。

表 97-1 **结构选型对比**

选型方案	选型 1	选型 2
优点	结构形式精简，制作简单；整体对称、传力明确，稳定性较好，承载能力强，变形小	结构质量较轻，形式简单，抗弯能力强，稳定性较好
缺点	结构整体相对较重，对节点处理要求（与刚节点近似）较高	抗扭惯性矩较小

综合对比以上两种选型，最终确定选型 2（等边三角形截面双螺旋轴对称桁架结构）为我们的参赛模型，模型效果图及实物图如图 97-1 所示。

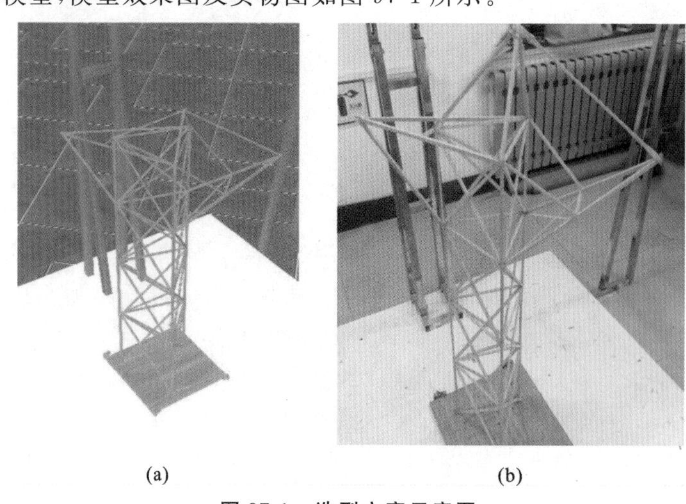

(a) (b)

图 97-1 选型方案示意图

(a)模型效果图；(b)模型实物图

97.3 数值模拟

基于有限元分析软件 MIDAS Civil 建立了结构的分析模型，第三级荷载作用下计算结果如图 97-2 所示。

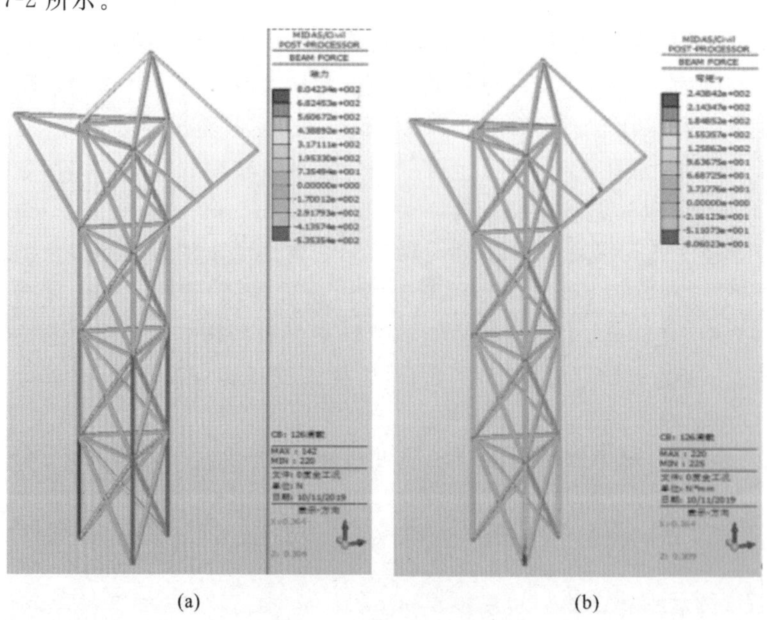

(a) (b)

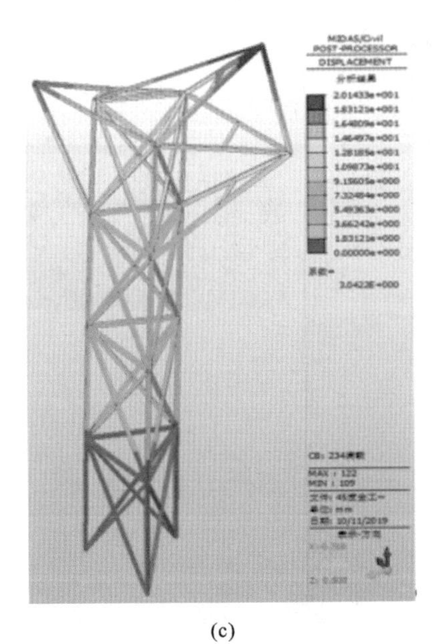

(c)

图 97-2 数值模拟结果

(a)轴力图;(b)弯矩图;(c)变形图

97.4 节点构造

节点是模型制作的关键部位,本模型部分节点详图如图 97-3 所示。

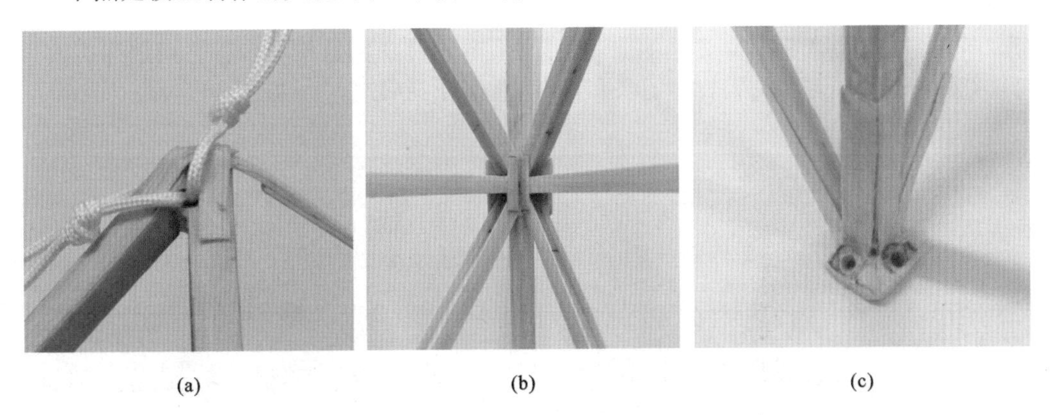

(a) (b) (c)

图 97-3 节点详图

(a)高挂点节点;(b)腹杆节点;(c)柱脚节点

98 哈尔滨工业大学

作品名称	拂晓
参赛学生	马金骥　唐　宁　梁益邦
指导教师	邵永松　卢姗姗

98.1 设计构思

近年来，由于人们对于大规模、远距离电能输送的迫切需要和输电设备所处的环境复杂多变的冲突，山地输电塔的结构形式受到密切关注。

本次竞赛以高构筑物结构为主题，通过试验探究输电塔合理的结构形式，通过分级施加静荷载的方式，要求参赛者针对确定荷载进行受力分析，探讨不同加载方式对模型试验的影响；同时考察参赛者使用软件建模的能力、模型制作能力、团队协作能力等，并对参赛者已经掌握的土木专业知识进行综合考查。

竞赛采用的荷载分三级施加，一级和二级荷载工况需要抽签决定，由于实际荷载工况具有不确定性，参赛队伍可以自由选择加载顺序和荷载大小，该规定意在考查参赛者面对不确定问题探求针对性方法的能力。此外，赛题对砝码盘与承台板之间的净空高度和挂点的位移有所限制，使得结构可以利用的空间受到限制。

98.2 选型分析

为了寻求最优方案，从构件和细部方面尝试了几种不同的方案，详见表 98-1。

表 98-1　结构选型对比

选型方案	选型 1	选型 2	选型 3	选型 4
图示				
优点	结构设计充分利用材料性质，受力简单	传力合理，承载力大	传力简明、合理，整体性好，刚度大，稳定性好	传力简明、合理，刚度大，稳定性好
缺点	制作难度较高，荷载承载力较小，结构整体变形大	实际操作困难，顶部不稳定	质量较大，允许误差小	质量较大

综合对比以上四种选型的优缺点，最终确定选型 4 为我们的参赛模型，模型效果图及实物图如图 98-1 所示。

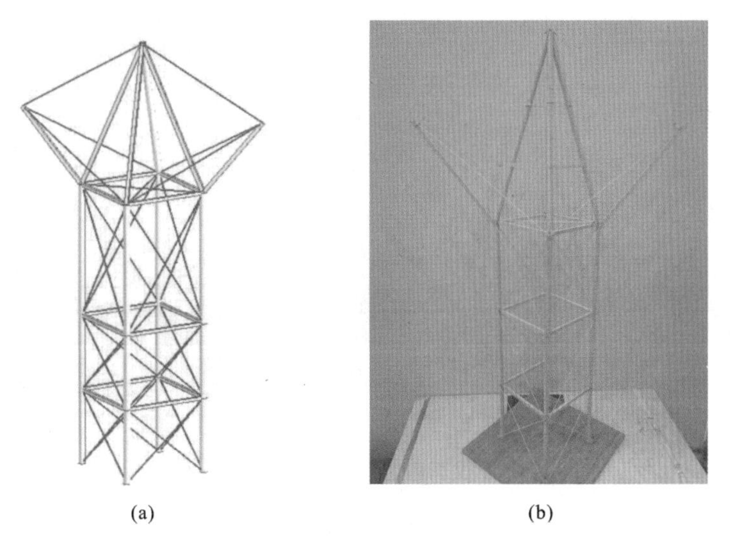

(a)　　(b)

图 98-1　选型方案示意图

(a)模型效果图；(b)模型实物图

98.3　数值模拟

利用有限元分析软件 MIDAS Civil 建立了结构的分析模型，第三级荷载作用下计算结果如图 98-2 所示。

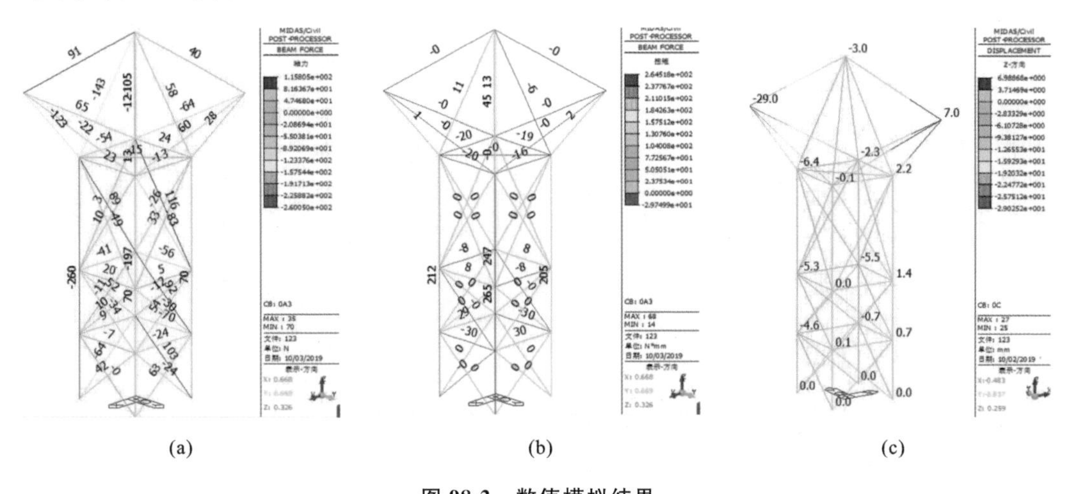

(a)　　(b)　　(c)

图 98-2　数值模拟结果

(a)轴力图；(b)弯矩图；(c)变形图

98.4 节点构造

节点是模型制作的关键部位，本模型部分节点详图如图 98-3 所示。

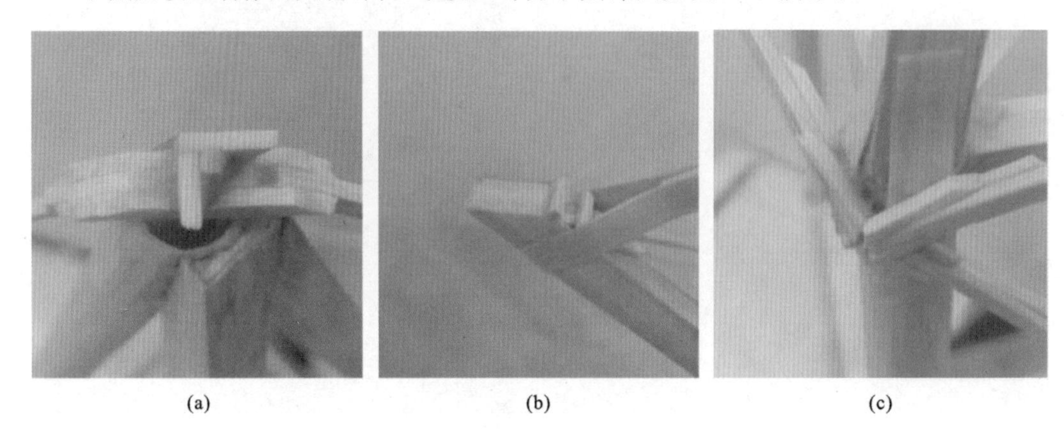

(a) (b) (c)

图 98-3 节点详图

(a)高挂点节点；(b)低挂点节点；(c)柱中节点

99　江南大学

作品名称	鲲
参赛学生	崔雯茜　孙泽轩　刘　悦
指导教师	王登峰　成　虎

99.1　设计构思

根据赛题的具体要求，考虑到结构满载时最大质量荷载为 46kg，即结构模型所需承担的荷载至少为自重的 92 倍（按模型质量为 500g 计），所以充分利用竹材及其组合形式的抗拉和抗压性能显得极其重要。

通过查阅实际工程中输电塔结构体系的设计标准和规范，结合输电塔在服役过程中的既有破坏实力，考虑结构所承受的复杂荷载工况，确定输电塔主体为带斜撑的四边形框架结构，并对高挂点与低挂点的布置形式加以优化。数值分析阶段，根据赛题要求，对结构在各种工况下的受力状态进行分析，确定各主要受力杆件的内力和变形，以减轻结构自重和增强受荷稳定性为目标对输电塔结构进行优化。

99.2　选型分析

结合赛题要求，根据结构稳定、传力合理、材料经济、兼顾美观的基本原则，初步提出几种选型进行对比分析，详见表 99-1 和表 99-2。

表 99-1　**主体截面选型分析**

选型方案	选型 1：角钢	选型 2：方形格构柱
图示		
优点	承载力强	自重轻
缺点	制作工艺烦琐，自重大	制作略耗时，承载力略弱

表 99-2　　支撑截面选型分析

选型方案	选型 1:设置竹条	选型 2:竹皮构造 T 形	选型 3:竹条 T 形截面
图示			
优点	自重轻	承载力强	轻质高强
缺点	易受弯折断	自重大	制作工艺复杂

经过综合对比,最终确定的方案模型效果图及实物图如图 99-1 所示。

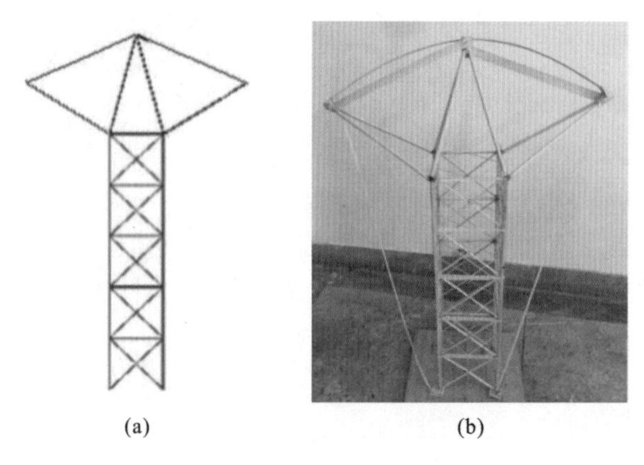

图 99-1　选型方案示意图

(a)模型效果图;(b)模型实物图

99.3　数值模拟

基于有限元分析软件 MIDAS Gen 建立了结构的分析模型,第三级荷载作用下计算结果如图 99-2 所示。

99.4　节点构造

节点是模型制作的关键部位,本模型部分节点详图如图 99-3 所示。

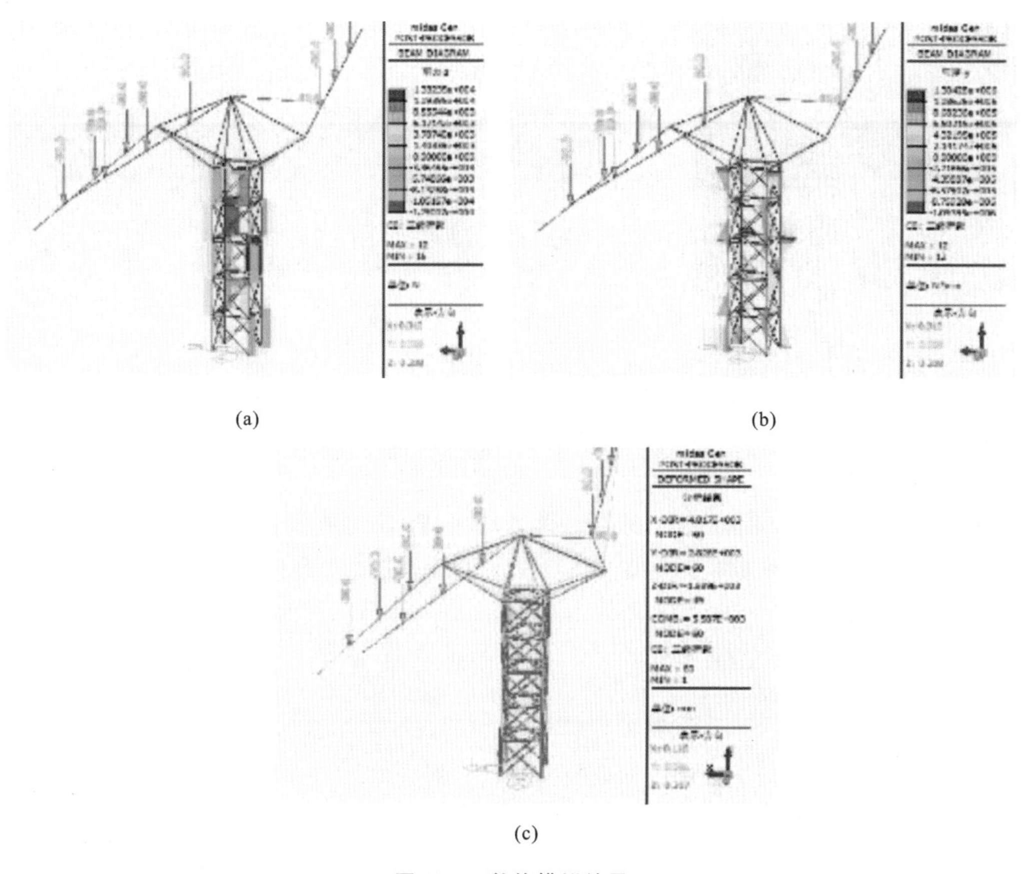

(a) (b)

(c)

图 99-2　数值模拟结果

(a)轴力图;(b)弯矩图;(c)变形图

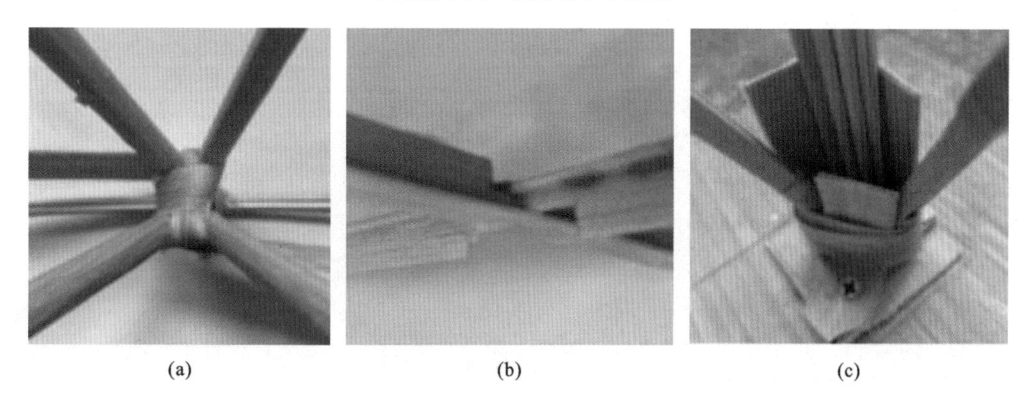

(a) (b) (c)

图 99-3　节点详图

(a)高挂点节点;(b)支撑交叉节点;(c)柱脚节点

100　义乌工商职业技术学院

作品名称	紫禁之巅
参赛学生	封天洪　叶李政　鲁程浩
指导教师	周剑萍　黄向明

100.1　设计构思

二级荷载是一级荷载基础上在塔头两个最外侧低挂点处悬挂导线荷载，仍属于斜下静荷载，结构受力依次为偏压力、轴压力，而且由两个低挂点导线角度引起输电塔塔身结构产生较大扭矩。三级荷载是在一级、二级荷载基础上，在塔顶增加侧向水平荷载，在此荷载作用下，荷载分析的难点在于，柱身与塔头的轴压力、偏压力、扭矩，以及柱脚基础的抗拔问题。

输电塔结构在实际工程中最常见的为空间桁架结构，该结构形式简洁、传力明确、计算方便，可以有效抵抗偏压和扭矩。从制作角度考虑，空间桁架结构制作难度不大，重点考虑柱子的选材和横截面形式来确定柱子的承载能力。从模型质量角度考虑，空间桁架结构杆件数多，用材较多，模型偏重。

输电塔结构在实际工程中应用较多的还有实腹式悬臂结构，该结构形式简单，传力明确，也可以有效抵抗偏压和扭矩。但是赛题规则对模型受荷情况下的变形有限制要求，实腹式悬臂结构难以控制模型变形，对本次竞赛而言难度较大。

结合上述结构体系分析和模型制作分析，我们计划选用空间桁架结构体系。为了满足赛题对模型抗弯性能和抗扭性能的要求，我们主要考虑以下几点：(1)根据弯矩的分布情况(从上到下逐渐增大)，整个输电塔结构横截面从上往下逐渐增大，以适应弯矩的分布形态；(2)由扭矩产生的切应力主要分布于模型横截面的边缘部分，因此大部分杆件制作时将分布于结构模型外表面，形成内虚外实结构。

100.2　选型分析

结合赛题要求，根据结构稳定、传力合理、材料经济、兼顾美观的基本原则，初步提出以下几种选型进行对比分析。

选型1：模型采用竹皮制作。塔身采用5层空间桁架结构，抗侧力构件为拉条制作的X形柔性斜撑，斜撑只承受拉力，结构的侧向刚度较小，塔身能承受一定的弯矩和扭矩。模型外侧的两根拉条不仅可以辅助塔身抗扭，而且可以帮助模型承受三级荷载。

选型2：选型2在选型1的基础上进行优化，继续采用竹皮制作，采用层数较多的桁架结构，柱身由四棱柱改成三棱柱。

选型 3：选型 3 虽然同样为空间桁架结构，但是在选材和受力方面与前两种选型区别很大。选型 3 采用竹条制作，塔头三个加载点采用尖头格构柱，塔身继续采用 5 层空间桁架结构，塔头与塔身旋转 45°后黏结。

以上三种选型的优缺点详见表 100-1。

表 100-1 **结构选型对比**

选型方案	选型 1	选型 2	选型 3
图示			
优点	传力路径明确，结构形式简单、传统，模型制作简单；抗扭转能力强	杆件数量少，模型质量轻，结构美观；抗侧力构件较多，结构侧向刚度大，抗扭转能力强	竹条韧性好，塔身受力均匀；塔头稳定性好，加载成功率高；可以应对所有工况
缺点	上部结构构件长细比较大，稳定性较差，竹皮制作难度大，制作手工要求高，胶水用量多	难以应对下坡门架旋转 30°和 45°的荷载工况，塔头的定位难度大，制作手工要求高，胶水用量多	杆件多，自重较大；关键节点多，手工要求高；柱身细，柱脚与基础连接困难

综合对比以上三种选型，最终确定选型 3 为我们的参赛模型，模型效果图及实物图如图 100-1所示。

(a)

(b)

图 100-1 选型方案示意图

(a)模型效果图；(b)模型实物图

100.3 数值模拟

基于有限元分析软件 MIDAS 建立了结构的分析模型，第三级荷载作用下计算结果如图 100-2 所示。

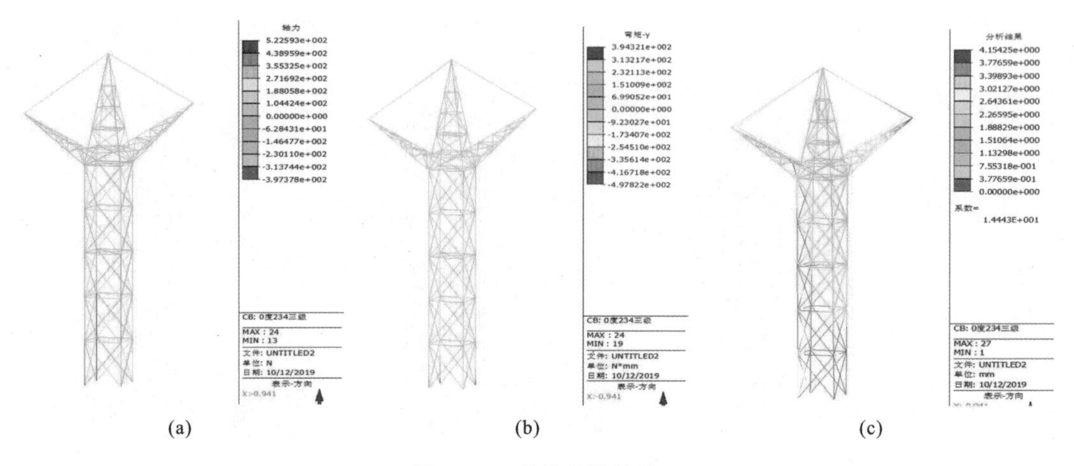

图 100-2 数值模拟结果

(a)轴力图；(b)弯矩图；(c)变形图

100.4 节点构造

节点是模型制作的关键部位，本模型部分节点详图如图 100-3 所示。

图 100-3 节点详图

(a)柱身节点；(b)塔头节点；(c)柱脚节点

101　重庆大学

作品名称	嘉陵塔
参赛学生	朱　童　范文怡　谷昱君
指导教师	指导组

101.1　设计构思

本次赛题要求设计并制作一个山地输电塔模型，以适应不同角度及不同导线组合的作用。在导线的四等分点放置砝码模拟了输电塔实际工作状态中高压导线，侧向加载引导线则模拟了实际工作状态中的水平作用。导线在加载过程中会产生一定大小和一定方向的拉力，拉力通过挂点传至结构主体，由于存在多种导线组合的工况，模型的主体部分会受压、弯、扭作用，并且扭矩作用方向也随着荷载工况的变化而变化。因此模型主体部分应具备良好的抗压、抗弯及沿不同方向的抗扭能力。

考虑到强度、结构质量等因素，厚度为 0.35mm 的竹皮材料较为适合制作拉条构件。由于材料自身缺陷对极限承载力有一定影响，拉条构件在受拉时在竹节处易断裂，所以在制作受拉构件时需要对竹节进行补强。

结构的破坏形式与所受的荷载情况息息相关，因此我们针对不同的荷载情况对结构方案进行优化调整。

根据已分析的结构类型、材料特性、荷载情况及经济性，将"干"字形塔和拉线"V"字形塔又划分为三角形塔和四边形塔。根据两种类型塔的概念、特点对本次竞赛所使用的模型进行优化。

101.2　选型分析

前期在对模型的探索过程中，为比较三角形塔和四边形塔，首先分别建立两种选型的模型设计图。在材料截面规格、柱距相同时，三角形塔和四边形塔的优缺点比较见表 101-1。

表 101-1　**结构选型对比**

选型方案	三角形塔	四边形塔
图示		
优点	主柱抗弯曲失稳能力与弯矩作用方向几乎无关；结构简单，少一个面，构件数目可减少约 25%，质量减轻 10%～15%，同时降低加工、安装等施工难度	四轴对称，设计计算相对简单；主柱受力小；斜柱受力小
缺点	主柱轴力是四边形塔的 2 倍；斜柱轴力是四边形塔的 2.3 倍；由于三角形结构并非四轴对称，因而荷载也不对称，相应增加了设计计算难度	结构复杂，构件数目相对较多；主柱抗弯曲失稳能力与弯矩作用方向有关

综合对比三角形塔和四边形塔，在满足同样承载质量的前提下，三角形塔可以减轻10%～15%的质量，所以最终确定的模型方案为三角形塔，模型效果图及实物图如图 101-1所示。

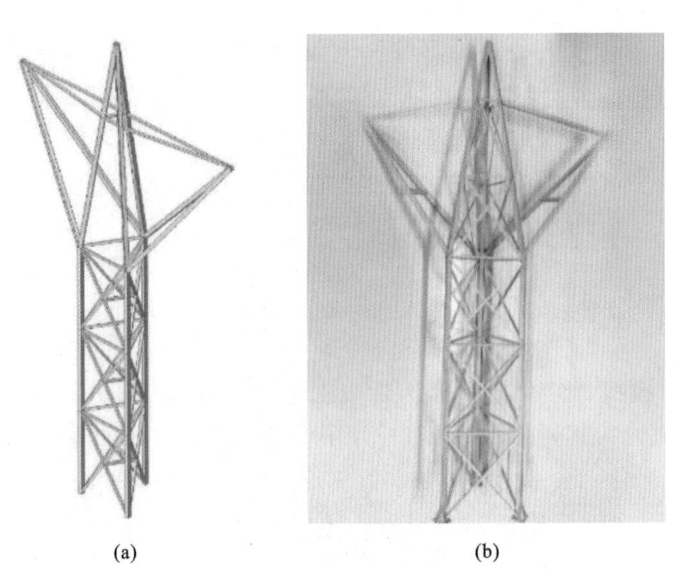

(a)　(b)

图 101-1　选型方案示意图

(a)模型效果图；(b)模型实物图

101.3 数值模拟

利用有限元分析软件 MIDAS Gen 建立了结构的分析模型，第三级荷载作用下计算结果如图 101-2 所示。

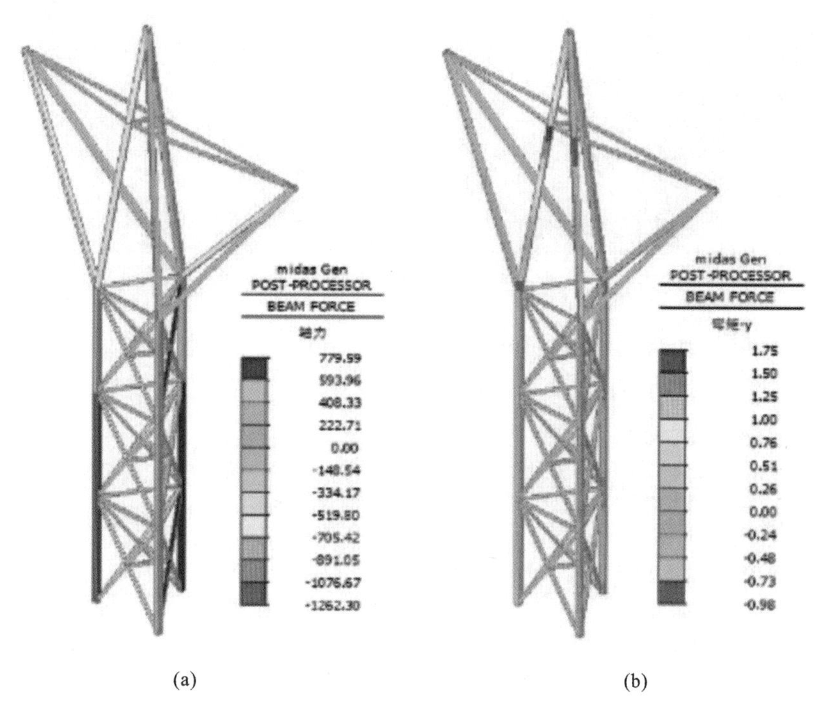

(a)　　(b)

图 101-2　数值模拟结果

(a)轴力图；(b)弯矩图

101.4 节点构造

节点是模型制作的关键部位，本模型部分节点详图如图 101-3 所示。

(a)　　(b)　　(c)

图 101-3　节点详图

(a)横担节点；(b)腹杆节点；(c)柱脚节点

102 桂林电子科技大学

作品名称	半步电塔
参赛学生	钟时财 吴正泽 刘瀚之
指导教师	陈俊桦 朱 嘉

102.1 设计构思

在选型时我们选用多种结构形式，通过比较受力特点、结构质量后选定构型，进行构型试验；采用由多到少的顺序进行结构的减重试验，以实现模型的轻量化。

六角模型结构上截面和下截面为互错 45°的四边形，构造柱倾斜一定的角度，使得上、下截面之间呈六角形过渡截面，以减小扭转力臂从而起到减小扭矩的作用，并起到一定的阻碍面错动的作用；在中间的截面利于布置截面刚度很大的平面形式，以在抗压的同时，增强抗扭能力。四角模型上部的截面面积相对于下部小，与结构扭矩由上至下减小相对应。三角模型选用三角形为主体结构，因为三角形是最好的集抗扭、抗压、抗拉于一体的几何形状。三角模型结构通体将三角形融入其中，拉、压、扭杆件明确。

102.2 选型分析

结合赛题要求，根据结构稳定、传力合理、材料经济、兼顾美观的基本原则，初步提出几种选型进行对比分析，详见表 102-1。

表 102-1 结构选型对比

选型方案	选型 1:六角模型	选型 2:四角模型	选型 3:三角模型
图示	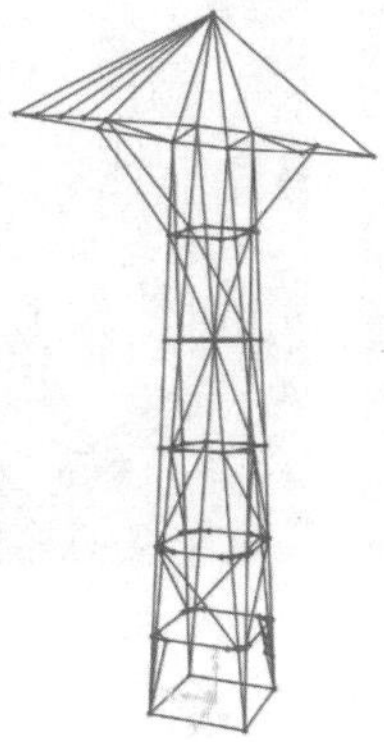	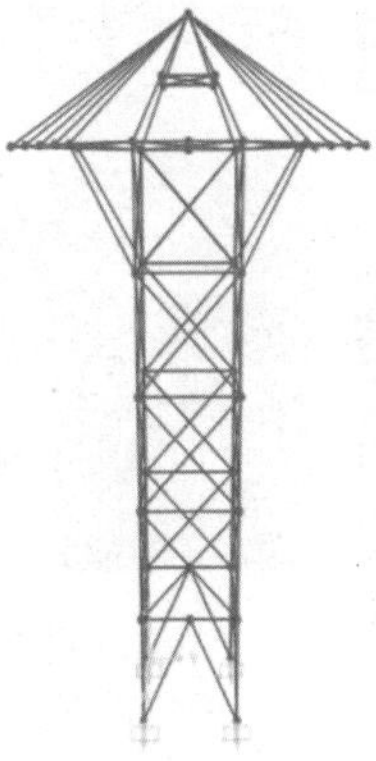	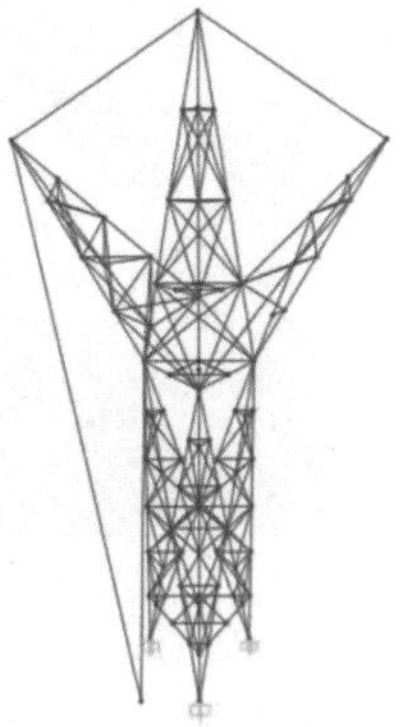

续表

选型方案	选型 1:六角模型	选型 2:四角模型	选型 3:三角模型
优点	受力明确,制作成功率高	选型普通,制作简单	质量较轻,制作耗时较少
缺点	质量较大,制作耗时较长	质量大,受力不够明确	制作精度要求高

综合对比以上三种选型的优缺点,最终确定选型 3 为我们的参赛模型,模型效果图及实物图如图 102-1 所示。

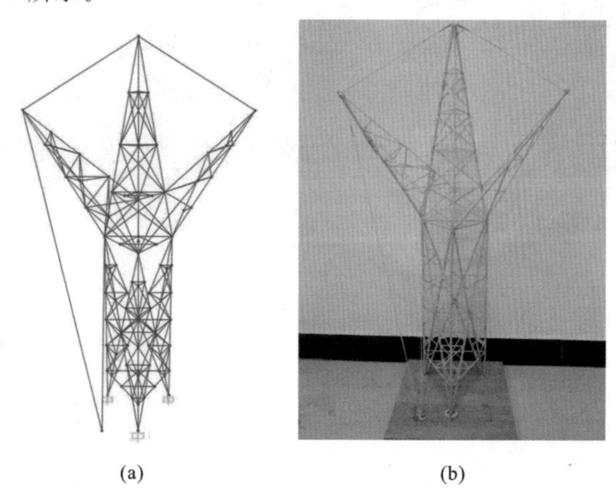

(a) (b)

图 102-1 选型方案示意图

(a)模型效果图;(b)模型实物图

102.3 数值模拟

利用有限元分析软件 SAP 2000 建立了结构的分析模型,第三级荷载作用下计算结果如图 102-2 所示(以 0°、D 工况为例)。

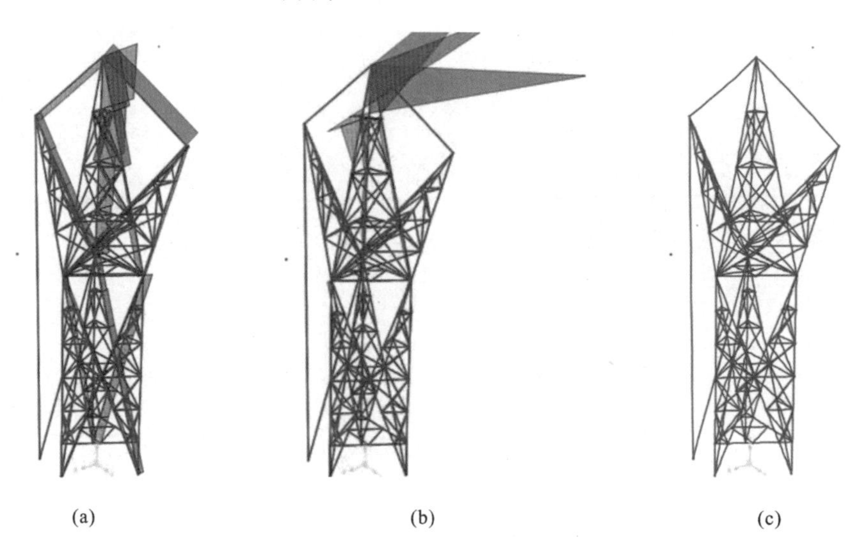

(a) (b) (c)

图 102-2 数值模拟结果

(a)轴力图;(b)弯矩图;(c)变形图

102.4 节点构造

节点是模型制作的关键部位，本模型部分节点详图如图 102-3 所示。

(a)　　(b)　　(c)

图 102-3　节点详图

(a)下部斜撑节点；(b)衔接节点；(c)柱脚节点

103 广西理工职业技术学院

作品名称	300 克的胖子塔
参赛学生	庞国杰　陈　卓　黄龙骄
指导教师	胡顺新　王华阳

103.1 设计构思

采用塔形结构:利用结构杆件的轴向承载力和刚度传递侧向荷载和重力荷载,从而提高结构整体的荷重比,因此结构有效性很高。各杆件受力均以单向拉、压为主,由于水平方向的拉、压内力实现了自身平衡,整个结构不对支座产生水平推力,结构布置灵活。

采用四边形塔:抗弯刚度大,在拥有较高承载力的同时,也能够满足刚度要求。下部塔身受力较大,拟采用箱形截面或管形截面;塔头受力相对较小,采用角钢 L 形截面。二级加载时塔身受扭,对此我们采用了斜杆及横隔面进行抗扭;三级加载主要模拟大风工况,结构主要受弯,下部塔身采用箱形截面或管形截面,回转半径大,抗弯能力好。

根据塔形结构重心低、抗侧力能力强且自重轻的特点,模型制作在"强节点弱构件,强柱弱梁"的原则下进行,尽量利用小而多的构件设置合理的结构来抵抗荷载,避免单纯依靠单一构件的强度来抵抗荷载。同时制作模型时,在各节点采用不同的加固方式,以保证在加载过程中结构的稳定性。

103.2 选型分析

在结构定型之前我们考虑了多种结构形式,并依次设计出多种方案,最后对成功加载的两种方案进行了对比分析,详见表 103-1。

表 103-1　结构选型对比

选型方案	选型 1:"X"形支撑	选型 2:四边形模型
图示		

续表

选型方案	选型 1:“X”形支撑	选型 2:四边形模型
优点	抗弯能力好,结构变形小	结构形式精简,质量轻,制作较简单;稳定性好,承受荷载大
缺点	由于主杆截面采用圆管形,需要卷杆后滴入 502 胶水,这使得制作过程困难,难以保证质量;杆件过多,结构仍显冗繁	二级加载时,结构变形较大

综合对比以上两种选型的优缺点,最终确定选型 2 为我们的参赛模型,模型效果图及实物图如图 103-1 所示。

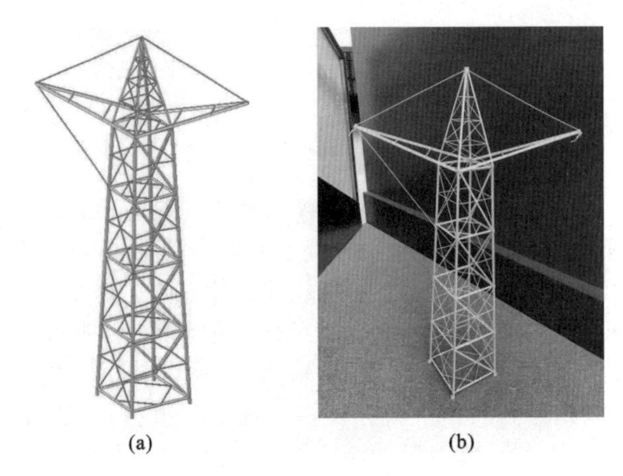

图 103-1 选型方案示意图

(a)模型效果图;(b)模型实物图

22.3 数值模拟

利用有限元分析软件 MIDAS Gen 建立了结构的分析模型,第三级荷载作用下计算结果如图 103-2 所示。

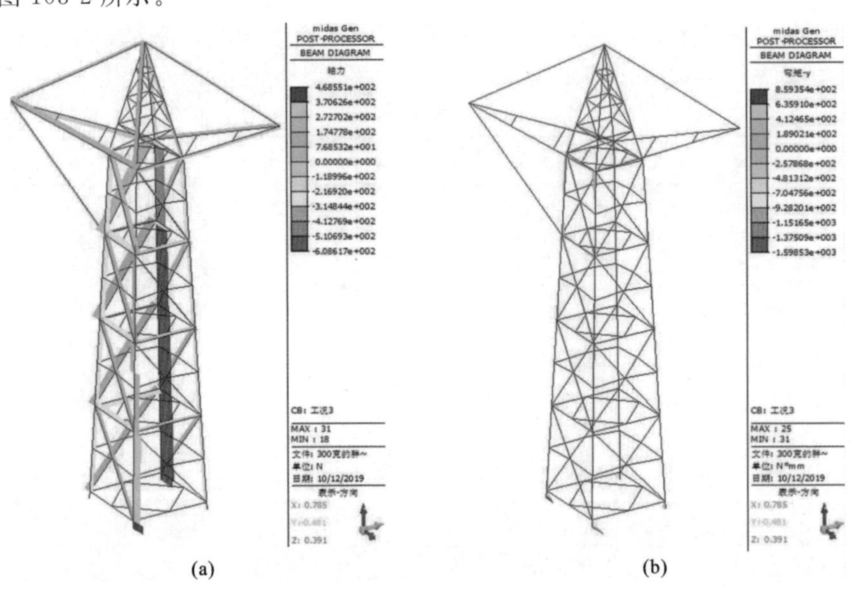

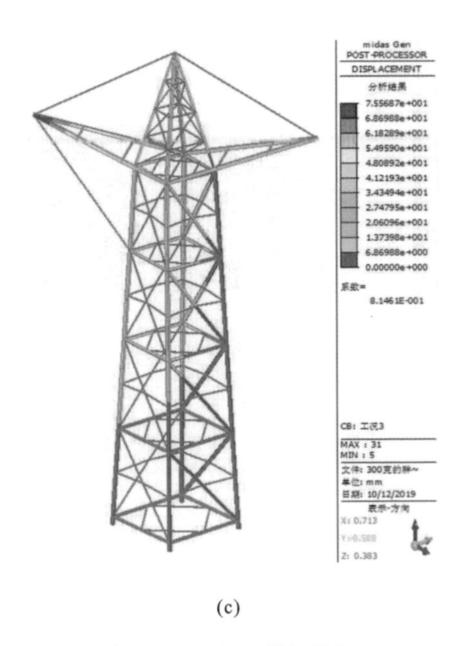

(c)

图 103-2 数值模拟结果

(a)轴力图;(b)弯矩图;(c)变形图

103.4 节点构造

节点是模型制作的关键部位,本模型部分节点详图如图 103-3 所示。

(a) (b) (c)

图 103-3 节点详图

(a)横臂与塔身节点;(b)一般节点;(c)柱脚节点

104 皖西学院

作品名称	儿童节
参赛学生	韩舒浩　刘玉朵　张苗苗
指导教师	葛清蕴　周　明

104.1 设计构思

由于一级、二级、三级加载表现分以模型的荷重比为最主要参考因素，为体现模型结构的合理性和材料利用效率，要尽量减轻结构质量，因此结构不能太复杂，杆件数量要尽量少。一级、二级加载都会使主体竖向杆件或构件产生弯矩，所以在截面面积相同的情况下尽量使杆件的截面惯性矩更大。低挂点加载过程会使得结构产生较大的扭矩，因此主体竖向杆件或构件的材料尽量不超出主体截面，且相对均匀，要具备较高的抗扭能力。

在加载过程中主体竖向杆件或构件受竖向力较大，杆件截面除了具备一定截面面积以外，还需要考虑压杆的稳定性问题。针对不同工况，各主体杆件的截面尺寸应考虑差异，从而充分发挥各杆件的材料性能，减轻结构质量。在满足题设要求的情况下，应尽量使低挂点的悬挑长度小一点，以减小扭矩及弯矩。

在满足题设要求的情况下，结构尺寸应尽量小一点，以减小挂点荷载产生的弯矩。为减小扭矩，设计横担角度在 30° ～ 45°之间，使低挂点产生的扭矩尽可能地减小。

104.2 选型分析

结合赛题要求，根据结构稳定、传力合理、材料经济、兼顾美观的基本原则，初步提出几种选型进行对比分析，详见表 104-1。

表 104-1　　结构选型对比

选型方案	选型 1:单斜	选型 2:双斜	选型 3:交错
优点	使用材料少，结构受力清晰，不易损坏，抗扭效果好	结构整体稳定性强，形变小，制作难度小	使用材料少，结构受力清晰，制作难度小
缺点	制作难度大，变形较大	使用材料量大，结构抗疲劳性弱	使用材料量大，节点复杂，抗疲劳性弱

经对比，选型 1 较其他选型更适合作为抗扭结构且用料较少，团队根据模型实际加载情况，综合考虑 MIDAS 分析结果，根据前一阶段模型修改下一阶段模型，不断创新和

完善，最终确定模型的结构体系为“单斜”方案，模型效果图及实物图如图 104-1 所示。

(a)　　(b)

图 104-1　选型方案示意图

(a)模型效果图；(b)模型实物图

104.3　数值模拟

基于有限元分析软件 MIDAS Gen 建立了结构的分析模型，第三级荷载作用下计算结果如图 104-2 所示。

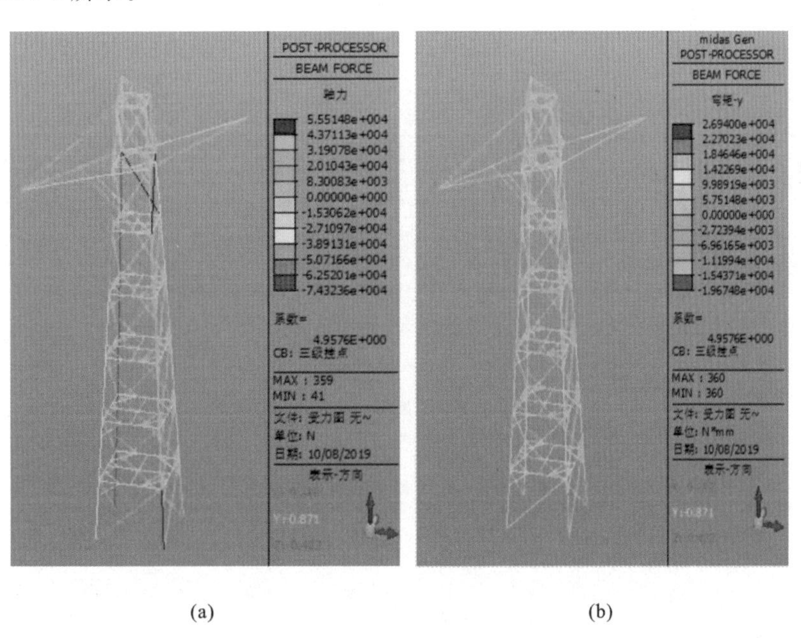

(a)　　(b)

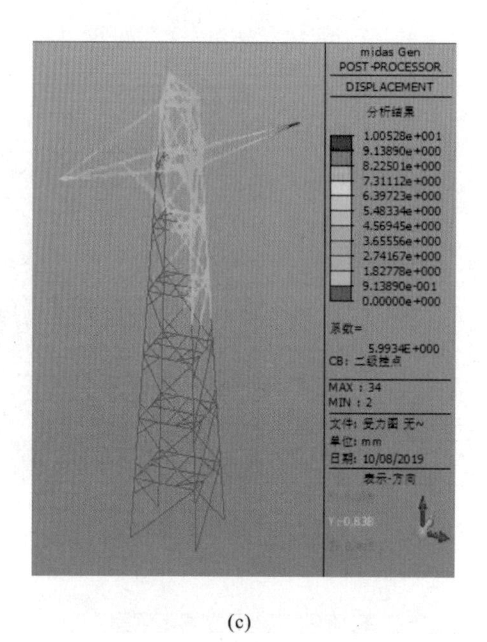

(c)

图 104-2　数值模拟结果

(a)轴力图;(b)弯矩图;(c)变形图

104.4　节点构造

节点是模型制作的关键部位,本模型部分节点详图如图 104-3 所示。

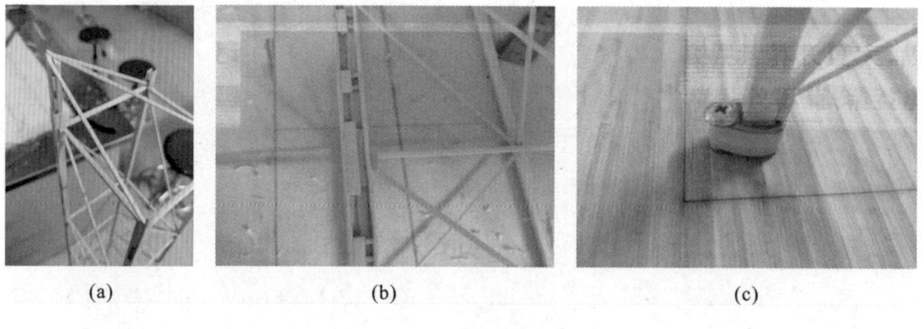

(a)　(b)　(c)

图 104-3　节点详图

(a)高挂点节点;(b)竹竿内部节点;(c)柱脚节点

105　南阳理工学院

作品名称	登峰造极
参赛学生	李韩羽　孙恪奇　郑开旭
指导教师	吴帅涛　肖新科

105.1　设计构思

本次竞赛题目为承受多荷载工况的山地输电塔结构模型的设计与制作，主要工作是对一级和二级随机加载工况（模型制作完，四种加载工况随机抽取一种）、三级侧向水平静载、下坡门架旋转角度（模型制作前，四种角度随机抽取一种）、模型竖向位移等多种工况下的三维空间结构进行受力分析、模型制作及试验分析。难点在于复杂空间节点的设计与安装，以及竖向荷载和侧向水平荷载共同作用下，模型柱脚与自攻螺钉之间、模型柱脚与竖向主杆的连接部分极易脱落，局部杆件承受扭矩较大，容易扭断。通过制作山地输电塔结构模型并进行加载试验，共同探讨施加荷载时结构的受力特点、设计优化、施工技术等问题，据此对山地输电塔结构的受力性能进行研究并提出优化设计的建议，具有现实的科学意义和工程实用价值。

此次竞赛的题目"山地输电塔模型设计与制作"的设计背景更接近工程实践，让参赛者在学习课本理论知识之外，实地接触和考察山地输电塔的制作工艺和施工过程，并通过手工制作模型，体会理论和实践相结合的意义。

105.2　选型分析

为了寻求最优方案，从构件和细部方面尝试了几种不同的方案，详见表105-1。

表105-1　　结构选型对比

选型方案	选型1	选型2	选型3
图示			

续表

选型方案	选型 1	选型 2	选型 3
优点	模型选用真实输电塔的桁架结构，悬臂采用超杆结构，在减轻质量的同时提高杆件抗压能力	针对不同加载情况调整模型摆放位置，使其实现受力最优	主体采用四边形变截面，以相同的材料用量，实现了更大的抗弯强度，结构受力明确
缺点	对模型精准度要求较高，悬臂必须保持在 45°位置，容易超出规定范围，导致无法加载；对拉条要求严格，制作成功率不高	模型能承受荷载较小，性价比不高，变形较大	产生的剪力不能完全通过悬臂穿到塔底，悬臂与主体连接部位容易破坏

综合对比以上三种选型的优缺点，最终确定选型 3 为我们的参赛模型，模型效果图及实物图如图 105-1 所示。

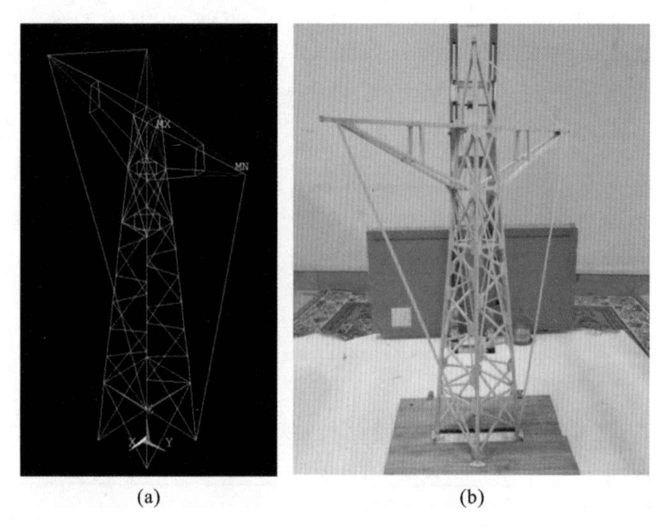

(a) (b)

图 105-1 选型方案示意图

(a)模型效果图；(b)模型实物图

105.3 数值模拟

利用有限元分析软件 ANSYS 建立了结构的分析模型，不同荷载作用下计算结果如图 105-2 所示。

105.4 节点构造

节点是模型制作的关键部位，本模型部分节点详图如图 105-3 所示。

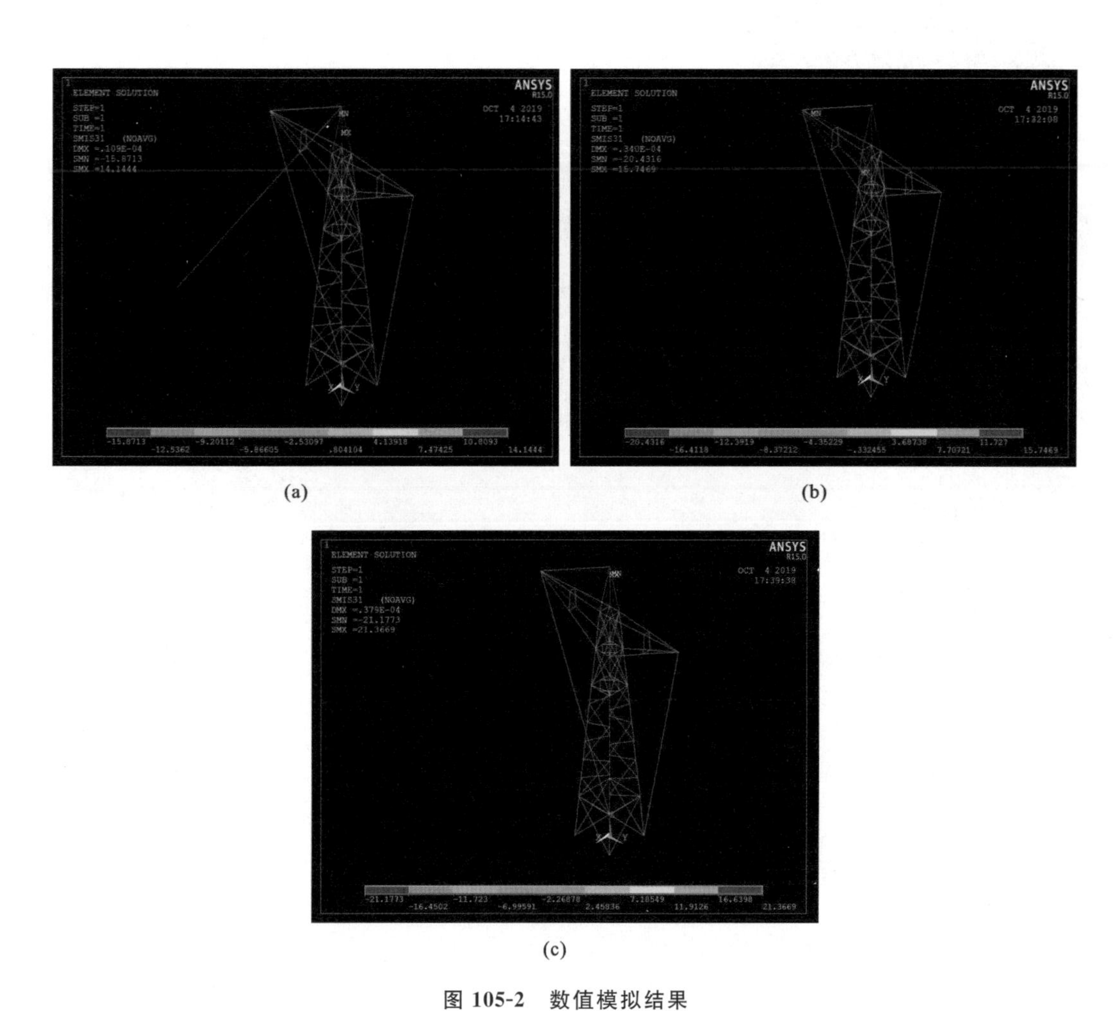

图 105-2 数值模拟结果

(a)0°工况一级加载内力图;(b)0°工况二级加载内力图;(c)0°工况三级加载内力图

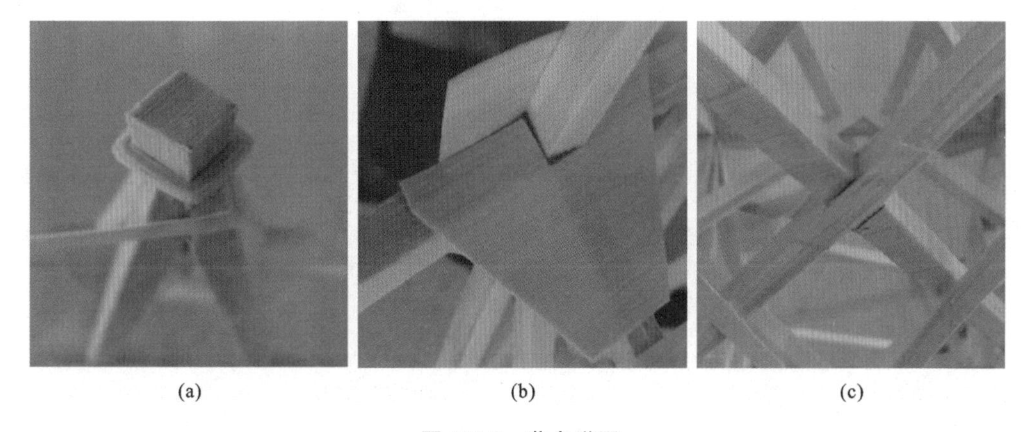

图 105-3 节点详图

(a)塔尖节点;(b)塔尖与塔身节点;(c)交叉杆连接节点

106　中国农业大学

作品名称	千寻塔Ⅱ
参赛学生	杨　帅　段　练　李　萍
指导教师	梁宗敏　张再军

106.1　设计构思

本赛题加载方式明确，加载点固定，且所有荷载均为集中荷载。考虑到竹材的特殊力学性能，受弯和受剪能力较差，受压、受拉性能最好，因此在设计结构总体方案时应尽可能避免杆件受弯和受剪，考虑空间桁架结构，使杆件只受轴压力或轴拉力。

经过简单的力学分析，模型主要承受集中荷载，一共三个加载点，四个集中荷载。荷载竖向分量较小，水平分量较大且不对称，使结构承受较大的整体弯矩和整体扭矩，这就对结构整体的抗弯刚度和抗扭刚度提出较高的要求。故考虑采用空间桁架体系，使结构构件大部分受拉或受压，少量构件处于压、弯、扭、剪复合受力状态。

主要构思：利用四根柱、水平横撑和柱间交叉支撑形成的空间桁架结构来承担外部荷载，并将荷载传递至下部基础。

设计原则：充分利用竹皮、竹条的受拉性能，把整体结构的弯扭转化成构件的拉压，并重视受压杆件的失稳设计。

106.2　选型分析

选型1：以空间桁架为主体结构，顶部作为一个加载点，两个低挂点做成一个类似“扁担”的整体杆件。由于荷载产生较大的扭矩，为了减小扭矩，首先将低挂点布置在45°角处，这样不论下坡门架旋转角度为多少，都减小了导线和低挂点杆件之间的夹角，将荷载更多分量变为杆件的轴拉力；其次将塔顶偏心布置，使高挂点荷载产生的扭矩与低挂点荷载产生的扭矩方向相反，从而让结构所受扭矩减小，同时斜撑布置上为了避免受压杆件出现失稳情况，使受压杆件退出工作，加强受拉杆件的布置，从而增强结构的稳定性。此方案只能承受单一方向的扭矩，适应较少工况，且加载过程必须按照一定的顺序。适应原赛题“先抽取加载方式后制作模型”的规则。

选型2：由于组委会修改了规则，在选型1的基础上进行改进，改变高挂点偏心设计以及斜撑布置方案。由于加载工况具有不确定性，结构需要满足任一工况下的荷载。四种工况大致存在两两对称的关系，所以将结构也设置为对称结构，同时将高挂点布置在结构的对称中心，以保证在不同工况下对结构的影响基本相同。斜撑采取交叉布置的方案，以抵抗不同方向的扭矩。同选型1，结构的整体形式和荷载的传力路径没有改变。与选型 1 相比，此方案适应了更多种工况，结构整体对称性更好，杆件的制作和安装也更加简单、方便，同时，整体结构简洁，造型美观。

表 106-1 中列出了两种选型的优缺点。

表 106-1　　**结构选型对比**

选型方案	选型 1	选型 2
图示		
优点	传力方式简单明确，能够有效将荷载产生的扭矩减小	结构整体对称性好，杆件制作、安装简单，适应多种工况
缺点	只适合部分指定工况加载，其余工况对结构不利	为了应对多种工况，存在多余杆件

综合对比以上两种选型，最终确定选型 2 为我们的参赛模型，模型效果图及实物图如图 106-1 所示。

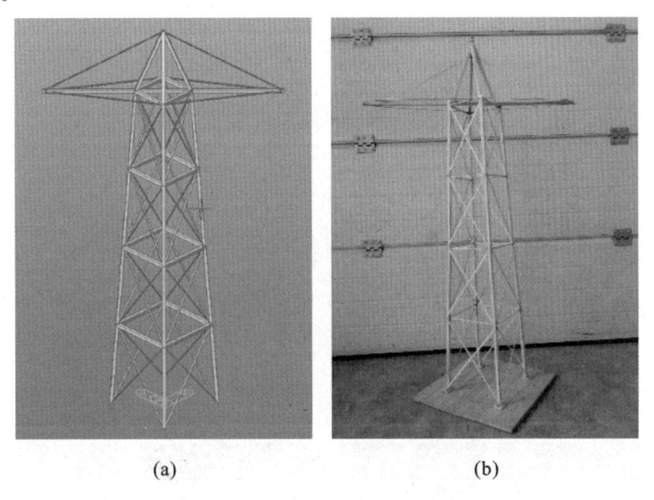

(a)　　(b)

图 106-1　选型方案示意图

(a)模型效果图；(b)模型实物图

106.3　数值模拟

利用有限元分析软件 MIDAS Gen 建立了结构的分析模型，第三级荷载作用下计算结果如图 106-2 所示。

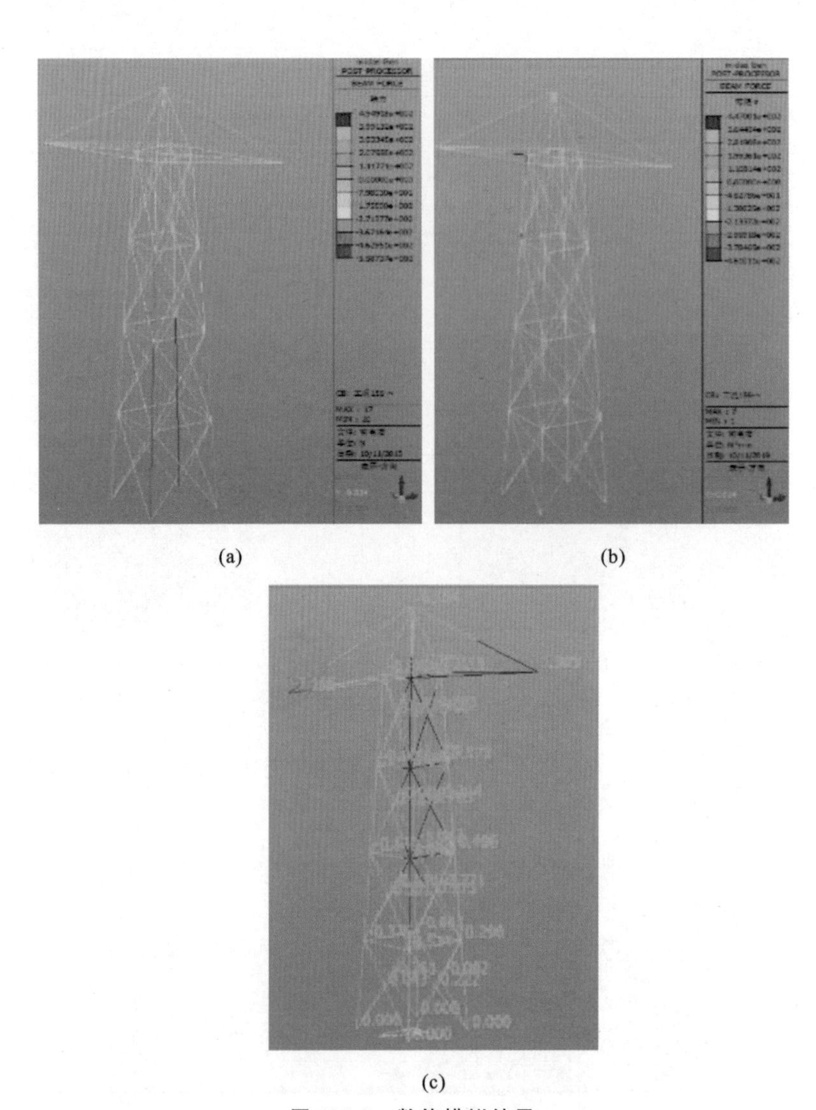

(a)　　(b)

(c)

图 106-2　数值模拟结果

(a)轴力图;(b)弯矩图;(c)变形图

106.4　节点构造

节点是模型制作的关键部位,本模型部分节点详图如图 106-3 所示。

(a)　　(b)　　(c)

图 106-3　节点详图

(a)斜撑连接节点;(b)柱-横梁连接节点;(c)柱脚节点

107 盐城工学院

作品名称	步月塔
参赛学生	徐 鹏 黎 朋 逵 涛
指导教师	朱 华 程鹏环

107.1 设计构思

针对本次竞赛题目中的注意事项，结合各种结构的受力特点，以及对模型制作、安装、加载的时间限制，设计的模型结构形式不能太复杂，即首先排除了很复杂的酒杯型、猫头型、鸟骨型结构；其次，要求加载点为节点且不能随意滑动，因此排除风景区弧形杆塔；再次，受底板的尺寸限制，排除了桅杆塔形；最后，结合我们学过的知识和手工制作特点，我们针对桁架塔和钢管塔各选择了一种结构进行建模分析，同时准备尝试一下双柱塔，以帮助确定最终方案。

107.2 选型分析

结合赛题要求，根据结构稳定、传力合理、材料经济、兼顾美观的基本原则，初步提出几种选型进行对比分析，详见表 107-1。

表 107-1 结构选型对比

选型方案	选型 1	选型 2	选型 3
图示			
优点	使用材料少，结构受力清晰，不易损坏	结构整体稳定性强，形变小，制作难度低	传力明确，构件尺寸比较统一，制作方便
缺点	扭矩较大，索悬挂拉力较大	使用材料量大，结构抗疲劳性弱	外伸斜撑的角度难以控制

结合实际输电塔常见类型，为了提高结构的容错率和制作速度，并有效抗扭，最终采用选型 3 为我们的参赛模型，框架部分主要承受一级和三级加载产生的整体弯矩，设置的斜撑主要承担二级加载产生的扭矩。模型效果图及实物图如图 107-1 所示。

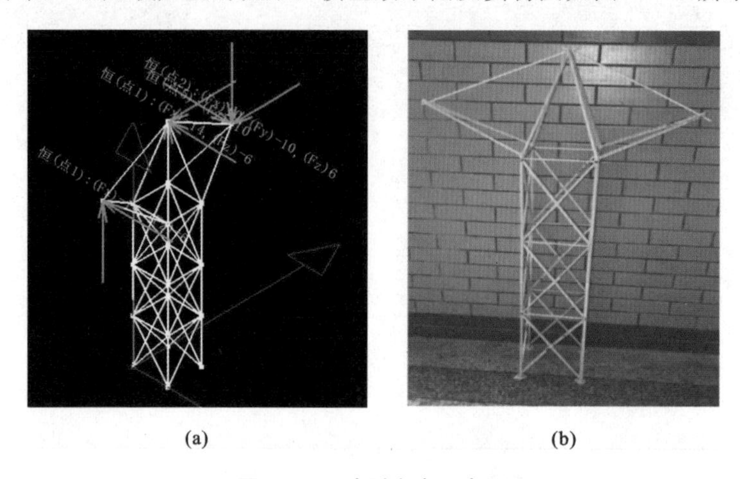

(a) (b)

图 107-1　选型方案示意图

(a)模型效果图；(b)模型实物图

107.3　数值模拟

前期建模分析在 MIDAS 软件中进行，后期进行模型优化时我们采用了比较熟悉的 PKPM 任意空间结构模型输入系统 SpaS CAD，第三级荷载作用下计算结果如图 107-2 所示。

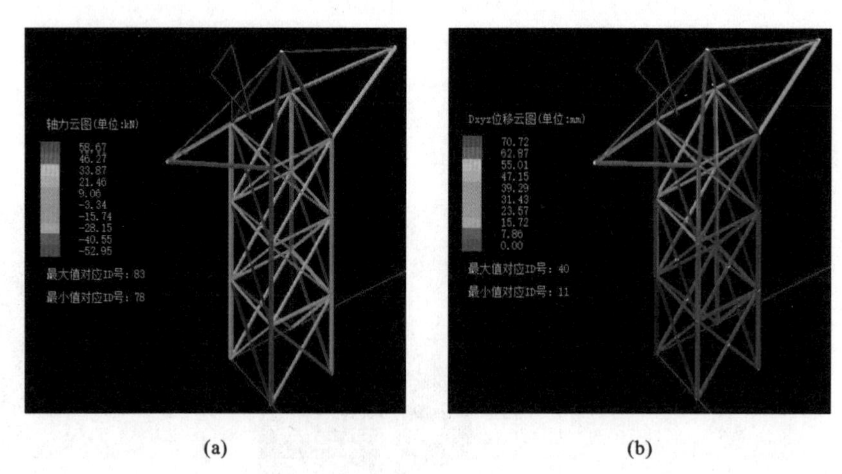

(a) (b)

图 107-2　数值模拟结果

(a)轴力图；(b)变形图

107.4 节点构造

节点是模型制作的关键部位，本模型部分节点详图如图 107-3 所示。

(a)　　(b)　　(c)

图 107-3　节点详图

(a)高挂点节点；(b)竹条铆接节点；(c)柱脚节点

108 湖北工业大学

作品名称	不周山
参赛学生	饶 奥 冯文奇 杨 硕
指导教师	余佳力 张 晋

108.1 设计构思

考虑到对输电塔结构模型的设计最终是为实际结构工程提供参考和借鉴，所以，从实际输电塔结构出发，审视其结构设计的重点和难点，对于拟设计输电塔结构模型具有很强的指导作用。在输电塔结构设计的过程中，需要重点考虑承受不对称竖向荷载时其承载力及变形性能，以及承受竖向和水平荷载时结构的承载力。

在结构形式的选择方面，参赛小组专门考虑：本次竞赛对控制结构的质量有较高的要求，相同条件下质量越轻，结构越有优势；相同条件下，结构刚度越大越好，即在相同均布荷载作用下结构的变形应尽量小；结构设计要求采用指定的竹皮和 502 胶水，但不同厚度的竹皮做出来的结构黏结成构件后其力学特性尚不明确；本次的模型与底板的连接不能使用热熔胶，只能使用螺钉，所以需要使用节点板单独制作柱脚，通过 502 胶水将模型与柱脚连接，然后将柱脚钉在底板上，这就要求先对柱脚进行钻孔处理，避免螺钉的直接冲击对柱脚造成破坏，起不到固定模型的作用。

此外，结构构件以及节点的制作工艺和制作质量，对其承载能力的影响不容忽视。故需要精心设计和制作构件及节点，发现问题及时解决，从实践中不断总结经验。

108.2 选型分析

结合赛题要求，根据结构稳定、传力合理、材料经济、兼顾美观的基本原则，初步提出几种选型进行对比分析，详见表 108-1。

表 108-1 结构选型分析

选型方案	选型 1	选型 2	选型 3	选型 4
图示	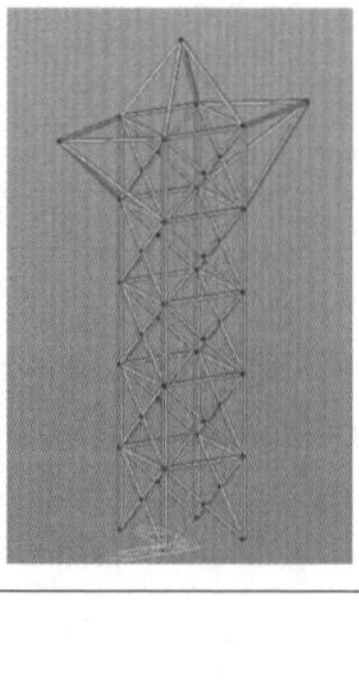	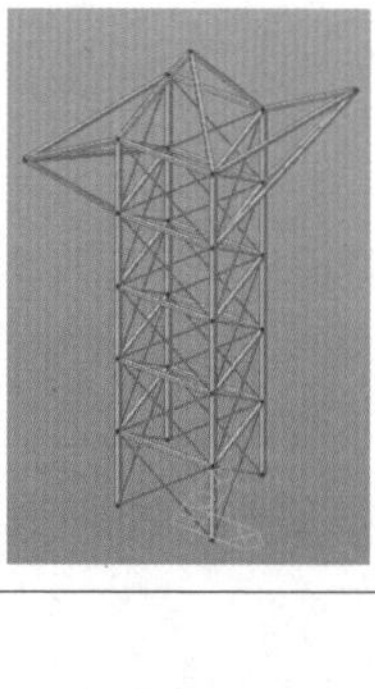	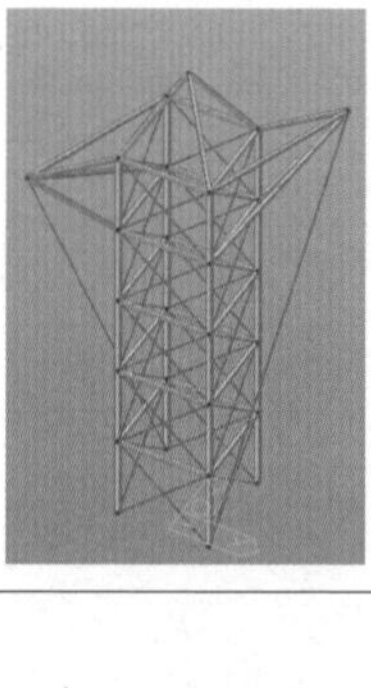	

续表

选型方案	选型 1	选型 2	选型 3	选型 4
优点	抗倾覆及抗压、抗扭能力强	减小了扭矩及倾覆力矩，大大减少了构件数量	抗扭能力得到很大提升	进一步减少了构件的数量
缺点	制作复杂，并且存在大量的压杆	二级扭转情况下大量的圈梁拉条受力较大	略偏重	需要进一步优化

从工程实际角度出发，双层式、不对称式和单层式结构分别具有各自的优势；但从结构模型制作的角度出发，单层式结构避免了太多无用的工作，节省了工作量。综合对比表 41-1 中给出的不同结构选型，在整个设计周期中，我们以“轻质高强，实用美观”作为设计指导思想，采用 SAP 2000 软件进行反复模拟计算，并经初步实际加载试验，最终以选型 4 为基础开展模型设计与制作。针对 0°、15°和 30°这三种旋转角度，选择了同一种结构模型；而针对 45°旋转角度，专门建立了一种结构模型。这样既在一定程度上节省了用材，又使结构达到预期的性能要求。最终确定的方案模型效果图及实物图如图 108-1 所示。

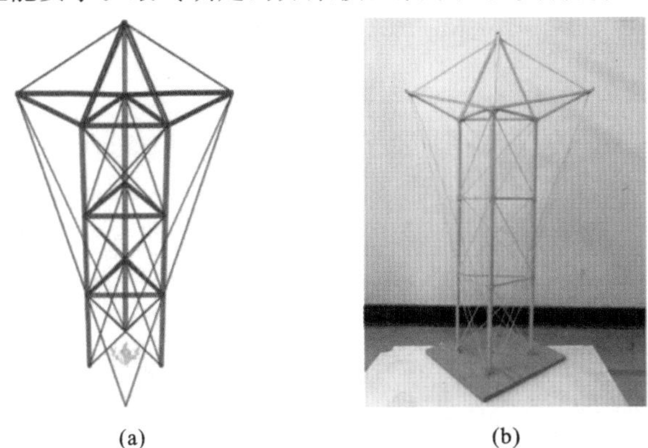

(a) (b)

图 108-1　0°、15°和 30°旋转角度下选型方案示意图

(a)模型效果图；(b)模型实物图

108.3　数值模拟

利用有限元分析软件 SAP 2000 建立了结构的分析模型，第三级荷载作用下计算结果如图 108-2 所示。

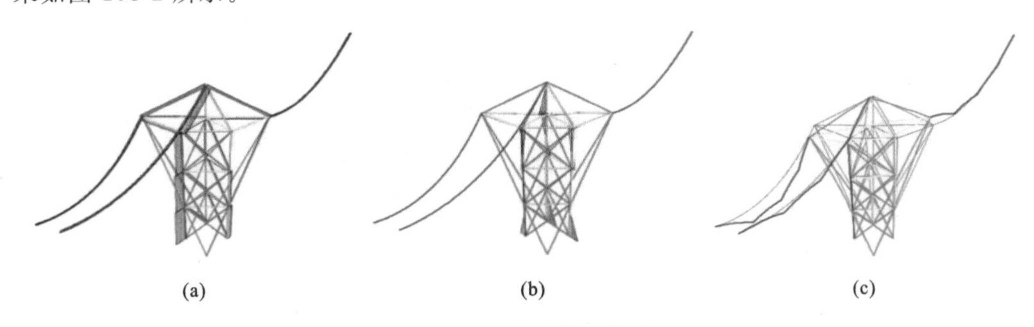

(a) (b) (c)

图 108-2　数值模拟结果

(a)轴力图；(b)弯矩图；(c)变形图

108.4 节点构造

节点是模型制作的关键部位，本模型部分节点详图如图 108-3 所示。

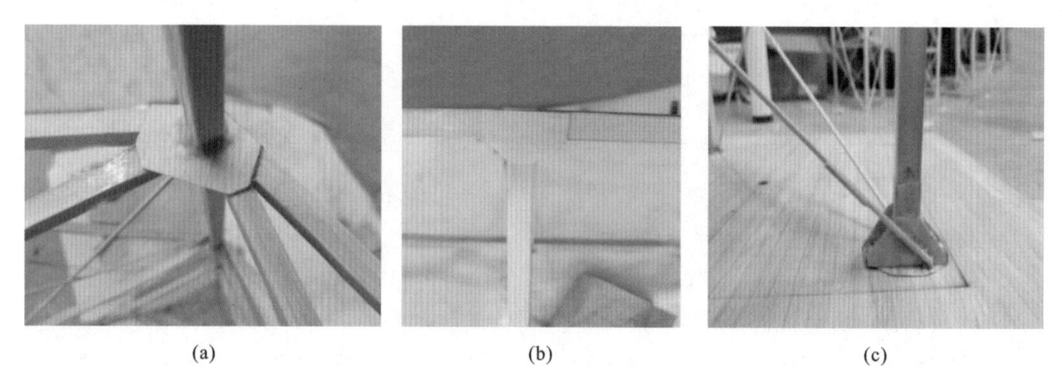

(a)　　(b)　　(c)

图 108-3　节点详图

(a)高挂点节点；(b)梁柱杆件连接节点；(c)柱脚节点

109 河北建筑工程学院

作品名称	七宝玲珑塔
参赛学生	田景帆　苏　成　闫　超
指导教师	胡建林　郝　勇

109.1 设计构思

本次赛题的模型结构需承受较大的水平荷载和竖向荷载，故考虑利用梁的抗弯性能和柱子的抗压性能来承受荷载，与此同时结构必须具有一定的抗扭能力。赛题给出了0°、15°、30°和45°这四种下坡门架旋转角度，且每种角度都对应四种工况。故我们可通过分析下坡门架不同旋转角度以及不同工况下结构的受力特点，设计一种性能良好并能适应多种工况的模型结构。

基于以上考虑，我们首先分析了输电塔的特点，并根据特点搭建模型初步的框架。

结构体系特点：桁架结构体系简洁，自重较轻，可以充分发挥材料性能。空间桁架结构体系各杆件受力均以单向拉、压为主，通过对上下弦杆和腹杆的合理布置，可适应结构内部的弯矩和剪力分布。更重要的意义在于，它将横弯作用下实腹梁内部复杂的应力状态转化为桁架杆件内简单的拉压应力状态，使我们能够直观地了解力的分布和传递，便于结构的变换和组合。

结构材料特点：充分利用竞赛组委会所提供的竹材所具有的良好的拉、压性能，与此同时，合理地利用竹皮裁剪出不同图形，与竹竿组合拼接成各类所需要的杆件横截面，制作出的杆件具有良好的柔韧性，可充分利用大变形耗能。

综上所述，输电塔拟选择空间桁架结构体系，模型在粘接底座后，结构主体框架多为三角形，可有效提高结构的稳定性。且采用中厚竹皮连接部分杆件以提高结构的预应力，从而保证了材料的后期受力并解决了后期加载时出现的结构变形问题。同时为提高结构的承载力，在主要竖向承载部位恰当地采用复合杆件，并用面积较大的横截面相连，以加强组合杆件的连接，从而避免结构因失稳而发生破坏。

109.2 选型分析

考虑结构会承受拉、压力，且下坡门架不同旋转角度会带来不同的扭矩影响，输电塔工作时的支承结构拟采用的形式主要包含刚架结构、组合体系结构、空间桁架结构，各结构体系优缺点对比见表109-1。

表 109-1　**不同结构体系优缺点对比表**

结构体系	刚架结构	组合体系结构	空间桁架结构
优点	受力合理，轻巧美观，跨度较大，制作方便，承载能力强	利用横截面特征可节省材料；承载能力大大提高；组合梁上翼缘侧向刚度大，所以整体稳定性好	把整体受弯转化为局部构件的受压或受拉，从而有效地发挥材料的潜力并增大结构的跨度，相互协调性好
缺点	受弯为主，自重较大，用料多	结构的节点连接较为复杂	变形能力差，承载能力有限

综合对比各结构体系的优缺点，最终确定输电塔采用空间桁架结构体系，模型效果图及实物图如图 109-1 所示。

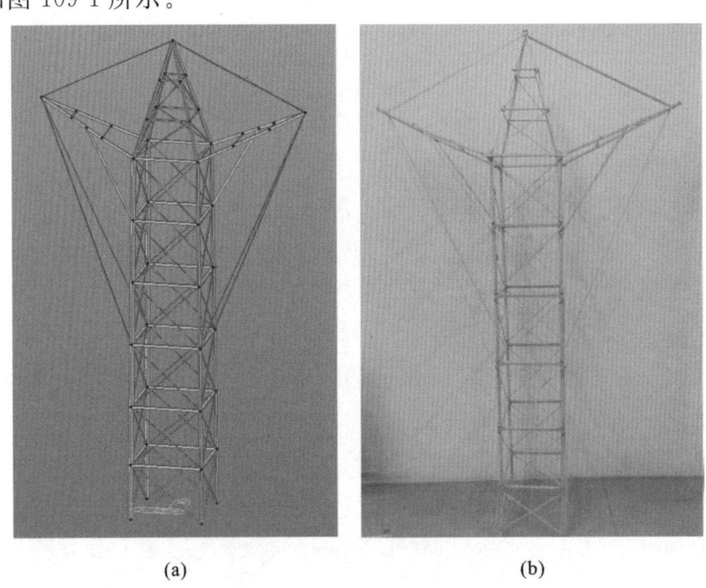

图 109-1　选型方案示意图

(a)模型效果图；(b)模型实物图

109.3　数值模拟

利用有限元分析软件 MIDAS Gen 建立了结构在单位力作用下的分析模型，第三级荷载作用下计算结果如图 109-2 所示。

109.4　节点构造

节点是模型制作的关键部位，本模型部分节点详图如图 109-3 所示。

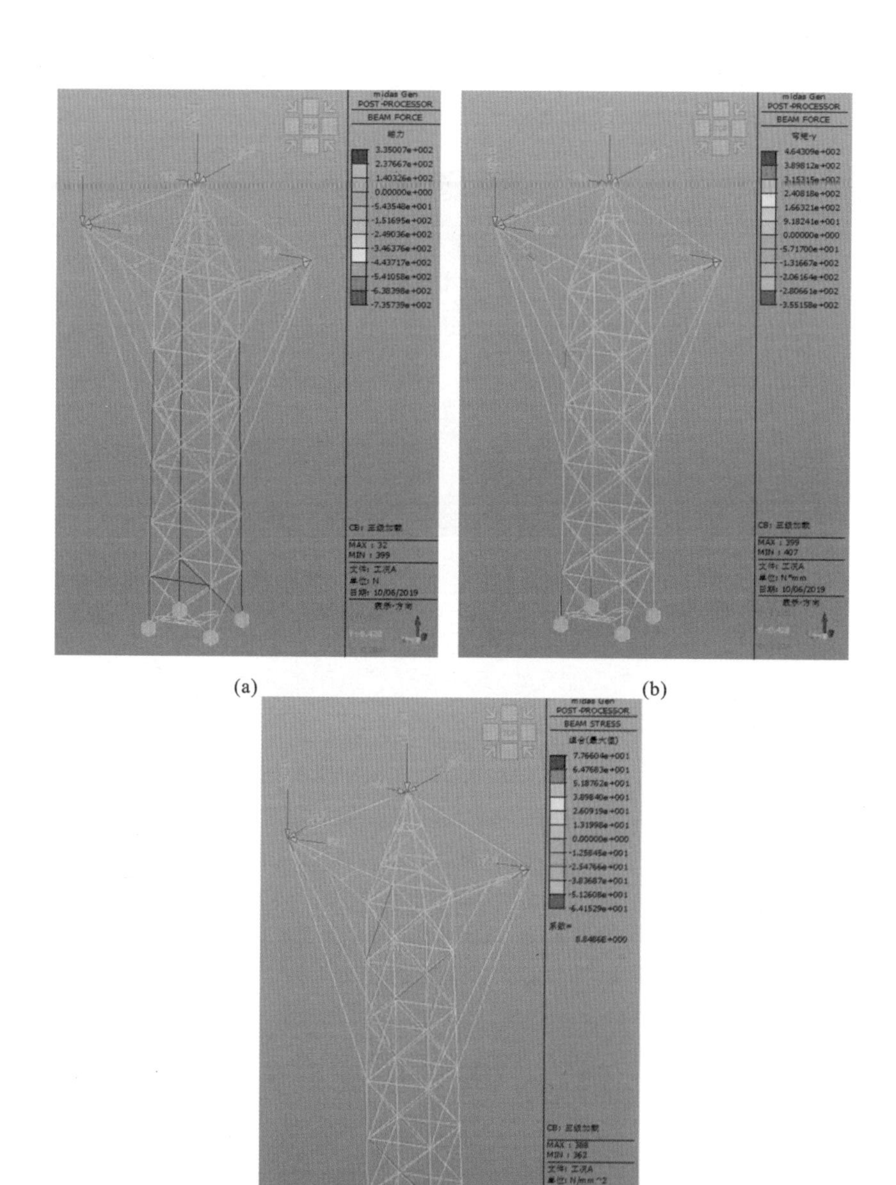

(c)

图 109-2　数值模拟结果

(a)轴力图;(b)弯矩图;(c)变形图

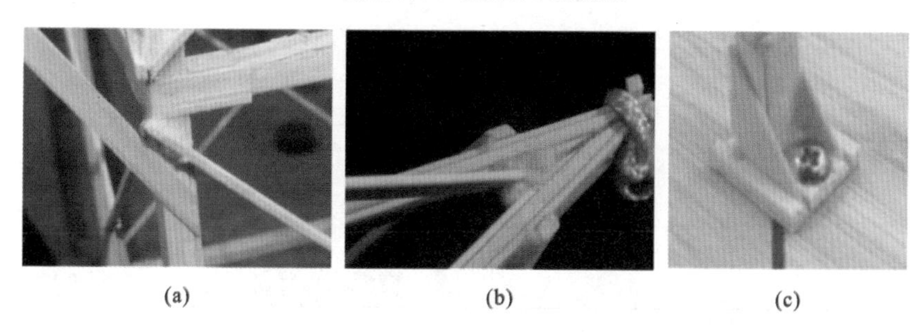

图 109-3　节点详图

(a)平台与斜腹杆连接节点;(b)低挂点节点;(c)柱脚节点

110 东南大学

作品名称	柒零
参赛学生	郑继海 李梦媚 邢 泽
指导教师	孙泽阳 戚家南

110.1 设计构思

赛题要求模型在指定位置设置 3 个加载点。加载位置指定有 4 种组合，加载角度有 4 种，故工况共 16 种。加载分为三级，一级加载在指定组合中选择一个加载点施加荷载；二级加载在剩余两个加载点施加荷载；三级加载在高挂点施加水平侧向荷载。因此，我们团队从抗扭性、传力特性、效率比、抗失稳等方面对结构方案进行构思。

抗扭性：由于本次竞赛模型受扭转力较大，扭转破坏概率大，故抗扭性是主要考虑因素。

传力特性：本设计模型要求传力直接、构造简单，将荷载通过支承结构快速、有效地传递到基础上。

效率比：在模型质量尽可能轻的条件下保证整个结构的强度和刚度满足要求。

抗失稳：由于模型设计要求尺寸大，尤其是低挂点杆件及底柱计算长度大，故易失稳，失稳破坏很可能先于强度破坏。

110.2 选型分析

本设计方案的总体目标：抗扭能力强、构造简单、自重较轻，能将荷载通过支承结构快速、有效地传递到基础上，且在模型质量尽可能轻的条件下保证整个结构的强度和刚度满足要求。结构选型对比见表 110-1。

表 110-1 结构选型对比

选型方案	选型 1	选型 2	选型 3	选型 4
图示				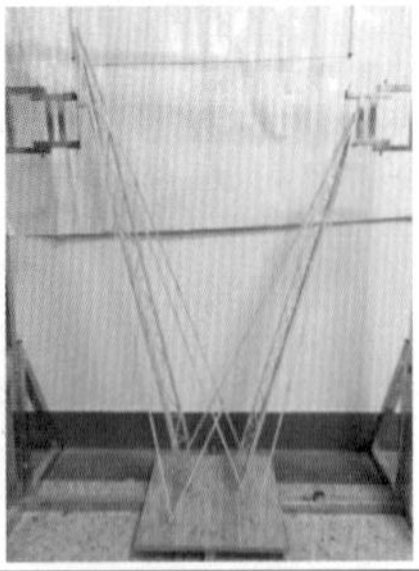

选型方案	选型 1	选型 2	选型 3	选型 4
优点	抗扭性能好，构造简单	传力直接，刚度大	抗扭性能好，传力途径短	抗扭性能好，构造简单，传力途径更短，模型质量较轻，效率比高，稳定性好
缺点	单向受扭	易失稳，模型质量较重	砝码盘的位移易超限，模型质量较重	—

综合对比以上四种选型的优缺点，最终确定选型 4 为我们的参赛模型，模型效果图及实物图如图 110-1 所示。

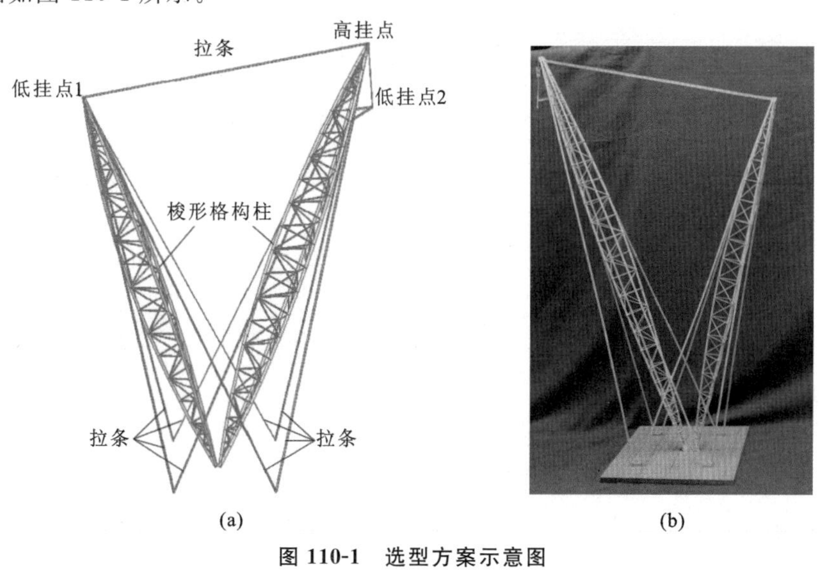

图 110-1　选型方案示意图

(a)模型效果图；(b)模型实物图

110.3　数值模拟

利用有限元分析软件 MIDAS 建立了结构的分析模型，第三级荷载作用下计算结果如图 110-2 所示。

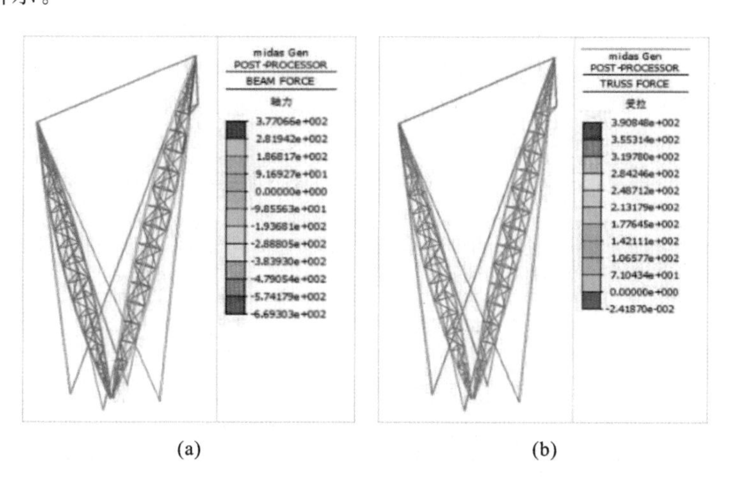

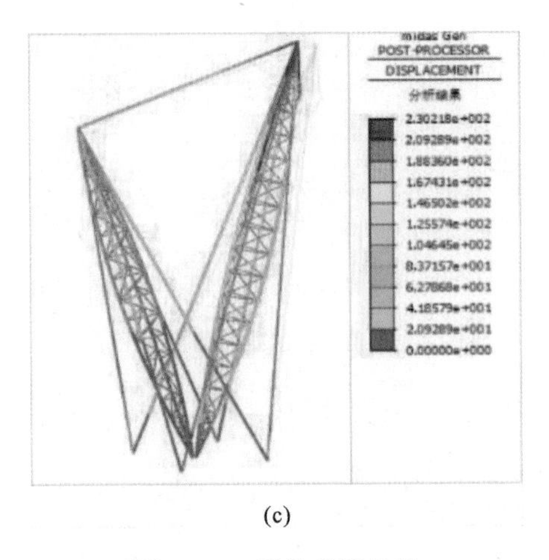

(c)

图 110-2　数值模拟结果

(a)梁单元轴力图;(b)桁架单元轴力图;(c) 变形图

110.4　节点构造

节点是模型制作的关键部位,本模型部分节点详图如图 110-3 所示。

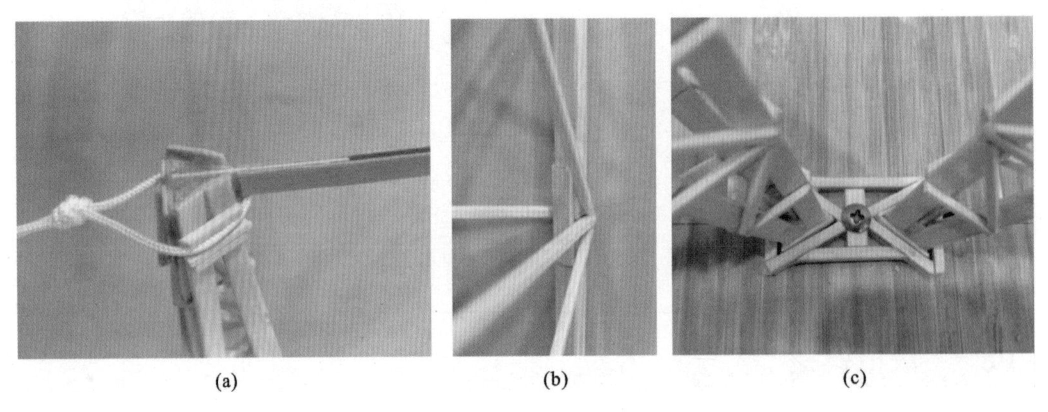

(a)　(b)　(c)

图 110-3　节点详图

(a)柱顶节点;(b)肢条截断节点;(c)柱脚节点

111　深圳大学

作品名称	塑塔
参赛学生	陈上泉　朱泰锋　陈均楠
指导教师	熊　琛　陈贤川

111.1　设计构思

从杆件强度、结构变形、结构刚度、结构稳定性、模型制作等方面对结构方案进行构思:设计最合理的结构类型,保证结构的刚度;选用最合理的杆件类型和尺寸,保证杆件的强度及稳定性;选择最合理的高度和宽度,不同的高度对模型受力有很大的影响,合理的高度能有效控制材料的利用率。在模型能满载的前提下尽可能减轻模型质量,提高模型的荷重比。

通过考虑在安全范围内的承载力,来确定不同构件采用的材料,避免不必要的浪费;通过加大整体刚度来抵抗结构产生的扭转,由于受加载过程中钢索的净空要求限制,结构的刚度需要增大,结构的变形则变小,在满足正常使用的极限状态的条件下,结构才可以继续完成加载;通过增加横杆的数量来减小主杆的计算长度,防止失稳。同时横杆还可以抵抗一部分扭矩,提高结构的整体刚度。在模型制作过程中,其结构越复杂,出现突发状况的概率越大,因此简单实用的结构选型才是根本。

111.2　选型分析

选型 1:该方案所用的材料均为 0.5mm 厚的竹片,顶部的加载点在右边。中间横杆把主杆分成六级,打叉的部分是拉条,采用 6mm 宽的竹皮。

选型 2:该方案采用对称结构,所用的材料均为 0.5mm 厚的竹片。由于侧翼外伸过长,我们采用 T 杆将其分为三段,通过拉条的方式连接侧翼与顶部,中间横杆同样把主杆分成六级。顶部的四根斜杆采用了双层的做法。

选型 3:该方案采用非对称结构,顶部建立在右侧翼上,模型的四根主杆采用 7mm×7mm 截面,选用 1mm 厚的竹片来制作,中间横杆把主杆分成五级,拉条部分用细竹竿替代。横杆采用由两片 1mm 厚的竹片和两片 0.54mm 厚的竹皮组合成的杆件。

选型 4:该方案采用对称结构,有一根主杆采用 8mm×9mm 的截面,还有一根主杆由两片竹片、两片竹皮组合而成。侧翼的一条拉条换成了一根杆件,并且中间用 T 杆将其围成一个三角形。拉条部分用细竹竿替代,在拉条的端部用小竹皮约束。

表 111-1 中列出了四种选型的优缺点。

表 111-1　　　　　　　　　　　　　　　　**结构选型对比**

选型方案	选型 1	选型 2	选型 3	选型 4
图示				
优点	扭矩基本可以完全抵消，结构自重轻	扭转一定的角度可以抵消一定的扭矩，结构自重轻	二级加载时扭矩可以抵消大部分，模型变成了受弯结构，三级加载时弯矩也可以减少	结构材料利用合理，材料的利用率较高，结构较为简单，适用于所有的工况
缺点	材料选取不合理，结构并不能满载	结构整体截面小，整体稳定性较差	只适用于旋转角度为 0°和 15°的工况，并不全面	同样会发生失稳问题，主杆仍需在局部加强

综合对比结构的强度、刚度、稳定性等问题，最终确定选型 4 为我们的参赛模型，模型效果图及实物图如图 111-1 所示。

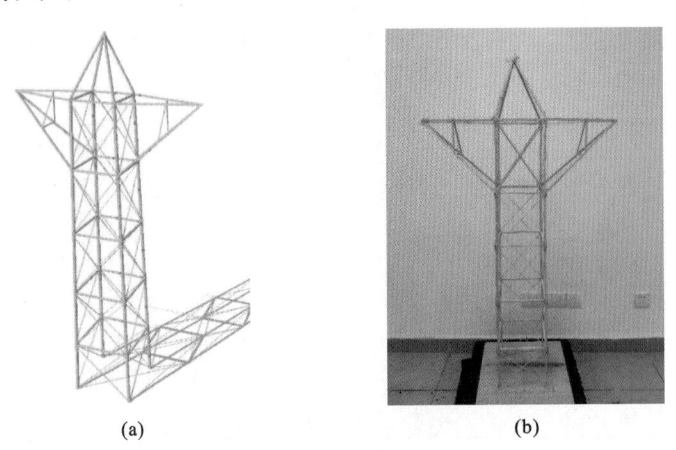

(a)　　　　　　　　　　　　　　(b)

图 111-1　选型方案示意图

(a)模型效果图；(b)模型实物图

111.3　数值模拟

利用有限元分析软件 3D3S 建立了结构的分析模型，第三级荷载作用下计算结果如图 111-2所示。

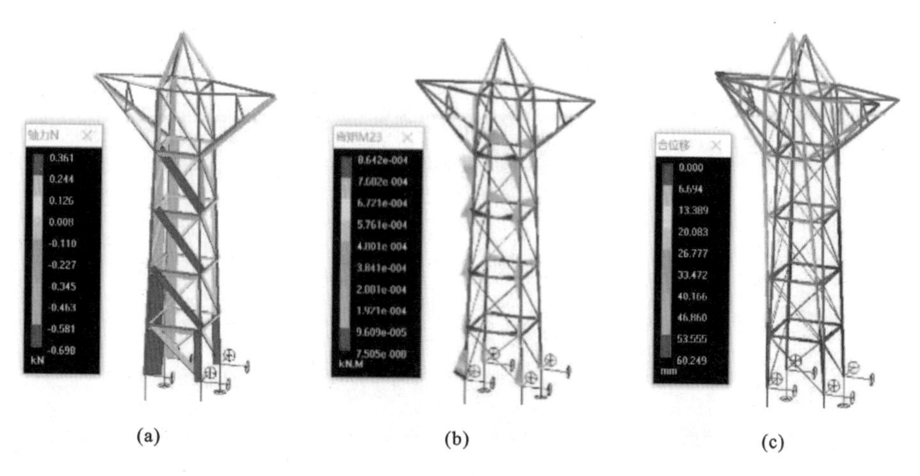

图 111-2　数值模拟结果

(a)轴力图；(b)弯矩图；(c)变形图

111.4　节点构造

节点是模型制作的关键部位，本模型部分节点详图如图 111-3 所示。

图 111-3　节点详图

(a)高挂点节点；(b)低挂点节点；(c)塔身与侧翼的节点

第四部分　竞 赛 资 讯

2019年第十三届全国大学生结构设计竞赛纪实与总结

在举国欢庆中华人民共和国成立70周年之际，由中国高等教育学会工程教育专业委员会、高等学校土木工程学科专业指导委员会、中国土木工程学会教育工作委员会和教育部科学技术委员会环境与土木水利学部主办，西安建筑科技大学承办，上海宝冶集团有限公司冠名，西安建筑科大工程技术有限公司、北京迈达斯技术有限公司、烟台新天地试验技术有限公司、杭州邦博科技有限公司支持的2019年“宝冶杯”第十三届全国大学生结构设计竞赛（全国竞赛）于10月16—20日在西安顺利举行。

一、竞赛纪实

1. 分区赛机构

2019年继续采用各省（自治区、直辖市）分区赛与全国竞赛两阶段方式，由各省（自治区、直辖市）竞赛秘书处推进分区赛组织机构的联系与落实工作，成立由各省（自治区、直辖市）教育厅主办的省（自治区、直辖市）大学生结构设计竞赛组织委员会及秘书处。

2. 竞赛文件

全国大学生结构设计竞赛委员会秘书处（简称“全国竞赛秘书处”）和全国竞赛承办高校西安建筑科技大学竞赛秘书处共同商讨制订了7个竞赛通知文件，包括：《关于组织第十三届全国大学生结构设计竞赛的通知》（结设竞函〔2019〕01号）；《关于公布2019年第十三届全国大学生结构设计竞赛题目的通知》（结设竞函〔2019〕02号）；《关于公布第十三届全国大学生结构设计竞赛参赛高校的通知》（结设竞函〔2019〕03号）；《关于举办“宝冶杯”第十三届全国大学生结构设计竞赛的通知》（结设竞函〔2019〕04号）；《关于公布全国大学生结构设计竞赛徽标（LOGO）评选结果的通知》（结设竞函〔2019〕06号）；《关于组织第十三届全国大学生结构设计竞赛报到和食宿安排的通知》（结设竞函〔2019〕07号）；《关于第十三届全国大学生结构设计竞赛获奖名单公布的通知》（结设竞函〔2019〕09号）。

各省（自治区、直辖市）竞赛秘书处根据相关竞赛文件精神和具体安排，指导并协调分区赛承办高校做好各项组织工作，制订了相关实施方案和竞赛通知等文件，圆满举行了分区赛，为后续全国竞赛奠定了良好的基础。

3. 竞赛题目

2019 年“宝冶杯”第十三届全国大学生结构设计竞赛，由全国竞赛承办高校西安建筑科技大学命题，经全国大学生结构设计竞赛专家委员会审定后最终确定题目为“山地输电塔模型设计与制作”。

全国竞赛承办高校西安建筑科技大学针对竞赛题目具体内容，共对外发布了 6 个与竞赛题目有关的通知文件，包括：竞赛题目（3 月 20 日发布，结设竞函〔2019〕02 号），赛题补充说明（1）（4 月 22 日发布），赛题补充说明（2）［8 月 2 日发布，结设竞函〔2019〕04 号附件 6］，赛题补充说明（3）（9 月 16 日发布），竞赛工具清单（9 月 28 日发布），加载装置调整说明（10 月 6 日发布）。

4. 组织管理

全国竞赛秘书处、各省（自治区、直辖市）竞赛秘书处和承办全国、省（自治区、直辖市）竞赛高校秘书处是组织实施全国和省（自治区、直辖市）分区赛的组织机构，工作明确，各司其职，相互协调，互联互动，以确保竞赛组织工作落实到位。全国竞赛秘书处毛一平和丁元新于 2019 年 3 月上旬赴全国竞赛承办高校西安建筑科技大学，与西安建筑科技大学校领导及相关职能部门负责人进行了充分交流与沟通，商讨并落实了第十三届全国大学生结构设计竞赛的各项组织工作。

5. 分区赛

2018 年 4—7 月，各省（自治区、直辖市）竞赛秘书处制订竞赛文件与通知，组织实施分区赛。全国竞赛秘书处不定期与 31 个省（自治区、直辖市）竞赛秘书处进行对接与交流，共同商讨分区赛中的各项工作。经统计，各省（自治区、直辖市）竞赛秘书处组织的分区赛共有 579 所高校参加，参赛队伍 1146 支。

6. 全国竞赛

2019 年 10 月 16—20 日在西安建筑科技大学举办“宝冶杯”第十三届全国大学生结构设计竞赛，共有来自 110 所高校的 111 支参赛队参赛。

7. 竞赛环节

全国竞赛期间，10 月 17 日下午开幕式、赛前说明会和领队会，晚上现场模型制作和学术报告会；18 日全天和 19 日上午现场模型制作；19 日晚上和 20 日上午、下午现场答辩和模型加载，20 日下午专家评审奖项、文艺演出、闭幕式暨颁奖会。

8. 专家会议

2019 年 10 月 19 日上午召开了全国竞赛专家委员会和秘书处会议，会议主要内容有：申请和确定 2021 年全国竞赛承办高校；听取 2020 年全国竞赛承办高校上海交通大学的赛题汇报；全国竞赛秘书处汇报竞赛组织工作；本届竞赛命题组汇报全国竞赛题目并商讨有争议事项；专家现场指导并合影。

9. 突出贡献奖和秘书处优秀组织奖

全国大学生结构设计竞赛突出贡献奖 4 项，获奖者分别是：浙江大学金伟良教授、同济大学李国强教授、大连理工大学李宏男教授、华南理工大学陈庆军副教授。

全国大学生结构设计竞赛秘书处优秀组织奖 8 项，获奖单位分别是：陕西省西安建筑科技大学秘书处、上海市上海交通大学秘书处、广东省华南理工大学秘书处、浙江省浙江大学秘书处、湖北省武汉大学秘书处、重庆市重庆大学秘书处、甘肃省兰州交通大学秘书处、宁夏回族自治区宁夏大学秘书处。

10. 等级奖、特邀奖、优秀奖、单项奖、参赛高校优秀组织奖

“宝冶杯”第十三届全国大学生结构设计竞赛一等奖 18 项、二等奖 34 项、三等奖 45 项，特邀奖 1 项（澳门大学），优秀奖 13 项，最佳制作奖 1 项（河北农业大学）、最佳创意奖 1 项（昆明理工大学），参赛高校优秀组织奖 34 项。

11. 观摩学习

全国竞赛期间，邀请来自不同高校的学生到西安建筑科技大学雁塔校区文体馆，现场观摩结构设计竞赛模型的具体制作工艺和加载竞赛过程。

12. 徽标启用

根据《关于征集全国大学生结构设计竞赛徽标（LOGO）设计方案的通知》（结设竞函〔2018〕10 号）的有关要求和规定，全国大学生结构设计竞赛徽标（LOGO）设计方案征集活动由西安建筑科技大学承办，面向全国高校在籍专科生、本科生和研究生，共征集到来自全国 17 个省（自治区、直辖市）38 个单位的设计方案共计 66 个。其中，一等奖设计方案作为全国大学生结构设计竞赛的永久性徽标（LOGO），于 2019 年第十三届全国大学生结构设计竞赛的会旗、奖牌（杯）、获奖证书和各类宣传资料中首次公开使用。

徽标释义：标志设计由内、外两部分组成，内为核心标志，基本构思为由 3 个字母“C”组成的一个立方体形状，“3C”分别代表全国大学生结构设计竞赛的宗旨，即创造（creativity）、协作（cooperation）、实践（construction）；“3C”每个方向都不同，但又相互连接成整体并构建了一个稳定的空间结构，充分体现了“结构设计”的本质内涵；“3C”的构色采用了红色、蓝色、绿色，分别代表着当代大学生朝气蓬勃、青春活力、绿色环保的参赛元素；同时“3C”的交界线又形成了一个英文字母“Y”，代表着青年人（young）。横看整个标志，两个半圆空白处近似一个“中”字，代表着竞赛在中华大地，年轻大学生们积极踊跃参与。外围辅助标志，由两个开放式半圆组成，分别用中文和英文表示竞赛名称，它代表全国大学生结构设计竞赛是开放、多元、共享的，并正逐步走向全球，融入国际。

13. 宣传报道

全国竞赛期间，出版了 3 期竞赛简报，实现了竞赛全程网络实时直播，并邀请了中华网、中国科技网、中国青年网、西部网、人民网、人民日报、陕西日报、西安教育电视台、西安网络广播电视台、腾讯新闻、新浪新闻、搜狐新闻等 30 余家新闻媒体宣传报道，结构设计竞赛首次出现在中央电视台 CCTV-1 和 CCTV-4 的新闻报道中。

二、取得成效

1. 紧密结合“一带一路”倡议，赛题特色鲜明、寓意深远

我国是能源消费大国，各地区能源分布不均衡已成为限制地区发展的主要因素。而输电塔作为输电通道最重要的基本单元，是输电线路的直接支撑结构，是电力输送重要的中转站。本届竞赛题目以“山地输电塔”这一命题为出发点，主动聚焦“一带一路”倡议和“西部大开发”战略，积极服务区域社会和经济发展需求，具有鲜明的时代特点与国情特色。同时，赛题基于实际工程，首次引入了材料和时间利用效率得分项，并分阶段采用两轮抽签的方式，既体现了实际工程中可能遇到的众多不确定性，又增强了竞赛的趣味性和观赏性。

2. 110 所高校齐聚西安建大，四方辐辏共享大赛盛宴

本届全国竞赛由西安建筑科技大学承办、上海宝冶集团有限公司冠名，有 110 所高校共 111 支队伍参赛，真可谓 110 所高校齐聚西安建大，四方辐辏共享大赛盛宴。竞赛为构建高校工程教育实践平台，进一步培养大学生创新意识、协同和工程实践能力，切实提高创新人才培养质量发挥了重要作用。据统计，全国 31 个省(自治区、直辖市)竞赛秘书处组织分区赛共计有 579 所高校参赛(比 2018 年参赛高校数增加 6.4%)。各省(自治区、直辖市)分区赛与全国竞赛两阶段的新赛制模式继续逐年扩大参赛高校覆盖面，让更多高校和不同学科专业学生都有机会参加分区赛和全国赛，竞赛影响力和受益面进一步扩大。

3. 加强文化传承，正式启用全国大学生结构设计竞赛徽标(LOGO)

面向全国高校在籍专科生、本科生和研究生，共征集到来自全国 17 个省(自治区、直辖市)38 个单位的全国大学生结构设计竞赛徽标(LOGO)设计方案共计 66 个。经方案初选，专家评审，并提请全国大学生结构设计竞赛专家委员会和全国大学生结构设计竞赛委员会秘书处最后审定批准，共评选出一等奖 1 个、二等奖 3 个、三等奖 6 个。其中，由西安建筑科技大学于世齐同学创作的一等奖设计方案作为全国大学生结构设计竞赛的永久性徽标(LOGO)，在第十三届全国大学生结构设计竞赛的会旗、奖牌(杯)、获奖证书和各类宣传资料中被首次公开使用。

4. 高度重视，精心组织，竞赛过程有序顺畅

为保障全国竞赛的顺利进行，承办高校西安建筑科技大学高度重视，成立了由学校党委书记、校长为主任的竞赛组织委员会，并召开了学校层面的竞赛组织协调会 3 次。由土木工程学院党委书记、院长牵头的竞赛筹备工作组对竞赛各项组织工作进行了详细部署和明确分工，划分了竞赛组、会务组、接待组、志愿组、后勤组、宣传组、秘书组，责任落实到人，筹备工作有条不紊。本届全国竞赛的志愿者人数约 360 人，主要来自土木工程专业 2016 级、2017 级本科生以及 2019 级研究生，对 111 支参赛队伍，志愿者采取 1 对 1 的对接服务；对竞赛志愿者裁判，培训轮数均达到 5 轮次以上。竞赛实践结果表明，本

届全国竞赛秩序良好、运行顺畅，获得了各高校参赛师生和专家的高度评价。

5. 各级秘书处通力协作，如期完成竞赛组织工作

全国、各省(自治区、直辖市)、承办高校三级竞赛秘书处通力协作，在各参赛高校积极配合和大力支持下，保质、保量、按时完成了本届竞赛的全部组织工作。第十三届全国竞赛组织工作富有成效：继续实现现场实时公布参赛信息与加载成绩，使竞赛更为公平、公正、公开、和谐、高效；继续推进结构设计竞赛理论计算方案的模块化规范管理，使其更科学、规范，为后续编写全国结构设计竞赛成果集提供素材；竞赛期间全程开启网络实时直播，进一步扩大竞赛的影响力和受益面。全国和各省(自治区、直辖市)竞赛秘书处均认真组织和积极协调分区赛的各项工作，在制订方案时，边组织边学习边交流，并投入大量时间和精力构建省级竞赛平台，为省内更多高校积极参赛提供保障。

6. 竞赛影响力逐步扩大，反响热烈，多家媒体报道

本届竞赛积极邀请了众多知名媒体报道，极大地提升了竞赛的社会影响力和知名度。“宝冶杯”第十三届全国大学生结构设计竞赛在举办期间备受媒体关注，其中，中央电视台 CCTV-1、CCTV-4 和人民网等多家新闻媒体对本届竞赛进行了跟踪报道。中央电视台 CCTV-1、CCTV-4 采访了本届全国竞赛组织委员会主任、西安建筑科技大学党委书记苏三庆教授。

三、有待加强

1. 逐步推进各省(自治区、直辖市)分区赛自主命题

2019 年仍有相当部分省(自治区、直辖市)分区赛采用了全国竞赛题目或在其基础上进行了适当简化、修改，其原因一方面是以此来练兵、选拔，可减少不必要的争议，另一方面也表明部分省(自治区、直辖市)分区赛承办高校缺乏自主命题的水平和能力。为使赛题更具多样化和不确定性，早期发布的全国竞赛题目宜仅从基本设计概念出发，由各省(自治区、直辖市)分区赛承办高校进行灵活细化，从而加快推进各省(自治区、直辖市)分区赛自主命题的步伐。

2. 加大宣传力度，继续扩大分区赛参赛高校规模

加大政府、高校、社会、企业、新闻媒体等对结构设计竞赛的宣传和投入力度，进一步激发土建类和不同学科专业等相关高校积极参与竞赛的热情。要正确处理好参赛数量与质量之间的关系，逐年扎实、稳固扩大不同类型参赛高校，使更多不同学科专业学生积极主动参与到结构设计竞赛行列，扩大学生受益面，培养学生的创新意识、协同和工程实践能力。对结构设计竞赛校赛，要“做大”，实现普及；对省赛，要“做强”，扩大参赛高校；对国赛，则要“做精”，提高参赛水平，形成品牌竞赛，逐步走向世界。

3. 强化管理，创建品牌，提升竞赛排行榜声誉

为进一步科学、规范、高效、和谐组织竞赛，要以《全国大学生结构设计竞赛章程》《全

国大学生结构设计竞赛实施细则与指导性意见》为依据，对竞赛组织实施过程中发现的问题和不合理现象，及时进行分析研究，并提出解决方案和整改措施，使竞赛“公平、公正、公开、客观”，提高获奖含金量，创建品牌赛事，提升结构设计竞赛在全国高校学科竞赛排行榜中的贡献度和声誉。

总结过去，立足当今，展望未来，聚焦内涵式发展，脚踏实地，不忘初心，牢记使命，传承创新，继续前行，提升品质，再创佳绩，为实现“两个一百年”奋斗目标、实现中华民族伟大复兴的中国梦贡献力量。

全国大学生结构设计竞赛委员会秘书处

西安建筑科技大学

2019 年 11 月 11 日

关于公布全国大学生结构设计竞赛徽标(LOGO)评选结果的通知

各省(自治区、直辖市)竞赛秘书处、各参赛高校:

根据《关于征集全国大学生结构设计竞赛徽标(LOGO)设计方案的通知》(结设竞函〔2018〕10号)的有关要求和规定,全国大学生结构设计竞赛徽标(LOGO)设计方案征集活动由西安建筑科技大学承办,面向全国高校在籍专科生、本科生和研究生,共征集到来自全国17个省(自治区、直辖市)38个单位的设计方案共计66个。经方案初选,专家评审,并提请全国大学生结构设计竞赛专家委员会和全国大学生结构设计竞赛委员会秘书处最后审定批准,共评选出一等奖1个、二等奖3个、三等奖6个,现予以公布(见附件)。其中,一等奖设计方案作为全国大学生结构设计竞赛的永久性徽标(LOGO),将于2019年第十三届全国大学生结构设计竞赛的会旗、奖牌(杯)、获奖证书和各类宣传资料中首次公开使用。

全国大学生结构设计竞赛委员会秘书处

2019年9月16日

附件：

全国大学生结构设计竞赛徽标(LOGO)评选结果公布

一等奖(1个)

徽标正式录用方案		标志释义：标志设计由内、外两部分组成，内为核心标志，基本构思为由3个字母“C”组成的一个立方体形状，“3C”分别代表全国大学生结构设计竞赛的宗旨，即创造(creativity)、协作(cooperation)、实践(construction)；“3C”每个方向都不同，但又相互连接成整体并构建了一个稳定的空间结构，充分体现了“结构设计”的本质内涵；“3C”的构色采用了红色、蓝色、绿色，分别代表着当代大学生朝气蓬勃、青春活力、绿色环保的参赛元素；同时“3C”的交界线又形成了一个英文字母“Y”，代表着青年人(young)。横看整个标志，两个半圆空白处近似一个“中”字，代表着竞赛在中华大地，年轻大学生们积极踊跃参与。外围辅助标志，由两个开放式半圆组成，分别用中文和英文表示竞赛名称，它代表全国大学生结构设计竞赛是开放、多元、共享的，并正逐步走向全球，融入国际

二等奖(3个)

徽标方案	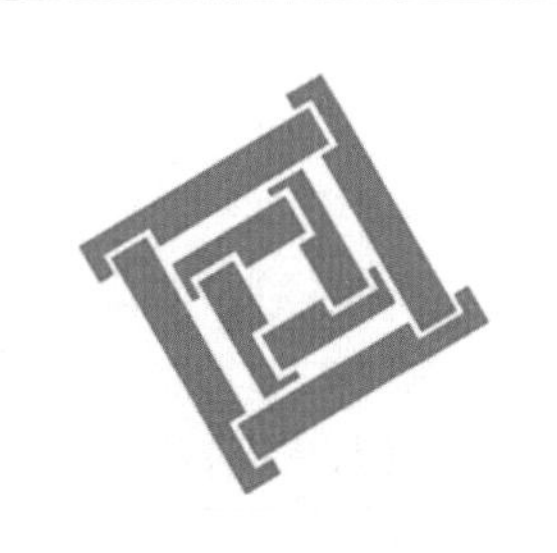		

三等奖(6个)

徽标方案		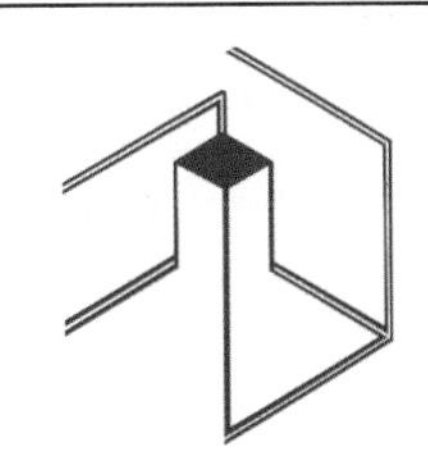	
			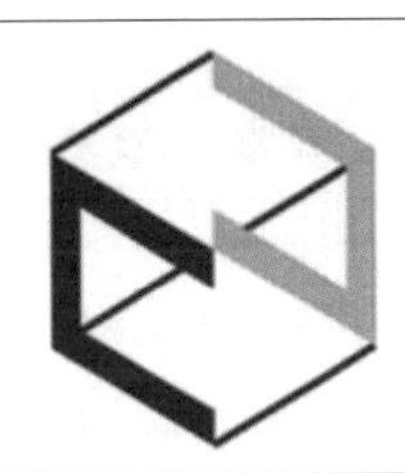

全国大学生结构设计竞赛委员会文件

结设竞函〔2019〕11号

关于公布第十三届全国大学生结构设计竞赛获奖名单的通知

各省（市）分区赛组委会秘书处：

第十三届全国大学生结构设计竞赛于2019年10月16—20日在西安建筑科技大学举行，共有110所高校，111支队伍，330余名学生参赛。经全国大学生结构设计竞赛委员会专家组评审，共评出全国一等奖18项、二等奖34项、三等奖45项、特邀奖1项、优秀奖13项、单项奖2项、突出贡献奖4项、秘书处优秀组织奖8项和参赛高校优秀组织奖34项，现予以公布，名单附后。

附件：第十三届全国大学生结构设计竞赛获奖名单

全国大学生结构设计竞赛委员会

2019年10月 30日

主题词：竞赛　获奖名单　通知

抄报： 中国高等教育学会工程教育专业委员会、高等学校土木工程学科专业指导委员会、中国土木工程学会教育工作委员会、教育部科学技术委员会环境与土木水利学部。

抄送： 各省(市)教育厅高教处、全国大学生结构设计竞赛委员会委员、专家委员会委员。

第十三届全国大学生结构设计竞赛获奖名单

序号	学校名称	参赛学生姓名	指导教师（或指导组）	领队	奖项
1	浙江工业大学	戴伟、吴炯、张哲成	王建东、许四法	王建东	一等奖
2	浙江大学	邵江涛、朱佩云、陈星	徐海巍、邹道勤	邹道勤	一等奖
3	浙江工业职业技术学院	何文浩、洪进锋、费少龙	罗烨钶、罗晓峰	李小敏	一等奖
4	上海交通大学	余辉、丁烨、马文迪	宋晓冰	赵恺	一等奖
5	西安建筑科技大学	史川川、贾硕、张伟桐	吴耀鹏、谢启芳	钟炜辉	一等奖
6	浙江树人大学	李政烨、何洋、陆锦浩	楼旦丰、沈骅	姚谏	一等奖
7	西安建筑科技大学	袁海森、王兆波、殷晓虎	惠宽堂、张锡成	门进杰	一等奖
8	潍坊科技学院	张信浩、蒋德华、王汝金	刘昱辰、刘静	刘昱辰	一等奖
9	武夷学院	陈旭兵、聂建聪、林骋	钟瑜隆、周建辉	雷能忠	一等奖
10	长沙理工大学城南学院	王宇星、艾雨鹏、贺嘉伟	付果、郑忠辉	黄自力	一等奖
11	东南大学	郑继海、李梦媚、邢泽	孙泽阳、戚家南	陆金钰	一等奖
12	佛山科学技术学院	何建华、马镇航、刘维彬	饶德军、王英涛	陈玉骥	一等奖
13	武汉交通职业学院	曹卓、杜晋英、辛攀	王文利、陈蕾	陈宏伟	一等奖
14	湖北工业大学	饶奥、冯文奇、杨硕	余佳力、张晋	苏骏	一等奖
15	哈尔滨工业大学	马金骥、唐宁、梁益邦	邵永松、卢姗姗	卢姗姗	一等奖
16	义乌工商职业技术学院	封天洪、叶李政、鲁程浩	周剑萍、黄向明	吴华君	一等奖
17	东华理工大学	左炙坪、田永亮、张莉莉	程丽红、胡艳香	王俭宝	一等奖
18	海口经济学院	钟孝寿、陈爽爽、何富马	杜鹏、唐能	张仰福	一等奖
19	西南交通大学	杨钰浩、李润霖、梁杰	郭瑞、周祎	王若羽	二等奖
20	宁夏大学	何军、黄爽、吴巧智	张尚荣、毛明杰	包超	二等奖
21	南京工业大学	史佳遥、邓洪永、张昊	张冰、万里	徐汛	二等奖

续表

序号	学校名称	参赛学生姓名	指导教师 （或指导组）	领队	奖项
22	天津城建大学	赵硕、王金福、刘静蕊	罗兆辉、高占远	阳芳	二等奖
23	南京航空航天大学	韩东磊、陈建建、李景松	唐敢、王法武	程晔	二等奖
24	东莞理工学院	邱智钜、李锦、唐响	刘良坤、潘兆东	艾心荧	二等奖
25	绍兴文理学院元培学院	刘贤、刘超、徐浩潇	于周平、张聪燕	顾晓林	二等奖
26	福建工程学院	黄智彬、康帅文、兰天蔚	欧智菁、乔惠云	张铮	二等奖
27	西安建筑科技大学 华清学院	宋鹏辉、冉永辉、于学徽	吴耀鹏、万婷婷	万婷婷	二等奖
28	武汉理工大学	唐子桉、张晶晶、李章恒	李波、秦世强	陈成	二等奖
29	重庆文理学院	刘洋、孔超、周滨芳	王明振、杨文晗	张海龙	二等奖
30	内蒙古科技大学	丁腾之、马枭、刘效武	田金亮、陈明	汤伟	二等奖
31	河北农业大学	孔祥飞、孙玮、曹润姿	李海涛、刘兴旺	刘全明	二等奖
32	山东交通学院	康翰尧、耿浩、周玉坤	王行耐、赵鹍鹏	秦军洋	二等奖
33	东北林业大学	祝怡情、魏大钦、许金宇	贾杰、徐嫚	郝向炜	二等奖
34	深圳大学	陈上泉、朱泰锋、陈均楠	熊琛、陈贤川	隋莉莉	二等奖
35	兰州工业学院	冯玉芳、王亮、柳彦东	李轶鹏、赵永花	李轶鹏	二等奖
36	河海大学	郭方舟、王昊康、韩洪亮	张勤、胡锦林	胡锦林	二等奖
37	广西理工职业技术学院	庞国杰、陈卓、黄龙骄	胡顺新、王华阳	韩祖丽	二等奖
38	广东工业大学	封柄艮、杨明磊、王欣睿	梁靖波、陈士哲	何嘉年	二等奖
39	成都理工大学工 程技术学院	朱炳晨、魏聪、陈雨知	姚运、章仕灵	李金高	二等奖
40	海南大学	张钦关、李仲标、周育楷	曾加东、谢朋	杜娟	二等奖
41	重庆交通大学	范婉晴、武经玮、胡勇	张江涛、许羿	陈思甜	二等奖
42	昆明理工大学	敖志祥、李加波、杨龙琛	李晓章、李睿	史世伦	二等奖

续表

序号	学校名称	参赛学生姓名	指导教师（或指导组）	领队	奖项
43	黑龙江八一农垦大学	程澄、马旭江、黎法武	杨光、刘金云	杨光	二等奖
44	吉林建筑大学	李思远、罗洋、成鑫	闫铂、李广博	牛雷	二等奖
45	盐城工学院	徐鹏、黎朋、奎涛	朱华、程鹏环	贾越昊	二等奖
46	广西水利电力职业技术学院	叶小铨、曾庆彬、刘镇武	黄雅琪、梁少伟	梁少伟	二等奖
47	四川大学	韩芷宸、彭康、姚翔	艾婷、陈江	兰中仁	二等奖
48	中国农业大学	杨帅、段练、李萍	梁宗敏、张再军	孙永帅	二等奖
49	山西大学	申子怡、姚建霞、梁昊	孙补、陈瑜	刘宏	二等奖
50	青海大学	孙仁杰、颜月宁、余子豪	孙军强、张元亮	陈红英	二等奖
51	莆田学院	王达锋、王柏松、梁家瑜	指导组	林晓东	二等奖
52	武汉大学	张心悦、王鹏、邱鑫	孔文涛	段成晓	二等奖
53	湖南科技大学	谢承佳、胡隆健、杨朔	陈炳初、赵玉萍	陈兰凤	三等奖
54	河北建筑工程学院	田景帆、苏成、闫超	胡建林、郝勇	张玉栋	三等奖
55	北京航空航天大学	蒋宇轩、齐琦、王禹辰	周耀、黄达海	周耀	三等奖
56	厦门大学	易永展、张鑫涛、曾铭	许志旭、张鹏程	赵晴晴	三等奖
57	内蒙古农业大学	贾斌、李春颖、余亚兵	裴成霞、李平	李昊	三等奖
58	西安理工大学	胡渭东、杨一玮、张国恒	潘秀珍	朱宏涛	三等奖
59	九江学院	肖波、陈佳佳、曾莉琳	朱晓娥	杨忠	三等奖
60	西北工业大学	武瑾瑜、刘赫、邢光辉	李玉刚、黄河	范乃强	三等奖
61	西藏农牧学院	王营、张恒、张越	何军杰	柳斌	三等奖
62	湖南科技大学潇湘学院	胡香合、帅念、莫兰	黄海林、李永贵	陈兰凤	三等奖
63	皖西学院	韩舒浩、刘玉朵、张苗苗	葛清蕴、周明	杨富莲	三等奖

续表

序号	学校名称	参赛学生姓名	指导教师 （或指导组）	领队	奖项
64	兰州交通大学博文学院	李万春、王健、车汉杰	李敬元、任士贤	李敬元	三等奖
65	湖南工业大学	吴义克、垄兴毓、余亮飞	曹磊	岳洪滔	三等奖
66	河南大学	刘宏伟、宋雨航、彭佳	张慧、康帅	张慧	三等奖
67	同济大学	李政宁、杨瀚思、韩卓辰	郭小农	沈水明	三等奖
68	北京建筑大学	卢成杰、罗鸿睿、李思彤	祝磊	李辉	三等奖
69	大连民族大学	王锦楠、彭文苏、祁剑南	指导组	崔利富	三等奖
70	齐齐哈尔大学	赵丽娟、景云雷、王爽	张宇、王丽	张宇	三等奖
71	塔里木大学	鹿文昊、孙梦、梁虎	黎亮、李宏伟	黎亮	三等奖
72	宁夏大学新华学院	任馥懋、打彦德、海锐睿	孙迪、陈明秀	马小龙	三等奖
73	重庆大学	朱童、范文怡、谷昱君	指导组	舒泽民	三等奖
74	河南城建学院	张晨宇、张程鑫、王颖	王仪、赵晋	宋新生	三等奖
75	井冈山大学	刘祎祯、王玥、司莹莹	杜晟连、梁爱民	桂国庆	三等奖
76	吕梁学院	邓义、游志茹、蒲达	宋季耘、高树峰	高树峰	三等奖
77	上海大学	李文波、朱佳璇、杨郅玮	任重、董浩天	任重	三等奖
78	石家庄铁道大学	范若琪、冀旭康、王宇杰	李海云、邓海	温潇华	三等奖
79	大连理工大学	唐海恩、王逸彬、刘佳立	崔瑶、付兴	徐嘉	三等奖
80	石河子大学	喜玉兵、马义龙、徐志阳	王玉山、何明胜	袁康	三等奖
81	山东科技大学	绳惠中、刘艺、申凯	林跃忠、黄一杰	刘晶	三等奖
82	江苏科技大学 苏州理工学院	李大旺、孙蒙、陈娇娇	张建成、王林	张建成	三等奖
83	北华大学	张贺瑀、王春博、韩镇宇	郑新亮、谢毅	常广利	三等奖
84	长安大学	付祖坤、折志伟、单佳欣	王步、李悦	王步	三等奖

续表

序号	学校名称	参赛学生姓名	指导教师（或指导组）	领队	奖项
85	沈阳建筑大学	苏国君、孙添羽、王子豪	王庆贺、耿林	王庆贺	三等奖
86	湖南大学	马彪、余天赋、孙传淇	涂文戈、周云	李凯龙	三等奖
87	黄山学院	黄建成、王公成、张凯	邓林、王小平	邓林	三等奖
88	长春建筑学院	曹智健、杨大伟、蔡贺	张志影、衣相霏	杜春海	三等奖
89	湖北文理学院	王冲、李帅、王旭寅	范建辉、徐开民	徐福卫	三等奖
90	南阳理工学院	李韩羽、孙恪奇、郑开旭	吴帅涛、肖新科	陈孝珍	三等奖
91	昆明学院	倪富顺、唐航、武自坤	吴克川、邱志刚	杨光华	三等奖
92	桂林电子科技大学	钟时财、吴正泽、刘瀚之	陈俊桦、朱嘉	陈俊桦	三等奖
93	辽宁工程技术大学	信长昊、崔莹妹、姚柏聪	张建俊、孙闯	卢嘉鑫	三等奖
94	河北工业大学	李晓伟、邓凯文、谢嘉轩	陈向上、乔金丽	刘金春	三等奖
95	江南大学	崔雯茜、孙泽轩、刘悦	王登峰、成虎	王登峰	三等奖
96	青海民族大学	董占彪、肖振华、刘宇航	曹锋、张韬	张韬	三等奖
97	天津大学	周伟悦、张光辉、杨建川	李志鹏	刘东	三等奖
98	澳门大学	任偉楠、容穎姿、林國勳	林智超	高冠鹏	特邀奖
99	安徽工业大学	王�、何子熙、贺成英健	张辰啸、刘全威	曹现雷	优秀奖
100	贵州大学	龙罗彬、郭典易、翁应欣	吴辽、郑涛	吴辽	优秀奖
101	华南理工大学	陈奕年、叶国纬、王智	季静、陈庆军	王燕林	优秀奖
102	长江大学	郭正、罗布扎西、刘宇浩	郝勇、李振	黄文雄	优秀奖
103	西藏民族大学	刘志军、孙月、李昕	张根凤、蔡婷	张根凤	优秀奖
104	南阳师范学院	张阳、李振华、马宇豪	李科、陈小可	李科	优秀奖
105	兰州理工大学	王福聪、张钰、鲁天寿	史艳莉、王秀丽	周锟	优秀奖

续表

<table>
<tr><th>序号</th><th>学校名称</th><th>参赛学生姓名</th><th>指导教师
（或指导组）</th><th>领队</th><th>奖项</th></tr>
<tr><td>106</td><td>清华大学</td><td>李宿莽、周思源、程志刚</td><td>邢沁妍</td><td>王海深</td><td>优秀奖</td></tr>
<tr><td>107</td><td>江苏科技大学</td><td>刘思彤、张慧芳、于森林</td><td>刘平、李红明</td><td>潘志宏</td><td>优秀奖</td></tr>
<tr><td>108</td><td>铜仁学院</td><td>垄秋艳、龙秋森、罗志永</td><td>鲍俊雄、朱崇利</td><td>朱崇利</td><td>优秀奖</td></tr>
<tr><td>109</td><td>烟台大学</td><td>胡尊国、赵庆兵、李玥宁</td><td>曲慧、刘人杰</td><td>付海鹏</td><td>优秀奖</td></tr>
<tr><td>110</td><td>中北大学</td><td>甘洋洋、张鸿晖、乔恒</td><td>郑亮、高营</td><td>郑亮</td><td>优秀奖</td></tr>
<tr><td>111</td><td>上海工程技术大学</td><td>俞钧凯、黄侃如、李纪泽</td><td>颜喜林</td><td>颜喜林</td><td>优秀奖</td></tr>
<tr><td colspan="2" rowspan="2">单项奖</td><td colspan="2">河北农业大学</td><td colspan="2">最佳制作奖</td></tr>
<tr><td colspan="2">昆明理工大学</td><td colspan="2">最佳创意奖</td></tr>
<tr><td colspan="2">突出贡献奖</td><td colspan="4">金伟良、李国强、李宏男、陈庆军</td></tr>
<tr><td colspan="2" rowspan="4">秘书处优秀组织奖</td><td colspan="2">陕西省西安建筑科技大学秘书处</td><td colspan="2">上海市上海交通大学秘书处</td></tr>
<tr><td colspan="2">广东省华南理工大学秘书处</td><td colspan="2">浙江省浙江大学秘书处</td></tr>
<tr><td colspan="2">湖北省武汉大学秘书处</td><td colspan="2">重庆市重庆大学秘书处</td></tr>
<tr><td colspan="2">甘肃省兰州交通大学秘书处</td><td colspan="2">宁夏回族自治区宁夏大学秘书处</td></tr>
<tr><td colspan="2" rowspan="7">参赛高校优秀组织奖</td><td>皖西学院</td><td>北京建筑大学</td><td colspan="2">重庆交通大学</td></tr>
<tr><td>厦门大学</td><td>兰州理工大学</td><td colspan="2">深圳大学</td></tr>
<tr><td>桂林电子科技大学</td><td>海南大学</td><td colspan="2">河北建筑工程学院</td></tr>
<tr><td>东北林业大学</td><td>长江大学</td><td colspan="2">湖南科技大学</td></tr>
<tr><td>江南大学</td><td>东华理工大学</td><td colspan="2">北华大学</td></tr>
<tr><td>沈阳建筑大学</td><td>内蒙古农业大学</td><td colspan="2">宁夏大学新华学院</td></tr>
<tr><td>青海大学</td><td>长安大学</td><td colspan="2">潍坊科技学院</td></tr>
</table>

续表

参赛高校优秀组织奖	上海大学	山西大学	四川大学
	天津城建大学	石河子大学	西藏民族大学
	昆明学院	义乌工商职业技术学院	浙江工业大学
	武夷学院	海口经济学院	西南交通大学
	河南城建学院		

全国大学生结构设计竞赛
National Structure Design Contest for College Students

徽标

全国大学生结构设计竞赛
National Structure Design Contest for College Students
全国大学生结构设计竞赛会旗
National Structure Design Contest for College Students Flag

会旗

“宝冶杯”第十三届全国大学生结构设计竞赛
MCC

专家组合影